Kurt Stange

Bayes-Verfahren

Schätz- und Testverfahren
bei Berücksichtigung
von Vorinformationen

Nach dem Tode des Verfassers herausgegeben von

T. Deutler und P.-Th. Wilrich

Springer-Verlag
Berlin Heidelberg GmbH 1977

Dr. phil. KURT STANGE († Juni 1974)
ehem. o. Professor der
Rheinisch-Westfälischen Technischen Hochschule Aachen
Institut für Statistik und Wirtschaftsmathematik

Dr. rer. nat. TILMANN DEUTLER
Akademischer Oberrat am Seminar für Statistik
der Universität Mannheim (WH)

Dr.-Ing. PETER-Th. WILRICH
o. Professor für Statistik an der Freien Universität Berlin
Institut für Quantitative Ökonomik und Statistik

Mit 36 Abbildungen

ISBN 978-3-540-07815-9   ISBN 978-3-642-66414-4
DOI 10.1007/978-3-642-66414-4

Library of Congress Cataloging in Publikation Data
Stange, Kurt, 1907–1974. Bayes-Verfahren. (Hochschultext) Bibliographie: p. Includes Index.
1. Estimation theory. 2. Statistical hypothesis testing. 3. Bayesian statistical decision
theory. I. Deutler, T., 1942- II. Wilrich, Peter-Theodor. III. Title. QA276.8.S7 1977
519.5'4 76-30496

Vorwort der Herausgeber

Im wissenschaftlichen Nachlaß des am 23.6.1974 verstorbenen Autors
Prof. Dr. K. S t a n g e fand sich das Manuskript der hier vorgeleg-
ten Monographie über "Einführung in die Schätz- und Testverfahren bei
Berücksichtigung von Vorinformationen (Bayes-Verfahren)".

Soweit wir das als ehemalige Schüler und langjährige Mitarbeiter beurteilen können, war Prof. Stange lange Zeit ein entschiedener "Nicht-
Bayesianer", und er äußerte sich stets skeptisch zur praktischen Anwendbarkeit der Bayes'schen Verfahren. Die Beschaffung der Vorinformationen erschien ihm nämlich ein praktisch nicht befriedigend lösbares
Problem, und damit standen die Bayes'schen Methoden außerhalb seines
streng praxisorientierten Blickfeldes.

Angeregt durch aktuelle Fragestellungen aus der Praxis, mit denen er
in den Jahren 1971/72 in Berührung kam, entdeckte er, daß gerade in
seinem Hauptarbeitsgebiet, der "Technischen Statistik", die benötigten "Vorinformationen" bzw."Vorkenntnisse" durchaus beschaffbar sind.

Mit der ihm eigenen Energie und Zielstrebigkeit ging er an die Lösung
der aufgeworfenen Probleme und entwickelte einige "Prüfpläne mit Berücksichtigung von Vorkenntnissen". Nach seiner Emeritierung im Jahre
1972 beschäftigte er sich intensiv mit den Bayes'schen Methoden und
begann mit der Arbeit am Manuskript zum vorliegenden Buch. Im Sommer
1974 unterbrach er seine Arbeit, um sich einer Operation zu unterziehen. Er überlebte den Eingriff nur wenige Tage.

Da ihn der Tod praktisch mitten aus der Arbeit riß, wissen wir nicht,
welche Ziele und Pläne er bezüglich des Inhaltes und der Darstellung
noch verfolgen wollte. Allerdings nur aus dieser Sicht muß das Manuskript als unvollendet betrachtet werden. Der von uns vorgefundene
handschriftliche Entwurf ließ bereits die Konzeption der geplanten
Veröffentlichung, — einer geschlossenen Einführung in die Bayes-Sta-
tistik — , erkennen. Wir konnten daher nach kritischer Durcharbei-
tung des Manuskripts die Absichten des Autors verwirklichen, ohne wesentliche Änderungen von Inhalt und Gliederung vorzunehmen.

Das Buch besteht aus zwei Teilen.

I m e r s t e n T e i l werden Parameterschätzungen mit Vorinformationen (Bayes'sche Punkt- und Intervallschätzung) behandelt. Nach
einer allgemeinen Einführung werden Bayes'sche Parameterschätzungen
für praxisrelevante Verteilungen, — hypergeometrische, Binomial-,
Poisson- und Normalverteilung — , hergeleitet und mit den Parameterschätzungen ohne Vorinformationen verglichen. Die priori-Verteilungen
der Parameter sind dabei ausschließlich so gewählt, daß sich die po-

steriori-Verteilungen formelmäßig explizit angeben lassen. Um die praktische Anwendbarkeit zu ermöglichen, werden Methoden zur Schätzung der Parameter der priori-Verteilungen entwickelt.

Im zweiten Teil wird die Lösung von Entscheidungsproblemen mit Bayes-Methoden behandelt. Allerdings beschränkt sich der Autor dabei auf die von ihm selbst erarbeiteten Prüfpläne (Tests) für messende Prüfung bei normalverteilten Meßwerten mit bekannter Varianz. Er entwickelt dabei sowohl Einfachpläne als auch Folgepläne ohne und mit Berücksichtigung von Kostenparametern. Da sich die Bayes'sche Methodik an den dargestellten Prüfplänen gut erkennen läßt, konnte auf die Wiedergabe der Bayes'schen Prüfpläne für Gut-Schlecht-Prüfung (auf der Basis von hypergeometrischer, Binomial- und Poisson-Verteilung), die man beispielsweise bei Hald ([3] bis [8]) findet, verzichtet werden.

Das Buch ist keinesfalls als umfassendes Lehrbuch der Bayes'schen Methoden konzipiert, sondern als eine anwendungs- und benutzerorientierte Einführung in dieses bedeutende Teilgebiet der Statistik. Dazu tragen nicht zuletzt die Beispiele aus verschiedenen Anwendungsgebieten bei, unter denen die Technik und insbesondere die Qualitätskontrolle dominieren.

Wie alle Arbeiten von Prof. Stange, so zeichnet sich auch dieses Buch durch seine Transparenz aus, sowohl was die Herleitung als auch was die Interpretation der Ergebnisse und die Veranschaulichung durch praktische Beispiele betrifft.

Zum Verständnis des Buches genügen elementare Kenntnisse der Differential- und Integralrechnung und eines Einführungskurses in Statistik (in dem Umfang wie sie heute an den meisten Hochschulen bzw. in den Grundlehrbüchern der Statistik vermittelt werden).

Als Leser kommen Mathematiker (der angewandten Richtung), Ingenieure und Wirtschaftswissenschaftler in Betracht. Insbesondere für Studierende dieser Fachrichtungen ist das Buch,— das erste deutschsprachige Buch über dieses Spezialgebiet —,als Einführung in die Bayes'schen Methoden zu empfehlen, was auch durch die Aufnahme des Buches in die Reihe "Hochschultexte" des Springer-Verlages zum Ausdruck kommt.

Teile des Manuskripts und der Schriftsatz wurden von Herrn Dr.-Ing. H.-H. M o l t e r gelesen. Wir sind ihm für seine kritischen Anmerkungen dankbar. Als Herausgeber haben wir besonders Frau M.-L. M a n d e l und Frau E. T u m m e l e y für die Erstellung der Zeichnungsvorlagen und des Schriftsatzes zu danken. Dem Springer-Verlag danken wir für die entgegenkommende und angenehme Zusammenarbeit.

November 1976

Mannheim   Berlin

Tilmann Deutler   Peter-Theodor Wilrich

Inhaltsverzeichnis

Teil II

Prüfpläne für messende Prüfung mit Berücksichtigung von Vorinformationen (Bayes-Prüfpläne)

Liste der wichtigsten Symbole

<u>A. Lateinische Buchstaben</u>

<u>Symbol</u>	<u>Bedeutung</u>
$b_n(x\|p)$	Wahrscheinlichkeit der Binomialverteilung mit Parametern n und p
$C(x,y)$	Kovarianz zwischen x und y
$F_\beta(f_1,f_2)$	ß%-Schwellenwert der F-Verteilung
$L(Y_*\|x)$	Likelihood für Versuchsergebnis Y_* bei Gültigkeit von x
L [1]	Likelihood
M [1]	Erwartungswert von, Mittelwert von
n	Stichprobenumfang
N	Umfang der Gesamtheit
$N(\alpha;\beta)$	Normalverteilung mit Mittelwert α und Standardabweichung ß
$N(o;1)$	Standardnormalverteilung
s^2	Stichprobenvarianz
s	Stichprobenstandardabweichung
S.d.q.A.	Summe der quadrierten Abweichungen
$t_{f;\beta}$	ß%-Schwellenwert der t-Verteilung mit f Freiheitsgraden
$t'_\beta(f_1;f_2;\cos^2\gamma)$	ß%-Schwellenwert der Behrens-Fisher-Verteilung

---

1) Bei den Symbolen L und M folgt in Klammern

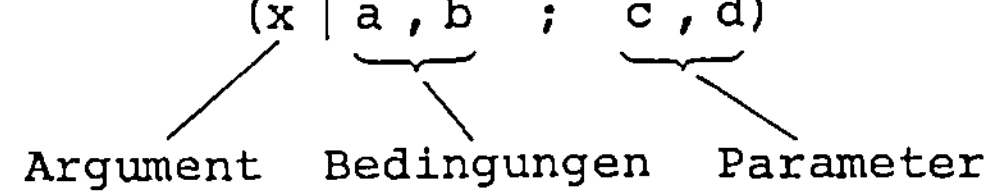

Symbol	Bedeutung
u_β	ß%-Schwellenwert der Standardnormalverteilung
V [1]	Varianz von
W( )	Wahrscheinlichkeit von
W [1]	bedingte Wahrscheinlichkeit von
$\bar{x}$	arithmetischer Mittelwert

B. Griechische Buchstaben

Symbol	Bedeutung
α	Irrtumswahrscheinlichkeit
$1-\alpha$	statistische Sicherheit
$B(\kappa,\lambda)$	vollständige Beta-Funktion
$B_z(\kappa,\lambda)$	unvollständige Beta-Funktion
$\gamma( )$	Schiefe von
$\Gamma(\kappa)$	vollständige Gamma-Funktion
$\kappa^2_{f;\alpha/2} = f/\chi^2_{f;1-\alpha/2}$	reziproker Schwellenwert der χ^2_f/f-Verteilung
μ'_κ	Moment κ-ter Ordnung bezogen auf o
μ_κ	Moment κ-ter Ordnung bezogen auf den Erwartungswert
$\rho = \rho(x;y)$	Korrelationskoeffizient zwischen x und y
$\varphi(x)$	Dichtefunktion der Standardnormalverteilung
$\Phi(x)$	Verteilungsfunktion der Standardnormalverteilung
$\chi^2_{f;\beta}$	ß%-Schwellenwert der χ^2_f-Verteilung mit f Freiheitsgraden
$\psi(x)$	Dichtefunktion der Zufallsvariablen X
$\Psi(x)$	Verteilungsfunktion der Zufallsvariablen X
$\psi( )$	Dichtefunktion einer beliebigen Verteilung
$\Psi( )$	Verteilungsfunktion einer beliebigen Verteilung

---

1) Bei den Symbolen V und W folgt in Klammern

$$(x \mid a,b \; ; \; c,d)$$

Argument   Bedingungen   Parameter

Teil I
Die Schätzung von Parametern mit Berück-
sichtigung von Vorinformationen
(Bayes-Schätzungen)

1. Aufgabenstellung

Zahlreiche Fragestellungen aus Natur-, Ingenieur- und Wirtschaftswissenschaft, insbesondere in den Bereichen "Forschung und Entwicklung", lassen sich auf die folgende Grundaufgabe zurückführen: Man kennt entweder auf Grund theoretischer Überlegungen oder auf Grund vorausgegangener Beobachtungen (gelegentlich auch einfach durch grobe Schätzung) die Wahrscheinlichkeitsverteilung $W_o(X)$ einer Zufallsgröße X . Diese Veränderliche X kann eine Hypothese, ein technisches Merkmal, ein Prozentanteil von Stimmen und noch vieles andere bedeuten. Der Index o bei $W_o(X)$ deutet darauf hin, daß es sich in bestimmtem Sinne um eine Ausgangssituation handelt. Die Verteilung $W_o(X)$ enthält die Vorkenntnisse oder die Vorinformation über das Auftreten der Veränderlichen X und heißt deshalb a priori-Verteilung von X .

Bei der beschriebenen Ausgangssituation plant man einen Versuch, bei dem unterschiedliche Ergebnisse Y möglich sind. Der Versuch hat das Ziel, die Ausgangskenntnisse über die Veränderliche X zu verbessern, die Information über X zu steigern, im günstigsten Falle etwa soweit, daß ein bestimmtes X_* als "sehr wahrscheinlich", die übrigen aber als "unwahrscheinlich" erkannt werden und damit bei weiteren Überlegungen ausscheiden können.

Ein wirklich durchgeführter Versuch gibt das ganz bestimmte Ergebnis Y_* . Es erhebt sich nun die Frage, wie man die durch $W_o(X)$ gegebene Ausgangsinformation mit Hilfe der aus dem Versuchsergebnis Y_* gewonnenen Zusatzinformation über X zu einer Gesamtinformation $W_1(X)$ über das Auftreten von X vereinigt:

$$\begin{pmatrix} \text{Vorkennt-} \\ \text{nisse } W_o(X) \\ \text{über das} \\ \text{Auftreten} \\ \text{von X} \end{pmatrix} \begin{matrix} \text{vereinigt} \\ \text{mit} \end{matrix} \begin{pmatrix} \text{zusätzlichen} \\ \text{Erkenntnissen} \\ \text{über X aus} \\ \text{dem Versuchs-} \\ \text{ergebnis } Y_* \end{pmatrix} \text{gibt} \begin{pmatrix} \text{verbesserte} \\ \text{Erkenntnisse} \\ W_1(X) = W(X|Y_*) \\ \text{über das Auf-} \\ \text{treten von X} \end{pmatrix}$$

Die Verteilung $W_1(X)$ heißt die <u>a posteriori-Verteilung</u> von X nach beobachtetem Y_*. Ersichtlich läßt sich das Verfahren fortsetzen. In der
Folge betrachtet man $W_1(X)$ als Ausgangsinformation (a priori-Information), die durch einen zweiten Versuch zu $W_2(X)$ verbessert wird usw.
Im Grunde genommen beschreibt das Verfahren die Arbeitsweise, die bei
der Forschung allgemein üblich ist, wobei man bereits vorhandene
Kenntnisse laufend durch neue Versuche oder Beobachtungen verbessert.

Im folgenden werden zunächst einige Beispiele kurz skizziert, die das
Vorausgehende veranschaulichen.

Beispiel 1.1

In einer Stadt mit 10^6 Einwohnern leiden 2000 Menschen an einer bestimmten Krankheit. Es gibt einen medizinischen Test, mit dem man die
Krankheit "mit großer Wahrscheinlichkeit" erkennt. — Ein bestimmter
an Herrn A. vorgenommener Test liefert das Ergebnis "ohne Befund".

Die a priori-Information über "krank" (K) bzw. "gesund" (G) ist in
der Wahrscheinlichkeitsverteilung $W_o(K) = 2000/10^6 = 0,002$ bzw.
$W_o(G) = 0,998$ enthalten. Ferner hat man Vorkenntnisse über den Test-
ausgang bei gesunden und kranken Menschen, die hier nicht im einzelnen formuliert werden sollen. Das Versuchsergebnis lautet bei Herrn
A. "ohne Befund" = Y . Die Frage ist, welche a posteriori-Wahrschein-
lichkeiten $W_1(K) = W(K|Y)$ für "krank" bzw. $W_1(G) = W(G|Y)$ für "ge-
sund" bei dem Untersuchten gelten. (Vergl. Beispiel 2.2)

Beispiel 1.2

Bei einem Fertigungsvorgang, auf den zahlreiche "Einflußgrößen" einwirken, sei der Mittelwert eines interessierenden Qualitätsmerkmals
mit μ bezeichnet. Da man nicht alle Einflußgrößen (sondern nur die
wichtigsten) konstant halten kann, ist μ nicht fest, sondern schwankt
zufällig mit der Zeit, d.h. μ besitzt (langfristig gesehen),
eine <u>Verteilung</u>, die man durch ihre Wahrscheinlichkeitsdichte $\psi(\mu)$,
weiter durch ihren Mittelwert μ_o und ihre Varianz σ_o^2 kennzeichnet.
Diese Verteilung enthält die Vorinformation über μ ; man nennt sie
die a priori-Verteilung von μ . Zieht man zu einem bestimmten Zeitpunkt t = t' eine Zufallsstichprobe $(x_1 ; x_2 ; \ldots ; x_n)$ aus der Fertigung, um ihren augenblicklichen Mittelwert $\mu(t') = \mu'$ zu schätzen
oder zu beurteilen, so wird man zweckmäßigerweise nicht nur die beobachtete Probe $(x_1 ; \ldots ; x_n)$, sondern auch die in der a priori-
Verteilung von μ enthaltene Information berücksichtigen.

Beispiel 1.3

Bei einem Fertigungsvorgang entsteht der Anteil p von Ausschußstük-
ken, der sogenannte Schlechtanteil p . Aus dem gleichen Grunde wie
im Beispiel 1.2 ist p nicht fest, sondern besitzt eine Verteilung mit
der Dichtefunktion $\psi(p)$, dem Mittelwert $M(p) = p_0$ und der Varianz
$V(p) = \sigma_0^2$, die a priori-Verteilung von p . Gibt eine der Fertigung
zum Zeitpunkt $t = t'$ entnommene Zufallsstichprobe der Größe n den
Schlechtanteil $\hat{p}(t') = \hat{p}'$, so wird man bei der Schätzung des jeweiligen Schlechtanteils $p(t') = p'$ nicht nur den beobachteten Wert $\hat{p}'$,
sondern auch die in der a priori-Verteilung von p enthaltene Information heranziehen.

Beispiel 1.4

Ein Betrieb kauft regelmäßig Liefermengen bestimmter Größe N ein.
Durch "Vollprüfung" dieser Liefermengen stellt man fest, daß der
"Schlechtanteil" p kein fester Wert ist, sondern im Laufe der Zeit
schwankt. Der Schlechtanteil p besitzt demnach (langfristig gesehen)
eine Verteilung, die auf Grund der vorausgehenden Beobachtungen bekannt ist. Ebenso wie im Beispiel 1.3 läßt sie sich durch ihre Dichtefunktion $\psi(p)$, den Mittelwert $M(p) = p_0$ und die Varianz $V(p) = \sigma_0^2$
kennzeichnen. Wenn der Betrieb "in Zukunft" dazu übergeht, die Liefermengen nicht mehr voll zu prüfen, sondern durch Stichproben der
Größe $n \ll N$ zu beurteilen, so wird man dabei nicht nur das Ergebnis
$\hat{p}$ der jeweiligen Stichprobe, sondern — solange die Fertigungsbedingungen sich nicht ändern — auch die von früher her bekannte, in der
Verteilung von p enthaltene Information nutzbar machen. — Soweit
die Beispiele.

Noch eine Bemerkung zur Bezeichnung der Dichte. Die Dichtefunktion
der stetigen Zufallsgröße X wird mit $\psi(x)$ bezeichnet; $\psi(x)$ steht
stellvertretend für "Dichte von x", so daß Bezeichnungen wie $\psi(x)$,
$\psi(y)$, $\psi(x|\mu)$, $\psi(x;y)$ usw. nebeneinander gebraucht werden können, ohne
daß Verwechslungen zu befürchten sind. Die Summenfunktion zu $\psi(x)$,

$$\int_{-\infty}^{x} \psi(t)\,dt = \Psi(x) ,$$

wird mit $\Psi(x)$ bezeichnet. Ist die Verteilung von x standardisiert
normal, so werden anstelle von ψ und Ψ die Symbole $\varphi(x)$ und $\Phi(x)$ benutzt. — Außerdem wird in den Bezeichnungen "a priori-Verteilung"
und "a posteriori-Verteilung" im folgenden der Buchstabe a weggelassen.

2. Die priori- und die posteriori-Verteilung; das Theorem von Bayes; Likelihood; Beispiele

Im Grunde genommen handelt es sich bei dem bisher Dargelegten um folgende Fragestellung: Gegeben ist als priori-Verteilung die Verteilung einer diskreten bzw. stetigen Veränderlichen X mit den zugehörigen Wahrscheinlichkeiten $W(X)$ bzw. der Wahrscheinlichkeitsdichte $\psi(X)$. Zunächst sei X als diskret mit den Ausprägungen X_i , $i = 1;$ 2; ... , angenommen; Abb.2.1. Es gilt

$$\sum_i W(X_i) = 1 \ . \tag{2.1}$$

Ferner sind die bedingten Wahrscheinlichkeiten $W(Y|X)$ für das Eintreten des Versuchsergebnisses Y bei gegebenem X bekannt. Auch Y sei zunächst als diskret vorausgesetzt mit den Ausprägungen Y_j , $j = 1;$ 2; ... , wie es in Abb.2.1 dargestellt ist. Die Wahrscheinlichkeit der Ausprägungskombination $(X_i;Y_j)$ wird

$$W(X_i;Y_j) = W(X_i)W(Y_j|X_i) \ , \tag{2.2}$$

wobei die bedingten Wahrscheinlichkeiten $W(Y_j|X_i)$ bei festem i der Normierungsbedingung

$$\sum_j W(Y_j|X_i) = 1 \ ; \quad i = 1; \ 2; \ \dots \tag{2.3}$$

genügen. Die Randwahrscheinlichkeiten $W(X_i)$ für X und die bedingten Wahrscheinlichkeiten $W(Y_j|X_i)$ für Y_j bei gegebenem X_i bestimmen die zweidimensionale Verteilung von (X;Y) nach (2.2) vollständig.

Bei dieser Ausgangssituation wird <u>ein</u> Versuch durchgeführt. Er liefere als Ergebnis Y_j . Gesucht wird die bedingte Wahrscheinlichkeit $W(X_i|Y_j)$ für die Ausprägung X_i bei beobachtetem Y_j . Zu ihrer Berechnung bestimmt man zunächst die Randwahrscheinlichkeit für Y_j ,

$$W(Y_j) = \sum_i W(X_i)W(Y_j|X_i) \ . \tag{2.4}$$

Damit erhält man die gesuchte Wahrscheinlichkeit in der Form

$$W(X_i|Y_j) = \frac{W(X_i)W(Y_j|X_i)}{W(Y_j)} \quad ; \quad i = 1; \ 2; \ \ldots \tag{2.5}$$

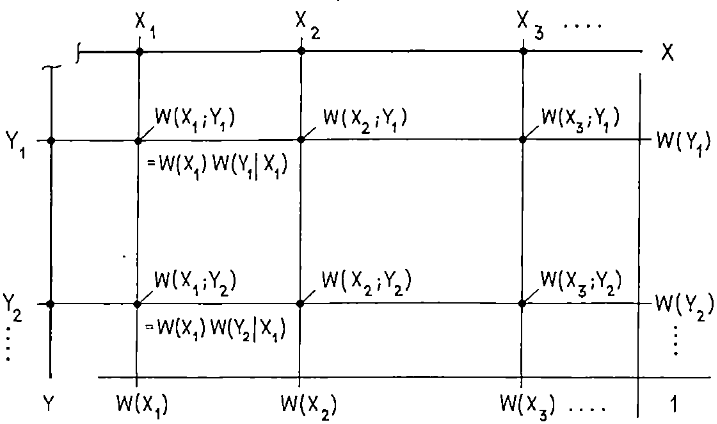

Abb.2.1 Zur Veranschaulichung der priori-Verteilung von X mit den
Wahrscheinlichkeiten $W(X_i)$ und der gemeinsamen Verteilung von (X;Y)
mit den Wahrscheinlichkeiten $W(X_i;Y_j) = W(X_i)W(Y_j|X_i)$.

Der Beweis von (2.5) folgt unmittelbar aus der Tatsache, daß sich die
Wahrscheinlichkeit $W(X_i;Y_j)$ der Ausprägungskombination $(X_i;Y_j)$ in der
Gestalt

$$W(X_i;Y_j) = W(X_i)W(Y_j|X_i) = W(Y_j)W(X_i|Y_j) \tag{2.6}$$

schreiben läßt. Löst man (2.6) nach $W(X_i|Y_j)$ auf, so folgt (2.5).

$W(X_i)$ ist die Wahrscheinlichkeit für die Ausprägung X_i der Zufallsgröße X , bevor ein Versuch durchgeführt wird. Diese Wahrscheinlichkeitsverteilung, die priori-Verteilung von X , enthält die "Vorinformation" über X .

$W(X_i|Y_j)$ ist die bedingte Wahrscheinlichkeit für die Ausprägung X_i ,
nachdem ein Versuch durchgeführt worden ist, der das Ergebnis Y_j gebracht hat. Diese Wahrscheinlichkeitsverteilung, die posteriori-Verteilung von X , enthält sowohl die "Vorinformation" über X als auch
die mit dem Versuchsergebnis Y_j gewonnene zusätzliche Information.

Die vorausgehenden Betrachtungen werden im folgenden an zwei Beispielen erläutert; das erste ist mehr formaler Natur, zeigt aber gewisse

grundsätzliche Eigenschaften der vorausgehenden Schlußweise, das zweite Beispiel läßt den praktischen Wert solcher Überlegungen erkennen.

Beispiel 2.1

Die beiden Ausprägungen X_1 und X_2 von X seien im folgenden interpretiert als die beiden möglichen Alternativen einer Entscheidung, die man an Hand von Versuchsergebnissen fällen möchte.

Als Vorinformation seien die Wahrscheinlichkeiten $W(X_1) = 0,8$ und $W(X_2) = 0,2$ gegeben, wobei jetzt nicht näher darauf eingegangen werden soll, woher die Vorinformation stammt.

Bei den beiden Alternativen X_1 und X_2 sind die Versuchsergebnisse Y_1, Y_2 und Y_3 möglich, und zwar mit den bedingten Wahrscheinlichkeiten

$$W(Y_1|X_1) = 0,7 \qquad W(Y_1|X_2) = 0,1 \; ;$$
$$W(Y_2|X_1) = 0,3 \qquad W(Y_2|X_2) = 0,3 \; ;$$
$$W(Y_3|X_1) = \underline{0,0} \qquad W(Y_3|X_2) = \underline{0,6} \; ;$$
$$\qquad\qquad 1,0 \qquad\qquad\qquad 1,0 \; .$$

Nach dem Vorausgehenden berechnet man zunächst die Wahrscheinlichkeiten $W(X_i;Y_j)$ der gemeinsamen Verteilung von X und Y und die Randwahrscheinlichkeiten für Y_j. Man findet zahlenmäßig (wie der Leser an Hand der vorausgehenden Formeln leicht nachprüfen kann)

	X_1	X_2	W(Y)
Y_1	0,56	0,02	0,58
Y_2	0,24	0,06	0,30
Y_3	0,00	0,12	0,12
W(X)	0,80	0,20	1,00

Nun wird ein Versuch durchgeführt mit dem Ergebnis Y_j .

(a) Das Versuchsergebnis sei Y_1 . Dann werden die posteriori-Wahrscheinlichkeiten für X_1 und X_2

$$W(X_1|Y_1) = 56/58 = 0,9655 \; ;$$
$$W(X_2|Y_1) = \underline{2/58} = 0,0345 \; ;$$
$$\qquad\qquad 1,0000 \; .$$

<u>Vor</u> dem Versuch sind die "priori-Chancen" von X_2 gegen X_1 gleich

$$o,2/o,8 = 1 : 4 \ .$$

<u>Nach</u> dem Versuch mit dem Ergebnis Y_1 sind die "posteriori-Chancen" von X_2 gegen X_1 gleich

$$o,o345/o,9655 \approx 1 : 36 \ .$$

Man wird also <u>nach dem Versuch</u> der Alternative (Hypothese) X_1 den Vorzug geben [ohne daß man die Alternative (Hypothese) X_2 ganz fallen lassen kann].

(b) <u>Das Versuchsergebnis sei Y_2</u> . Dann werden die posteriori-Wahrscheinlichkeiten für X_1 und X_2

$$W(X_1|Y_2) = 24/3o = o,8 = W(X_1) \ ;$$
$$W(X_2|Y_2) = 6/3o = o,2 = W(X_2) \ .$$

Die posteriori-Wahrscheinlichkeiten für X_1 und X_2 werden in diesem Falle gleich den entsprechenden priori-Wahrscheinlichkeiten. Dieses Ergebnis ist zu vermuten, da die bedingten Wahrscheinlichkeiten für das Versuchsergebnis Y_2 bei Gültigkeit von X_1 bzw. X_2 einander gleich sind,

$$W(Y_2|X_1) = W(Y_2|X_2) = o,3 \ .$$

Allgemein läßt sich dieser Sachverhalt wie folgt darstellen:

Ein Versuchsergebnis (hier Y_2), das bei verschiedenen Alternativen X_1 bzw. X_2 mit der gleichen (bedingten) Wahrscheinlichkeit auftreten kann, liefert keine zusätzliche Information im Vergleich zu der bereits in der priori-Verteilung über X_1 und X_2 vorhandenen. Bezeichnet man die für alle X_i gleiche bedingte Wahrscheinlichkeit für <u>ein</u> bestimmtes festes Versuchsergebnis Y_* mit k ,

$$W(Y_*|X_i) = k \quad \text{für alle i} \ , \tag{2.7}$$

so werden die Wahrscheinlichkeiten für $(X_i;Y_*)$ gleich

$$W(X_i;Y_*) = W(X_i)W(Y_*|X_i) = kW(X_i) \ . \tag{2.8}$$

Die Randwahrscheinlichkeit $W(Y_*)$ wird zu

$$W(Y_*) = \sum_i W(X_i;Y_*) = k \sum_i W(X_i) = k \ . \tag{2.9}$$

$$\longleftarrow 1 \longrightarrow$$

Mithin folgt in dem Falle aus (2.8) und (2.9)

$$W(X_i; Y_*) = W(X_i)W(Y_*) \ , \tag{2.10}$$

d.h. das betrachtete Y_* ist von den Alternativen X_i nicht abhängig. Die posteriori-Wahrscheinlichkeit für X_i bei beobachtetem Y_* ist

$$W(X_i \mid Y_*) = W(X_i; Y_*)/W(Y_*) = W(X_i) \ ,$$

also gleich der priori-Wahrscheinlichkeit für X_i . Ein solches Versuchsergebnis Y_* ist demnach als "Entscheidungshilfe" (um sich für ein bestimmtes X_i entscheiden zu können) nicht geeignet.

(c) Das Versuchsergebnis sei Y_3 . Dann werden die posteriori-Wahrscheinlichkeiten für X_1 und X_2

$$W(X_1 \mid Y_3) = o \ ; \quad W(X_2 \mid Y_3) = 1 \ .$$

In diesem Falle wird man sich <u>nach dem Versuch</u> zweifelsfrei für die Alternative (Hypothese) X_2 entscheiden (und X_1 fallen lassen). Das Ergebnis ist zu erwarten, da wegen $W(Y_3 \mid X_1) = o$ das Versuchsergebnis Y_3 bei Gültigkeit der Alternative X_1 nicht eintreten kann. Im Falle des Auftretens von Y_3 wird man daher nur X_2 in Betracht ziehen und X_1 fallen lassen.

Dieser Sachverhalt entspricht der wissenschaftlichen Erkenntnis, daß man zwischen zwei Hypothesen X_1 und X_2 nur dann mit Sicherheit entscheiden kann, wenn sich aus ihrer Gültigkeit unterschiedliche Versuchsergebnisse folgern lassen, z.B. aus X_1 das Ergebnis Y_1 und aus X_2 das Ergebnis Y_2 . Dieser Idealfall wird im folgenden vorausgesetzt. Es ist dann

$$
\begin{array}{c|c}
W(Y_1 \mid X_1) = 1 & W(Y_1 \mid X_2) = o \ , \\
W(Y_2 \mid X_1) = o & W(Y_2 \mid X_2) = 1 \ ,
\end{array}
$$

d.h. X_1 zieht Y_1 und X_2 zieht Y_2 "mit Sicherheit" nach sich. Die priori-Wahrscheinlichkeiten für X_1 und X_2 sind beliebig wählbar. Es sei $W(X_1) = P \neq o$ und $W(X_2) = 1-P \neq o$. Dann ergibt sich folgende Wahrscheinlichkeitstabelle für die Ausprägungskombinationen (X_i, Y_j) ; $i = 1, 2 \ ; \ j = 1, 2$.

	X_1	X_2	$W(Y)$
Y_1	P	o	P
Y_2	o	1-P	1-P
$W(X)$	P	1-P	1

Wird beim Versuch Y_1 beobachtet, so ist $W(X_1|Y_1)$ = P/P = 1 und $W(X_2|Y_1)$ = o .

Wird dagegen Y_2 beobachtet, so hat man $W(X_1|Y_2)$ = o und $W(X_2|Y_2)$ = = (1-P)/(1-P) = 1 .

Dieser Idealfall tritt praktisch nur selten auf. Im allgemeinen werden die Versuchsergebnisse Y_1 bzw. Y_2 nicht nur von den Hypothesen X_1 bzw. X_2 beeinflußt, sondern sie unterliegen der Einwirkung von unerwünschten, aber immer vorhandenen "Störgrößen", die dafür sorgen, daß die bedingten Wahrscheinlichkeiten $W(Y_j|X_i)$ nicht exakt die Werte 1 bzw. o , sondern davon mehr oder weniger abweichende Werte (1-δ) und δ haben. Dabei ist δ ein Maß für den Einfluß dieser Störgrößen. Man kann dann <u>nach</u> dem Versuch nicht mehr mit Sicherheit, sondern nur mit hoher Wahrscheinlichkeit angeben, daß die Alternative, für die man sich entschieden hat, tatsächlich zutrifft. Der Leser mag diese Behauptung an einem selbst gewählten Zahlenbeispiel, etwa $W(X_1)$ = $W(X_2)$ = o,5 mit δ = o,o5, nachprüfen. — In diesem Zusammenhang sei auch auf das nächste Beispiel 2.2 verwiesen.

Beispiel 2.2

Ein Leser A entnimmt der Zeitung, daß in seiner Stadt 2‰ der $1o^6$ Einwohner, also 2ooo Menschen, an einer bestimmten Krankheit leiden. Da die Krankheit schwerwiegende Folgen haben kann, wird der Bevölkerung empfohlen, sich einem ärztlichen "Massentest" zu unterziehen. Man weiß (aus langer Erfahrung), daß dieser Test im Mittel von 1oo untersuchten <u>Gesunden</u> 98 richtig als "gesund", jedoch 2 irrtümlich als "krank" und von 1oo untersuchten <u>Kranken</u> 95 richtig als "krank", jedoch 5 irrtümlich als "gesund" einstuft.

Bezeichnet man die Eigenschaften "gesund" mit G und "krank" mit K , ferner die Testergebnisse "ohne Befund" mit N(negativ) und "Befund" mit P(positiv), dann hat man die folgenden priori-Wahrscheinlichkeiten für "gesund" bzw. "krank"

$$W(G) = o,998 \quad \text{bzw.} \quad W(K) = o,oo2 .$$

Die bedingten Wahrscheinlichkeiten einer richtigen bzw. falschen Entscheidung des Tests sind bei gesunden Menschen (G)

$$W(N|G) = 0,98 \quad \text{bzw.} \quad W(P|G) = 0,02 \ .$$

Entsprechend gilt bei kranken Menschen

$$W(P|K) = 0,95 \quad \text{bzw.} \quad W(N|K) = 0,05 \ .$$

Leser A unterzieht sich dem Test, und ihn interessiert dabei, mit welcher Wahrscheinlichkeit er "gesund" bzw. "krank" ist,

(a) wenn der Befund "positiv" (P) ausfällt,

(b) wenn der Befund "negativ" (N) ist.

Zur Lösung des Problems berechnet man zunächst die Wahrscheinlichkeiten für die Ausprägungskombinationen von "Gesundheitszustand" und "Befund" und findet die folgenden Zahlenwerte:

Zustand / Befund	G	K	
· P	1996	190	2186
N	97804	10	97814
	99800	200	10^5

(Alle Wahrscheinlichkeiten sind mit 10^5 multipliziert worden.)

(a) Bei positivem Befund (P) werden die posteriori-Wahrscheinlichkeiten für "gesund" (G) bzw. "krank" (K) zu

$$W(G|P) = 1996/2186 = 0,91308 \ ;$$
$$W(K|P) = 190/2186 = 0,08692 \ ;$$
$$\overline{1,00000 \ .}$$

Auf Grund der priori-Information allein sind die "priori-Chancen" für krank gegen gesund gleich

$$200/99800 = 1 : 499 \approx 1 : 500 \ .$$

Nach positivem Befund der Untersuchung werden die "posteriori-Chancen" für krank gegen gesund gleich

$$190/1996 = 1 : 10,5 \approx 1 : 10 \ ,$$

also nahezu 50(!) mal größer als vorher. Der Betreffende wird sich infolgedessen bei positivem Befund in die Behandlung eines Spezialarztes begeben.

(b) Bei negativem Befund (N) werden die posteriori-Wahrscheinlichkei-
    ten für "gesund" (G) bzw. "krank" (K) zu

$$W(G|N) = 97804/97814 = 0,999898 \;;$$
$$W(K|N) = 10/97814 = 0,000102 \;;$$
$$\overline{1,000000} \;.$$

Nach negativem Befund der Untersuchung werden die "posteriori-Chancen" für krank gegen gesund gleich

$$10/97804 \approx 1 : 9800 \;,$$

also nur noch etwa 1/20 der "priori-Chancen" 1 : 500 .

Im allgemeinen wird man die posteriori-Wahrscheinlichkeit
$W(K|N) \approx 1 : 10^4$ als ausreichend klein ansehen und auf weitere ärztliche Maßnahmen verzichten. Nur sehr ängstliche und übervorsichtige
Menschen werden bei diesem Ergebnis noch einen Spezialarzt in An-
spruch nehmen.

Würde der ärztliche Massentest "fehlerfrei" arbeiten, d.h. jeden Kranken "mit Befund" (P) und jeden Gesunden "ohne Befund" (N) einordnen,
dann wären die bedingten Wahrscheinlichkeiten

$$W(N|G) = 1 \quad bzw. \quad W(P|G) = 0$$
und
$$W(P|K) = 1 \quad bzw. \quad W(N|K) = 0 \;.$$

Bei positivem Befund würde man dann

$$W(G|P) = 0 \quad und \quad W(K|P) = 1$$

und bei negativem Befund würde man

$$W(G|N) = 1 \quad und \quad W(K|N) = 0$$

finden (wie der Leser selbst nachprüfen mag). Bei dieser Sachlage
liegt kein Entscheidungsproblem mehr vor. Jedoch kann man in unserer
realen Welt nur in seltenen Ausnahmefällen mit diesem Idealfall feh-
lerfreier "Meßverfahren" rechnen.

Im vorliegenden Beispiel besteht die eigentlich zu leistende Arbeit
darin, die priori-Information — etwa durch W(K) — und die bedingten
Wahrscheinlichkeiten für die Testergebnisse P und N bei gesunden und
kranken Menschen bereitzustellen. Da man die Bevölkerungszahl einer
Stadt ausreichend genau kennt, so ist die Ermittlung von W(K) nicht
zu aufwendig, wenn die Krankheit gemeldet werden muß. Auch die Er-
mittlung der bedingten Wahrscheinlichkeiten W(P|K) und W(N|K) bietet

keine grundsätzlichen Schwierigkeiten. Man wendet den "Massentest" auf eine "große" Zahl Z_1 ($Z_1 \gtrsim 10^3$) von "eindeutig kranken" Menschen (nach bestimmten Symptomen) an und erfaßt die Zahl P_1 der positiven und die Zahl N_1 der negativen Befunde. Dann sind die relativen Häufigkeiten

$$P_1/Z_1 \approx W(P|K) \quad \text{und} \quad N_1/Z_1 \approx W(N|K)$$

brauchbare Schätzwerte für die gesuchten Wahrscheinlichkeiten. Da man einen "gesunden" Menschen nicht mit der gleichen Sicherheit wie einen eindeutig Kranken erkennt, so ist die Ermittlung von $W(P|G)$ und $W(N|G)$ nach dem gleichen Verfahren etwas problematisch. Auf jeden Fall mag der Leser erkennen, welcher gewaltige Aufwand an Geld und Mühe erforderlich ist, um die Information bereitzustellen, die man zur Lösung einer so einfachen Fragestellung braucht. Soweit das Beispiel.—

Das Theorem von Bayes

Im folgenden knüpfen wir an die Ausführungen am Anfang dieses Abschnitts an.

(1) Gegeben ist eine Reihe sich gegenseitig ausschließender und erschöpfender Ereignisse (Ausprägungen) X_i , $i = 1; 2; \ldots ; k$ der Zufallsgröße X ; es liegt also eine Zerlegung der Ergebnismenge von X vor.

(2) Die priori-Wahrscheinlichkeit (Randwahrscheinlichkeit) für X_i sei (von jetzt ab) mit $W_o(X_i)$ bezeichnet, wobei der Index o bei W darauf hinweist, daß $W_o(X_i)$ alle Information über das Vorkommen von X_i enthält, die im Ausgangszustand vor einem Versuch verfügbar ist; ("Vorinformation" über X_i). Es gilt $\sum_i W_o(X_i) = 1$.

(3) Y_j , $j = 1; 2; \ldots ; \ell$ bezeichnet die möglichen Versuchsergebnisse eines Versuchs, die im allgemeinen unter allen Ausprägungen X_i eintreten können (jedoch meist mit unterschiedlichen Wahrscheinlichkeiten).

(4) Bei Vorliegen (Gültigkeit) der Ausprägungen X_i tritt das Versuchsergebnis Y_j mit der als bekannt vorausgesetzten bedingten Wahrscheinlichkeit $W(Y_j|X_i)$ ein. Es gilt $\sum_j W(Y_j|X_i) = 1$, da bei gegebenen X_i mit Sicherheit, d.h. mit Wahrscheinlichkeit 1, eines der Y_j auftreten muß.

(5) Nachdem ein Versuch abgelaufen ist und ein bestimmtes Ergebnis

$Y_j = Y_*$ erbracht hat, wird die posteriori-Wahrscheinlichkeit für X_i bei beobachtetem Y_* nach (2.5) zu

$$W(X_i | Y_*) = \frac{W_o(X_i) W(Y_* | X_i)}{\sum_i W_o(X_i) W(Y_* | X_i)} \quad . \tag{2.11}$$

Die Summe im Nenner ist die Wahrscheinlichkeit für Y_* ,

$$W(Y_*) = \sum_i W_o(X_i) W(Y_* | X_i) \quad . \tag{2.12}$$

Die Gleichung (2.11) ist das Theorem von Bayes.

Die bedingte Wahrscheinlichkeit $W(Y_* | X_i)$ für das Versuchsergebnis Y_* bei Gültigkeit der Ausprägung X_i wird auch Likelihood von Y_* bei geltendem X_i genannt und mit $L(Y_* | X_i)$ bezeichnet,

$$W(Y_* | X_i) = L(Y_* | X_i) \quad ; \quad Y_* \text{ beobachtet}.$$

Damit läßt sich die grundlegende Gleichung (2.11) folgendermaßen formulieren: Die posteriori-Wahrscheinlichkeit für die Ausprägung X_i bei beobachtetem Y_* ist proportional zu dem Produkt aus der priori-Wahrscheinlichkeit $W_o(X_i)$ und der Likelihood $L(Y_* | X_i)$ der Beobachtung Y_* bei geltendem X_i ,

$$W(X_i | Y_*) \sim W_o(X_i) L(Y_* | X_i) \quad , \tag{2.13}$$

wobei das Zeichen "$\sim$" die Bedeutung "proportional zu" hat. Diese Formulierung wird im folgenden häufig benutzt werden. Hat man die Werte der rechten Seite von (2.13) für alle i zahlenmäßig berechnet, so findet man daraus die Wahrscheinlichkeiten in (2.11), indem man diese Einzelwerte durch ihre Summe (2.12) teilt. Damit ist die Normierungsbedingung

$$\sum_i W(X_i | Y_*) = 1 \tag{2.14}$$

erfüllt.

Die priori-Wahrscheinlichkeit $W_o(X_i)$ enthält die "Vorinformation", die man vor dem Versuch über das Auftreten von X_i hat. Die Likelihood $L(Y_* | X_i)$ enthält die aus dem Versuchsergebnis Y_* gewonnene zusätzliche Information. Die posteriori-Wahrscheinlichkeit $W(X_i | Y_*)$ faßt schließlich die Gesamtinformation zusammen, die nach dem Versuch mit dem Versuchsergebnis Y_* über X_i verfügbar ist.

Im folgenden werden noch zwei Sonderfälle betrachtet.

(a) Sind die bedingten Wahrscheinlichkeiten $W(Y_* | X_i)$ für <u>ein</u> bestimm-
    tes Versuchsergebnis Y_* für alle i einander gleich,

$$W(Y_* | X_i) = konst = c \quad \text{für alle i ,}$$

so folgt aus (2.11) mit $\sum_i W_o(X_i) = 1$ leicht

$$W(X_i | Y_*) = W_o(X_i) \; . \tag{2.15}$$

Das betreffende Versuchsergebnis Y_* ist im Hinblick auf die In-
formationssteigerung ohne Wert, da die posteriori-Wahrscheinlichkeit für X_i gleich der entsprechenden priori-Wahrscheinlichkeit
ist. Vgl. auch die Ausführungen von Fall b) des Beispiels 2.1 .

(b) Gelegentlich hat man (nahezu) <u>keine priori-Information</u> über die
    Wahrscheinlichkeiten $W_o(X_i)$, mit denen die Ausprägungen X_i auftre-
    ten (außer der Information, daß alle X_i möglich sind). In diesem
    Fall wählt man sinnvollerweise alle Wahrscheinlichkeiten $W_o(X_i)$
    einander gleich, um keine Ausprägung X_i zu bevorzugen. Ist k die
    Zahl der Ausprägungen X_i , so gilt

$$W_o(X_i) = konst = 1/k \; . \tag{2.16}$$

In dem Falle folgt aus (2.13)

$$W(X_i | Y_*) \sim L(Y_* | X_i) \; . \tag{2.17}$$

Die posteriori-Wahrscheinlichkeit für X_i ist hier allein propor-
tional zur Likelihood $L(Y_* | X_i)$. Die in der priori-Verteilung
$W_o(X_i)$ = konst enthaltene Information über X_i ist im Grunde genommen "ohne Wert".

Mit der Normierungsbedingung (2.14) wird die posteriori-Wahrscheinlichkeit für X_i schließlich

$$W(X_i | Y_*) = \frac{L(Y_* | X_i)}{\sum_i L(Y_* | X_i)} \; ; \quad W_o(X_i) = konst \; . \tag{2.18}$$

Soweit die Sonderfälle. —

Im folgenden betrachten wir das Ergebnis von zwei nacheinander, jedoch
unabhängig voneinander durchgeführten Versuchen. Es sei bei k Ausprägungen X_i zunächst die Wahrscheinlichkeit

$$W_o(X_i) = konst = 1/k \; .$$

Ein erster Versuch 1 gibt unter bestimmten Versuchsbedingungen das Ergebnis $Y_j = Y'$. Dann wird die posteriori-Wahrscheinlichkeit für X_i nach (2.18)

$$W(X_i|Y') = \frac{L(Y'|X_i)}{\sum_i L(Y'|X_i)} = \frac{L(Y'|X_i)}{K} \quad \text{mit } K = \sum_i L(Y'|X_i) \ . \tag{2.19}$$

In der Folge kann man diese Wahrscheinlichkeit,

$$W(X_i|Y') = W_1(X_i) \ , \tag{2.2o}$$

als priori-Wahrscheinlichkeit für X_i bei weiteren Versuchen auffassen. Ein zweiter Versuch 2 gibt unter den gleichen Versuchsbedingungen wie vorher das Ergebnis $Y_j = Y''$. Dann wird die posteriori-Wahrscheinlichkeit für X_i nach (2.13) und (2.14) zusammen mit (2.2o) und unter der Annahme, daß die bedingten Wahrscheinlichkeiten $W(Y_j|X_i)$ dieselben sind wie im 1. Versuch

$$W(X_i|Y';Y'') = \frac{W_1(X_i)L(Y''|X_i)}{\sum_i W_1(X_i)L(Y''|X_i)} \ . \tag{2.21}$$

Der gegebene Sachverhalt läßt sich jedoch noch in anderer Weise deuten. Man geht von $W_o(X_i) = $ konst aus und faßt die einzelnen Versuchsergebnisse Y' und Y'' zu einem Gesamtversuch mit dem Ergebnis $Y''' \equiv (Y';Y'')$ zusammen. Dann berechnet man die posteriori-Wahrscheinlichkeit für X_i bei beobachtetem Y''' aus (2.18),

$$W(X_i|Y''') = W(X_i|Y';Y'') = \frac{L(Y'''|X_i)}{\sum_i L(Y'''|X_i)} \ . \tag{2.22}$$

Die Frage ist, ob die Ergebnisse der Gleichungen (2.21) und (2.22) übereinstimmen. Es wird dabei zunächst wie oben vorausgesetzt, daß sich die bedingten Wahrscheinlichkeiten $W(Y_j|X_i)$ für Y_j bei geltendem X_i von Versuch zu Versuch nicht ändern und daß weiter die Versuchsergebnisse Y_j und Y_λ unabhängig voneinander auftreten. Dann gilt

$$W(Y_j;Y_\lambda|X_i) = W(Y_j|X_i)W(Y_\lambda|X_i) \ .$$

Daraus folgt für die Likelihoodwerte der Versuchsergebnisse

$$L(Y'''|X_i) = L(Y';Y''|X_i) = L(Y'|X_i)L(Y''|X_i) \ . \tag{2.23}$$

Damit wird aus (2.22)

$$W(X_i|Y';Y") = \frac{L(Y'|X_i)L(Y"|X_i)}{\sum\limits_i L(Y'|X_i)L(Y"|X_i)} \quad . \tag{2.24}$$

Dieses Ergebnis ist mit (2.21) zu vergleichen. Ersetzt man dort $W_1(X_i)$ gemäß (2.2o) durch $W(X_i|Y')$ aus (2.19), so fällt die Konstante $K = \sum\limits_i L(Y'|X_i)$ im Zähler und Nenner heraus und man findet das gleiche Ergebnis wie in (2.24).

Unter den genannten Voraussetzungen ist es demnach gleichgültig, ob man die posteriori-Wahrscheinlichkeit für X_i in den Einzelschritten 1 [mit dem Versuchsergebnis Y'] und 2 [mit dem Versuchsergebnis Y"] berechnet oder ob man sie mit einem Gesamtschritt [mit dem Versuchsergebnis Y''' = (Y';Y")] bestimmt. Das ist eine wesentliche Eigenschaft der Schlußweise von Bayes. Sie läßt sich leicht auf drei (und mehr) Schritte bzw. Versuche verallgemeinern. Der Beweis sei dem Leser überlassen.

Im folgenden werden die letzten Ergebnisse verallgemeinert. $W_o(X_i)$ sei jetzt beliebig vorgegeben; ferner sei es möglich, daß die bedingten Wahrscheinlichkeiten $W(Y_j|X_i)$ für Y_j bei geltendem X_i von den Ergebnissen der vorausgehenden Versuche abhängen, sich also von Versuch zu Versuch ändern. Dann sind die Ergebnisse $Y_j = Y'$ bei Versuch 1 und $Y_\lambda = Y"$ bei Versuch 2 nicht mehr unabhängig voneinander.

Nach dem ersten Versuch 1 mit dem Ergebnis $Y_j = Y'$ gilt für die posteriori-Wahrscheinlichkeit von X_i nach (2.13)

$$W(X_i|Y') \sim W_o(X_i)L(Y'|X_i) \quad . \tag{2.25}$$

Die Wahrscheinlichkeit $W(X_i|Y')$ wird im folgenden als priori-Wahrscheinlichkeit für X_i aufgefaßt. Gegebenenfalls hat man für weitere Versuche neue bedingte Wahrscheinlichkeiten für Y_λ , die allgemein mit

$$W(Y_\lambda|X_i;Y_j)$$

bezeichnet seien.

Der zweite Versuch 2 gibt das Ergebnis $Y_\lambda = Y"$. Dann wird die posteriori-Wahrscheinlichkeit für X_i nach beiden Versuchen

$$W(X_i|Y';Y") \sim [W_o(X_i)L(Y'|X_i)]L(Y"|X_i;Y') \quad . \tag{2.26}$$

$$\underset{\substack{\text{lichkeit vor dem}\\ \text{Versuch 2}}}{\longleftarrow \text{priori-Wahrschein-} \longrightarrow}$$

Geht man von $W_o(X_i)$ aus und faßt die beiden Versuchsergebnisse Y' und Y'' zu einem Gesamtversuch mit dem Ergebnis $Y''' = (Y';Y'')$ zusammen, so gilt für die posteriori-Wahrscheinlichkeit von X_i nach dem Gesamtversuch

$$W(X_i|Y''') \sim W_o(X_i)L(Y'''|X_i) \ . \tag{2.27}$$

Wiederum erhebt sich die Frage, ob die Ergebnisse der "Gleichungen" (2.26) und (2.27) übereinstimmen. Aus

$$W(Y_j;Y_\lambda|X_i) = W(Y_j|X_i)W(Y_\lambda|Y_j;X_i)$$

folgt für die Likelihoodwerte der Versuchsergebnisse

$$L(Y'''|X_i) \equiv L(Y';Y''|X_i) = L(Y'|X_i)L(Y''|Y';X_i) \ . \tag{2.28}$$

Setzt man den letzten Ausdruck in (2.27) ein, so wird daraus

$$W(X_i|Y''') \sim W_o(X_i)L(Y'|X_i)L(Y''|Y';X_i) , \tag{2.29}$$

was mit (2.26) übereinstimmt. Auch wenn sich die bedingten Wahrscheinlichkeiten für das Versuchsergebnis Y_j bei geltendem X_i von Versuch zu Versuch ändern, weil die Versuchsergebnisse Y_j und Y_λ nicht unabhängig voneinander sind, ist es gleichgültig, ob man bei zwei Versuchen die posteriori-Wahrscheinlichkeit für X_i in zwei Einzelschritten oder in einem Gesamtschritt berechnet.

Die Gleichung (2.26) läßt sich auf drei (und mehr) Versuche mit den Ergebnissen Y', Y'' und Y''' verallgemeinern zu

$$W(X_i|Y';Y'';Y''') \sim W_o(X_i)L(Y'|X_i)L(Y''|X_i;Y')L(Y'''|X_i;Y';Y'') \ . \tag{2.30}$$

Im Sonderfall voneinander unabhängiger Versuchsergebnisse Y', Y'' und Y''' vereinfacht sich die letzte Beziehung zu

$$W(X_i|Y';Y'';Y''') \sim W_o(X_i)L(Y'|X_i)L(Y''|X_i)L(Y'''|X_i) \ . \tag{2.31}$$

Beispiel 2.3

Ein Gremium besteht aus $N = 100$ Mitgliedern. Eine unbekannte Zahl B davon unterstützt einen Antrag, den man einbringen will (Befürworter). Der Rest $N-B = A$ ist gegen den Antrag. Es werden zufallsmäßig $n = 10$ Mitglieder befragt. Bezeichnet man "Zustimmung" mit Z und "Ablehnung" mit $\bar{Z}$, so sei dabei das Versuchsergebnis

$$Y = (Z \ Z \ \bar{Z} \ Z \ Z \ Z \ \bar{Z} \ \bar{Z} \ Z \ \bar{Z}) \tag{2.32}$$

aufgetreten, also b = 6 Befürworter und a = 4 Gegner in der Probe der
Größe n = 1o. Was läßt sich nach dieser Befragung über die Zahl B der
Mitglieder folgern, die den Antrag unterstützen?

Ohne Berücksichtigung des Theorems von Bayes schätzt man die Zahl B
der Befürworter durch "Hochrechnen" von der Probe n auf die Gesamtheit N , wie es beispielsweise bei Stichprobenerhebungen in der amtli-
chen Statistik üblich ist. Aus der Gleichung

$$B_H/N = b/n \qquad \text{bzw.} \qquad B_H = N\left(\frac{b}{n}\right) \tag{2.33}$$

findet man mit den gegebenen Zahlenwerten den hochgerechneten Schätzwert B_H = 6o .

Im folgenden wird die Schlußweise von Bayes herangezogen. Die vor der
Befragung unbekannte Zahl B der Befürworter besitzt als mögliche Ausprägungen B_i eine der ganzen Zahlen von o bis 1oo, also

$$X_i \equiv B_i = i \ , \quad i = o; \ 1; \ 2; \ \ldots \ ; \ 1oo \ .$$

Solange keine weitere Information verfügbar ist, wählt man die priori-
Wahrscheinlichkeit für B_i zu

$$W_o(B_i) = \text{konst} \ (= 1/1o1) ,$$

wobei der Zahlenwert 1/1o1 im weiteren nicht gebraucht wird. Es liegt
der Sonderfall von (2.16) bis (2.18) vor. Man hat demnach nur die Likelihood des Versuchsergebnisses Y für alle B_i zu berechnen.

Die bedingte Wahrscheinlichkeit, aus einer Gesamtheit der Größe N ,
die A Gegner und B Befürworter enthält, in einer Probe der Größe n genau b Befürworter (und a Gegner) zu finden, ist (nach der hypergeometrischen Verteilung mit den Parametern B, N und n)

$$W(b|B;N;n) = \frac{\binom{A}{a}\binom{B}{b}}{\binom{N}{n}} \ ; \quad A + B = N; \ a + b = n \ . \tag{2.34}$$

Die Parameter N und n stellen keine Bedingungen dar; außerdem darf man
sie weglassen, da N = 1oo und n = 1o fest vorgegeben sind. Also hat
man

$$W(b|B) = \frac{\binom{B}{b}\binom{N-B}{n-b}}{\binom{N}{n}} \ . \tag{2.35}$$

Da $X_i \equiv B_i$ im Bereich $o \leq B_i \leq 1oo$ und $Y_j \equiv b_j$ im Bereich $o \leq b_j \leq 1o$ liegt, so gibt es im Beispiel insgesamt $1o1 \cdot 11 = 1111$ bedingte Wahrscheinlichkeiten $W(b_j|B_i)$, die allerdings nicht alle von o verschieden sind und die man nicht alle braucht. Abb.2.2 zeigt den Ausschnitt des Wahrscheinlichkeitsfeldes für $o \leq B_i \leq 12$ und $88 \leq B_i \leq 1oo$. Die Wahrscheinlichkeiten $W(b_j|B_i)$ an den <u>nicht</u> "eingekreisten" Schnittpunkten $(B_i;b_j)$ verschwinden, da man beispielsweise bei $B_i = 3$ Befürwortern in der Gesamtheit N nicht mehr als $b_j = 3$ in der Probe $n = 1o$ finden kann. Wie man sich an Hand von Abb.2.2 überlegt, beträgt die Zahl der von o verschiedenen Wahrscheinlichkeiten $1111 - 2 \cdot \sum\limits_{\nu=1}^{10} \nu =$ $1111 - (2 \cdot 55) = 1oo1$, von denen man aber nur die Werte $b_j = b = 6$ benötigt. Das sind die 91 Wahrscheinlichkeiten, die zu den schwarzen Punkten in Abb.2.2 gehören,

$$W(6|B_i) = \frac{\binom{B_i}{6}\binom{1oo - B_i}{4}}{\binom{1oo}{1o}} \quad ; \quad i = 6, 7, \ldots , 96 .$$

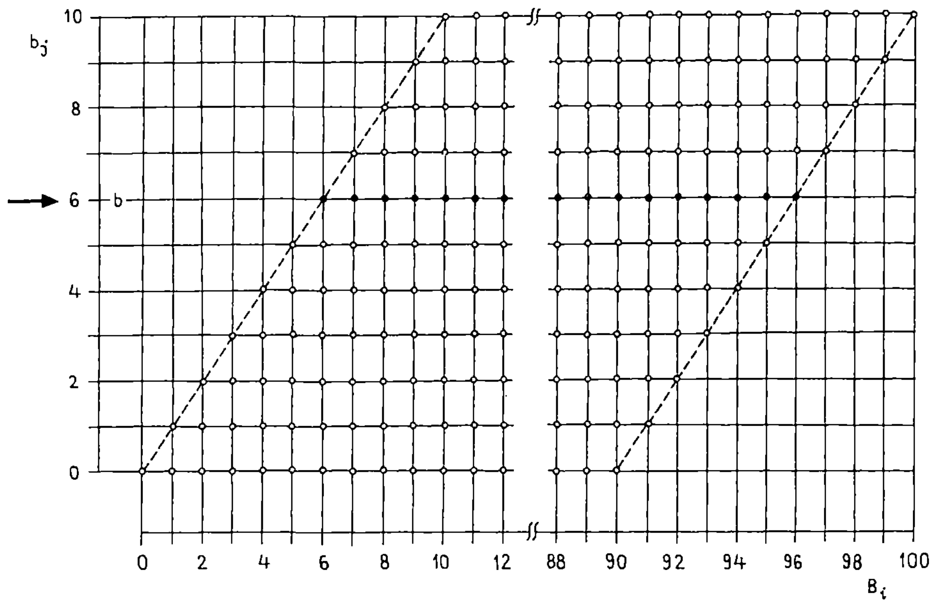

Abb.2.2 Das Wahrscheinlichkeitsfeld $(B_i;b_j)$ zu Beispiel 2.3 . Es gilt $o \leq B_i \leq 1oo$ und $o \leq b_j \leq 1o$.

Schreibt man die Binomialkoeffizienten mit Hilfe der entsprechenden Fakultäten,

$$\binom{B}{b} = \frac{B!}{b!\,(B-b)!} \ ,$$

und kürzt soweit möglich, so findet man für $W(6|B_i)$ die Gestalt

$$W(6|B_i) = \frac{1o!}{4!6!} \ \frac{B_i\,(B_i-1)\ldots(B_i-5)\,(1oo-B_i)\,(99-B_i)\ldots(97-B_i)}{91\cdot 92\cdot\ldots\qquad\qquad\qquad\qquad\cdot 99\cdot 1oo} \ .$$

Die Likelihood des Versuchsergebnisses Y aus (2.32) folgt daraus zu

$$L(Y|B_i) = \frac{B_i\,(B_i-1)\ldots(B_i-5)\,(1oo-B_i)\,(99-B_i)\ldots(97-B_i)}{91\cdot 92\cdot\ldots\qquad\qquad\qquad\qquad\cdot 99\cdot 1oo} \ , \qquad (2.36)$$

denn Y ist _eine_ der insgesamt $1o!/(4!6!)$ verschiedenen gleichwahr-
scheinlichen Folgen aus Z bzw. $\bar{Z}$ der Länge n = 1o, in denen Z sechs-
mal und $\bar{Z}$ viermal auftritt. Bei der weiteren Zahlenrechnung könnte
man die konstanten Faktoren im Nenner weglassen. Aus später ersicht-
lichen Gründen sollen sie jedoch beibehalten werden.

Ersichtlich verschwindet $L(Y|B_i)$ für B_i = o; 1; 2; 3; 4; 5   und
B_i = 97; 98; 99; 1oo, wie es sein muß. Man hat demnach 91 Zahlenwerte
$L(Y|B_i)$ zu berechnen. Für die gesuchte posteriori-Wahrscheinlichkeit
von B_i gilt nach (2.17)

$$W(B_i|Y) \sim L(Y|B_i) \qquad\qquad\qquad (2.37)$$

und nach (2.18)

$$W(B_i|Y) = \frac{L(Y|B_i)}{\sum\limits_i L(Y|B_i)} \ . \qquad\qquad\qquad (2.38)$$

Zweckmäßig berechnet man _einen_ Wert $L(Y|B_i)$, etwa an der Stelle des
hochgerechneten Wertes $B_i = B_H = 60$, aus (2.36),

$$L(Y|6o) = \frac{60\cdot 59\cdot 58\cdot 57\cdot 56\cdot 55\cdot 4o\cdot 39\cdot 38\cdot 37}{91\cdot 92\cdot 93\cdot 94\cdot 95\cdot 96\cdot 97\cdot 98\cdot 99\cdot 1oo} = 1258{,}63/1o^6 .$$

Alle anderen Werte L findet man dann bequem mit Hilfe der _Rekursions-
formel_

$$L(Y|B_i+1) = \frac{(B_i+1)\,(96-B_i)}{(B_i-5)\,(1oo-B_i)} \ L(Y|B_i) \ , \qquad\qquad (2.39)$$

die der Leser selbst herleiten mag. Die Werte von B_i , an denen $L(Y|B_i)$
und damit auch $W(B_i|Y)$ in Abhängigkeit von der Anzahl B_i (nahezu) sta-
tionär ist, findet man, indem man den Quotienten $Q(B_i)$ aus der letz-

ten Gleichung

$$Q(B_i) = \frac{L(Y|B_i+1)}{L(Y|B_i)} = \frac{(B_i+1)(96-B_i)}{(B_i-5)(100-B_i)} = 1$$

setzt. Die Auflösung nach B_i gibt $B_i = 59,6$, also $B^* = 59$ oder $B^{**} = 60$. An der Stelle B^* wird $Q(B^*) = 370/369 > 1$ (und es ist $Q(B_i) > 1$ für $B_i < B^*$), an der Stelle B^{**} wird $Q(B^{**}) = 549/550 < 1$ (und es ist $Q(B_i) < 1$ für $B_i > B^{**}$). Mithin gilt

$$W(59|Y) < W(60|Y) \quad \text{und} \quad W(61|Y) < W(60|Y).$$

Der auf diese Weise gefundene Wert $B^{**} = 60$ heißt der <u>Maximum-Likelihood-Schätzwert</u> für die unbekannte Zahl B der Befürworter: An der Stelle $B_i = B^{**}$ hat die Likelihood $L(Y|B)$ des Versuchsergebnisses Y in Abhängigkeit von B den größten Wert.

Der wahrscheinlichste Wert von B bei beobachtetem Y stimmt mit dem aus der Hochrechnung gefundenen Wert $B_H = 60$ überein, der damit nachträglich eine Begründung erhält.

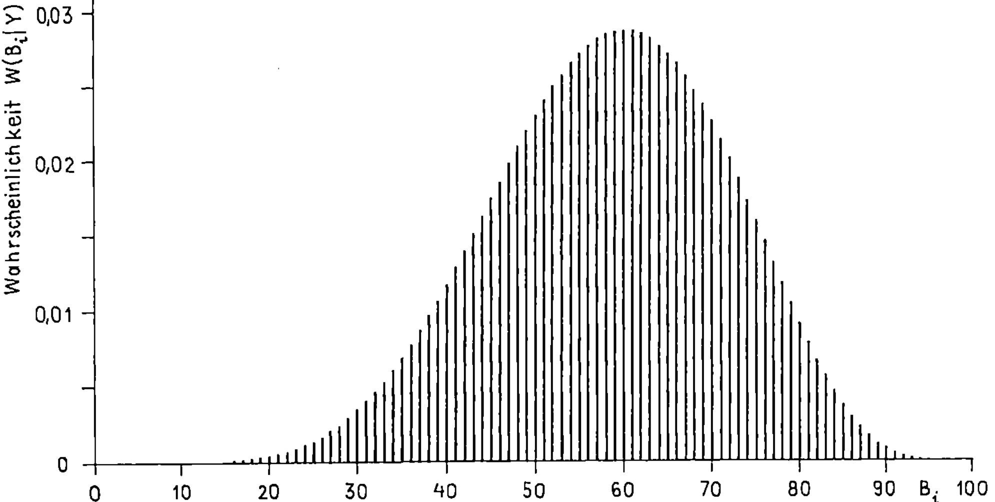

Abb.2.3 Die posteriori-Verteilung $W(B_i|Y)$ für die Zahl B_i der Befürworter in der Gesamtheit. Umfang der Gesamtheit $N = 100$; $b = 6$ Befürworter in der Probe vom Umfang $n = 10$.

Das Ergebnis der Zahlenrechnung ist in Abb.2.3 dargestellt. Die posteriori-Wahrscheinlichkeit dafür, daß die Zahl B der Befürworter 50 nicht übersteigt und der Antrag damit abgelehnt wird, ist

$$\sum_{i=6}^{50} W(B_i \mid Y) = 0{,}274 = 27{,}4\% \ .$$

Trotz des "günstigen" Ergebnisses von 6 : 4 in der Probe besteht eine ziemlich hohe Wahrscheinlichkeit, daß der Antrag bei seiner Vorlage abgelehnt wird. Das Hochrechnungsergebnis $B_H = 60$ allein hätte, da es nur eine Aussage "im Mittel" darstellt, diese ziemlich ungünstige Situation nicht erkennen lassen.

Sieht man die mit der Befragung von $n = 10$ Mitgliedern gewonnene Information nicht als ausreichend an, dann wird man eine zweite Befragung von weiteren Mitgliedern vornehmen.

Die Ausgangswerte und Ergebnisse der ersten Befragung werden im folgenden (soweit es erforderlich ist) durch einen Strich ('), die der zweiten Befragung durch zwei Striche (") gekennzeichnet. Es war $N' = N = 100$; $n' = 10$ mit dem Ergebnis Y' aus (2.32) bzw. mit $b' = 6$ Befürwortern. Bei der zweiten Befragung wählt man wiederum $n'' = 10$. Man findet das Ergebnis

$$Y'' = (Z \ \bar{Z} \ Z \ Z \ Z \ Z \ \bar{Z} \ \bar{Z} \ Z \ Z) \ , \tag{2.40}$$

also $b'' = 7$ Befürworter in der zweiten Probe.

Man berechne die posteriori-Wahrscheinlichkeit von B_i

(a) <u>in zwei Einzelschritten</u>, indem man die posteriori-Wahrscheinlichkeit von B_i aus (2.38) als priori-Wahrscheinlichkeit beim zweiten Versuch wählt,

(b) <u>in einem Gesamtschritt</u>, indem man von $W_o(B_i) = $ konst ausgeht und die posteriori-Wahrscheinlichkeit von B_i für das Versuchsergebnis

$$Y''' = (Y';Y'') \tag{2.41}$$

nach (2.32) und (2.40) mit $(n''' = 20$; $b''' = 13)$ berechnet.

(a): Nach dem ersten Versuch bleiben $N'' = N-n' = 100 - 10 = 90$ nicht befragte Mitglieder mit $B_i'' = B_i-b' = B_i-6$ Befürwortern übrig. Die durch das erste Versuchsergebnis Y' bedingte Likelihood für Y'' findet man aus (2.34), wobei man das Wertepaar $(N;B)$ durch $(N'' = 90$; $B_i'')$ zu ersetzen hat. Man findet schließlich entsprechend zu (2.36)

$$L(Y'' \mid B_i'';Y') = \frac{B_i''(B_i''-1)\ldots(B_i''-6)(90-B_i'')(89-B_i'')(88-B_i'')}{81 \cdot 82 \cdot \ldots \cdot 89 \cdot 90} \ . \tag{2.42}$$

Führt man hier anstelle von B_i'' wieder $B_i = B_i''+6$ ein, so wird

$$L(Y''|B_i;Y') = \frac{(B_i-6)(B_i-7)\ldots(B_i-12)(96-B_i)\ldots(94-B_i)}{81 \cdot 82 \cdot \ldots \cdot 89 \cdot 90} \cdot \qquad (2.43)$$

Die gesuchte posteriori-Wahrscheinlichkeit von B_i nach den Versuchs-ergebnissen Y' und Y'' findet man, indem man $L(Y'|B_i)$ aus (2.36) und $L(Y''|B_i;Y')$ aus (2.43) gemäß (2.26) miteinander multipliziert (und normiert). Es wird

$$W(B_i|Y';Y'') \sim \frac{B_i(B_i-1)\ldots(B_i-12)(100-B_i)(99-B_i)\ldots(94-B_i)}{81 \cdot 82 \cdot \ldots \cdot 99 \cdot 100} , \qquad (2.44)$$

wobei $13 \leqq B_i \leqq 93$ ist.

(b): In diesem Falle findet man die posteriori-Wahrscheinlichkeit für B_i bei beobachtetem $Y''' = (Y';Y'')$, indem man in (2.34)

$N''' = N = 100$; $n''' = n'+n'' = 10+10 = 20$ und $b''' = b'+b'' = 6+7 = 13$

wählt. Da die Überlegungen in gleicher Weise wie vorher verlaufen, werden sie nicht in allen Einzelheiten wiederholt. Man findet, daß $W(B_i|Y''')$ auch jetzt der rechten Seite von (2.44) proportional ist,wie es nach den vorausgegangenen allgemeinen Betrachtungen zu erwarten ist.

Zur Bestimmung des wahrscheinlichsten Wertes B_i hat man jetzt den Quotienten

$$Q(B_i) = \frac{(B_i+1)(93-B_i)}{(B_i-12)(100-B_i)} = 1$$

zu setzen. Die Auflösung nach B_i gibt $B_i = 64,7$, also $B^* = 64$ oder $B^{**} = 65$. An der Stelle B^* wird $Q(B^*) = 145/144 > 1$ und es ist $Q(B_i) > 1$ für $B_i < 64$, an der Stelle B^{**} ist $Q(B^{**}) = 264/265 < 1$ und es ist $Q(B_i) < 1$ für $B_i > 65$. Mithin gilt

$$W(64|Y''') < W(65|Y''') \quad \text{und} \quad W(66|Y''') < W(65|Y''').$$

Der wahrscheinlichste Wert (der Maximum-Likelihood-Schätzwert) für die unbekannte Zahl B von Befürwortern liegt bei $B^{**} = 65$; er stimmt mit dem aus der Hochrechnungsgleichung (2.33) mit $n''' = 20$ und $b''' = 13$ gefundenen Wert $B_H''' = 65$ überein.

Die posteriori-Wahrscheinlichkeit dafür, daß die Zahl B der Befür-worter 50 nicht übersteigt und der Antrag damit abgelehnt wird, ist

$$\sum_{i=13}^{50} W(B_i|Y''') = 0,077 = 7,7\% .$$

Beispiel 2.4

Um die Zahl N der Fische (einer bestimmten Art) in einem See zu bestimmen, fängt man bei einem <u>Vorversuch</u> eine größere Zahl B von Fischen; es sei B = 6o . Sie werden gekennzeichnet und wieder frei gelassen. Die Gesamtheit der Fische (dieser Art) im See besteht dann
aus B = 6o gezeichneten und A = N-B = N-6o nicht gezeichneten Fischen.
Bei einem weiteren Versuch, dem <u>Hauptversuch</u>, werden n Fische gefan-
gen, von denen b gezeichnet und a = n-b nicht gezeichnet sind. Es sei
n = 1oo und b = 1o . Alle Fische werden wieder frei gelassen. Man berechne die posteriori-Verteilung von N mit den möglichen Ausprägungen N_i = i unter der Annahme, daß die priori-Wahrscheinlichkeit
$W_o(N_i)$ = konst ist.

Auf Grund des Vorversuchs gilt 6o $\leq N_i \leq N_*$, wobei man jedoch
die obere Grenze N_* bei der getroffenen Voraussetzung $W_o(N_i)$ = konst
nicht zu kennen braucht; vgl. (2.18). Nach dem Hauptversuch gilt
$N_i \geq$ 15o , denn man hat dabei (n-b) = 9o ungezeichnete Fische gefan-
gen und weiß, daß B = 6o gezeichnete im See leben, also mindestens
15o . Allgemein folgt aus a $\leq$ A bzw. n-b $\leq$ N-B leicht

$$N \geq B+n-b .$$

Danach sind für N_i nach dem Hauptversuch Werte im Bereich 15o $\leq N_i \leq$
N_* möglich.

Aus der Hochrechnungsgleichung (2.33) findet man

$$N_H = (n/b)B = 6oo .$$

Für das weitere geht man — ebenso wie im Beispiel 2.3 — von der
hypergeometrischen Verteilung (2.34) aus. Dabei sind hier im Vergleich zu Beispiel 2.3 die Rollen von B und N miteinander vertauscht.
Damals war N bekannt, jedoch B nicht. Jetzt ist es umgekehrt.

Die Wahrscheinlichkeit für das Versuchsergebnis

$$Y = \text{(zuerst 1o gezeichnete und dann 9o ungezeichnete Fische)}$$

läßt sich aber auch unmittelbar finden. Die Wahrscheinlichkeit für
den <u>ersten gezeichneten</u> Fisch aus N_i vorhandenen ist B/N_i = $6o/N_i$;
für den zweiten wird sie (B-1)/(N_i-1) = $59/(N_i-1)$, wie man leicht
überlegt. Für den 1o. gezeichneten Fisch hat man schließlich $51/(N_i-9)$.
Die Restgesamtheit enthält noch (N_i-1o) Fische, von denen (N_i-6o)
<u>nicht gezeichnet</u> sind. Infolgedessen wird die Wahrscheinlichkeit für
den <u>ersten ungezeichneten</u> Fisch $(N_i-6o)/(N_i-1o)$, für den zweiten fin-

det man entsprechend $(N_i-61)/(N_i-11)$ usw. bis zu $(N_i-149)/(N_i-99)$.
Damit gilt für die Likelihood des Versuchsergebnisses Y

$$L(Y|N_i) \sim \frac{60 \cdot 59 \cdot \ldots \cdot 51 \cdot (N_i-60)(N_i-61)\ldots(N_i-149)}{N_i(N_i-1)\ldots(N_i-9)(N_i-10)(N_i-11)\ldots(N_i-99)} \cdot$$

$$\longleftarrow 10 \text{ Faktoren} \longrightarrow \longleftarrow 90 \text{ Faktoren} \longrightarrow$$

Im Zähler und Nenner stehen je 100 Faktoren. Kürzt man so weit wie
möglich und läßt alle Konstanten als unwesentlich fort, so wird die
gesuchte posteriori-Wahrscheinlichkeit für N_i schließlich proportional zu

$$W(N_i|Y) \sim L(Y|N_i) \sim \frac{(N_i-100)(N_i-101)\ldots(N_i-149)}{N_i(N_i-1)\ldots(N_i-59)} \; ; \; N_i \geqq 150 \; .$$

Mit wachsendem N strebt $W(N_i|Y) \longrightarrow 0$, da im Zähler 50 und im Nenner 60
Faktoren $(N_i-\lambda_i)$ stehen.

Zur Bestimmung des Maximum-Likelihood-Schätzwertes für N bildet man
den Quotienten zweier aufeinander folgender Wahrscheinlichkeiten,

$$Q(N_i) = \frac{W(N_i+1|Y)}{W(N_i|Y)} = \frac{(N_i-99)(N_i-59)}{(N_i+1)(N_i-149)} \cdot$$

Bestimmt man N_i aus der Gleichung $Q(N_i) = 1$, so findet man $N_i = 599$.
Aus $Q(N_i) = 1$ folgt $W(N_i+1|Y) = W(N_i|Y)$ für $N_i = 599$, d.h. die Wahr-
scheinlichkeiten für $N^* = 599$ und $N^{**} = 600$ stimmen überein, und die
zugehörigen Likelihoodwerte $L(Y|599)$ und $L(Y|600)$ sind gegenüber allen
anderen N maximal. Als Maximum-Likelihood-Schätzwert für N wählen wir
$N^{**} = 600$, was in Übereinstimmung mit dem Ergebnis $N_H = 600$ der Hochrechnung steht.

Die posteriori-Verteilung von N_i ist in Abb.2.4 dargestellt. Die posteriori-Wahrscheinlichkeit dafür, daß N einen Wert unter 400 besitzt,
ist $W(N \leqq 400|Y) \approx 1,9\%$ und dafür, daß N einen Wert über 1200 besitzt,
ist $W(N > 1200|Y) \approx 4,7\%$. Man kann demnach (vgl. auch Abschnitt 4)
für N_i den posteriori-Vertrauensbereich zur statistischen Sicherheit
$S \approx 93\%$ in der Gestalt angeben,

$$W(400 \leqq N \leqq 1200|Y) \approx 0,934 = 93,4\% .$$

Das ist keine "sehr genaue" Aussage über das unbekannte N ; jedoch
kann man auf Grund der kleinen Versuchszahlen bei Vor- und Haupt-

versuch nicht mehr erwarten. Wenn man den genannten Bereich verengen
will, muß man sowohl B als auch n (erheblich) vergrößern. Mehr (d.h.
bessere, genauere) Information über N erfordert größeren Versuchsaufwand mit höheren Kosten.

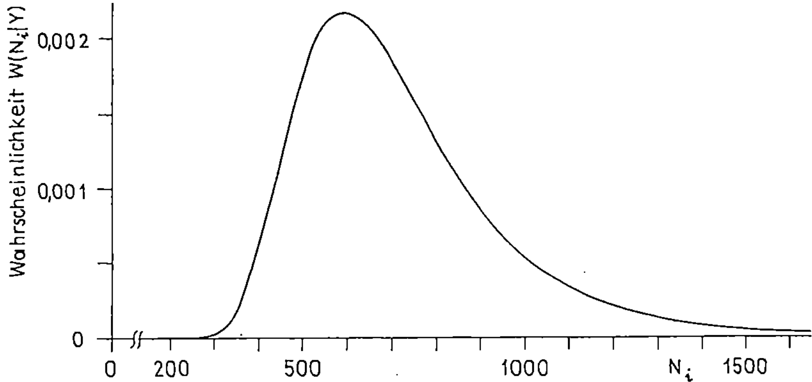

Abb.2.4 Die posteriori-Verteilung $W(N_i|Y)$ für die Zahl N_i der Fische;
Zahl der gekennzeichneten Fische B = 6o ; b = 1o gekennzeichnete Fische in der Probe vom Umfang n = 1oo . Vereinfachend wurde die Wahr-
scheinlichkeit $W(N_i|Y)$ als stetige Funktion von N_i gezeichnet.

Das benutzte statistische Modell wird der Wirklichkeit nur dann (angenähert) entsprechen, wenn in praxi einige Voraussetzungen erfüllt
sind. Die gezeichneten Fische müssen sich mit den nicht gezeichneten
"zufallsmäßig" mischen. Man darf demnach den Vorversuch nicht an einer Stelle ausführen, wenn man weiß, daß diese Fischart "ortsgebun-
den" im Wasser lebt. Man muß dann vielmehr alle Versuche über den
See verteilen. Dazu wird seine Oberfläche in Abschnitte oder "Schich-
ten" unterteilt, und Vor- und Hauptversuch werden für jede "Schicht"
getrennt durchgeführt (geschichtete Stichprobe). Es kann nicht nach-
drücklich genug darauf hingewiesen werden, daß man praktisch brauchbare Folgerungen aus statistischen Versuchen nur dann ziehen kann,
wenn das gewählte mathematisch-statistische Modell "eine brauchbare
Näherung" für die Wirklichkeit darstellt. Diese Frage kann im allgemeinen nicht der Statistiker allein entscheiden; vielmehr bedarf es
dazu der substantiellen Kenntnisse des Fachmannes aus dem betreffen-
den Anwendungsgebiet.

3. Probenahme aus einer endlichen Gesamtheit bei konstanter priori-Wahrscheinlichkeit für die Zahl der Merkmalträger in der Gesamtheit

Im folgenden wird die im Beispiel 2.3 behandelte Fragestellung noch einmal aufgegriffen (wobei die Bezeichnungsweise geringfügig gegen die dort verwendete abgeändert wird). Vorgelegt ist eine Gesamtheit der Größe (des Umfangs) N . Sie besteht aus X Einheiten mit dem Merkmal E (Merkmalträger) und aus Y Einheiten mit dem Merkmal $\bar{E}$ (Nicht-Merkmalträger). Dieser Sachverhalt sei an einigen Beispielen erläutert:

(1) In Beispiel 2.3 bestand die Gesamtheit aus N = 1oo Mitgliedern eines Gremiums, den X Befürwortern (Merkmalträgern) und Y Gegnern (Nicht-Merkmalträgern) des Antrags.

(2) Eine Liefermenge der Größe N enthält X "gute" (maßhaltige) und Y "schlechte" (nicht-maßhaltige) Teile.

(3) In einem Gebiet mit N Haushalten gibt es X Haushalte, welche ein technisches Gerät (z.B. einen Kühlschrank; ein Fernsehgerät; ...) besitzen und Y Haushalte, die es nicht besitzen; usw.

Es gilt

$$X + Y = N \ . \tag{3.1}$$

N wird als bekannt vorausgesetzt, die Zahl X der Merkmalträger in der Gesamtheit jedoch nicht. Zur Bestimmung von X wird ein Versuch durchgeführt: Man untersucht oder befragt aus der Gesamtheit des Umfangs N "zufällig" n Einheiten und findet x Merkmalträger und y Nicht-Merkmalträger in der Probe. Es gilt

$$x + y = n \ . \tag{3.2}$$

Zieht man aus einer Gesamtheit mit der Zusammensetzung $(X;Y)$ mit $X + Y = N$ eine Probe der Größe n , so besitzt das Wertepaar $(x;y)$ der Probe mit $x + y = n$ die bedingte Wahrscheinlichkeit

$$W(x;y \mid X;Y) = W(x \mid X) = \frac{\binom{X}{x}\binom{Y}{y}}{\binom{N}{n}} \quad ; \quad \max(o;n-Y) \leq x \leq \min(n;X). \quad (3.3)$$

Zur Vereinfachung der Schreibweise wird im folgenden $o \leq x \leq n$ zugelassen, wobei jedoch die Binomialkoeffizienten $\binom{K}{k} = o$ für $k > K$ gesetzt werden.

Da die Summe der Wahrscheinlichkeiten in (3.3) gleich 1 ist, so gilt

$$\sum_{x=0}^{n} \binom{X}{x}\binom{Y}{y} = \binom{N}{n} \quad , \quad (3.4)$$

wobei über x , die Zahl der Merkmalträger in der Probe, summiert wird.

Die priori-Wahrscheinlichkeit für die Zahl X der Merkmalträger sei

$$W_o(X) = \text{konst} = 1/(N+1) \quad ; \quad X = o; \ 1; \ \ldots \ ; \ N \ . \quad (3.5)$$

Man berechne unter dieser Voraussetzung die posteriori-Wahrscheinlichkeit für X, wenn <u>in der gezogenen Probe</u> vom Umfang n das Wertepaar (a;b) mit

$$a + b = n \quad (3.6)$$

beobachtet wird.

Für die Likelihood des Versuchsergebnisses (a;b) gilt nach (3.3)

$$L(a;b \mid X;Y) = L(a \mid X) \sim \binom{X}{a}\binom{Y}{b} \quad , \quad (3.7)$$

da der Nenner $\binom{N}{n}$ ein bekannter Proportionalitätsfaktor ist. Die posteriori-Wahrscheinlichkeit für X findet man aus (2.18) zu

$$W(X;Y \mid a;b) = W(X \mid a) = \frac{L(a \mid X)}{\sum\limits_{X} L(a \mid X)} \quad . \quad (3.8)$$

Nun gilt, wie im folgenden bewiesen wird,

$$\sum_{X=0}^{N} \binom{X}{a}\binom{Y}{b} = \sum_{X=a}^{N-b} \binom{X}{a}\binom{Y}{b} = \binom{N+1}{n+1} \quad ; \quad \begin{matrix} X + Y = N \ ; \\ a + b = n \ , \end{matrix} \quad (3.9)$$

wobei über X, die Zahl der Merkmalträger in der Gesamtheit, summiert wird. Da die Binomialkoeffizienten $\binom{K}{k}$ für $k > K$ verschwinden, genügt es, X im Bereich $a \leq X \leq N-b$ laufen zu lassen. Mit (3.9) lassen sich die posteriori-Wahrscheinlichkeiten $W(X \mid a)$ leicht normieren. Man findet mit (3.7)

$$W(X|a) = \frac{\binom{X}{a}\binom{Y}{b}}{\binom{N+1}{n+1}} \quad ; \quad \begin{array}{l} X + Y = N \; ; \\ a + b = n \; ; \\ a \le X \le N-b \; . \end{array} \qquad (3.1o)$$

Damit ist die posteriori-Verteilung für die Zahl X der Merkmalträger in der Gesamtheit bei beobachtetem Wertepaar (a;b) in der Probe vollständig bekannt.

Zunächst wird im folgenden die Beziehung (3.9) bewiesen. Man denkt sich (N+1) verschiedene Elemente U_i (beliebiger Art) in der ganz bestimmten Reihenfolge

$$U_o; \; U_1; \; U_2 \; ; \; \dots \; ; \; U_{X-1} \; ; \quad U_X \quad ; \; U_{X+1} \; ; \; \dots \; ; \; U_N$$

$$\longleftarrow\!\!\!-\!\!\!- \text{ X Elemente } -\!\!\!-\!\!\!\longrightarrow \qquad \longleftarrow\!\!\!- (N-X)=Y \text{ Elemente} \longrightarrow$$

angeordnet. Aus dieser Folge sollen (n+1) Elemente "zufällig als Probe" ausgewählt werden. Bekanntlich gibt es dann

$$S_1 = \binom{N+1}{n+1} \qquad\qquad (3.11)$$

unterschiedliche Proben.

Im folgenden seien a und b zwei fest gewählte natürliche Zahlen mit a + b = n. Die Probenahme führt man folgendermaßen aus. Man wählt zufällig <u>ein</u> bestimmtes Element U_i unter den Elementen U_a bis U_{N-b} der Folge aus; es sei das Element U_X. Dann stehen vor U_X genau $X \ge a$ und hinter U_X genau N - X = Y $\ge$ b Elemente. Aus der ersten Gruppe U_o bis U_{X-1} mit X Elementen wählt man zufallsmäßig eine "Teilprobe" der Grösse (des Umfangs) a aus, deren Elemente man in ihrer "natürlichen" Reihenfolge anordnet. Es gibt dabei

$$\binom{X}{a} \quad \text{unterschiedliche Proben; } \; X \ge a \; .$$

Aus der zweiten Gruppe U_{X+1} bis U_N mit Y Elementen wählt man zufallsmäßig eine "Teilprobe" der Größe b = n-a aus, deren Elemente man in ihrer "natürlichen" Reihenfolge anordnet. Es gibt dabei

$$\binom{Y}{b} \quad \text{unterschiedliche Proben; } \; Y \ge b \; .$$

Die erste Teilprobe der Größe a, das festgewählte Element U_X und die zweite Teilprobe der Größe b faßt man zu einer "Gesamtprobe" der Grösse a + 1 + b = n+1 zusammen. In der Gesamtprobe steht das fest gewählte Element U_X an der Stelle Nr. (a+1), wie aus dem Vorstehenden ersichtlich ist.

Da man jede Teilprobe aus der ersten Gruppe mit jeder Teilprobe aus
der zweiten Gruppe kombinieren kann, so gibt es bei fest gewähltem
Element U_X insgesamt

$$\binom{X}{a}\binom{Y}{b} \quad \text{Proben der Größe (n+1)} \tag{3.12}$$

mit unterschiedlicher Zusammensetzung. Die Gesamtzahl aller möglichen Proben dieser Größe findet man schließlich, indem man den Ausdruck (3.12) über X im Bereich $a \leq X \leq N-b$ summiert. Damit findet man
als Gesamtzahl aller unterschiedlichen Proben der Größe (n+1)

$$S_2 = \sum_{X=a}^{N-b}\binom{X}{a}\binom{Y}{b} \ . \tag{3.13}$$

Die Terme S_1 aus (3.11) und S_2 aus (3.12) geben beide die Anzahl unterschiedlicher Proben der Größe (n+1) an, so daß $S_1 = S_2$ gilt; somit ist (3.9) bewiesen.[1]

Im folgenden werden die wichtigsten Kenngrößen der <u>posteriori-Vertei-
lung</u> von X bestimmt.

(a) Durch <u>Hochrechnung</u> von der Probe des Umfangs n auf die Gesamtheit
vom Umfang N findet man aus

$$X/N = a/n \tag{3.14}$$

den <u>hochgerechneten Wert</u> X_H für X ,

$$X_H = (a/n)N \ . \tag{3.15}$$

(b) Den wahrscheinlichsten Wert X^* von X, den <u>Maximum-Likelihood-
Schätzwert</u> X^* für X, bestimmt man aus dem Verhältnis von zwei
aufeinanderfolgenden Wahrscheinlichkeiten aus (3.1o). Es wird

$$Q(X) = \frac{W(X+1|a)}{W(X|a)} = \frac{\binom{X+1}{a}\binom{Y-1}{b}}{\binom{X}{a}\binom{Y}{b}} \tag{3.16}$$

oder vereinfacht

$$Q(X) = \frac{(X+1)(Y-b)}{(X-a+1)Y} \ . \tag{3.17}$$

Löst man die Gleichung Q(X) = 1 nach X auf, indem man zunächst so

---

1) Dieser einfache Beweis von (3.9) steht bei H. Jeffreys. Theory of
   Probability; Clarendon Press, Oxford 1961; S. 125/126.

rechnet, als ob X stetig veränderlich sei, so findet man mit $Y = N-X$ und $a + b = n$ leicht den Wert $X = X'$ mit $Q(X') = 1$

$$X' = \frac{a}{n} N - \frac{b}{n} = X_H - \frac{b}{n} \leq X_H \ . \tag{3.18}$$

Aus $W(X'+1|a) = Q(X')W(X'|a) = W(X'|a)$ folgt wegen $Q(X') = 1$, daß die Wahrscheinlichkeiten an den Stellen X' und $X'+1 = X''$ übereinstimmen.

Es ist

$$X'' = \frac{a}{n}(N+1) = X_H + \frac{a}{n} \geq X_H \ . \tag{3.19}$$

Ferner gilt an der Stelle $X = X'$ wegen $Q(X') = 1$

$$(X'+1)(Y'-b) = (X'-a+1)Y' \ ; \quad X' + Y' = N \ . \tag{3.2o}$$

Zunächst wird das Verhalten des Quotienten $Q(X)$ an der Stelle $(X'+\delta \ ; Y'-\delta)$ untersucht. Aus (3.17) folgt

$$Q(X'+\delta) = \frac{[(X'+1) + \delta][(Y'-b) - \delta]}{[(X'-a+1) + \delta][Y'-\delta]} \ .$$

Multipliziert man im Zähler und Nenner die eckigen Klammern [ ] aus, berücksichtigt dabei (3.2o) und summiert alle im Zähler und Nenner übereinstimmenden Glieder jeweils zu C , so wird nach kurzer Rechnung

$$Q(X'+\delta) = \frac{C - (b+1)\delta}{C + (a-1)\delta} = 1 - \frac{n\delta}{C + (a-1)\delta} \tag{3.21}$$

mit $C = (X'+1)(Y'-b) - \delta^2 + \delta(Y'-X') = C(\delta)$.

Für $\delta < o$ bzw. $X < X'$ ist $Q(X) > 1$, mithin

$$W(X+1|a) = Q(X)W(X|a) > W(X) \ ,$$

d.h. die Wahrscheinlichkeiten nehmen mit wachsendem X zu, solange $X < X'$ ist.

Für $\delta > o$ bzw. $X > X'$ ist $Q(X) < 1$, mithin

$$W(X+1|a) = Q(X)W(X|a) < W(X) \ ,$$

d.h. die Wahrscheinlichkeiten nehmen mit wachsendem X ab, wenn $X > X'$ ist.

Im folgenden sind zwei Fälle zu unterscheiden.

Fall 1

Ist X' keine ganze Zahl, so ist auch $X'' = X'+1$ keine ganze Zahl. Im

Bereich $X' < X < X''$ liegt dann genau eine ganze Zahl $X = X^*$, bei der die posteriori-Wahrscheinlichkeit $W(X^*|a)$ nach den vorausgehenden Überlegungen am größten wird. In diesem Falle läßt sich der Maximum-Likelihood-Schätzwert X^* eindeutig als ganze Zahl zwischen X' und X'' bestimmen,

$$[(a/n)(N+1)] - 1 < X^* < (a/n)(N+1) \; ; \quad X^* \text{ ganz.} \tag{3.22}$$

Nach (3.18) und (3.19) liegt auch der hochgerechnete Wert X_H zwischen X' und X''. Da X_H zu einem ganzzahligen Wert gerundet werden muß, stimmen X_H und X^* überein.

Fall 2

Ist X' eine ganze Zahl G, so ist auch $X'' = X'+1 = G+1$ eine ganze Zahl. Aus (3.16) folgt mit $Q(X') = 1$

$$W(X''|a) = W(X'|a) \; .$$

Für $X \leqq X'$ nehmen die Wahrscheinlichkeiten mit wachsendem X zu, für $X \geqq X''$ nehmen sie mit wachsendem X ab. Es gibt jetzt zwei Lösungen $(X';X'')$ als Maximum-Likelihood-Schätzwerte für X,

$$X^* = X' = X_H - (b/n) \quad \text{und} \quad X^{**} = X'' = X_H + (a/n). \tag{3.23}$$

Ein möglicher Vorschlag zur Konstruktion einer eindeutigen Lösung besteht darin, daß man aus dem Wertepaar $(X^*;X^{**})$ denjenigen Wert auswählt, der dem hochgerechneten Ergebnis $X_H = (a/n)N$ am nächsten liegt.

(c) Zur Bestimmung des <u>Mittelwerts der posteriori-Verteilung</u> berechnet man zunächst $M(X+1) = M(X) + 1 = M_1$. Mit (3.1o) wird

$$M_1 = M(X+1) = \sum_{X=a}^{N-b} (X+1) \frac{\binom{X}{a}\binom{Y}{b}}{\binom{N+1}{n+1}} \; .$$

Unter Verwendung der Beziehungen

$$\frac{X+1}{a+1}\binom{X}{a} = \binom{X+1}{a+1}$$

im Zähler und

$$\frac{N+2}{n+2}\binom{N+1}{n+1} = \binom{N+2}{n+2}$$

im Nenner findet man

$$M_1 = \frac{N+2}{n+2}(a+1) \sum_{X=a}^{N-b} \frac{\binom{X+1}{a+1}\binom{Y}{b}}{\binom{N+2}{n+2}} \quad .$$

$$\longleftarrow \cdot S_1 \longrightarrow$$

Setzt man für einen Augenblick

$$X+1 = X' \; ; \quad Y = Y' \; ; \quad N+1 = N' \; ; \quad a+1 = a' \; ; \quad b = b' \; ; \quad n+1 = n' \; ,$$

so läßt sich die Summe S_1 in der vorausgehenden Gleichung in der Gestalt schreiben

$$S_1 = \sum_{X'=a'}^{N'-b'} \frac{\binom{X'}{a'}\binom{Y'}{b'}}{\binom{N'+1}{n'+1}} \; ; \quad \begin{array}{l} X' + Y' = N' \; ; \\ a' + b' = n' \; . \end{array}$$

Nach (3.9) ist $S_1 = 1$ und damit

$$M_1 = M(X+1) = \frac{N+2}{n+2}(a+1) . \tag{3.24}$$

Der gesuchte Mittelwert der posteriori-Verteilung von X wird schließlich (M_1-1) oder

$$M(X|a;N,n) = \frac{(a+1)N + a-b}{n+2} \; ; \quad a + b = n . \tag{3.25}$$

(d) Zur Berechnung der Varianz der posteriori-Verteilung geht man aus
     von

$$M((X+1) \cdot (X+2)) = M_{12} .$$

Mit (3.1o) wird

$$M_{12} = \sum_X (X+1)(X+2) \frac{\binom{X}{a}\binom{Y}{b}}{\binom{N+1}{n+1}} \quad .$$

Ähnlich wie bei der Berechnung von M_1 gestaltet man Zähler und Nenner um und setzt

$$\frac{(X+1)(X+2)}{(a+1)(a+2)} \binom{X}{a} = \binom{X+2}{a+2} ,$$

$$\frac{(N+2)(N+3)}{(n+2)(n+3)} \binom{N+1}{n+1} = \binom{N+3}{n+3} .$$

Damit findet man

$$M_{12} = \frac{(N+2)(N+3)}{(n+2)(n+3)}(a+1)(a+2) \sum_X \frac{\binom{X+2}{a+2}\binom{Y}{b}}{\binom{N+3}{n+3}} \quad .$$

$$\longleftarrow S_2 \longrightarrow$$

Gemäß denselben Umformungen wie sie an S_1 bei der Berechnung von
$M(X+1)$ vorgenommen wurden gilt für die Summe S_2:

$$S_2 = \sum_X W(X+2;Y \mid a+2;b) = 1 \; .$$

Damit gilt

$$M_{12} = \frac{(N+2)(N+3)}{(n+2)(n+3)}(a+1)(a+2) \; . \tag{3.26}$$

Es ist leicht nachzuweisen, daß die Varianz $V(X)$ einer beliebigen
Verteilung sich in der Gestalt

$$V(X) = M((X+1)\cdot(X+2)) - M(X+1)M(X+2) = M_{12} - M_1 M_2 \tag{3.27}$$

ausdrücken läßt. Setzt man M_{12} aus (3.26), M_1 aus (3.24) und

$$M_2 = M(X+2) = M_1+1 = \frac{(N+2)(a+1) + (n+2)}{(n+2)}$$

in (3.27) ein, so findet man nach kurzer Rechnung die <u>Varianz der
posteriori-Verteilung</u> von X zu

$$V(X \mid a;N,n) = \frac{(N-n)(N+2)(a+1)(b+1)}{(n+2)^2(n+3)} \; ; \quad a+b = n \; . \tag{3.28}$$

Eine endliche Gesamtheit der Größe N wird mit wachsender Probe $n \rightarrow N$
schließlich "ausgeschöpft". Da man aus dem Versuch für $n = N$ die genaue Zahl X_o der Merkmalträger in der Gesamtheit findet, so muß die
Varianz $V(X \mid ...)$ für $n = N$ verschwinden. Nach (3.28) ist das wegen
des "Endlichkeitsfaktors"

$$N-n = N\left[1 - (n/N)\right]$$

in der Tat der Fall.

Für $n = o$, d.h. <u>vor</u> dem Versuch mit dem Ergebnis $(a;b)$, folgt aus
(3.25) bzw. (3.28)

$$M_o(X) = N/2 \quad \text{bzw.} \quad V_o(X) = \left[N(N+2)\right]/12 \; .$$

Diese Werte entsprechen dem Mittelwert und der Varianz der priori-
Verteilung von X mit $W_o(X) = \text{konst} = 1/(N+1)$, wie der Leser selbst
nachprüfen mag.

Die Formeln (3.25) und (3.28) für Mittelwert und Varianz sind demnach mit den Grenzfällen $n = o$ und $n = N$ verträglich, wie es sein
muß.

Mit den Gleichungen (3.15), (3.22), (3.25) und (3.28) sind die wichtigsten Kenngrößen der posteriori-Verteilung von X bekannt, der hochgerechnete Wert X_H, der Maximum-Likelihood-Schätzwert X^*, der Mittelwert $M(X|a;N,n)$ und die Varianz $V(X|a;N,n)$.

Bei "großen" Werten von N ist es oft zweckmäßiger, anstelle der absoluten Anzahlen X die relativen Anteile X/N der Merkmalträger in der Gesamtheit zu betrachten. Aus (3.25) bzw. (3.28) folgt

$$M(X/N|a;N,n) = \frac{a+1}{n+2} + \frac{1}{N}\frac{a-b}{n+2} \qquad (3.29)$$

und

$$V(X/N|a;N,n) = \frac{(N-n)(N+2)}{N^2}\frac{(a+1)(b+1)}{(n+2)^2}\frac{1}{n+3} \cdot \qquad (3.30)$$

Ist der Umfang N der Gesamtheit groß gegen den Probenumfang n, $N \gg n$, so vereinfachen sich die beiden letzten Gleichungen zu

$$M(X/N|a;N,n) = \frac{a+1}{n+2} \qquad (3.31)$$

und

$$V(X/N|a;N,n) = \frac{(a+1)(b+1)}{(n+2)^2}\frac{1}{(n+3)} = \frac{M(X/N|\ldots)M(Y/N|\ldots)}{n+3} \cdot \qquad (3.32)$$

Diese Formel überschätzt die Varianz, da die Endlichkeitskorrektur vernachlässigt wurde.

Im Hinblick auf spätere Überlegungen wird noch die Schiefe γ für die posteriori-Verteilung von X/N berechnet, jedoch nur für den Sonderfall, daß N "groß" ist. Dann gilt, wie der Leser selbst nachprüfen mag, für die auf den Nullpunkt bezogenen Momente zweiter und dritter Ordnung von X/N

$$\mu_2' = M\left((X/N)^2\right) = \frac{(a+1)(a+2)}{(n+2)(n+3)} , \qquad (3.33)$$

$$\mu_3' = M\left((X/N)^3\right) = \frac{(a+1)(a+2)(a+3)}{(n+2)(n+3)(n+4)} \cdot \qquad (3.34)$$

Für das auf den Mittelwert $\mu = (a+1)/(n+2)$ bezogene Moment dritter Ordnung μ_3 gilt die bekannte Beziehung

$$\mu_3 = \mu_3' - 3\mu\mu_2' + 3\mu^2\mu_1' - \mu^3 ,$$

$$\longleftarrow 2\,\mu^3 \longrightarrow$$

die sich umgestalten läßt zu

$$\mu_3 = (\mu_3' - \mu\mu_2') - 2\mu(\underbrace{\mu_2' - \mu^2}_{\text{Varianz }\sigma^2}) \; .$$

Setzt man hier μ_2' bzw. μ_3' aus (3.33) bzw. (3.34) und die Varianz $V = \sigma^2$ aus (3.32) ein, so findet man nach leichter Rechnung

$$\mu_3 = \frac{2(a+1)(b+1)(b-a)}{(n+2)^3(n+3)(n+4)} \; . \tag{3.35}$$

Die gesuchte Schiefe γ der posteriori-Verteilung von X/N wird schließlich

$$\gamma = \mu_3/\sigma^3 = \mu_3/V^{3/2} = \frac{2(b-a)}{\sqrt{(a+1)(b+1)}} \frac{\sqrt{n+3}}{n+4} \; ; \; N \text{ "groß"}. \tag{3.36}$$

Für $a = b$ ist die Schiefe $\gamma = o$. Mit wachsender Probengröße n gilt für beliebige Wertepaare $(a;b)$ mit $a+b = n$ schließlich $\gamma \sim 1/\sqrt{n} \longrightarrow o$.

4. Näherungsformeln zur Berechnung der posteriori-Verteilung und des posteriori-Vertrauensbereichs für die Problemstellung von Abschnitt 3

Die Wahrscheinlichkeiten

$$W(X|a;N,n) = W(X|a) = \binom{X}{a}\binom{Y}{b}\Big/\binom{N+1}{n+1} \; ; \quad \begin{aligned} X + Y &= N \; ; \\ a + b &= n \, , \end{aligned}$$

der posteriori-Verteilung von X aus (3.1o) lassen sich für größere Werte von N und n selbst bei Verwendung von Rekursionsformeln nur mit einem Rechner ermitteln. Es ist deshalb nützlich, Näherungsformeln zu kennen, mit denen man rasch ohne großen Rechenaufwand ausreichend genaue Aussagen über die Verteilung machen kann. Meist sind nicht die einzelnen Wahrscheinlichkeiten $W(X|...)$ von Bedeutung; vielmehr wird ein einseitig oder zweiseitig abgegrenzter Bereich gesucht, in dem X mit vorgegebener Wahrscheinlichkeit $1-\alpha$ liegt. Bei zweiseitiger Abgrenzung mit X_U nach unten und X_O nach oben soll gelten

$$W(X_U \leqq X \leqq X_O|a;N,n) = 1-\alpha \; . \tag{4.1}$$

Da X diskret mit ganzzahligen Ausprägungen ist, so ist es i.a. nicht möglich, die ebenfalls ganzzahligen Grenzen so zu bestimmen, daß in (4.1) exakt die Gleichheit gilt, sondern (4.1) wird meist nur näherungsweise erfüllbar sein. Der Bereich (4.1) heißt posteriori-Vertrauensbereich für X zur statistischen Sicherheit $1-\alpha$ [bei gegebenem N und beobachtetem Wertepaar (a;b)]. Gelegentlich ist es zweckmäßig, den Bereich einseitig abzugrenzen, wobei man bei einseitiger Fragestellung nach unten bzw. oben nur X_U bzw. X_O zu bestimmen hat (während $X_O = N-b$ bzw. $X_U = a$ ist), so daß

$$W(X_U \leqq X \leqq N-b) = 1-\alpha \quad \text{bzw.} \quad W(a \leqq X \leqq X_O) = 1-\alpha$$

gilt.

Zur Herleitung von praktikablen Näherungsformeln für X_U und X_O läßt sich die Verteilung von X durch die Normalverteilung oder durch die Betaverteilung approximieren, was im folgenden näher erläutert wird.

Annäherung durch eine Normalverteilung

Das Ergebnis (3.36) über die Schiefe γ der Verteilung von X läßt vermuten, daß man für "genügend große" Werte von N und n eine Normalverteilung als Näherung verwenden darf. Im folgenden wird deshalb vorausgesetzt, daß N und n "groß" sind, jedoch das Verhältnis $n/N \ll 1$
bleibt, etwa $n/N \lessgtr 1/1o$. Um eine "Faustregel" zu erhalten, für welche
n und welche N die Annäherung durch die Normalverteilung "möglich"
ist, vergleicht man den Mittelwert $M(X/N|...)$ aus (3.31) mit der Stan-
dardabweichung $\sigma(X/N|...)$ nach (3.32). Zwischen der Verteilung von
X/N und der "zugeordneten" Normalverteilung, deren Mittelwerte bzw.
Varianzen einander gleichgesetzt werden, wird man nur dann "im ganzen Verlauf" brauchbare Übereinstimmung erwarten können, wenn der Mit-
telwert $M(X/N|...)$ mindestens drei Standardabweichungen von den ex-
tremen Ausprägungen $a/N \approx o$ bzw. $1-n/N \approx 1$ der Zufallsvariablen X/N
entfernt liegt. Aus der Forderung $M(X/N|...) - 3\ \sigma(X/N|...) \geqq o$
folgt mit (3.31) und (3.32) die Bedingung

$$\frac{a+1}{b+1}(n+3) \gtrless 9 \qquad \text{für } a \leqq b \quad \text{bzw.} \quad a/n \leqq 1/2 \qquad\qquad (4.2\ a)$$

bzw. aus $M(X/N|...) + 3\ \sigma(X/N|...) \leqq 1$ folgt

$$\frac{b+1}{a+1}(n+3) \gtrless 9 \qquad \text{für } a \geqq b \quad \text{bzw.} \quad a/n \geqq 1/2\ . \qquad\qquad (4.2\ b)$$

Verdoppelt man den Probenumfang n , so werden sich auch a und b in etwa verdoppeln; infolgedessen sind die Quotienten (a+1)/(b+1) bzw.
(b+1)/(a+1) bei wachsendem n nahezu unabhängig von n . Die Bedingung
(4.2) läßt sich also mit "genügend großem" n stets erfüllen. Wenn
eine Stichprobe des Umfangs n das Ergebnis (a;b) mit a+b = n gebracht
hat, so prüft man nach, ob die Ungleichung (4.2) erfüllt ist, bevor
man die Verteilung von X/N durch eine Normalverteilung annähert.
Hat man beispielsweise bei n = 1o das Ergebnis (a = 1 ; b = 9) gefunden, so wird nach (4.2 a)

$$\frac{a+1}{b+1}(n+3) = \frac{2}{1o} \cdot 13 = 2,6 < 9\ .$$

Da die Ungleichung (4.2a) erheblich verletzt wird, ist die Normalverteilung als Näherung nicht geeignet. Hat man bei n = 1o dagegen
(a = 6 ; b = 4) beobachtet, so wird nach (4.2 b)

$$\frac{b+1}{a+1}(n+3) = \frac{5}{7} \cdot 13 = 9,3 > 9\ .$$

Da die Ungleichung (4.2b) eingehalten wird, ist die Normalverteilung als Näherung (vermutlich recht gut) geeignet, sofern noch $N \gtrsim 1o\, n = 1oo$ ist.

Die Ungleichungen (4.2) lassen sich wegen $a+b = n$ auch als Bedingungen für a bzw. b bei gegebenem n deuten,

$$(a;b) \gtrless (8n + 6)/(n + 12) .\tag{4.2 c}$$

Die Forderungen $n/N \lesssim 1/1o$ und (4.2) stellen Einschränkungen dar, die jedoch bei zahlreichen Fragestellungen durchaus erfüllt sind. Infolgedessen läßt sich die Approximation durch die Normalverteilung zur Berechnung der posteriori-Vertrauensgrenzen und für andere Fragestellungen mit großem Nutzen verwenden.

Im Nachfolgenden wird die Vermutung bewiesen, daß X bzw. X/N näherungsweise normalverteilt ist, falls man "großes" N , "großes" n , weiter $n/N \lesssim 1/1o$ und (4.2) voraussetzt.

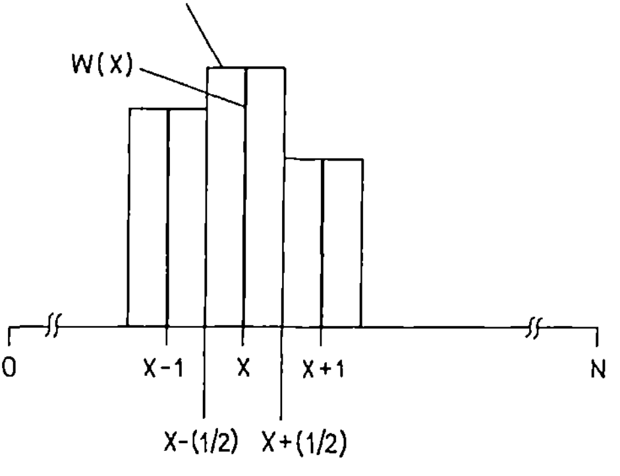

Abb.4.1 Zur Erläuterung der Stetigkeitskorrektur beim Übergang vom diskreten ganzzahligen Merkmal zu einem stetigen Merkmal.

Die Wahrscheinlichkeit $W(X|...)$ der diskreten Verteilung an der Stelle X verteilt man gleichförmig über den Bereich von X-(1/2) bis X+(1/2). Man macht also das diskrete (ganzzahlige) Merkmal X zu einem stetigen Merkmal mit jeweils konstanter Dichte im Intervall $(X-1/2 \;;\; X+1/2]$ der Breite $\Delta X = 1$; Abb.4.1. Bezeichnet man die Dichte $\psi(X|N;a;b)$ der so entstehenden Verteilung kurz mit $\psi(X)$, so gilt wegen $\Delta X = (X+1/2) - (X-1/2) = 1$

$$\psi(X)\, \Delta X = W(X) .$$

Nach (3.16) gilt für die Wahrscheinlichkeiten $W(X|...) = W(X)$ die Rekursionsformel

$$W(X+1) = Q(X)W(X) .$$

Entsprechend gilt für die Dichten

$$\psi(X+1) = Q(X)\,\psi(X)$$

oder umgestaltet

$$\psi(X+1) - \psi(X) = - \psi(X)\left[1 - Q(X)\right].$$

Mit $\Delta X = 1$ findet man daraus für die Dichte $\psi(X)$ die Differenzengleichung

$$\frac{\psi(X+1) - \psi(X)}{\Delta X} = \frac{\Delta\psi}{\Delta X} = - \psi(X)\left[1 - Q(X)\right]. \tag{4.3}$$

Im folgenden wird untersucht, welche Gestalt (4.3) unter den eingangs
genannten Voraussetzungen $n/N \ll 1$ und (4.2) annimmt. Die eckige Klammer in (4.3), $1 - Q(X)$, wird mit (3.17)

$$1 - Q(X) = \frac{b(X+1) - aY}{(X+1-a)Y}.$$

Im Hinblick auf die weitere Rechnung wird $1-Q(X)$ umgestaltet zu

$$1-Q(X) = \frac{(b+1)(X+1) - (a+1)Y}{(X+1-a)Y} + \delta, \tag{4.4}$$

wobei

$$\delta = \delta(X;Y;a) = \frac{Y - (X+1)}{(X+1-a)Y}$$

ist. Die Differenzengleichung (4.3) nimmt damit die Form an

$$\frac{\Delta\psi}{\Delta X} = - \psi(X)\left[\frac{(b+1)(X+1) - (a+1)Y}{(X+1-a)Y} + \delta\right]. \tag{4.5}$$

Sie wird im folgenden auf die standardisierte Variable

$$\frac{X - M(X)}{\sigma(X)} = u \tag{4.6}$$

umgerechnet. Bei "großem" N gilt nach (3.25) für die Mittelwerte

$$M(X) = \frac{N}{n+2}(a+1) \quad ; \quad M(Y) = \frac{N}{n+2}(b+1) \tag{4.7}$$

und nach (3.28) für die Varianz $\sigma^2(X) = V(X)$

$$\sigma^2(X) = \sigma^2(Y) = \sigma^2 = \left(\frac{N}{n+2}\right)^2 \frac{(a+1)(b+1)}{(n+3)}, \tag{4.8}$$

wie auch aus (3.31) und (3.32) hervorgeht. Setzt man gemäß (4.6) bis
(4.8)

$$X = \frac{N}{n+2}(a+1 + u\sqrt{\ }) \; ,$$

$$Y = \frac{N}{n+2}(b+1 - u\sqrt{\ }) \; , \qquad\qquad (4.9)$$

$$\sigma = \frac{N}{n+2}\sqrt{\ } \quad \text{mit} \quad \sqrt{\ } = \sqrt{\frac{(a+1)(b+1)}{n+3}}$$

in die Differenzengleichung (4.5) ein, kürzt durch $[N/(n+2)]^2$ und vernachlässigt wegen $n/N \ll 1$ alle Glieder der Größenordnung n/N , so geht sie mit $\Delta X = \sigma \Delta u$ über in

$$- \frac{1}{\Psi}\frac{\Delta\Psi}{\Delta u} = \underbrace{\left[\frac{b+1}{b+1 - u\sqrt{\ }} - \frac{a+1}{a+1 + u\sqrt{\ }}\right]}_{K_1}\sqrt{\ } + \qquad\qquad (4.1o)$$

$$+ \underbrace{\left[\frac{1}{a+1 + u\sqrt{\ }} - \frac{1}{b+1 - u\sqrt{\ }}\right]}_{K_2}\sqrt{\ } = K_1\sqrt{\ } + K_2\sqrt{\ } \; .$$

Zunächst wird die eckige Klammer K_1 betrachtet. Hier läßt sich der Ausdruck

$$\frac{b+1}{b+1 - u\sqrt{\ }} = \frac{1}{1 - \sqrt{\frac{a+1}{b+1}}(u/\sqrt{n+3})}$$

bei festem u für "genügend große" n entwickeln zu

$$\frac{b+1}{b+1 - u\sqrt{\ }} = 1 + \sqrt{\frac{a+1}{(b+1)(n+3)}}\, u + \frac{a+1}{(b+1)(n+3)}\, u^2 + \ldots$$

Entsprechend gilt

$$\frac{a+1}{a+1 + u\sqrt{\ }} = 1 - \sqrt{\frac{b+1}{(a+1)(n+3)}}\, u + \frac{b+1}{(a+1)(n+3)}\, u^2 \mp \ldots$$

Die in u linearen Glieder von $K_1\sqrt{\ }$ werden damit

$$u\left[\sqrt{\frac{a+1}{(b+1)(n+3)}} + \sqrt{\frac{b+1}{(a+1)(n+3)}}\right]\sqrt{\frac{(a+1)(b+1)}{n+3}}$$

$$= \frac{a+1 + b+1}{n+3}\, u = \frac{n+2}{n+3}\, u \; ,$$

was man für genügend großes n in guter Näherung durch u ersetzen darf.

Die in u quadratischen Glieder von $K_1\sqrt{}$ sind

$$\frac{u^2}{n+3}\left[\frac{a+1}{b+1} - \frac{b+1}{a+1}\right]\sqrt{} = \frac{u^2}{n+3}\frac{(a+1)^2 - (b+1)^2}{(a+1)(b+1)}\sqrt{}$$

$$= \frac{u^2}{n+3}\frac{(a+b+2)(a-b)}{(a+1)(b+1)}\sqrt{\frac{(a+1)(b+1)}{n+3}} \; ,$$

was sich bei Umrechnung mit a+b = n durch $\dfrac{a-b}{\sqrt{(a+1)(b+1)(n+3)}}u^2$ erset-

zen läßt. Damit hat man für $K_1\sqrt{}$ die Entwicklung

$$K_1\sqrt{} = u + \frac{a-b}{\sqrt{(a+1)(b+1)(n+3)}}u^2 + \frac{(\;)}{n+3}u^3 + \ldots \qquad (4.11)$$

Behandelt man die zweite Klammer K_2 in der gleichen Weise, so wird

$$K_2\sqrt{} = \frac{b-a}{\sqrt{(a+1)(b+1)(n+3)}} - \frac{(\;)}{n+3}u + \ldots \qquad (4.12)$$

Setzt man die Ausdrücke (4.11) und (4.12) in (4.1o) ein und vernachlässigt dabei alle Glieder der Größenordnung 1/n (und kleinere), so
findet man die Differenzengleichung

$$\frac{\Delta\psi}{\Delta u} = -\psi\left[u + \frac{b-a}{\sqrt{(a+1)(b+1)(n+3)}}(1-u^2)\right] . \qquad (4.13)$$

Der Faktor von $(1-u^2)$ ist nach (3.36) gleich $\gamma/2$, gleich der halben
Schiefe der Verteilung. Der Einfluß dieses Gliedes verschwindet über-
all für a = b und sonst wenigstens an den Stellen u = ± 1 . Im Bereich
$|u| \lesssim 2$ bleibt der Einfluß klein, sofern a und b "genügend weit" von o
entfernt liegen und n "genügend groß" ist, was beides eingangs vorausgesetzt wurde. Die Dichte $\psi(u)$ genügt demnach in guter Näherung
der Differenzengleichung

$$\frac{\Delta\psi}{\Delta u} = -\psi(u)u \; , \qquad (4.14)$$

wenn die Voraussetzungen (4.2) und $n/N \lesssim 1/1o$ erfüllt sind. Aus
$\Delta X = \sigma\Delta u$ folgt mit $\Delta X = 1$ und σ aus (4.9)

$$\Delta u = \frac{1}{\sigma} = \frac{n+2}{N}\sqrt{\frac{n+3}{(a+1)(b+1)}} \; .$$

Für wachsendes $N \to \infty$ gilt $\Delta u \to o$. Für ausreichend große N darf man demnach die Differenzengleichung (4.14) durch die Differentialgleichung

$$\frac{d\psi}{\psi} = -u\, du \qquad (4.15)$$

ersetzen. Ihre Integration gibt mit einer geeigneten Konstanten ψ_o

$$\ell n\,\psi - \ell n\,\psi_o = \ell n(\psi/\psi_o) = -u^2/2 \quad \text{oder} \quad \psi = \psi_o e^{-u^2/2} \,. \qquad (4.16)$$

Die standardisierte Variable (4.6) genügt demnach für "große" N, "große" n, $n/N \lesssim 1/1o$ und (4.2) in guter Näherung der standardisierten Normalverteilung $N(o;1)$. Soweit der Beweis.

Mit der Wahrscheinlichkeit $1-\alpha$ gilt $|u| \leq u_{1-\alpha/2}$, wobei mit $u_{1-\beta}$ jeweils der Schwellenwert der standardisierten Normalverteilung bezeichnet wird, der mit der Wahrscheinlichkeit $(1-\beta)$ unterschritten wird. Infolgedessen hat der posteriori-Vertrauensbereich für X zur statistischen Sicherheit $1-\alpha$ bei Verwendung der Approximation durch die Normalverteilung die Gestalt

$$M(X|\ldots) - u_{1-\alpha/2}\,\sigma(X|\ldots) \leq X \leq M(X|\ldots) + u_{1-\alpha/2}\,\sigma(X|\ldots), \qquad (4.17)$$

wobei man den Mittelwert $M(X|a;N,n)$ aus (4.7) und die Varianz $\sigma^2(X|a;N,n)$ aus (4.8) entnimmt. Diese Näherung ist außerordentlich bequem, da man nur eine Tafel mit den Schwellenwerten der Normalverteilung braucht.

Annäherung durch eine Beta-Verteilung

Die Beta-Verteilung mit den Parametern $(\kappa;\lambda)$ hat die Dichtefunktion

$$\psi(z|\kappa;\lambda) = \frac{\Gamma(\kappa+\lambda)}{\Gamma(\kappa)\,\Gamma(\lambda)}\, z^{\kappa-1}(1-z)^{\lambda-1} \; ; \quad (\kappa;\lambda) > o \; ; \quad o \leq z \leq 1 \,. \qquad (4.18)$$

Ihr Mittelwert ist

$$M(z|\kappa;\lambda) = \frac{\kappa}{\kappa+\lambda} \; ; \qquad (4.19)$$

ihre Varianz ist

$$V(z|\kappa;\lambda) = \frac{\kappa\lambda}{(\kappa+\lambda)^2(\kappa+\lambda+1)} \,. \qquad (4.2o)$$

Für die Schiefe γ der Beta-Verteilung gilt

$$\gamma(z|\kappa;\lambda) = \frac{2(\lambda-\kappa)\sqrt{\kappa+\lambda+1}}{\sqrt{\kappa\lambda}\,(\kappa+\lambda+2)} \; . \qquad (4.21)$$

Setzt man in (3.31), (3.32) und (3.36)

$$a+1 = \kappa \quad \text{und} \quad b+1 = \lambda \quad \text{mit} \quad a+b = n \quad \text{bzw.} \quad \kappa+\lambda = n+2 \; , \qquad (4.22)$$

so findet man für Mittelwert, Varianz und Schiefe des relativen An-
teils X/N in der posteriori-Verteilung

$$M(X/N|a;N,n) = \frac{\kappa}{\kappa+\lambda} \; ; \qquad (4.23)$$

$$V(X/N|a;N,n) = \frac{\kappa\lambda}{(\kappa+\lambda)^2\,(\kappa+\lambda+1)} \qquad (4.24)$$

und

$$\gamma(X/N|a;N,n) = \frac{2(\lambda-\kappa)\sqrt{\kappa+\lambda+1}}{\sqrt{\kappa\lambda}\,(\kappa+\lambda+2)} \; . \qquad (4.25)$$

Mittelwert, Varianz und Schiefe von z und X/N stimmen völlig miteinander überein. X/N = z genügt für "große" N und "kleine" n , etwa
$n \lesssim N/10$, in sehr guter Näherung einer Beta-Verteilung mit den Parametern ($\kappa = a+1$; $\lambda = b+1$).

Die <u>Summenfunktion</u> der Beta-Verteilung ist

$$\Psi(z|\kappa;\lambda) = \frac{\Gamma(\kappa+\lambda)}{\Gamma(\kappa)\,\Gamma(\lambda)} \int_0^z x^{\kappa-1}(1-x)^{\lambda-1}dx \; . \qquad (4.26)$$

Man bezeichnet

$$\int_0^z x^{\kappa-1}(1-x)^{\lambda-1}dx = B_z(\kappa;\lambda) \qquad (4.27)$$

als unvollständige und

$$\int_0^1 x^{\kappa-1}(1-x)^{\lambda-1}dx = B(\kappa;\lambda) \qquad (4.28)$$

als vollständige Betafunktion. Aus

$$\Psi(1|\kappa;\lambda) = \frac{\Gamma(\kappa+\lambda)}{\Gamma(\kappa)\,\Gamma(\lambda)} \int_0^1 x^{\kappa-1}(1-x)^{\lambda-1}dx = 1$$

folgt

$$\int_0^1 x^{\kappa-1}(1-x)^{\lambda-1}dx = \frac{\Gamma(\kappa)\,\Gamma(\lambda)}{\Gamma(\kappa+\lambda)} = B(\kappa;\lambda). \qquad (4.29)$$

Mit (4.27) und (4.29) nimmt die Summenfunktion die Gestalt an

$$\Psi(z\,|\kappa;\lambda) = \frac{B_z(\kappa;\lambda)}{B(\kappa;\lambda)} = I_z(\kappa;\lambda). \qquad (4.30)$$

Der Quotient $I_z(\kappa;\lambda)$ aus unvollständiger und vollständiger Betafunktion ist für $\kappa \geq \lambda$ in dem Tafelwert von Pearson vertafelt[1] und ist in guten Rechnerprogrammpaketen verfügbar. Wenn man $I_z(\kappa;\lambda) = \Psi(z\,|\kappa;\lambda)$ für $\kappa < \lambda$ braucht, so verwendet man die aus (4.28) mit Hilfe der Substitution $y = 1-x$ entstehende Beziehung

$$I_z(\kappa;\lambda) = 1 - I_{1-z}(\lambda;\kappa), \qquad (4.31)$$

wobei man $I_{1-z}(\lambda;\kappa)$ wegen $\lambda > \kappa$ in den Tafeln findet.

Der zweiseitige posteriori-Vertrauensbereich zur statistischen Sicherheit $1-\alpha$ für $z = X/N$

$$W(z_U \leq X/N \leq z_O) = 1-\alpha$$

ergibt sich, indem man die Schwellenwerte $z_U = z_{\alpha/2}$ und $z_O = z_{1-\alpha/2}$ der Beta-Verteilung bestimmt. Dabei ist der Schwellenwert z_β als der Wert definiert, für den

$$\Psi(z_\beta|\kappa,\lambda) = I_{z_\beta}(\kappa,\lambda) = \beta \quad \text{gilt.}$$

Beispiel 4.1

Im Beispiel 2.3 hat man aus einer Gesamtheit von N = 1oo Mitgliedern eines Gremiums eine Probe der Größe n = 1o gezogen und a = 6 "Befürworter" und b = 4 "Gegner" eines Antrags gefunden. Man berechne für X, die Zahl der "Befürworter" in der Gesamtheit, einen posteriori-Vertrauensbereich $X_U \leq X \leq X_O$ zur statistischen Sicherheit $1-\alpha$ = 95% mit Hilfe einer Approximation durch die Normal- bzw. Beta-Verteilung.

Zunächst werden die wichtigsten Parameter der Verteilung berechnet. (3.22), $59,6 < X^* < 6o,6$, liefert den Maximum-Likelihood-Schätzwert

---

1) K. Pearson. Tables of the Incomplete Beta-Function. Cambridge University Press 1956.

$X^* = 6o$ für X. Aus (3.25) findet man den Mittelwert

$$M(X|6;1oo,1o) = 58,5$$

und aus (3.28) die Varianz bzw. Standardabweichung

$$V(X|6;1oo,1o) = 171,6 \quad \text{bzw.} \quad \sigma(X|6;1oo,1o) = 13,1 .$$

(a) Normalverteilung als Näherung

Die Bedingungen für die Näherung durch die Normalverteilung sind mit
$n/N = 1/1o$ und gemäß (4.2 b) mit $(b+1)(n+3)/(a+1) = 65/7 \gtrsim 9$ gerade
erfüllt.

Aus (4.7) berechnet man angenähert den Mittelwert und aus (4.8) angenähert die Varianz der Verteilung. Zahlenmäßig wird

$$M(X|6;1oo,1o) = 58,3 \ , \quad V(X|6;1oo,1o) = \left(\frac{1oo}{12}\right)^2 \frac{35}{13}$$

und

$$\sigma(X|6;1oo,1o) = 13,7 \ ,$$

in guter Übereinstimmung mit den oben berechneten genauen Werten. Aus
(4.17) findet man den gesuchten posteriori-Vertrauensbereich für X
mit $u_{1-\alpha/2} = u_{o,975} = 1,96$ zu

$$58,3 \mp 1,96 \cdot 13,7 = 58,3 \mp 26,8$$

oder

$$X' = 31,5 \le X \le 85,1 = X'' .$$

und nach Rundung auf ganze Zahlen schließlich zu

$$(a_1) \qquad X_U = 32 \le X \le 85 = X_O \ ; \quad 1-\alpha = 95\% .$$

Durch (4.8) wird — im Vergleich mit (3.28) — die Varianz $V(X|...)$
überschätzt, da man in (4.8) den Faktor $(N-n)$ von (3.28) durch N
ersetzt. Verwendet man die genauen Zahlen 58,5 für den Mittelwert
und 13,1 für die Standardabweichung, so findet man im vorliegenden
Falle

$$X' = 58,5 - 1,96 \cdot 13,1 = 32,8 \text{ und } X'' = 58,5 + 1,96 \cdot 13,1 = 84,2 \ ,$$

bzw. mit geringer Abweichung gegen das Ergebnis (a_1)

$$(a_2) \qquad X_U = 33 \le X \le 84 = X_O \ .$$

(b) Beta-Verteilung als Näherung

Die Parameter der zugehörigen Beta-Verteilung sind nach (4.22)
κ = a+1 = 7 und λ = b+1 = 5 .

Dem Tafelwerk von Pearson entnimmt man (S.128/129) einen Ausschnitt der Summenfunktion $\Psi(z\,|\,7;5) = I_z(7;5)$; vgl. Zahlentafel 4.1. Da man die gefundenen Werte X = Nz am Ende zu ganzen Zahlen runden muß, genügt lineare Interpolation in Zahlentafel 4.1. Man findet zu

$I_{z'}(7;5) = 0{,}025$ leicht   z' = 0,3078   und damit   X' = z'N = 3o,8 ;

$I_{z''}(7;5) = 0{,}975$ z" = o,8327   und damit   X" = z"N = 83,3 .

Zahlentafel 4.1	
z	$I_z(7;5) = \Psi(z\,|\,7;5)$
⋮	⋮
o,29	o,o17 86
3o	o21 62 ← z'
31	o25 96
32	o3o 93
o,33	o,o36· 58
⋮	⋮
o,57	o,45o 51
58	477 74 ←
59	5o5 2o
6o	532 77
o,61	o,56o 35
⋮	⋮
o,81	o,958 68
82	966 61
83	973 45 ← z"
84	979 25
o,85	o,984 11
⋮	⋮

Damit wird der posteriori-Vertrauensbereich für X (ganzzahlig gerundet)

(b_1) $\qquad X_U = 31 \leqq X \leqq 83 = X_O$; $1-\alpha = 95\%$.

Die genauen Vertrauensgrenzen bestimmt man aus

$$\sum_{X=0}^{X_U} W(X) \approx \alpha/2 = 0,025 \quad \text{und} \quad \sum_{X=X_O}^{N} W(X) \approx \alpha/2 = 0,025$$

und erhält

(c_1) $\qquad X_U = 33 \leqq X \leqq 82 = X_O$; $1-\alpha = 95\%$,

wobei dem Bereich $X \leqq X_U - 1$ etwa 2,7% und dem Bereich $X \geqq X_O + 1$ etwa 2,4% zugeordnet sind.

Vergleicht man die Ergebnisse (a_1), (a_2) und (b_1) mit (c_1), so sind die geringen Unterschiede für die praktische Verwendung der Zahlenwerte ohne Bedeutung. Die Normalverteilung als Näherung schneidet gut ab, weil $a \approx b$ ist. Nach (4.13) wird dann in der Differenzengleichung der Einfluß des vernachlässigten Gliedes mit $(1-u^2)$ "sehr klein". Der Faktor bei $(1-u^2)$ ist zahlenmäßig dem Betrage nach

$$2/\sqrt{7 \cdot 5 \cdot 13} \approx 0,09 .$$

Beispiel 4.2

Im Zusammenhang mit Beispiel 2.3 ist es praktisch wichtig, die Wahrscheinlichkeit

$$W_O = W(X \leqq 50|6;100,10) = \sum_{X=0}^{50} W(X|6;,100,10)$$

zu kennen, wenn ein eingereichter Antrag mindestens $(N/2) + 1 = 51$ "Befürworter" im Gremium haben muß.

(a) Normale Näherung

Man hat den um die Stetigkeitskorrektur verbesserten Merkmalwert $X'' = X_O + (1/2) = 50,5$ zu standardisieren. Nach (4.6) wird mit $M(X|...) = 58,5$ und $\sigma(X|...) = 13,1$

$$u_O = \frac{50,5 - 58,5}{13,1} = -0,611 .$$

Einer Tafel der standardisierten Normalverteilung entnimmt man bei u_O den Wert der Summenfunktion

(d_1) $\qquad W_O = \Phi(u_O) = \Phi(-0,611) = 27,1\%$.

(b) Beta-Verteilung als Näherung

Die zugehörige Beta-Verteilung hat die Parameter $(\varkappa = 7; \lambda = 5)$. Aus $z = X/N$ findet man mit der Stetigkeitskorrektur zahlenmäßig $z_o =$ 5o,5/1oo = o,5o5. Dem in Zahlentafel 4.2 gegebenen Ausschnitt aus dem Tabellenwerk von Pearson entnimmt man

(e_1) $W_o = \Psi(z_o|\varkappa;\lambda) = \Psi(o,5o5|7;5) = 28,6\%$.

Zahlentafel 4.2		
z	$I_z(7;5) = \Psi(z|7;5)$	$\Delta\Psi$
⋮	⋮	⋮
o,49	o,2523	
5o	2744	221
51	2974	23o
o,52	o,3213	239
⋮	⋮	⋮

$z_o \longrightarrow$

Genau gilt $W_o = 27,4\%$, wie im Beispiel 2.3 bereits angegeben wurde.

5. Die priori- und die posteriori-Verteilung eines Parameters Θ. Bayes-Schätzwert und posteriori-Vertrauensbereich für Θ

In den vorausgehenden Abschnitten 3 und 4 kann man X, die Zahl der Merkmalträger (Elemente mit einer bestimmten Eigenschaft) in einer Gesamtheit der Größe N, als "Parameter" deuten, der die Zusammensetzung dieser Gesamtheit kennzeichnet. Das bei einer Stichprobe vom Umfang n gefundene Ergebnispaar (x;y) mit x+y = n ist nach (3.3) bei gegebenem N nur von diesem Parameter X abhängig. Die priori-Verteilung von X ist bekannt, gegebenenfalls in der einfachen Form $W_o(X)$ = konst. Auf Grund eines Versuchs (oder auch mehrerer Versuche) will man "verbesserte Aussagen" über den Parameter X mit Hilfe seiner posteriori-Verteilung machen. Sowohl in der priori- als auch in der posteriori-Verteilung ist X diskret mit ganzzahligen Ausprägungen.

Im folgenden bleibt das Prinzip der Bayes'schen Problemstellung und der Bayes'schen Vorgehensweise erhalten, jedoch wird sie durch zwei neue Voraussetzungen abgewandelt.

(a) Der Parameter ist stetig veränderlich und besitzt die Dichte $\psi(\Theta)$.

(b) Die Gesamtheit, aus der man die Proben zieht, wird als "unendlich groß" vorausgesetzt.

Infolgedessen tritt die Größe N in den Formeln der folgenden Abschnitte nicht mehr auf. Der Parameter wird allgemein mit Θ (in Sonderfällen gelegentlich auch anders) bezeichnet. Einfache Beispiele sind eingangs in Beispiel 1.2 und Beispiel 1.3 erwähnt worden, die sich der Leser wieder ins Gedächtnis rufen mag.

Die im folgenden betrachtete stetige Zufallsgröße x besitzt die (bedingte) Verteilungsdichte $\psi(x|\Theta)$, die von dem Parameter Θ abhängt. In Beispiel 1.2 entspricht Θ dem Mittelwert μ, in Beispiel 1.3 dem Schlechtanteil p , mit dem eine Fertigung "augenblicklich" läuft. Der Parameter Θ ist nicht fest, sondern besitzt eine Verteilung, die priori-Verteilung von Θ , mit der Dichtefunktion $\psi(\Theta)$. Auf Grund vorausgehender Versuche oder Beobachtungen wird $\psi(\Theta)$ als bekannt vorausgesetzt. Durch die Randdichte $\psi(\Theta)$ und die bedingte Dichte $\psi(x|\Theta)$ von x bei festem bzw. gegebenem Θ wird die zweidimensionale $(\Theta;x)$-Verteilung vollständig bestimmt. Die Dichte dieser gemeinsamen Verteilung ist

$$\psi(\Theta;x) = \psi(\Theta)\,\psi(x|\Theta). \tag{5.1}$$

Die Dichte $\psi(x)$ der Randverteilung von x findet man, indem man (5.1) über Θ integriert,

$$\psi(x) = \int_{-\infty}^{\infty} \psi(\Theta;x)\,d\Theta = \int_{-\infty}^{\infty} \psi(\Theta)\,\psi(x|\Theta)\,d\Theta . \tag{5.2}$$

Mit $\psi(x)$ läßt sich die gemeinsame Dichte $\psi(\Theta;x)$ auch in der Gestalt

$$\psi(\Theta;x) = \psi(x)\,\psi(\Theta|x) \tag{5.3}$$

schreiben, wobei $\psi(\Theta|x)$ die bedingte Dichte für Θ bei festem x darstellt. Aus (5.1) und (5.3) folgt mit (5.2)

$$\psi(\Theta|x) = \frac{\psi(\Theta)\,\psi(x|\Theta)}{\int_{-\infty}^{\infty}\psi(\Theta)\,\psi(x|\Theta)\,d\Theta} . \tag{5.4}$$

(5.4) entspricht (abgesehen von den geänderten Bezeichnungen) genau (2.11). Anstelle der Wahrscheinlichkeiten $W(\ )$ sind die Dichtefunktionen $\psi(\ )$ und anstelle der Summation über die möglichen Parameterwerte ist die Integration getreten. (5.4) ist das Theorem von Bayes für stetige Zufallsgrößen und stetig veränderliche Parameter.

Die bedingte Dichte $\psi(x|\Theta)$ von x bei festem Θ an einer ganz bestimmten beobachteten, also im Versuch realisierten Stelle x = b heißt die Likelihood-Dichte oder kurz die Likelihood von b bei festem Θ. Sie wird bezeichnet mit

$$\psi(b|\Theta) = L(b|\Theta) ; \quad b \quad \text{beobachtet.} \tag{5.5}$$

Bei beobachtetem x = b ist der Nenner in (5.4) eine Konstante, die hier mit 1/k bezeichnet wird,

$$1/k = \int_{-\infty}^{\infty} \psi(\Theta)\,\psi(b|\Theta)\,d\Theta . \tag{5.6}$$

Damit nimmt die grundlegende Gleichung (5.4) für x = b die Gestalt an

$$\psi(\Theta|b) = k\,\psi(\Theta)\,\psi(b|\Theta) = k\,\psi(\Theta)L(b|\Theta) . \tag{5.7}$$

$\psi(\Theta|b)$ ist die Dichte der posteriori-Verteilung von Θ bei beobachtetem $x = b$. Sie ist proportional zu dem Produkt aus der priori-Dichte $\psi(\Theta)$ von Θ und der Likelihood $L(b|\Theta)$. Die Konstante k sorgt dafür, daß die Normierungsbedingung

$$\int_{-\infty}^{\infty} \psi(\Theta|b)\,d\Theta = 1 \tag{5.8}$$

für die Dichte $\psi(\Theta|b)$ der posteriori-Verteilung von Θ erfüllt ist.

Wegen des geringen Informationsgehalts beschränkt man sich im allgemeinen nicht auf eine einzige Beobachtung $x = b$, sondern zieht bei festem (unbekanntem) Θ eine Zufallsstichprobe $(x_1; x_2; \ldots; x_n) \equiv \mathscr{X}_n$ der Größe n, und zwar so, daß die n Beobachtungen x_ν als unabhängig voneinander betrachtet werden können. Dann wird die bedingte Wahrscheinlichkeitsdichte für den n-dimensionalen Stichprobenvektor $\mathscr{X}_n$ bei festem Θ gleich dem Produkt der Dichten für die Komponenten x_ν von $\mathscr{X}_n$:

$$\psi(\mathscr{X}_n|\Theta) = \prod_{\nu=1}^{n} \psi(x_\nu|\Theta). \tag{5.9}$$

Ist die beobachtete Stichprobe durch $(b_1; b_2; \ldots; b_n) \equiv \mathscr{b}_n$ gegeben, so heißt

$$\psi(\mathscr{b}_n|\Theta) = \prod_{\nu=1}^{n} \psi(b_\nu|\Theta) = L(\mathscr{b}_n|\Theta) \tag{5.10}$$

die Likelihood(dichte) der Beobachtungen $(b_1; b_2; \ldots; b_n)$ unter der Bedingung Θ. Die Ausdrücke (5.9) bzw. (5.1o) treten an die Stelle von $\psi(x|\Theta)$ bzw. $\psi(b|\Theta)$ in den vorausgehenden Formeln. Damit lautet das Theorem von Bayes, von Einzelbeobachtungen auf Stichproben des Umfangs n erweitert,

$$\psi(\Theta|\mathscr{X}_n) = \frac{\psi(\Theta)\,\psi(\mathscr{X}_n|\Theta)}{\int_{-\infty}^{\infty} \psi(\Theta)\,\psi(\mathscr{X}_n|\Theta)\,d\Theta}. \tag{5.11}$$

Die posteriori-Dichte von Θ bei beobachteter Stichprobe $(b_1; b_2; \ldots; b_n) \equiv \mathscr{b}_n$ wird entsprechend (5.7)

$$\psi(\Theta|\mathscr{b}_n) = k\,\psi(\Theta)\,\psi(\mathscr{b}_n|\Theta) = k\,\psi(\Theta)L(\mathscr{b}_n|\Theta), \tag{5.12}$$

wobei nach (5.6)

$$1/k = \int_{-\infty}^{\infty} \psi(\Theta)\,\psi(\mathscr{b}_n|\Theta)\,d\Theta = \text{konst} \tag{5.13}$$

ist.

Die posteriori-Dichte $\psi(\Theta|\mathscr{b}_n)$ von Θ bei beobachtetem $\mathscr{b}_n$ faßt die Information zusammen, die man über Θ besitzt: Es geht sowohl die "Vorinformation" aus der priori-Dichte $\psi(\Theta)$ als auch die "Stichprobeninformation" über die Likelihood $L(\mathscr{b}_n|\Theta)$ in das Ergebnis ein. Wenn man $\psi(\Theta|\mathscr{b}_n)$ bestimmt hat, kann man das Ergebnis in unterschiedlicher Weise zur Gewinnung von Aussagen über Θ heranziehen. Berechnet man den Mittelwert [der durch (5.12) gegebenen bedingten Verteilung von Θ bei beobachtetem $\mathscr{b}_n$],

$$M(\Theta|\mathscr{b}_n) = \int_{-\infty}^{\infty}\Theta\,\psi(\Theta|\mathscr{b}_n)\,d\Theta = \hat{\Theta}(\mathscr{b}_n) \, , \qquad (5.14)$$

so ist $\hat{\Theta}(\mathscr{b}_n)$ ein von $\mathscr{b}_n$ abhängiger Schätzwert für Θ, den man nach gezogener Probe $\mathscr{b}_n$ angeben kann. Er heißt posteriori-Schätzwert oder auch Bayes-Schätzwert von Θ .

Man kann mit (5.12) auch einen posteriori-Vertrauensbereich C für Θ angeben, in dem Θ mit der Wahrscheinlichkeit $1-\alpha$ enthalten ist. Dabei ist C so festzulegen, daß gilt

$$W(\Theta \in C|\mathscr{b}_n) = \int_{C}\psi(\Theta|\mathscr{b}_n)\,d\Theta = 1-\alpha \, . \qquad (5.15)$$

Ist insbesondere Θ ein eindimensionaler (reeller) Parameter, dann hat C bei zweiseitiger bezüglich der Wahrscheinlichkeit symmetrischer Abgrenzung die Gestalt $C = [\Theta_U;\Theta_O]$, wobei das Wertepaar $(\Theta_U;\Theta_O)$ aus der Beziehung

$$\int_{-\infty}^{\Theta_U}\psi(\Theta|\mathscr{b}_n)\,d\Theta = \int_{\Theta_O}^{\infty}\psi(\Theta|\mathscr{b}_n)\,d\Theta = \alpha/2 \qquad (5.16)$$

berechnet wird. Natürlich sind die Grenzen

$$\Theta_U = \Theta_U(\mathscr{b}_n;\alpha) \quad und \quad \Theta_O = \Theta_O(\mathscr{b}_n;\alpha) \qquad (5.17)$$

des Bereichs Funktionen von $\mathscr{b}_n \equiv (b_1; b_2; \ldots ;b_n)$ und α . Bei einseitiger Abgrenzung des Bereichs nach oben bzw. unten werden Θ_U und Θ_O aus den Beziehungen

$$\int_{\Theta_O}^{\infty}\psi(\Theta|\mathscr{b}_n)\,d\Theta = \alpha \quad bzw. \quad \int_{-\infty}^{\Theta_U}\psi(\Theta|\mathscr{b}_n)\,d\Theta = \alpha \qquad (5.18)$$

bestimmt.

Zur Abgrenzung solcher Bereiche berechnet man die bedingte Summenfunktion von Θ bei beobachtetem $\mathscr{b}_n$, die posteriori-Summenfunktion

$$\Psi(\Theta|\ell_n) = k \int_{-\infty}^{\Theta} \psi(\vartheta) L(\ell_n|\vartheta) d\vartheta \qquad (5.19)$$

mit k aus (5.13).

Die Bayes'sche Schlußweise (Berechnung von Bayes-Schätzwerten, po-
steriori-Vertrauensbereichen) ist prinzipiell mit priori-Verteilungen von Θ beliebiger Gestalt durchführbar, natürlich auch dann, wenn
die priori-Verteilung auf Grund von Beobachtungen gefunden wurde.
Häufig sind aber die im vorausgehenden erforderlichen Rechenschritte,
insbesondere die in (5.13), (5.14) und (5.19) notwendigen Integrationen, nur mit Hilfe eines Rechners ausführbar. Oft läßt sich jedoch
die priori-Verteilung durch eine Verteilung annähern, deren Dichtefunktion mathematisch faßbar und so einfach ist, daß sich die "Kenngrößen" der posteriori-Verteilung (Dichte, Summenfunktion, Mittelwert und Varianz) unmittelbar in geschlossener Form ausrechnen lassen. Diese Art des Vorgehens wird im folgenden an Hand der Parameter-
schätzung für die wichtigsten Verteilungen (Normalverteilung, Binomialverteilung, Poisson-Verteilung) ausführlich behandelt.

6. Die Schätzung des Mittelwerts μ einer Normalverteilung mit bekannter Varianz σ^2; Normalverteilung von μ als priori-Verteilung

In diesem Abschnitt werden folgende Voraussetzungen gemacht:

Die Zufallsgröße x folgt einer Normalverteilung mit dem Mittelwert μ und der Varianz σ^2 . Während σ^2 bekannt und unveränderlich ist, genügen die unbekannten veränderlichen Mittelwerte μ ebenfalls einer Normalverteilung, der priori-Verteilung von μ , die als bekannt vorausgesetzt wird.

Bei gegebenem μ hat x die bedingte Dichte

$$\psi(x\,|\,\mu) = \frac{1}{\sqrt{2\pi}\,\sigma} \exp\left[-\frac{1}{2}\left(\frac{x-\mu}{\sigma}\right)^2\right] , \tag{6.1}$$

den bedingten Mittelwert und die bedingte Varianz

$$M(x\,|\,\mu) = \mu \quad \text{und} \quad V(x\,|\,\mu) = \sigma^2 . \tag{6.2}$$

Die priori-Verteilung von μ hat als $N(\mu_0;\sigma_0^2)$ die Dichte

$$\psi(\mu) = \frac{1}{\sqrt{2\pi}\,\sigma_0} \exp\left[-\frac{1}{2}\left(\frac{\mu-\mu_0}{\sigma_0}\right)^2\right] . \tag{6.3}$$

Es gilt

$$M(\mu) = \mu_0 \quad \text{und} \quad V(\mu) = \sigma_0^2 . \tag{6.4}$$

Soweit die Voraussetzungen.

Man zieht bei unbekanntem (aber während der Entnahme der Probe festem) μ eine Zufallsstichprobe der Größe n mit den n unabhängigen Einzelwerten x_ν ; $\nu = 1, 2, \ldots ,n$. Aus den x_ν berechnet man den "beobachteten" Mittelwert

$$\bar{x} = \frac{1}{n}\sum_{\nu=1}^{n} x_\nu . \tag{6.5}$$

Gesucht werden die posteriori-Verteilung, der Bayes-Schätzwert und der posteriori-Vertrauensbereich für μ zur statistischen Sicherheit $1-\alpha$.

Die Likelihood(dichte) (5.1o) wird mit Rücksicht auf (6.1)

$$L(x_1; x_2; \ldots ;x_n|\mu) = \prod_{\nu=1}^{n} \psi(x_\nu|\mu)$$

$$= \frac{1}{(2\pi\sigma^2)^{n/2}} \exp\left[-\frac{1}{2}\sum_{\nu=1}^{n}\left(\frac{x_\nu - \mu}{\sigma}\right)^2\right] .$$

Nach dem Verschiebungssatz gilt für die S.d.q.A. (Summe der quadrierten Abweichungen) bezüglich μ

$$\sum_{\nu=1}^{n}(x_\nu - \mu)^2 = \sum_{\nu=1}^{n}(x_\nu - \bar{x})^2 + n(\bar{x} - \mu)^2$$

$$= (n-1)s^2 + n(\bar{x} - \mu)^2$$

mit $s^2 = \sum(x_\nu - \bar{x})^2/(n-1)$ als "beobachtete" Varianz der Probe. Damit ist

$$L(x_1; x_2; \ldots ;x_n|\mu) = c_n \exp\left[-\frac{n}{2}\left(\frac{\bar{x} - \mu}{\sigma}\right)^2\right] , \qquad (6.6)$$

wobei für die Konstante c_n die Beziehung

$$(2\pi\sigma^2)^{n/2} c_n = \exp\left[-\frac{1}{2}\sum_{\nu=1}^{n}\left(\frac{x_\nu - \bar{x}}{\sigma}\right)^2\right] = \exp\left[-\frac{1}{2}(n-1)(s/\sigma)^2\right] \quad (6.7)$$

gilt. Nach (5.12) wird die gesuchte posteriori-Dichte für μ proportional dem Produkt aus der priori-Dichte $\psi(\mu)$ aus (6.3) und der Likelihood L aus (6.6), also

$$\psi(\mu|x_1; x_2; \ldots ;x_n) \sim \exp\left\{-\frac{1}{2}\left[\left(\frac{\mu -\mu_0}{\sigma_0}\right)^2 + n\left(\frac{\mu - \bar{x}}{\sigma}\right)^2\right]\right\}. \quad (6.8)$$

Da die Dichte (6.8) nur von $\bar{x}$ (und nicht von Einzelwerten x_ν) abhängt, darf man anstelle von $\psi(\mu|x_1; x_2; \ldots ;x_n)$ einfacher $\psi(\mu|\bar{x})$ schreiben, was im folgenden geschieht.

Im Exponenten von e der Gleichung (6.8) gestaltet man die eckige Klammer [ ] um und findet zunächst

$$[\ ] = \left(\frac{1}{\sigma_o^2} + \frac{n}{\sigma^2}\right)\mu^2 - 2\mu\left(\frac{\mu_o}{\sigma_o^2} + \frac{n\bar{x}}{\sigma^2}\right) + \frac{\mu_o^2}{\sigma_o^2} + \frac{n\bar{x}^2}{\sigma^2}$$

$$\underset{\longleftarrow \ a \ \longrightarrow}{} \qquad \underset{\longleftarrow \ b \ \longrightarrow}{} \qquad \underset{\longleftarrow \ c \ \longrightarrow}{}$$

$$= a\,\mu^2 - 2\mu\,b + c = a\left(\mu - \frac{b}{a}\right)^2 + \frac{ac - b^2}{a} \ .$$

Abkürzend setzt man

$$\frac{b}{a} = \frac{(1/\sigma_o^2)\mu_o + (n/\sigma^2)\bar{x}}{(1/\sigma_o^2) + (n/\sigma^2)} = \hat{\mu}(\bar{x}) = \hat{\mu} \ . \tag{6.9}$$

Weiter ist

$$\frac{ac - b^2}{a} = \frac{n}{\sigma^2 + n\sigma_o^2}(\bar{x} - \mu_o)^2 = K \ . \tag{6.1o}$$

K ist bei gegebenen Werten von μ_o, σ_o^2, σ^2, n und beobachtetem $\bar{x}$ eine Konstante. Zieht man $e^{-K/2}$ zur Proportionalitätskonstanten, so wird aus (6.8) einfach

$$\psi(\mu|\bar{x}) \sim \exp\left[-\frac{1}{2}\left(\frac{1}{\sigma_o^2} + \frac{n}{\sigma^2}\right)(\mu - \hat{\mu})^2\right] \ . \tag{6.11}$$

Daraus folgt, daß μ bei beobachtetem $\bar{x}$ einer Normalverteilung mit dem Mittelwert $M(\mu|\bar{x}) = \hat{\mu}(\bar{x})$ aus (6.9) und der Varianz

$$V(\mu|\bar{x}) = \sigma_1^2 = \frac{1}{(1/\sigma_o^2) + (n/\sigma^2)} = \frac{(\sigma^2/n)\sigma_o^2}{(\sigma^2/n) + \sigma_o^2} \tag{6.12}$$

genügt. Die vollständige posteriori-Dichte von μ einschließlich der Normierungskonstanten lautet schließlich

$$\psi(\mu|\bar{x}) = \frac{1}{\sqrt{2\pi}\,\sigma_1}\,e^{-\left[(\mu - \hat{\mu})/\sigma_1\right]^2/2} \ , \tag{6.13}$$

wobei $\hat{\mu} = \hat{\mu}(\bar{x})$ durch (6.9) und σ_1^2 durch (6.12) gegeben ist.

Der gesuchte Bayes-Schätzwert $\hat{\mu}(\bar{x})$ für μ wird infolgedessen

$$M(\mu|\bar{x}) = \hat{\mu}(\bar{x}) = \frac{(1/\sigma_o^2)\mu_o + (n/\sigma^2)\bar{x}}{(1/\sigma_o^2) + (n/\sigma^2)} \tag{6.14}$$

oder in anderer Gestalt

$$\hat{\mu}(\bar{x}) = \frac{(\sigma^2/n)\,\mu_o + \sigma_o^2\,\bar{x}}{(\sigma^2/n) + \sigma_o^2} \; . \tag{6.15}$$

$\hat{\mu}(\bar{x})$ ist ein gewogener Mittelwert aus dem priori-Mittelwert μ_o von μ und dem beobachteten Stichprobenmittelwert $\bar{x}$. Die Gewichte $(1/\sigma_o^2)$ bzw. $n/\sigma^2 = 1/(\sigma/\sqrt{n})^2$ in (6.14) sind umgekehrt proportional zu den entsprechenden Varianzen σ_o^2 der Zufallsvariablen μ und σ^2/n der Zufallsvariablen $\bar{x}$.

Die posteriori-Varianz $V(\mu|\bar{x})$ geht aus (6.12) hervor. Ersichtlich gilt

$$V(\mu|\bar{x}) = \frac{\sigma_o^2}{1 + [n(\sigma_o/\sigma)^2]} = \frac{\sigma^2/n}{1 + [(\sigma/\sigma_o)^2/n]} \; , \tag{6.16}$$

mithin $V(\mu|\bar{x}) < \sigma_o^2$ und $V(\mu|\bar{x}) < \sigma^2/n$. Der posteriori-Schätzwert

$$M(\mu|\bar{x}) = \hat{\mu}(\bar{x})$$

für μ mit der bedingten Varianz $V(\mu|\bar{x})$ ist demnach "genauer" als der priori-Schätzwert μ_o , dem die Varianz σ_o^2 zugeordnet ist, und "genauer" als der Stichprobenmittelwert $\bar{x}$ mit der bedingten Varianz σ^2/n .

Je größer die Varianz $V(\mu) = \sigma_o^2$ der priori-Verteilung von μ ist, umso wertloser wird die priori-Information. In der Tat folgt aus (6.14)

$$M(\mu|\bar{x}) \longrightarrow \bar{x} \quad \text{für} \quad \sigma_o^2 \longrightarrow \infty \tag{6.17}$$

und aus (6.12)

$$V(\mu|\bar{x}) \longrightarrow \sigma^2/n \quad \text{für} \quad \sigma_o^2 \longrightarrow \infty \; . \tag{6.18}$$

Man kommt demnach bei sehr großer Varianz σ_o^2 der priori-Verteilung von μ auf die klassische Schätzung durch $\bar{x}$ zurück.

Bringt man (6.14) in die Gestalt

$$\hat{\mu}(\bar{x}) = \frac{\bar{x} + (\sigma/\sigma_o)^2\,(\mu_o/n)}{1 + [(\sigma/\sigma_o)^2/n]} \; , \tag{6.19}$$

so ist ersichtlich, daß sich mit wachsender Probengröße n das Stichprobenergebnis $\bar{x}$ mehr und mehr durchsetzt: Es gilt mit $\varepsilon = (\sigma/\sigma_0)^2/n$ für "kleine" ε

$$M(\mu|\bar{x}) \approx \bar{x} + \varepsilon(\mu_0 - \bar{x}) \quad \text{und} \quad V(\mu|\bar{x}) \approx (\sigma^2/n)(1-\varepsilon) \, ,$$

mithin

$$M(\mu|\bar{x}) \longrightarrow \bar{x} \quad \text{für} \quad \varepsilon \longrightarrow o \quad \text{bzw.} \quad n \longrightarrow \infty \, . \tag{6.20}$$

Einen zweiseitig abgegrenzten Vertrauensbereich für μ zur statistischen Sicherheit $1-\alpha$ findet man mit Hilfe der posteriori-Verteilung (6.13). Danach ist bei beobachtetem $\bar{x}$ die Zufallsgröße

$$\frac{\mu - M(\mu|\bar{x})}{\sigma(\mu|\bar{x})} \equiv \frac{\mu - \hat{\mu}}{\sigma_1} = u \tag{6.21}$$

standardisiert normalverteilt. Mit der Wahrscheinlichkeit $1-\alpha$ gilt $|u| \leq u_{1-\alpha/2}$. Daraus folgt der gesuchte posteriori-Vertrauensbereich für μ zu

$$M(\mu|\bar{x}) - u_{1-\alpha/2} \, \sigma(\mu|\bar{x}) \leq \mu \leq M(\mu|\bar{x}) + u_{1-\alpha/2} \, \sigma(\mu|\bar{x}) \, , \tag{6.22}$$

wobei man $M(\mu|\bar{x})$ aus (6.14) und $\sigma^2(\mu|\bar{x}) = V(\mu|\bar{x})$ aus (6.12) entnimmt. Je größer σ_0^2 ist, umso besser stimmt der Bereich (6.22) wegen (6.17) und (6.18) mit dem "klassischen" Vertrauensbereich für μ bei bekannter Varianz σ^2 ,

$$\bar{x} - u_{1-\alpha/2} \, (\sigma/\sqrt{n}) \leq \mu \leq \bar{x} + u_{1-\alpha/2}(\sigma/\sqrt{n}) \, , \tag{6.23}$$

überein, wie man es erwartet. Da $\sigma(\mu|\bar{x}) < \sigma/\sqrt{n}$ ist, so ist der "mit Vorinformationen" berechnete Bereich (6.22) enger als der "klassische" Bereich (6.23), was später noch genauer untersucht wird.

Ein Sonderfall

Nach (6.19) hängt der Schätzwert $M(\mu|\bar{x})$ unter sonst gleichen Verhältnissen nur vom Quotienten $n_0 = (\sigma/\sigma_0)^2$ ab,

$$\hat{\mu}(\bar{x}) = M(\mu|\bar{x}) = \frac{n_0\mu_0 + n\bar{x}}{n_0 + n} \, , \tag{6.24}$$

während die Varianz $V(\mu|\bar{x})$ nach (6.16) zusätzlich noch direkt von σ^2 abhängt,

$$V(\mu|\bar{x}) = \frac{\sigma^2}{n_0 + n} \, . \tag{6.25}$$

Kennt man nun weder σ_o noch σ, kann aber davon ausgehen, daß ein festes Verhältnis $(\sigma/\sigma_o)^2 = n_o$ vorliegt, so läßt sich der Vertrauensbereich für μ bei beobachtetem $\bar{x}$ und s^2 einer Probe der Größe n folgendermaßen bestimmen. Nach (6.21) genügt

$$\frac{\mu - \hat{\mu}}{\sigma(\mu|\bar{x})} = u \qquad\qquad (6.26)$$

der standardisierten Normalverteilung. Infolgedessen besitzt

$$\frac{\mu - \hat{\mu}}{\sigma(\mu|\bar{x})} \frac{\sigma}{s} = \frac{u}{\sqrt{\chi^2/f}} = t_f \qquad\qquad (6.27)$$

eine t-Verteilung mit f = n-1 Freiheitsgraden. Mit (6.25) wird aus (6.27)

$$\mu - \hat{\mu} = t_f \frac{s}{\sqrt{n_o + n}} \; . \qquad\qquad (6.28)$$

Mit der Wahrscheinlichkeit 1-α gilt $|t| \leqq t_{f;1-\alpha/2}$, wobei $t_{f;1-\alpha/2}$ der Schwellenwert der t-Verteilung mit f Freiheitsgraden ist, der mit der Wahrscheinlichkeit 1-$\alpha/2$ <u>unterschritten</u> wird. Der gesuchte zweiseitig abgegrenzte <u>posteriori-Vertrauensbereich</u> für μ zur statistischen Sicherheit 1-α bei gegebenem $n_o = (\sigma/\sigma_o)^2$ und beobachtetem $(\bar{x};s^2)$ wird damit

$$|\mu - \hat{\mu}(\bar{x})| \leqq t_{f;1-\alpha/2} \frac{s}{\sqrt{n_o + n}} \; ; \quad f = n-1 \; . \qquad (6.29)$$

Er ist enger als der "ohne Vorinformationen" berechnete Bereich

$$|\mu - \bar{x}| \leqq t_{f;1-\alpha/2} \frac{s}{\sqrt{n}} \; ; \quad f = n-1 \; , \qquad (6.30)$$

jedoch ist der Unterschied nur für "kleine" n und "große" n_o von praktischer Bedeutung. Soweit der Sonderfall.

<u>Der Einfluß der Vorinformation auf die Schätzung von μ</u>

Ohne Vorkenntnisse wählt man als Schätzwert für μ den Stichprobenmittelwert $\bar{x}$ mit der Varianz σ^2/n, mit Vorkenntnissen dagegen den bedingten Mittelwert $M(\mu|\bar{x}) = \hat{\mu}(\bar{x})$, wobei die posteriori-Verteilung von μ die Varianz $V(\mu|\bar{x}) < \sigma^2/n$ aus (6.16) besitzt. Um zu entscheiden, in welchem Ausmaß die Vorkenntnisse über μ die Genauigkeit des Schätzergebnisses beeinflussen, bildet man den dimensionslosen, auf σ bezogenen Vertrauensbereich für μ mit und ohne Vorkenntnisse, selbstverständlich zur gleichen statistischen Sicherheit $1-\alpha$. Dazu setzt man wie vorher

$$(\sigma/\sigma_o)^2 = n_o \quad \text{oder} \quad \sigma_o^2 = \sigma^2/n_o . \qquad (6.31)$$

Aus (6.23) folgt (ohne Vorkenntnisse über μ)

$$u_{\alpha/2}/\sqrt{n} \leqq (\mu - \bar{x})/\sigma \leqq u_{1-\alpha/2}/\sqrt{n} . \qquad (6.32)$$

Aus (6.22) wird bei Berücksichtigung von (6.25) oder $\sigma(\mu|\bar{x}) = \sigma/\sqrt{n_o + n}$ (mit Vorkenntnissen über μ)

$$u_{\alpha/2}/\sqrt{n_o + n} \leqq \left[\mu - M(\mu|\bar{x}) \right] /\sigma \leqq u_{1-\alpha/2}/\sqrt{n_o + n} . \qquad (6.33)$$

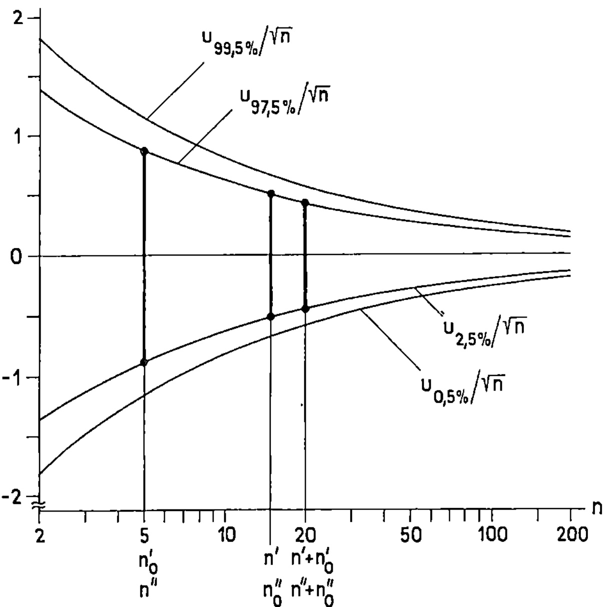

Abb.6.1 Die Weite des dimensionslosen, auf σ bezogenen Vertrauensbereichs für μ ohne bzw. mit Kenntnis der priori-Verteilung von μ in Abhängigkeit von n bzw. $(n_o + n)$ für die zwei statistischen Sicherheiten $1-\alpha_1$ = 95% und $1-\alpha_2$ = 99% .

In Abb.6.1 sind die Grenzlinien der Vertrauensbereiche für die statistischen Sicherheiten $1-\alpha_1$ = 95% und $1-\alpha_2$ = 99% dargestellt. Aus der Zeichnung läßt sich ablesen, daß der posteriori-Vertrauensbereich (6.33) bei "großen" n und "kleinen" n_o nicht wesentlich enger ist als der Bereich (6.32), wie aus dem eingezeichneten Beispiel (n' = 15; n_o' = 5 ; n' + n_o' = 2o) hervorgeht. Dagegen ist die Bayes-Schätzung

für "kleine" n und "große" n_o durchaus von praktischem Wert, wie das
Beispiel ($n'' = 5$; $n_o'' = 15$; $n'' + n_o'' = 2o$) erkennen läßt.

Die möglicherweise fehlende Vorinformation über μ läßt sich dadurch
ausgleichen, daß man statt des Probenumfangs n den Umfang $n_1 > n$
wählt. Nach Abb.6.1 hat man ohne und mit Kenntnis der priori-Verteilung die gleiche Weite des Vertrauensbereichs (d.h. die gleiche
Schätzgenauigkeit für μ), wenn

$$n_1 = n_o + n \tag{6.34}$$

gewählt wird. Dabei ist n_1 die Probengröße ohne und n die Probengrösse mit Vorinformation; die Vorkenntnisse über μ sind gewissermaßen
einer fiktiven priori-Probe der Größe n_o gleichwertig.

Diese Erkenntnisse sollten beispielsweise in der statistischen Qualitätskontrolle auf folgende Weise berücksichtigt werden:

Es sei μ der jeweilige Mittelwert eines Qualitätsmerkmals x in
einer Liefermenge, wobei μ infolge des Einflusses gewisser Störgrös-
sen auf die Fertigung von Liefermenge zu Liefermenge schwankt. Wenn
die Varianz σ^2 des Merkmals x <u>innerhalb</u> der Liefermengen (erheblich)
kleiner als die Varianz σ_o^2 <u>zwischen</u> den Mittelwerten μ der Liefermengen ist, so hat die in der μ-Verteilung enthaltene "Vorinformation" nur geringe praktische Bedeutung. Umgekehrt ist es für
$\sigma^2 \gtrapprox \sigma_o^2$. In dem Falle sollte man (durch Beobachtung über längere
Zeit) die Parameter $(\mu_o; \sigma_o^2)$ der Verteilung von μ bestimmen und bei
der Beurteilung von Liefermengen stets ausnutzen.

<u>Beispiel 6.1</u>

Aus Erfahrung weiß man, daß die "augenblicklichen" Mittelwerte μ der
Druckfestigkeit eines Materials bei der Fertigung "über lange Zeit"
(nahezu) normal verteilt sind mit dem Mittelwert $\mu_o = 2o5$ kp/cm^2 und
der Standardabweichung $\sigma_o = 1o$ kp/cm^2. Die Standardabweichung σ (der
Einzelwerte x bezüglich des jeweiligen Mittelwerts μ ist $\sigma = 14$ kp/cm^2 .
— Einer Liefermenge wird eine Zufallsstichprobe der Größe n = 4 ent-
nommen. Sie gibt die Festigkeitswerte x_1 bis x_4 der Zahlentafel 6.1 .
Die Auswertung liefert für die Probe

den Mittelwert $\bar{x} = 188,o$ kp/cm^2 ,

die S.d.q.A. $\displaystyle\sum_{\nu=1}^{4}(x_\nu - \bar{x})^2 = 236\,(\text{kp/cm}^2)^2$, die Varianz $\quad s^2 = 78{,}7 (kp/cm^2)^2$,

die Standardabweichung $\quad s = 8{,}9 \ kp/cm^2$.

Gesucht wird bei beobachtetem $\bar{x}$ der posteriori-Schätzwert $M(\mu|\bar{x})$ für die mittlere Festigkeit der Liefermenge, die zugehörige Standardabweichung $\sigma(\mu|\bar{x})$ und ein <u>einseitig</u> nach unten abgegrenzter Vertrauensbereich für μ zur statistischen Sicherheit $1-\alpha = 95\%$.

Zahlentafel 6.1	
Nr.	Festigkeit in kp/cm^2
1	193
2	177
3	197
4	185

Den <u>Bayes-Schätzwert</u> $M(\mu|\bar{x})$ für μ bei beobachtetem $\bar{x}$ findet man aus (6.15). Mit den genannten Zahlenwerten gilt

$$M(\mu|\bar{x}) \equiv \hat{\mu}(\bar{x}) = \frac{(196/4) \cdot 2o5 + 1oo \cdot 188}{(196/4) + 1oo} = 193{,}6 \ kp/cm^2 \ .$$

Die posteriori-Varianz $V(\mu|\bar{x})$ bei beobachtetem $\bar{x}$ folgt aus (6.12) zu

$$V(\mu|\bar{x}) = \frac{(196/4) \cdot 1oo}{(196/4) + 1oo} = 32{,}9 (kp/cm^2)^2 \ .$$

Die <u>posteriori-Standardabweichung</u> $\sigma(\mu|\bar{x})$ ist demnach

$$\sigma(\mu|\bar{x}) = 5{,}74 \ kp/cm^2 \ .$$

Zur statistischen Sicherheit 95% gehört bei einseitiger Abgrenzung der Schwellenwert $u_{1-\alpha} = u_{o,95} = 1{,}645$. Entsprechend zu (6.22) wird der einseitig nach unten abgegrenzte <u>posteriori-Vertrauensbereich</u>

$$(193{,}6 - 1{,}645 \cdot 5{,}74) kp/cm^2 \leqq \mu$$

oder

$$\mu \geqq 184{,}2 \ kp/cm^2 \ .$$

Die mittlere Festigkeit μ der vorgelegten Liefermenge ist mit 95% statistischer Sicherheit höher als $184{,}2 \ kp/cm^2$. "Ohne Vorkenntnisse" über μ würde man entsprechend zu (6.23) angeben

$$[188 - 1{,}645 \cdot (14/\sqrt{4})] kp/cm^2 \leqq \mu \quad \text{oder} \quad \mu \geqq 176{,}5 \ kp/cm^2 \ .$$

Die Kenntnis der priori-Verteilung von μ trägt hier durchaus zur Verbesserung der Schätzung von μ bei. Es ist

$$\sigma(\mu|\bar{x}) = 5,7 \text{ kp/cm}^2 \quad \text{gegen} \quad \sigma/\sqrt{n} = 7,0 \text{ kp/cm}^2 \,.$$

Ohne Vorinformation über μ müßte man nach (6.34) $n_1 = n_0 + n = (\sigma/\sigma_0)^2 + n = (1,4)^2 + 4 = 6$ wählen, um in beiden Fällen die gleiche Schätzgenauigkeit von μ zu erreichen. Bei teurer zerstörender Prüfung kann der Mehraufwand von 2 Einheiten durchaus praktisch von Bedeutung sein. — Soweit das Beispiel.

<u>Lösung des vorausgehend behandelten Problems mit Hilfe der zweidimensionalen Normalverteilung für $(\mu;\bar{x})$</u>

Im vorausgehenden wurde der posteriori-Schätzwert $\hat{\mu}(\bar{x})$ für μ (bei beobachtetem $\bar{x}$) und seine Varianz mit Hilfe der allgemein gültigen Überlegungen des Abschnitts 5 hergeleitet. Im folgenden wird eine andere (einfachere) Lösung mit Hilfe der zweidimensionalen Verteilung von μ und $\bar{x}$ gegeben; vgl. Abb.6.2. Fragestellung und Voraussetzung sind genauso, wie sie zu Beginn dieses Abschnitts erörtert wurden.

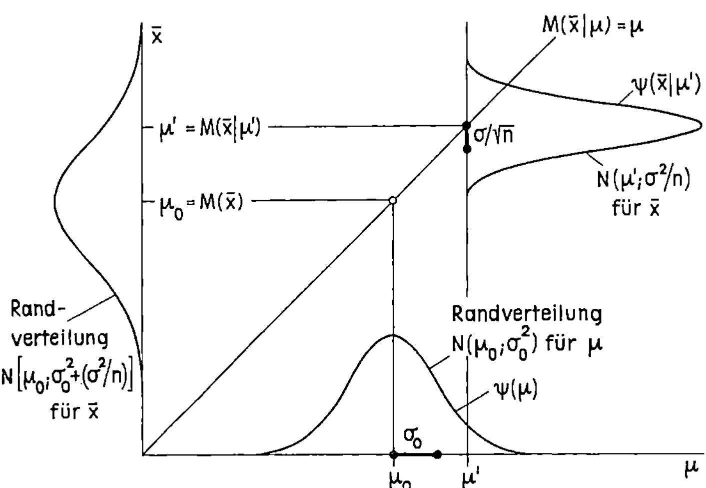

Abb.6.2 Zur Entstehung der zweidimensionalen Normalverteilung über der $(\mu;\bar{x})$-Ebene bei fester Probengröße n = konst. Die Dichte der Verteilung von $(\mu;\bar{x})$ ist $\psi(\mu)\,\psi(\bar{x}|\mu)$.

In Abb.6.2 ist die "Randverteilung" über der waagerechten μ-Achse die gegebene priori-Verteilung (Normalverteilung) für μ mit

$$M(\mu) = \mu_o \quad \text{und} \quad V(\mu) = \sigma_o^2 \; . \tag{6.35}$$

Die "Randverteilung" über der senkrechten $\overline{x}$-Achse folgt aus der Zerlegung von $\overline{x}$,

$$\overline{x} = \mu_o + (\mu - \mu_o) + (\overline{x} - \mu)_{\mu = \text{konst}} \; , \tag{6.36}$$

wobei $(\mu - \mu_o)$ und $(\overline{x} - \mu)$ entsprechend den zu Beginn des Abschnitts 6 gemachten Voraussetzungen normal verteilte und voneinander unabhängige Zufallsgrößen darstellen. Infolgedessen ist auch $\overline{x}$ normal verteilt. Mittelwert und Varianz von $\overline{x}$ sind

$$M(\overline{x}) = \mu_o \tag{6.37}$$

und

$$V(\overline{x}) = \sigma_o^2 + \frac{\sigma^2}{n} = \sigma_2^2 \; . \tag{6.38}$$

Damit sind die Mittelwerte $(\mu_o;\mu_o)$ und die Varianzen $(\sigma_o^2 ; \sigma_2^2)$ der Randverteilungen bekannt.

Die Dichte der <u>gemeinsamen Verteilung</u> von μ und $\overline{x}$ hat die Gestalt

$$\psi(\mu;\overline{x}) = \psi(\mu)\,\psi(\overline{x}|\mu) \; , \tag{6.39}$$

wobei voraussetzungsgemäß sowohl $\psi(\mu)$ als auch $\psi(\overline{x}|\mu)$ Dichten von Normalverteilungen sind. Auf Grund der Darstellung (6.39) genügt das Wertepaar $(\mu;\overline{x})$ einer <u>zweidimensionalen Normalverteilung</u>, von der nur noch der Korrelationskoeffizient ρ bestimmt werden muß, da Mittelwerte und Varianzen der Randverteilungen bereits in (6.35), (6.37) und (6.38) als bekannt vorliegen.

Mittelwert und Varianz von y bei gegebenem x einer zweidimensionalen Normalverteilung sind bekanntlich

$$M(y|x) = \mu_y + \rho(\sigma_y/\sigma_x)(x - \mu_x) \; ; \quad V(y|x) = \sigma_y^2 (1 - \rho^2) \; , \tag{6.4o}$$

wobei $(\mu_x;\mu_y)$ die Mittelwerte und $(\sigma_x^2 ; \sigma_y^2)$ die Varianzen der Randverteilungen darstellen; ρ ist der Korrelationskoeffizient zwischen x und y . Ersetzt man $(x;y)$ durch $(\mu;\overline{x})$, so gilt hier entsprechend

$$M(\overline{x}|\mu) = \mu_o + \rho(\sigma_2/\sigma_o)(\mu - \mu_o) = \mu \; . \tag{6.41}$$

Unter Berücksichtigung der Erwartungstreue von $\overline{x}$, d.h. $M(\overline{x}|\mu) = \mu$ findet man aus dieser Gleichung den Korrelationskoeffizienten ρ zwischen μ und $\overline{x}$ zu

$$\rho(\mu;\bar{x}) = \rho = \sigma_o/\sigma_2 = \sigma_o/\sqrt{\sigma_o^2 + (\sigma^2/n)} \ . \tag{6.42}$$

Mit wachsendem n gilt $\rho \to 1$, wie man erwarten muß. Vertauscht man in (6.4o) die Rollen von x und y bzw. in (6.41) von μ und $\bar{x}$ miteinander, so findet man mit (6.42) den Mittelwert von μ bei gegebenem $\bar{x}$, also den gesuchten Schätzwert $M(\mu|\bar{x})$. Es wird

$$M(\mu|\bar{x}) = \mu_o + (\sigma_o/\sigma_2)^2 \ (\bar{x} - \mu_o) \ . \tag{6.43}$$

Mit σ_2^2 aus (6.38) wird daraus

$$M(\mu|\bar{x}) = \frac{\sigma_o^2 \bar{x} + (\sigma^2/n) \mu_o}{\sigma_o^2 + (\sigma^2/n)} \ . \tag{6.44}$$

Die Varianz von μ bei gegebenem $\bar{x}$ wird gemäß (6.4o) und mit (6.42)

$$V(\mu|\bar{x}) = \sigma_o^2 \ (1 - \rho^2) = \frac{\sigma_o^2 \ (\sigma^2/n)}{\sigma_o^2 + (\sigma^2/n)} \ . \tag{6.45}$$

Die Ergebnisse (6.44) bzw. (6.45) stimmen mit (6.15) bzw. (6.12) überein (wie es sein muß), so daß auf die weitere Erörterung verzichtet werden kann.

Zwei Versuche $(n_1;\bar{x}_1)$ und $(n_2;\bar{x}_2)$ bei festem unbekannten μ

(a) Man faßt beide Einzelversuche der Größe n_1 bzw. n_2 mit den Mittelwerten $\bar{x}_1$ bzw. $\bar{x}_2$ zu einem Gesamtversuch $(n;\bar{x})$ zusammen. Dabei gilt

$$n = n_1 + n_2 \quad \text{und} \quad \bar{x} = (n_1/n)\bar{x}_1 + (n_2/n)\bar{x}_2 \ . \tag{6.46}$$

Aus (6.14) folgt (in leicht verständlicher Bezeichnungsweise)

$$M(\mu|\bar{x}_1,\bar{x}_2; \mu_o) = M(\mu|\bar{x}; \mu_o) = \frac{(1/\sigma_o^2) \mu_o + (n/\sigma^2) \bar{x}}{(1/\sigma_o^2) + (n/\sigma^2)} \ .$$

Mit (6.46) und $(\sigma/\sigma_o)^2 = n_o$ folgt daraus der posteriori-Mittelwert von μ (auf Grund der ursprünglichen Verteilung (6.3) mit den Parametern μ_o und σ_o) nach dem Gesamtversuch

$$M(\mu|\bar{x}; \mu_o) = \frac{n_o\mu_o + n_1\bar{x}_1 + n_2\bar{x}_2}{n_o + n_1 + n_2} \ . \tag{6.47}$$

Entsprechend findet man aus (6.12) die zugehörige posteriori-Varianz

$$V(\mu|\bar{x};\mu_0) = \sigma^2/(n_0 + n_1 + n_2) \ . \tag{6.48}$$

(b) Die posteriori-Schätzwerte nach dem ersten Versuch,

$$M(\mu|\bar{x}_1;\mu_0) = \frac{n_0\mu_0 + n_1\bar{x}_1}{n_0 + n_1} = \mu_1$$

und

$$V(\mu|\bar{x}_1;\mu_0) = \sigma^2/(n_0 + n_1) = \sigma_1^2 \ ,$$

werden als Parameter einer neuen (verbesserten) priori-Verteilung verwendet. Nach dem zweiten Versuch hat man aus (6.14)

$$M(\mu|\bar{x}_1,\bar{x}_2;\mu_0) = M(\mu|\bar{x}_2;\mu_1) = \frac{(1/\sigma_1^2)\,\mu_1 + (n_2/\sigma^2)\,\bar{x}_2}{(1/\sigma_1^2) + (n_2/\sigma^2)} \ .$$

Setzt man $(\mu_1;\sigma_1^2)$ aus den vorausgehenden Gleichungen ein, so wird der posteriori-Mittelwert von μ auf Grund der priori-Verteilung mit den Parametern μ_1 und σ_1^2 nach dem zweiten Versuch

$$M(\mu|\bar{x}_2;\mu_1) = \frac{n_0\mu_0 + n_1\bar{x}_1 + n_2\bar{x}_2}{n_0 + n_1 + n_2} \ . \tag{6.49}$$

Aus (6.12) findet man die zugehörige posteriori-Varianz

$$V(\mu|\bar{x}_2;\mu_1) = \frac{1}{(1/\sigma_1^2) + (n_2/\sigma^2)} = \sigma^2/(n_0 + n_1 + n_2) \ . \tag{6.50}$$

Wie es nach den allgemeinen Erörterungen zu (2.26) und (2.27) erwartet werden muß, stimmt das Ergebnis (6.47) mit (6.49) und (6.48) mit (6.50) überein.

7. Die Schätzung des Mittelwerts μ einer Normalverteilung mit bekannter Varianz σ^2; Gleichverteilung von μ als priori-Verteilung

Wenn man die Gestalt der Verteilung von μ nicht kennt, sondern lediglich weiß, daß μ im Bereich

$$a \leqq \mu \leqq b \, , \quad b > a \, , \tag{7.1}$$

auftritt, so liegt es nahe, als priori-Verteilung für μ eine <u>Gleichverteilung</u> im Bereich (7.1) mit der Dichte

$$\psi(\mu) = \begin{cases} 1/(b-a) & \text{für } a \leqq \mu \leqq b \, , \\ o & \text{sonst} \, , \end{cases} \tag{7.2}$$

anzusetzen. Bei gegebenem μ wird die Zufallsgröße x (wie im Abschnitt 6) als normal verteilt vorausgesetzt mit der Dichte

$$\psi(x|\mu) = \frac{1}{\sqrt{2\pi}\,\sigma} \exp\left[-\frac{1}{2}\left(\frac{x-\mu}{\sigma}\right)^2 \right] \, , \tag{7.3}$$

so daß auch die Likelihood $L(x_1; x_2; \ldots ; x_n | \mu)$ aus (6.6) ungeändert bleibt. Durch Einsetzen von priori-Dichte (7.2) und Likelihood (6.6) in (5.12) erhält man die posteriori-Dichte für μ bei gegebenem $\bar{x}$ in der Gestalt

$$\psi(\mu|\bar{x}) = k \, \exp\left[-\frac{n}{2}\left(\frac{\mu-\bar{x}}{\sigma}\right)^2 \right] \, ; \quad a \leqq \mu \leqq b \, , \tag{7.4}$$

wobei die konstante priori-Dichte (7.2) in der Konstanten k enthalten ist. Zur Bestimmung der Konstanten k integriert man $\psi(\mu|\bar{x})$ im Bereich $a \leqq \mu \leqq b$. Zu dem Zweck setzt man

$$\frac{\mu-\bar{x}}{\sigma/\sqrt{n}} = v \quad \text{und} \quad \frac{1}{\sqrt{2\pi}} \, e^{-v^2/2} = \varphi(v) \, . \tag{7.5}$$

(Der Leser beachte, daß μ die Veränderliche darstellt und $\bar{x}$ fest ist.)

Dann muß gelten

$$1 = \int_\alpha^b \psi(\mu|\bar{x})\,d\mu = \frac{\sqrt{2\pi}\,k\,\sigma}{\sqrt{n}} \int_{v_1}^{v_2} \varphi(v)\,dv \ , \tag{7.6}$$

wobei

$$v_1 = \frac{a - \bar{x}}{\sigma/\sqrt{n}} \quad \text{bzw.} \quad v_2 = \frac{b - \bar{x}}{\sigma/\sqrt{n}} \tag{7.7}$$

die den Grenzen a bzw. b entsprechenden "standardisierten" Werte sind. Bezeichnet $\Phi(\ )$ die Summenfunktion der standardisierten Normalverteilung, so folgt die Konstante k aus (7.6) zu

$$k = \frac{\sqrt{n}}{\sqrt{2\pi}\,\sigma} \frac{1}{\Phi_2 - \Phi_1} \quad \text{mit} \quad \Phi_1 = \Phi(v_1) \text{ und } \Phi_2 = \Phi(v_2) \ . \tag{7.8}$$

Damit ist die posteriori-Dichte $\psi(\mu|\bar{x})$ aus (7.4) vollständig bekannt. Der Mittelwert $M(\mu|\bar{x})$ dieser Verteilung wird

$$M(\mu|\bar{x}) = \int_\alpha^b \mu\,\psi(\mu|\bar{x})\,d\mu \ . \tag{7.9}$$

Mit den Substitutionen (7.5) und (7.7) folgt aus (7.9) nach kurzer Rechnung

$$M(\mu|\bar{x}) = \bar{x} + \frac{\sigma}{\sqrt{n}} \frac{1}{\Phi_2 - \Phi_1} \int_{v_1}^{v_2} v\,\varphi(v)\,dv \ . \tag{7.1o}$$

Im Integral der letzten Gleichung setzt man $v\,\varphi(v) = -\varphi'(v) = -d\varphi/dv$ und findet

$$\int_{v_1}^{v_2} v\,\varphi(v)\,dv = - \int_{v_1}^{v_2} d\varphi = -\left[\varphi(v_2) - \varphi(v_1)\right] = -(\varphi_2 - \varphi_1) \ . \tag{7.11}$$

Damit wird der posteriori-Schätzwert für μ schließlich

$$M(\mu|\bar{x}) \equiv \hat{\mu}(\bar{x}) = \bar{x} - \frac{\sigma}{\sqrt{n}} \frac{\varphi_2 - \varphi_1}{\Phi_2 - \Phi_1} \ . \tag{7.12}$$

Auch hier gilt (ebenso wie im Abschnitt 6), daß sich mit wachsendem n das Stichprobenergebnis mehr und mehr durchsetzt; $M(\mu|\bar{x}) \longrightarrow \bar{x}$ für $n \longrightarrow \infty$.

Hat man "zufällig" $\bar{x} = (a+b)/2$ beobachtet, so ist in diesem Sonderfall

$$v_1 = \frac{a - b}{2(\sigma/\sqrt{n})} \qquad \text{und} \qquad v_2 = \frac{b - a}{2(\sigma/\sqrt{n})} = -v_1 \; .$$

Daraus folgt wegen $\varphi(-v) = \varphi(v)$, daß $\varphi(v_2) - \varphi(v_1) = o$ gilt, so daß dann $M(\mu|\bar{x}) = \hat{\mu}(\bar{x}) = \bar{x}$ ist.

Die Varianz der posteriori-Verteilung von μ findet man aus

$$V(\mu|\bar{x}) = \int_a^b (\mu - \hat{\mu})^2 \psi(\mu|\bar{x}) d\mu = \int_a^b \mu^2 \psi(\mu|\bar{x}) d\mu - M^2(\mu|\bar{x}) \; . \qquad (7.13)$$

Die Einzelheiten der Rechnung seien dem Leser überlassen. Man findet zunächst

$$\int_a^b \mu^2 \psi(\mu|\bar{x}) \, d\mu = \qquad\qquad\qquad\qquad\qquad\qquad (7.14)$$

$$= \bar{x}^2 - 2\bar{x} \, \frac{\sigma}{\sqrt{n}} \, \frac{\varphi_2 - \varphi_1}{\Phi_2 - \Phi_1} + \frac{\sigma^2}{n} \, \frac{1}{\Phi_2 - \Phi_1} \int_{v_1}^{v_2} v^2 \varphi(v) \, dv \; .$$

Mit $-v\,\varphi(v) = \varphi'(v) = d\varphi/dv$ wird

$$\int v^2 \varphi(v) dv = -\int v \, d\varphi = -\left[v\varphi - \int \varphi \, dv \right] = \Phi(v) - v\varphi(v) \; ,$$

mithin

$$\int_{v_1}^{v_2} v^2 \varphi(v) dv = \Phi_2 - \Phi_1 - \left[v_2\varphi_2 - v_1\varphi_1 \right] \; . \qquad (7.15)$$

Setzt man den Ausdruck (7.14) und $\hat{\mu}(\bar{x})$ aus (7.12) in (7.13) ein, so wird die posteriori-Varianz schließlich

$$V(\mu|\bar{x}) = \frac{\sigma^2}{n} \left[1 - \frac{v_2\varphi_2 - v_1\varphi_1}{\Phi_2 - \Phi_1} - \left(\frac{\varphi_2 - \varphi_1}{\Phi_2 - \Phi_1} \right)^2 \right] \; . \qquad (7.16)$$

Man wird vermuten, daß diese Varianz stets kleiner als σ^2/n ist, d.h. kleiner als die Varianz des "klassischen" Schätzwerts $\bar{x}$ für μ. Für $a \leqq \bar{x} \leqq b$ ist das leicht einzusehen. Nach (7.7) wird dann

$$v_1 \leqq o \qquad \text{und} \qquad v_2 \geqq o \, , \quad \text{falls } a \leqq \bar{x} \leqq b \, . \qquad (7.17)$$

Daraus folgt $v_1\varphi(v_1) \leqq o$ und $v_2\varphi(v_2) \geqq o$. Die eckige Klammer $[\;\;]$ in (7.16) läßt sich damit in der Gestalt

$$[\;] = 1 - \frac{v_2\varphi_2 + |v_1\varphi_1|}{\bar\Phi_2 - \bar\Phi_1} - \left(\frac{\varphi_2 - \varphi_1}{\bar\Phi_2 - \bar\Phi_1}\right)^2 < 1$$

schreiben, womit die Vermutung bestätigt wird.

Wenn $\bar x$ die Grenze b überschreitet (bzw. die Grenze a unterschreitet), so ist eine besondere Überlegung erforderlich. Ist im Grenzfalle bei-spielsweise μ = b, so liegt der beobachtete Mittelwert $\bar x$ mit der Wahrscheinlichkeit 1-α im Zufallsbereich

$$b - u_{1-\alpha/2}(\sigma/\sqrt{n}) \leqq \bar x \leqq b + u_{1-\alpha/2}(\sigma/\sqrt{n})\;, \tag{7.18}$$

so daß $\bar x$-Werte mit $\bar x$ > b auftreten können. Entsprechendes gilt sinn-gemäß an der unteren Grenzlage μ = a . Dann ist $\bar x$ < a möglich.

Das Verhalten der Lösung für $\bar x$ > b bzw. $\bar x$ < a

Im folgenden wird das Verhalten des Schätzwerts (7.12) und der Varianz (7.16) untersucht, wenn $\bar x$ > b beobachtet worden ist und wenn man (b-a)/$\sigma \gtreqless$ 1 voraussetzt. Man setzt in dem Falle

$$\bar x = b + u(\sigma/\sqrt{n}) \quad \text{mit} \quad u > o \;. \tag{7.19}$$

Dann folgt aus (7.7)

$$v_1 = -u - \frac{b - a}{\sigma}\sqrt{n} \quad \text{und} \quad v_2 = -u \;. \tag{7.2o}$$

Wegen (b-a)/$\sigma \gtreqless$ 1 darf man für "genügend große" n in der weiteren Rechnung v_1 durch $-\infty$ ersetzen und hat damit φ_1 = o und $\bar\Phi_1$ = o . Wei-ter wird φ_2 = $\varphi(-u)$ = $\varphi(u)$ und $\bar\Phi_2$ = $\bar\Phi(-u)$ = 1 - $\bar\Phi(u)$. Damit wird in (7.12)

$$\frac{\varphi_2 - \varphi_1}{\bar\Phi_2 - \bar\Phi_1} = \frac{\varphi(u)}{1 - \bar\Phi(u)} \;. \tag{7.21}$$

Der Schätzwert M($\mu|\bar x$) aus (7.12) nimmt mit (7.19) und (7.21) die Ge-stalt an

$$M(\mu|\bar x) = b - \frac{\sigma}{\sqrt{n}}\left[\frac{\varphi(u)}{1 - \bar\Phi(u)} - u\right]\;. \tag{7.22}$$

Nach Abb.7.1 ist für u > o auch

$$F(u) = \frac{\varphi(u)}{1 - \Phi(u)} - u > 0 \; , \qquad\qquad (7.23)$$

so daß $M(\mu|\bar{x}) < b$ geschätzt wird. Die Varianz $V(\mu|\bar{x})$ aus (7.16) wird entsprechend

$$V(\mu|\bar{x}) = \frac{\sigma^2}{n} \left[1 - \frac{\varphi(u)}{1 - \Phi(u)} \left(\frac{\varphi(u)}{1 - \Phi(u)} - u \right) \right] . \qquad (7.24)$$

$$\longleftarrow F(u) \longrightarrow$$

Da nach (7.23) $F(u) > 0$ ist, so gilt $V(\mu|\bar{x}) < \sigma^2/n$.

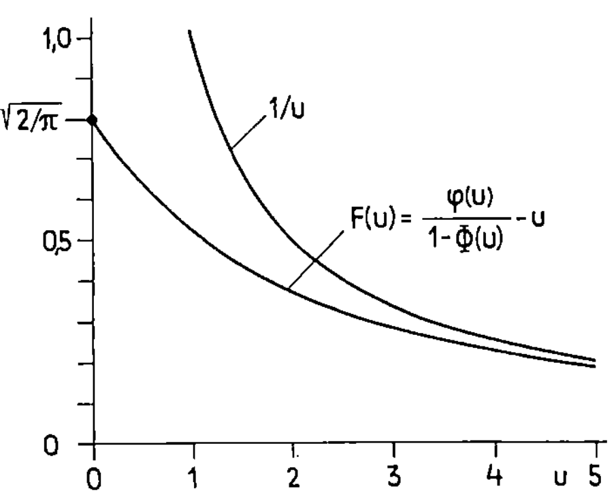

Abb.7.1 Der Verlauf der Funktion F(u) für u $\geq$ o . Für u$\rightarrow\infty$ nähert sich F(u) asymptotisch an 1/u .

Das Verhalten von $M(\mu|\bar{x})$ und $V(\mu|\bar{x})$ mit wachsendem u läßt sich mit Hilfe der bekannten Reihenentwicklung

$$1 - \Phi(u) = \frac{\varphi(u)}{u} \left[1 - \frac{1}{u^2} + \frac{1 \cdot 3}{u^4} \mp \cdots \right]$$

untersuchen. Zunächst wird der Quotient $\varphi(u)/\left[1-\Phi(u)\right]$ zu

$$\frac{\varphi(u)}{1 - \Phi(u)} = u \left(1 + \frac{1}{u^2} - \frac{2}{u^4} \pm \cdots \right) .$$

Setzt man diesen Ausdruck in (7.22) und (7.24) ein, so findet man in erster Näherung

$$M(\mu|\bar{x}) = b - \frac{\sigma}{\sqrt{n}} \frac{1}{u} \quad \text{und} \quad V(\mu|\bar{x}) = \frac{\sigma^2}{n} \frac{1}{u^2} . \qquad (7.25)$$

Es gilt also für $u \rightarrow \infty$, d.h. $\bar{x} \rightarrow \infty$ mit $\bar{x} > b$

$$\lim_{u\rightarrow\infty} M(\mu|\bar{x}) = b \quad \text{und} \quad \lim_{u\rightarrow\infty} V(\mu|\bar{x}) = 0 \; .$$

Ein $\bar{x}$-Wert, der weit oberhalb von b beobachtet wird, ist demnach nur mit dem oberen Grenzwert b für μ verträglich. Formal ist also das Schätzverfahren auch dann in Ordnung, wenn $\bar{x} > b$ ist. Hat man jedoch beispielsweise $\bar{x} > b + 3(\sigma/\sqrt{n})$ beobachtet, so ist unter der Voraussetzung $\mu \leq b$ die Wahrscheinlichkeit dieses Ereignisses gemäß

$$W(\bar{x} > b + 3\,\sigma/\sqrt{n}\,|\,\mu \leq b) \leq 1-\Phi(3) = 1,4‰$$

kleiner als 1,4‰ , also so gering, daß man in dem Falle an der Voraussetzung $\mu \leq b$ zweifeln sollte. Soweit das Verhalten der Lösung für $\bar{x} > b$. Die Ergebnisse gelten sinngemäß auch für $\bar{x} < a$.

Ein Sonderfall

Nach (7.7) ist die Länge $(v_2 - v_1)$ des Bereichs, über den nach v integriert wird,

$$v_2 - v_1 = \frac{b - a}{\sigma/\sqrt{n}} = \frac{b - a}{\sigma}\sqrt{n} = \text{konst.} \tag{7.26}$$

Dieser Bereich ist unabhängig von dem beobachteten Mittelwert $\bar{x}$, jedoch abhängig von der Probengröße n und dem mit σ dimensionslos gemachten Wertebereich (b-a) für μ . Mit wachsendem n gilt $(v_2 - v_1) \longrightarrow \infty$. Die Mitte $(v_1 + v_2)/2 = v_m$ des Integrationsbereichs für v wird mit (7.7)

$$v_m = \left(\frac{a + b}{2\,\sigma} - \frac{\bar{x}}{\sigma}\right)\sqrt{n} = \frac{m - \bar{x}}{\sigma}\sqrt{n} \, , \tag{7.27}$$

wobei m = (a+b)/2 die Mitte des Wertebereichs für μ ist; v_m hängt wesentlich vom dimensionslosen Abstand $(m-\bar{x})/\sigma$ und von der Probengrösse n ab.

Die Dichte $\psi(\mu|\bar{x})$ wird von der Lage des Bereichs $a \leq \mu \leq b$ auf der μ-Achse unabhängig, wenn man den Bereich durch den Mittelpunkt

$$m = (a+b)/2 \tag{7.28}$$

und die Breite

$$2c = b-a \tag{7.29}$$

kennzeichnet. Setzt man dann

$$a = m-c, \; b = m+c, \; x = m+y \quad \text{und} \quad \bar{x} = m+\bar{y} \, , \tag{7.3o}$$

so werden die Integrationsgrenzen v_1 und v_2 aus (7.7)

$$v_1 = \frac{-c -\bar{y}}{\sigma/\sqrt{n}} \quad \text{und} \quad v_2 = \frac{c - \bar{y}}{\sigma/\sqrt{n}} \, . \tag{7.31}$$

Sie sind nur abhängig von der dimensionslosen halben Bereichbreite
c/σ , dem dimensionslosen Abstand $\bar{y}/\sigma = (\bar{x}-m)/\sigma$ und der Probengröße n .

Bemerkenswert ist der in Abb.7.2 dargestellte <u>Sonderfall</u>, daß $\sigma \ll c$
und der Abstand $\bar{y}$ des beobachteten Mittelwerts $\bar{x}$ von der Bereichmitte
m = (a+b)/2 "klein" gegen die halbe Bereichbreite c ist,

$$\sigma \ll c \quad \text{und} \quad |\bar{y}| = |\bar{x} - m| \ll c \ . \tag{7.32}$$

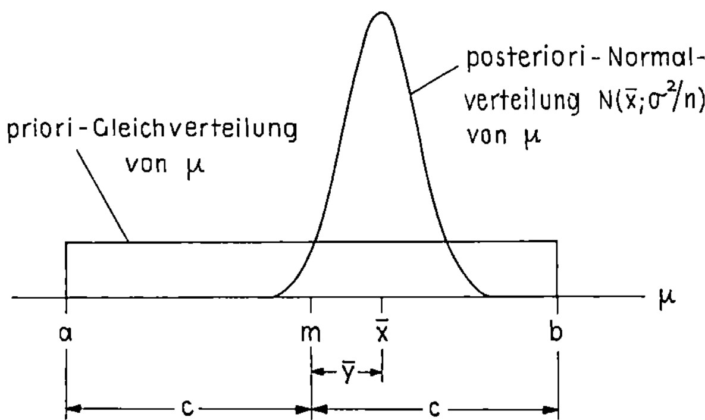

Abb.7.2 priori- und posteriori-Verteilung von μ für den Sonderfall
$\sigma \ll c$ und $\bar{y} = |\bar{x} - m| \ll c$ .Vgl.(7.32).

Dann darf man die Integrationsgrenzen in (7.6),

$$v_1 = - \sqrt{n}(c/\sigma)(1 + \frac{\bar{y}}{c}) \approx - \sqrt{n}(c/\sigma) \ll -1$$

und

$$v_2 = \sqrt{n}(c/\sigma)(1 - \frac{\bar{y}}{c}) \approx \sqrt{n}(c/\sigma) \gg 1 \ ,$$

durch $-\infty$ und ∞ ersetzen. Die Konstante k nach (7.8) wird dann in guter Näherung

$$k = \frac{\sqrt{n}}{\sqrt{2\pi}\,\sigma} = \frac{1}{\sqrt{2\pi}\,(\sigma/\sqrt{n})} \ .$$

Aus (7.4) folgt damit die <u>posteriori-Dichte</u> von μ in der Gestalt

$$\psi(\mu|\bar{x}) = \frac{1}{\sqrt{2\pi}\,(\sigma/\sqrt{n})} \exp\left[-\frac{1}{2}\left(\frac{\mu - \bar{x}}{\sigma/\sqrt{n}}\right)^2\right] . \tag{7.33}$$

Danach ist μ bei Gültigkeit von (7.32) nahezu normal verteilt mit dem
posteriori-Mittelwert

$$M(\mu|\bar{x}) = \bar{x} \qquad (7.34)$$

und der posteriori-Varianz

$$V(\mu|\bar{x}) = \sigma^2/n \ . \qquad (7.35)$$

Aus (7.33) bis (7.35) ersieht man, daß unter der Bedingung (7.32) die priori-Verteilung auf die Schätzung von μ bei beobachtetem $\bar{x}$ keinen Einfluß hat, m.a.W. sie ist praktisch wertlos. Das ist immer der Fall, wenn der priori-Bereich $a \leq \mu \leq b$ im Vergleich zu σ "breit" ist und $\bar{x}$ "nicht zu nahe" am Rande des Bereichs liegt.

Der Einfluß der Vorinformation über μ soll im folgenden an zwei Beispielen gezeigt werden.

Beispiel 7.1

Es seien a und b beliebig mit $b-a = 1o\ \sigma$; (das ist ein "weiter" Bereich für μ); n = 4; beobachtet wird $\bar{x} = m + 4\sigma$.

Nach (7.7) wird $v_1 = -18$; $v_2 = 2$. Eine Tafel der Normalverteilung gibt dazu

$$\varphi_1 = o \ ; \quad \varphi_2 = 0,o54 \ ; \quad \Phi_1 = o \quad \text{und} \quad \Phi_2 = 0,977 \ .$$

Weiter ist $(\varphi_2-\varphi_1)/(\Phi_2 - \Phi_1) = 0,o55$. Setzt man die Zahlenwerte in die Gleichungen (7.12) und (7.16) ein, so findet man als posteriori-Mittelwert

$$M(\mu|\bar{x}) = \hat{\mu}(\bar{x}) = \bar{x} - \frac{\sigma}{2} \cdot 0,o55$$

und als posteriori-Varianz bzw. -Standardabweichung

$$V(\mu|\bar{x}) = \frac{\sigma^2}{4} \cdot 0,886 \quad \text{bzw.} \quad \sigma(\mu|\bar{x}) = \frac{\sigma}{2} \cdot 0,94 \ .$$

Ersichtlich beträgt die "Verbesserung" von $\bar{x}$ zu $\hat{\mu}(\bar{x})$ nur 5,5% der Standardabweichung $\sigma/2$ von $\bar{x}$. Die Standardabweichung $\sigma(\mu|\bar{x})$ ist nur 6% geringer als die Standardabweichung $\sigma/2$ von $\bar{x}$. Man kann also in der Tat ohne Einbuße an Genauigkeit den Schätzwert ohne Vorinformation, nämlich $\bar{x}$, benutzen. Die Kenntnis der priori-Verteilung von μ ist im vorliegenden Falle (nahezu) wertlos, was man von vornherein vermuten kann, da $(b-a)/2 = c = 5\sigma \gg \sigma$ und $|\bar{y}| = |\bar{x} - m| = 4\sigma < c$ ist. Es liegt also der Sonderfall (7.32) vor.

Beispiel 7.2

Es seien a und b beliebig mit b-a = σ ; (das ist ein "enger" Bereich
für μ); n = 4; beobachtet wird $\bar{x}$ = m -(σ/4).

Nach (7.7) wird v_1 = -o,5; v_2 = 1,5. Eine Tafel der Normalverteilung
gibt dazu

$$\varphi_1 = 0,3521 \; ; \quad \varphi_2 = 0,1295 \; ; \quad \Phi_1 = 0,3085 \; ; \quad \Phi_2 = 0,9332 \; .$$

Weiter ist $(\varphi_2 - \varphi_1)/(\Phi_2 - \Phi_1)$ = -o,356 . Setzt man die Zahlenwerte in
die Gleichungen (7.12) und (7.16) ein, so findet man als posteriori-
Mittelwert

$$M(\mu|\bar{x}) = \hat{\mu}(\bar{x}) = \bar{x} + \frac{\sigma}{2} \cdot 0,356$$

und als posteriori-Varianz bzw. -Standardabweichung

$$V(\mu|\bar{x}) = \frac{\sigma^2}{4} \cdot 0,281 \quad \text{bzw.} \quad \sigma(\mu|\bar{x}) = \frac{\sigma}{2} \cdot 0,53 \; .$$

Die "Verbesserung" von $\bar{x}$ zu $\hat{\mu}(\bar{x})$ beträgt jetzt 36% von $\sigma/2$. Die
Standardabweichung $\sigma(\mu|\bar{x})$ ist jetzt nur etwa die Hälfte von $\sigma/2$. Die
in der priori-Verteilung von μ enthaltene Vorinformation hat im Beispiel erheblich zur Verbesserung der Schätzung beigetragen, jedoch
wird man nur selten so genaue Vorkenntnisse über μ haben.

8. Die Schätzung der Varianz σ^2 einer Normalverteilung mit bekanntem Mittelwert μ bei „geeigneten Vorinformationen" über σ^2

Die Zufallsgröße x folgt einer Normalverteilung $(\mu;\sigma^2)$. Im Vergleich zu Abschnitt 6 werden die Rollen von μ und σ^2 hier vertauscht: Der Mittelwert μ wird jetzt als bekannt und unveränderlich vorausgesetzt, während die unbekannten veränderlichen Varianzen σ^2 einer priori-Verteilung genügen, die als bekannt angenommen wird.

Bei gegebenem (μ und) σ^2 hat x die bedingte Dichte

$$\psi(x\,|\,\sigma^2) \;=\; \frac{1}{\sqrt{2\pi}\,\sigma}\;\exp\left[-\frac{1}{2}\left(\frac{x-\mu}{\sigma}\right)^2\right] \; ; \quad \mu \text{ fest .} \qquad (8.1)$$

Die priori-Verteilung sollte aus praxisorientierten Gründen und im Sinne der Ausführungen am Ende von Abschnitt 5 folgende zwei Bedingungen erfüllen:

(a) wirklich beobachtete Verteilungen von σ^2 sollen sich durch den gewählten Verteilungstyp mit der priori-Dichte $\psi(\sigma^2)$ annähern lassen

(b) die posteriori-Verteilung von σ^2 soll eine "integrable" Dichte $\psi(\sigma^2\,|\,s^2)$ haben, damit man Mittelwert, Varianz und Vertrauensbereich für σ^2 bei beobachtetem s^2 in geschlossener Form berechnen kann.

Unter dem Gesichtspunkt (a) bieten sich die χ^2-Verteilungen an. Jedoch hat man dann bei der unter (b) genannten Integration Schwierigkeiten. Deshalb wählt man die Dichtefunktion der <u>priori-Verteilung für σ^2</u> in der Gestalt

$$\psi(\sigma^2) = \frac{k_o}{\sigma_o^2}\left(\frac{\sigma_o^2}{\sigma^2}\right)^{(f_o/2)+1}\exp\left[-\frac{f_o-2}{2}\left(\frac{\sigma_o}{\sigma}\right)^2\right] \; ; \quad o \leq \sigma^2 < \infty, \quad (8.2)$$

mit k_o als Normierungskonstante und σ_o^2 und ganzzahligem f_o als Parametern, die — wie sich zeigen wird — eine anschauliche Bedeutung haben; Abb.8.1 .

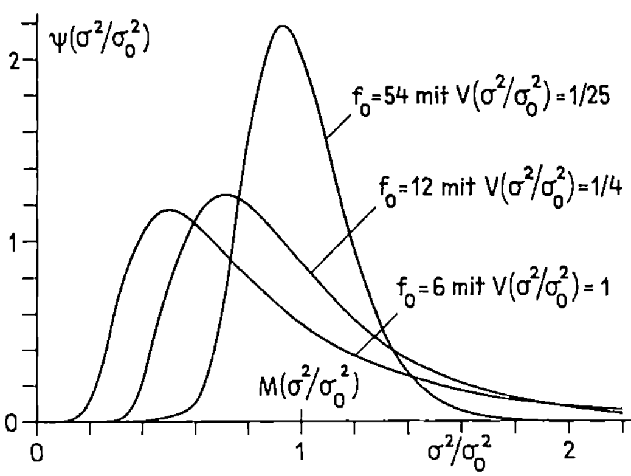

Abb.8.1 Die Schar der priori-Verteilungen für σ^2 mit der Dichte $\psi(\sigma^2/\sigma_0^2)$ in dimensionsloser Darstellung über σ^2/σ_0^2 mit f_0 als Parameter. Es gilt $M(\sigma^2/\sigma_0^2)=1$ und $V(\sigma^2/\sigma_0^2)=2/(f_0-4)$ mit $f_0 \geqq 5$.

Zunächst wird gezeigt, daß

$$(f_0-2)\sigma_0^2/\sigma^2 = \chi_{f_0}^2 \tag{8.3}$$

verteilt ist wie χ^2 mit f_0 Freiheitsgraden, d.h. (σ^2/σ_0^2) ist verteilt wie $(f_0-2)/\chi^2$. Zum Nachweis setzt man $(f_0-2)(\sigma_0^2/\sigma^2) = \tau^2$. Dann folgt aus $\sigma^2\tau^2 = $ konst und

$$d\,\sigma^2/\sigma^2 = |d\tau^2|/\tau^2 . \tag{8.4}$$

durch Variablensubstitution in (8.2) die Dichtefunktion von τ^2 zu

$$\psi(\tau^2) = \frac{k_0}{(f_0-2)^{f_0/2}} \ (\tau^2)^{(f_0-2)/2} \ e^{-\tau^2/2} . \tag{8.5}$$

Aus der Bedingung

$$\int_0^\infty \psi(\tau^2)\,d\tau^2 = 1$$

ergibt sich die Normierungskonstante k_0 zu

$$k_0 = \frac{(f_0-2)^{f_0/2}}{2^{f_0/2}\,\Gamma(f_0/2)} . \tag{8.6}$$

Damit ist die Behauptung bewiesen, daß $\tau^2 = (f_0-2)(\sigma_0^2/\sigma^2) = \chi_{f_0}^2$ ist.

Zur <u>Deutung der Parameter</u> σ_0^2 und f_0 berechnet man Mittelwert und Varianz von $1/\chi^2$. Der Mittelwert von $1/\chi_f^2$ wird

$$M(1/\chi_f^2) = \frac{1}{2^{f/2}\Gamma(f/2)} \int_0^\infty \chi^{2(f-4)/2}\, e^{-\chi^2/2}\, d\chi^2 .$$

Mit $2\Gamma(f/2) = (f-2)\Gamma[(f/2)-1]$ und $f-2 = f'$ wird daraus

$$(f-2)M(1/\chi_f^2) = \frac{1}{2^{f'/2}\Gamma(f'/2)} \int_0^\infty (\chi^2)^{(f'-2)/2}\, e^{-\chi^2/2}\, d\chi^2 = 1 ,$$

denn auf der rechten Seite der letzten Gleichung wird über eine $\chi_{f'}^2$-Dichte mit f' Freiheitsgraden integriert. Mithin gilt

$$M(1/\chi_f^2) = \frac{1}{f-2} ; \quad f \geq 3 . \tag{8.7}$$

Die Varianz von $1/\chi_f^2$ wird mit (8.7)

$$V(1/\chi_f^2) = M\left(\left(\frac{1}{\chi_f^2} - \frac{1}{f-2}\right)^2\right) = M\left(\frac{1}{\chi_f^4}\right) - \frac{1}{(f-2)^2} .$$

Unter Verwendung von

$$4\Gamma(f/2) = (f-2)(f-4)\Gamma[(f-4)/2]$$

liefert eine ähnliche Überlegung wie beim Mittelwert

$$M(1/\chi_f^4) = \frac{1}{(f-2)(f-4)} .$$

Damit wird

$$V(1/\chi_f^2) = \frac{2}{(f-2)^2(f-4)} ; \quad f \geq 5 . \tag{8.8}$$

Aus (8.3),

$$\sigma^2 = (f_o-2)\sigma_o^2/\chi_{f_o}^2 , \tag{8.9}$$

findet man mit den Hilfsformeln (8.7) und (8.8) <u>Mittelwert und Varianz der priori-Verteilung von σ^2</u> zu

$$M(\sigma^2) = \sigma_o^2 \quad \text{und} \quad V(\sigma^2) = 2\sigma_o^4/(f_o-4) . \tag{8.1o}$$

Mit diesem Ergebnis lassen sich die Parameter σ_o^2 und f_o anschaulich deuten: σ_o^2 ist der Mittelwert der Verteilung; mit dem Parameter f_o läßt sich die Varianz $V(\sigma^2)$ beeinflussen. In Abb. 8.1 ist die Schar

der Dichtefunktionen (8.2) in dimensionsloser Gestalt, d.h. in Abhängigkeit von σ^2/σ_o^2 , mit f_o als Parameter aufgezeichnet worden. Aus
der Darstellung geht anschaulich hervor, wie man die Varianz $V(\sigma^2)$
mit Hilfe des Parameters f_o an die Varianz einer <u>beobachteten</u> σ^2-Ver-
teilung anpassen kann. Soviel zur Diskussion der priori-Verteilung.

Man zieht bei unbekanntem (aber während der Entnahme der Probe festem)
σ^2 eine Zufallsstichprobe von n unabhängigen Beobachtungen x_1; x_2;
...; x_n. Dieser Probe wird — bei bekanntem μ — die Varianz

$$\sum_{\nu=1}^{n} (x_\nu - \mu)^2/n = s^2(\mu) = s^2 \qquad (8.11)$$

zugeordnet, wobei s^2 mit n Freiheitsgraden ausgestattet ist. In diesem Abschnitt ist also s^2 <u>nicht</u> die sonst übliche auf den Stichprobenmittelwert $\bar{x}$ bezogene Varianz $s^2(\bar{x})$. Aus der Beziehung

$$\sum_{\nu=1}^{n} (x_\nu - \mu)^2 = \sum_{\nu=1}^{n} (x_\nu - \bar{x})^2 + n(\bar{x} - \mu)^2$$

für die S.d.q.A. folgt, daß $s^2(\mu)$ und $s^2(\bar{x})$ verknüpft sind durch

$$n\, s^2(\mu) = (n-1)\, s^2(\bar{x}) + n(\bar{x} - \mu)^2 \ .$$

Gesucht wird die posteriori-Verteilung, der Bayes-Schätzwert und der
Vertrauensbereich für σ^2 zur statistischen Sicherheit $1-\alpha$ bei beobachtetem s^2 .

Die Likelihood wird

$$L(x_1;x_2; \ \ldots \ ;x_n|\sigma^2) = \prod_{\nu=1}^{n} \psi(x_\nu| \sigma^2) = \frac{1}{(2\pi \sigma^2)^{n/2}} \exp\left[-\frac{1}{2}\sum_{\nu=1}^{n}\left(\frac{x_\nu - \mu}{\sigma}\right)^2 \right]$$

oder mit (8.11)

$$L(x_1; x_2; \ \ldots \ ;x_n|\sigma^2) = \frac{1}{(2\pi \sigma^2)^{n/2}}\, e^{-(n/2)(s/\sigma)^2} \ . \qquad (8.12)$$

Da L nur von s^2 und nicht von den Einzelwerten x_ν abhängt, schreibt
man einfach

$$L = L(s^2|\sigma^2) \ .$$

Das Produkt aus der priori-Dichte (8.2) von σ^2 und der Likelihood
$L(s^2|\sigma^2)$ gibt die Dichte der posteriori-Verteilung von σ^2 mit der Normierungskonstanten k_1 in der Gestalt

$$\psi(\sigma^2 \mid s^2) = k_1 \left(\frac{A^2}{\sigma^2}\right)^{(f_0+n+2)/2} \exp\left[-\frac{1}{2}(A^2/\sigma^2)\right] , \qquad (8.13)$$

wobei zur Abkürzung

$$A^2 = (f_0-2)\,\sigma_0^2 + n\,s^2 \qquad (8.14)$$

gesetzt wurde.

Bei beobachtetem s^2 ist A^2 eine Konstante. Ersichtlich ist die posteriori-Dichte von σ^2 vom gleichen Typ wie die priori-Dichte (8.2). Zur Bestimmung von k_1 setzt man deshalb

$$A^2/\sigma^2 = \chi^2 \qquad (8.15)$$

und findet mit $d\sigma^2/\sigma^2 = |d\chi^2|/\chi^2$ aus (8.13)

$$\psi(\chi^2) = A^2 \, k_1 (\chi^2)^{(f_0-2+n)/2} e^{-\chi^2/2} .$$

Das ist die Dichte einer χ^2-Verteilung mit (f_0+n) Freiheitsgraden. Infolgedessen wird die Konstante

$$A^2 k_1 = \frac{1}{2^{(f_0+n)/2}\Gamma[(f_0+n)/2]} . \qquad (8.16)$$

Damit ist in (8.13) die posteriori-Dichte von σ^2 vollständig bekannt: A^2/σ^2 ist verteilt wie χ_f^2 mit $f = f_0+n$ Freiheitsgraden. Aus $\sigma^2 = A^2/\chi_{f_0+n}^2$ folgt der posteriori-Mittelwert von σ^2 (bei beobachtetem s^2) zu

$$M(\sigma^2 \mid s^2) = A^2 \, M\!\left(1/\chi_{f_0+n}^2\right) .$$

Mit (8.14) und (8.7) wird der posteriori-Schätzwert für σ^2 demnach

$$M(\sigma^2 \mid s^2) = \hat{\sigma}^2(s^2) = \frac{(f_0-2)\sigma_0^2 + n\,s^2}{f_0-2 + n} = \qquad (8.17)$$

$$= \frac{(f_0-2)\sigma_0^2 + (n-1)s^2(\overline{x}) + n(\overline{x}-\mu)^2}{f_0 - 2 + n} .$$

$\hat{\sigma}^2(s^2)$ ist ein gewogener Mittelwert aus dem priori-Mittelwert σ_0^2 von σ^2 und der beobachteten Stichprobenvarianz s^2. Die Gewichte von σ_0^2 bzw. s^2 sind den zugeordneten "Freiheitsgraden" (f_0-2) und n proportional.

Auch in (8.17) setzt sich mit wachsendem n das Stichprobenergebnis s^2 mehr und mehr durch. Es gilt

$$M(\sigma^2 \mid s^2) \longrightarrow s^2 \quad \text{für } n \longrightarrow \infty \ . \tag{8.18}$$

Die $\underline{\text{posteriori-Varianz}}$ folgt aus (8.15) mit (8.8) zu

$$V(\sigma^2 \mid s^2) = \frac{2\left[(f_o - 2)\sigma_o^2 + n\,s^2\right]^2}{(f_o - 2 + n)^2 (f_o + n - 4)} \ . \tag{8.19}$$

Wie man leicht zeigt, gilt

$$V(\sigma^2 \mid s^2) \longrightarrow \frac{2\,s^4}{n} \longrightarrow o \quad \text{für } n \longrightarrow \infty \ . \tag{8.2o}$$

Mit der Wahrscheinlichkeit $1-\alpha$ tritt χ_f^2 mit f Freiheitsgraden im Zufallsbereich

$$\chi_{f;\alpha/2}^2 \leq \chi_f^2 \leq \chi_{f;1-\alpha/2}^2 \tag{8.21}$$

auf; dabei ist $\chi_{f;\beta}^2$ der Schwellenwert der χ_f^2-Verteilung mit f Freiheitsgraden, der mit der Wahrscheinlichkeit β unterschritten wird. Setzt man in (8.21) nach (8.15) $\chi_f^2 = A^2/\sigma^2$ mit $f = f_o + n$, so findet man den $\underline{\text{posteriori-Vertrauensbereich für } \sigma^2}$ zur statistischen Sicherheit $1-\alpha$ in der Gestalt

$$\frac{(f_o - 2)\sigma_o^2 + n\,s^2}{\chi_{f_o + n;\,1-\alpha/2}^2} \leq \sigma^2 \leq \frac{(f_o - 2)\sigma_o^2 + n\,s^2}{\chi_{f_o + n;\,\alpha/2}^2} \ . \tag{8.22}$$

Läßt man in der letzten Gleichung n mehr und mehr wachsen, so entsteht daraus für $n \gg f_o$ approximativ

$$\frac{n\,s^2}{\chi_{n;\,1-\alpha/2}^2} \leq \sigma^2 \leq \frac{n\,s^2}{\chi_{n;\,\alpha/2}^2} \ , \tag{8.23}$$

wie man mit Hilfe der für "große" f geltenden asymptotischen Beziehung

$$2\chi_{f;\beta}^2 \approx \left(\sqrt{2f-1} + u_\beta\right)^2 , \quad f \gtrsim 3o \ , \tag{8.24}$$

leicht nachweisen kann. (8.23) ist der Vertrauensbereich für σ^2 bei gegebenem μ und bei beobachtetem s^2 $\underline{\text{ohne Kenntnis}}$ der priori-Verteilung.

Beispiel 8.1

Für die priori-Verteilung der Varianz σ^2 gilt $M(\sigma^2) = \sigma_o^2 = 16$ und $f_o = 12$. Zwei Versuche zu verschiedenen Zeitpunkten t_1 bzw. t_2 mit je $n = 1o$ Einzelwerten geben die (auf μ bezogenen) Stichprobenvarianzen $s_1^2 = 3o$ bzw. $s_2^2 = 6$. — Gesucht wird in beiden Fällen der Schätzwert und der Vertrauensbereich zur statistischen Sicherheit $1-\alpha = 95\%$ für σ^2 ohne und mit Vorinformation über σ^2. Die Lösung ist in Zahlentafel 8.1 enthalten.

Zahlentafel 8.1				
Nr.		ohne		mit
		Vorinformation		
1	Schätzwert		$s_1^2 = 3o$	(8.17)	$M(\sigma^2\mid s_1^2) = 23$
	Vertrauens-bereich abs.	(8.23)	$14,6 \leqq \sigma^2 \leqq 92,3$	(8.22)	$12,5 \leqq \sigma^2 \leqq 41,8$
	Vertrauens-bereich rel.		$o,49 \leqq \sigma^2/s_1^2 \leqq 3,o8$		$o,54 \leqq \dfrac{\sigma^2}{M(\sigma^2\mid s_1^2)} \leqq 1,82$
2	Schätzwert		$s_2^2 = 6$	(8.17)	$M(\sigma^2\mid s_2^2) = 11$
	Vertrauens-bereich abs.	(8.23)	$2,9 \leqq \sigma^2 \leqq 18,5$	(8.22)	$6,o \leqq \sigma^2 \leqq 2o,o$
	Vertrauens-bereich rel.		$o,49 \leqq \sigma^2/s_2^2 \leqq 3,o8$		$o,54 \leqq \dfrac{\sigma^2}{M(\sigma^2\mid s_2^2)} \leqq 1,82$

Bei Versuch 1 unterscheiden sich die (absoluten) Weiten B_1' bzw. B_1'' der Vertrauensbereiche für σ^2,

$$B_1' = 92,3 - 14,6 = 77,7 \quad\text{bzw.}\quad B_1'' = 41,8 - 12,5 = 29,3 \; ,$$

erheblich voneinander. Die Schätzung mit Vorinformation ist genauer als die ohne Vorinformation.

Bei Versuch 2 dagegen gilt

$$B_2' = 18,5 - 2,9 = 15,6 \quad\text{bzw.}\quad B_2'' = 2o,o - 6,o = 14,o \; .$$

Hier ist der Unterschied $B_2' - B_2'' = 1,6$ ohne praktische Bedeutung.

Später wird dieser Sachverhalt noch eingehend erörtert werden.

Um die "Güte" eines Vertrauensbereichs für σ^2 zu beurteilen, ist es sinnvoller, seine Grenzen auf den jeweiligen Schätzwert s^2 (ohne Vorkenntnisse) bzw. $M(\sigma^2 | s^2)$ (mit Vorkenntnissen) zu beziehen. Dann werden diese "relativen Bereiche" vom jeweiligen Schätzwert unabhängig, wie man in Zahlentafel 8.1 erkennt. Soweit das Beispiel.

Der Einfluß der Vorinformation auf die Schätzung von σ^2

Ohne Vorkenntnisse wählt man als Schätzwert für σ^2 (bei bekannt vorausgesetztem μ) die Stichprobenvarianz $s^2 = s^2(\mu)$ gemäß (8.11) bzw. (bei Bereichsschätzung) den Vertrauensbereich (8.23). Mit Vorkenntnissen wählt man dagegen den posteriori-Mittelwert $M(\sigma^2 | s^2)$ bzw. den posteriori-Vertrauensbereich (8.22). Um zu entscheiden, wie die priori-Verteilung von σ^2 die Genauigkeit des Schätzergebnisses beeinflußt, bildet man das Verhältnis Q der Vertrauensbereichsweiten für σ^2 mit und ohne Vorkenntnisse, natürlich bei gleicher statistischer Sicherheit $1-\alpha$. Da die Verhältnisse für beliebige Probengrößen n nicht leicht zu übersehen sind, wird die Untersuchung auf "genügend große" n , etwa $n \gtrless 3o$, eingeschränkt. Es sei nach (8.23)

$$\sigma^2_{OBEN} = \sigma^2_O = \frac{n\,s^2}{\chi^2_{n;\alpha/2}}$$

die obere Grenze des Vertrauensbereichs für σ^2 ohne Vorkenntnisse. Mit Hilfe von (8.24) wird der Nenner der letzten Gleichung angenähert

$$\chi^2_{n;\alpha/2} = n\left[1 + \frac{\sqrt{2}}{\sqrt{n}}\,u_{\alpha/2} + \frac{1}{2n}(u^2_{\alpha/2} - 1)\right] , \qquad (8.25)$$
$$\underleftrightarrow{\quad\quad \varepsilon(n;\alpha) \quad\quad}$$

wobei in der eckigen Klammer [ ] die Glieder der Größenordnung $1/n^{3/2}$ (und höhere) vernachlässigt worden sind. Damit wird

$$\sigma^2_O = \frac{s^2}{1 + \varepsilon(n;\alpha)} . \qquad (8.26)$$

Mit Hilfe der Reihenentwicklung

$$1/(1+\varepsilon) = 1 - \varepsilon + \varepsilon^2 \mp \ldots$$

findet man einschließlich der Glieder mit $1/n$

$$\sigma_O^2 = \left[1 - \frac{\sqrt{2}}{\sqrt{n}}\, u_{\alpha/2} + \frac{1}{2n}(3\, u_{\alpha/2}^2 + 1) \right] s^2 \ . \tag{8.27}$$

Entsprechend wird die untere Grenze $\sigma_{UNTEN}^2 = \sigma_U^2$ zu

$$\sigma_U^2 = \left[1 - \frac{\sqrt{2}}{\sqrt{n}}\, u_{1-\alpha/2} + \frac{1}{2n}(3\, u_{1-\alpha/2}^2 + 1) \right] s^2 \ . \tag{8.28}$$

Mit $u_{1-\alpha/2} + u_{\alpha/2} = o$ wird die Differenz der Vertrauensgrenzen "ohne Vorkenntnisse" mit Gliedern bis zur Ordnung $1/n$

$$(\sigma_O^2 - \sigma_U^2)_{ohne} = 2\sqrt{2}\,(u_{1-\alpha/2}/\sqrt{n})\, s^2 \ . \tag{8.29}$$

Die Weite des Vertrauensbereichs ohne Vorkenntnisse nimmt mit wachsendem n schließlich mit $1/\sqrt{n}$ ab. In gleicher Weise, wie man von (8.23) zu (8.29) kommt, findet man ausgehend von (8.22) die Weite des Vertrauensbereichs "mit Vorkenntnissen" zu

$$(\sigma_O^2 - \sigma_U^2)_{mit} = 2\sqrt{2}\left[u_{1-\alpha/2}/(f_o+n)^{3/2} \right]\left[(f_o-2)\sigma_O^2 + n\, s^2 \right] \ . \tag{8.30}$$

Der gesuchte Quotient Q aus (8.3o) und (8.29) wird demnach bei gleicher statistischer Sicherheit $1-\alpha$

$$Q = \frac{1}{[1 + (f_o/n)]^{3/2}}\left[1 + \frac{f_o-2}{n}\left(\frac{\sigma_O}{s}\right)^2 \right] \ . \tag{8.31}$$

Ersichtlich gilt für alle (σ_O/s)-Werte $Q \longrightarrow 1$ für $n \longrightarrow \infty$, was bereits bei der Herleitung von (8.23) behauptet wurde. Q ist im wesentlichen abhängig von den Quotienten (f_o/n) und (σ_O/s). Für $s \gtreqless \sigma_O$ ist

$$Q < \frac{1}{\sqrt{1 + (f_o/n)}} < 1 \ , \tag{8.32}$$

d.h. die Bereichsschätzung für σ^2 ist mit Vorinformation im Falle $s \gtreqless \sigma_O$ stets besser als ohne Vorinformation. Ist jedoch $s < \sigma_O$, so kann der Vertrauensbereich mit Vorinformation (zuweilen erheblich) breiter als ohne Vorinformation ausfallen. Für $f_o/n = 1$ gilt beispielsweise

$$Q \approx (1/\sqrt{8})\left[1 + (\sigma_O/s)^2 \right] \ ;$$

bereits für $\sigma_o^2 > (\sqrt{8} - 1)s^2 = 1,83\, s^2$ bzw. $s^2 < 0,55\, \sigma_o^2$ ist $Q > 1$.

Im Zusammenhang mit Beispiel 8.1 wurde bereits erwähnt, daß es eigentlich sinnvoller ist, die Grenzen σ_U^2 und σ_O^2 des Vertrauensbereichs auf den zugehörigen Schätzwert s^2 bzw. $M(\sigma^2 \mid s^2)$ zu beziehen. Das soll im folgenden geschehen. Man setzt für $f > 5$

$$f/\chi_f^2 = \kappa_f^2 \quad \text{und} \quad f/\chi_{f;\beta}^2 = \kappa_{f;1-\beta}^2 \; . \tag{8.33}$$

Dann ist mit χ_f^2 auch $\kappa_f^2 = f/\chi_f^2$ eine Zufallsgröße, deren Mittelwert und Varianz mit Hilfe von (8.7) und (8.8) leicht bestimmt werden können.

Gemäß (8.23) gilt <u>ohne</u> Vorinformation der <u>relative</u> Vertrauensbereich

$$\kappa_{n;\alpha/2}^2 \le \sigma^2/s^2 \le \kappa_{n;1-\alpha/2}^2 \; . \tag{8.34}$$

Aus (8.22) und (8.17) folgt <u>mit</u> Vorinformation

$$\left(1 - \frac{2}{f_o+n}\right)\kappa_{f_o+n;\alpha/2}^2 \le \sigma^2/M(\sigma^2 \mid s^2) \le \left(1 - \frac{2}{f_o+n}\right)\kappa_{f_o+n;1-\alpha/2}^2 \; . \tag{8.35}$$

Ist $f_o+n \gg 2$, so hat man näherungsweise

$$\kappa_{f_o+n;\alpha/2}^2 \le \sigma^2/M(\sigma^2 \mid s^2) \le \kappa_{f_o+n;1-\alpha/2}^2 \; . \tag{8.36}$$

Für große Werte von f gilt

$$M(\kappa_f^2) = f/(f-2) \longrightarrow 1 \quad \text{und} \quad V(\kappa_f^2) = 2f^2/\left[(f-2)^2(f-4)\right] \longrightarrow 2/f$$

und daher bei festem β

$$\lim_{f\to\infty} \kappa_{f;\beta}^2 = 1 \; . \tag{8.37}$$

Da $\kappa_{f;\alpha/2}^2$ für "kleine" α mit f monoton steigt und $\kappa_{f;1-\alpha/2}^2$ mit f monoton fällt, so ist

$$\kappa_{n;\alpha/2}^2 < \kappa_{f_o+n;\alpha/2}^2 < 1 \quad \text{und} \quad 1 < \kappa_{f_o+n;1-\alpha/2}^2 < \kappa_{n;1-\alpha/2}^2 \; .$$

Der Bereich (8.36) liegt demnach innerhalb des Bereichs (8.34), d.h. die <u>relativen</u> Vertrauensbereiche sind mit Vorinformation stets enger als ohne Vorinformation. Das geht anschaulich aus Abb.8.2 hervor, in der die Funktionen $\kappa^2_{f;\alpha/2}$ und $\kappa^2_{f;1-\alpha/2}$ über f für $1-\alpha_1$ = 95% und $1-\alpha_2$ = 99% dargestellt sind. Der Einfluß der Vorinformation auf die Weite des Vertrauensbereichs ist gering, wenn f_O "klein" und n "groß" ist, z.B. (f'_O = 9; n' = 2o; f'_O+n' = 29). Er ist erheblich und damit praktisch bedeutsam, wenn umgekehrt n "klein" und f_O "groß" ist, z.B. (f''_O = 2o; n" = 9; f''_O+n'' = 29). Diese Zusammenhänge sind in Abb.8.2 mühelos zu erkennen.

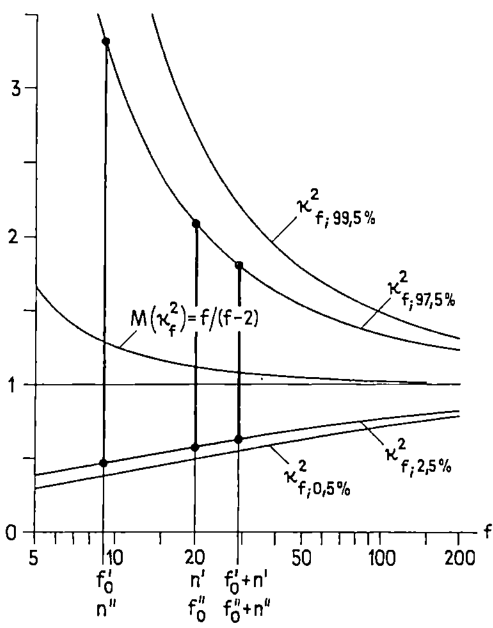

Abb.8.2 Die Funktionen $\kappa^2_{f;\alpha/2}$ und $\kappa^2_{f;1-\alpha/2}$ in Abhängigkeit von f für die statistischen Sicherheiten $1-\alpha_1$ = 95% und $1-\alpha_2$ = 99% zur Ermittlung des Einflusses der Vorkenntnisse auf die Schätzung der Varianz σ^2 einer Normalverteilung.

Für den Anwender ist die Standardabweichung σ meist wichtiger als die Varianz σ^2. Da der Übergang von σ^2 zu σ (und umgekehrt) wegen $\sigma \geq o$ einer monotonen Transformation entspricht, so findet man die relativen Vertrauensbereiche für σ, indem man in den Ungleichungen (8.34) bzw. (8.36) zu den Quadratwurzeln übergeht. Der auf den Schätzwert s bezogene Vertrauensbereich für σ zur statistischen Sicherheit $1-\alpha$ wird ohne Vorkenntnisse über σ^2

$$\kappa_{n;\alpha/2} \leq \sigma/s \leq \kappa_{n;1-\alpha/2} \; . \tag{8.38}$$

Mit Vorinformation über σ^2 gilt

$$\kappa_{f_O+n;\alpha/2} \leq \sigma/\hat{\sigma} \leq \kappa_{f_O+n;1-\alpha/2} \; , \tag{8.39}$$

wobei $\hat{\sigma}^2$ aus (8.17) zu entnehmen ist. In Abb.8.3 ist entsprechend zu

Abb.8.2 der Sachverhalt für das Schätzen der Standardabweichung σ einer Normalverteilung dargestellt.

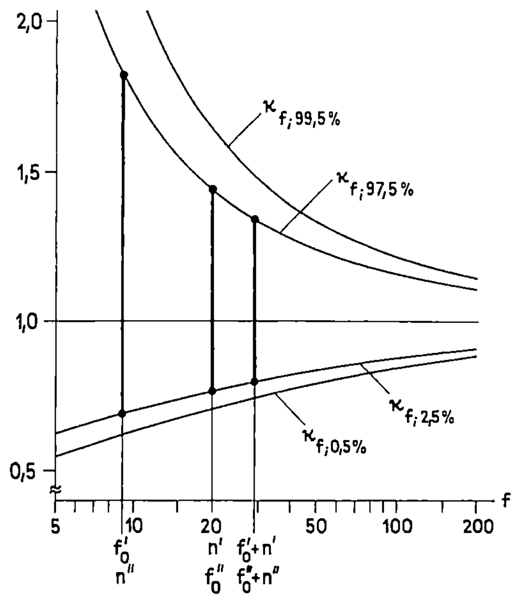

Abb.8.3 Die Funktionen $\varkappa_{f;\alpha/2}$ und $\varkappa_{f;1-\alpha/2}$ in Abhängigkeit von f für die statistischen Sicherheiten $1-\alpha_1 = 95\%$ und $1-\alpha_2 = 99\%$ zur Ermittlung des Einflusses der Vorkenntnisse auf die Schätzung der Standardabweichung σ einer Normalverteilung.

Beispiel 8.2

Man berechne die Grenzen σ_U^2/s^2 und σ_O^2/s^2 des Vertrauensbereichs für σ^2/s^2 genau und angenähert für n = 3o und $1-\alpha = 95\%$ nach dem "klassischen" Verfahren, d.h. ohne Verwendung irgendwelcher Vorinformationen über σ^2.

Nach (8.23) ist genau

$$\sigma_U^2/s^2 = 3o/\chi^2_{3o;o,975} = \varkappa^2_{3o;o,025} = o,639 \; ;$$

$$\sigma_O^2/s^2 = 3o/\chi^2_{3o;o,025} = \varkappa^2_{3o;o,975} = 1,787 \; .$$

Angenähert hat man mit $u_{\alpha/2} = -u_{1-\alpha/2} = 1,96o$ aus (8.28) und (8.27)

$$\sigma_{U;O}^2/s^2 = 1 \mp (\sqrt{2}/\sqrt{3o})1,96o + (1/6o)(3 \cdot 1,96o^2 + 1)$$

oder

$$\sigma_U^2/s^2 = o,7o3 \quad bzw. \quad \sigma_O^2/s^2 = 1,715 \; .$$

Die Näherung unterschätzt die Bereichbreite, ist jedoch für $n \geqq 3o$ brauchbar.

__Zwei Versuche $(n_1;s_1^2)$ und $(n_2;s_2^2)$ bei festem unbekannten σ^2__

Bei festem unbekannten σ^2 hat man in zwei unabhängigen Stichproben der Größe n_1 bzw. n_2 die Varianzen s_1^2 bzw. s_2^2 beobachtet. Die Überlegungen im Abschnitt 6 mit den Ergebnissen (6.47) bis (6.49) lassen sich auf den vorliegenden Fall übertragen. Mittelwert und Varianz der posteriori-Verteilung von σ^2 ergeben sich — vgl. auch (8.17) und (8.19) — zu

$$M(\sigma^2 \mid s_1^2, s_2^2; \sigma_o^2) = \frac{f_o'\sigma_o^2 + n_1 s_1^2 + n_2 s_2^2}{f_o' + n_1 + n_2} \quad ; \quad f_o' = f_o - 2 \quad ; \tag{8.4o}$$

$$V(\sigma^2 \mid s_1^2, s_2^2; \sigma_o^2) = \frac{2(f_o'\sigma_o^2 + n_1 s_1^2 + n_2 s_2^2)^2}{(f_o' + n_1 + n_2)^2 (f_o' - 2 + n_1 + n_2)} \; . \tag{8.41}$$

__Die zweidimensionale $(\sigma^2 ; s^2)$-Verteilung__

Zur Ermittlung von Schätzwerten für die Parameter σ_o^2 und f_o (vgl. auch Abschnitt 18) der priori-Verteilung wird im folgenden die zweidimensionale Verteilung von σ^2 und s^2 bzw. die Randverteilung von s^2 betrachtet. (Die Stichprobenvarianz s^2 wird also jetzt nicht mehr wie im vorausgehenden als Konstante sondern als Zufallsvariable aufgefaßt, die gleiche Bezeichnung gibt zu Verwechslungen keinen Anlaß.)

Nach Abb.8.4 hat man sich im ersten Quadranten der $(\sigma^2 ; s^2)$-Ebene eine zweidimensionale Verteilung zu denken. Die Randverteilung über der waagerechten σ^2-Achse ist die gegebene priori-Verteilung von σ^2 mit der Dichte $\psi(\sigma^2)$. Da man die Stichprobe der x_ν aus einer Normalverteilung $N(\mu;\sigma^2)$ zieht, so entsteht bei festem $\sigma^2 = \sigma'^2$ längs der Senkrechten bei $\sigma^2 = \sigma'^2$ die bedingte Verteilung für s^2 mit der Dichte $\psi(s^2 \mid \sigma'^2)$, bei der die Zufallsgröße

$$n\,\frac{s^2}{\sigma'^2} = \chi_n^2 \tag{8.42}$$

einer χ^2-Verteilung mit n Freiheitsgraden genügt. Damit ist die Struktur der zweidimensionalen $(\sigma^2 ; s^2)$-Verteilung vollständig bekannt. Ihre Dichte ist $\psi(\sigma^2)\,\psi(s^2 \mid \sigma^2)$.

Mittelwert und Varianz der Randverteilung von s^2 lassen sich berechnen, ohne daß die Dichte der Randverteilung von s^2 explizit bekannt ist. Es wird

$$M(s^2) = \int\limits_{s^2=0}^{\infty} \int\limits_{\sigma^2=0}^{\infty} s^2 \psi(\sigma^2)\, \psi(s^2|\sigma^2)\, ds^2\, d\sigma^2$$

$$= \int\limits_{0}^{\infty} \psi(\sigma^2) \left(\int\limits_{0}^{\infty} s^2 \psi(s^2|\sigma^2)\, ds^2 \right) d\sigma^2 \; .$$

Nun ist bekanntlich s^2 bei gegebenem σ^2 ein erwartungstreuer Schätzwert für σ^2 ; also gilt

$$\int\limits_{0}^{\infty} s^2 \psi(s^2|\sigma^2)\, d\,s^2 = M(s^2|\sigma^2) = \sigma^2 \; .$$

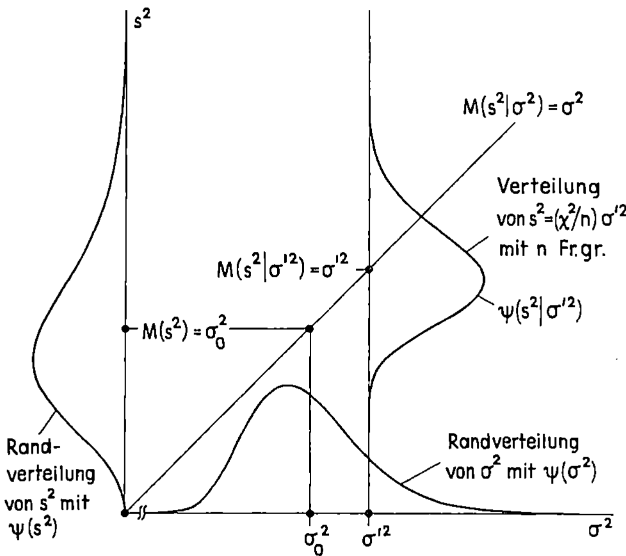

Abb.8.4 Zur Entstehung der zweidimensionalen Verteilung von $(\sigma^2; s^2)$ mit den Randdichten $\psi(\sigma^2)$ nach (8.2) und $\psi(s^2)$ nach (8.5o).

Infolgedessen wird der <u>Mittelwert von s^2 in der Randverteilung</u> mit (8.1o)

$$M(s^2) = \int\limits_{0}^{\infty} \sigma^2 \psi(\sigma^2)\, d\sigma^2 = M(\sigma^2) = \sigma_0^2 \; , \qquad (8.43)$$

also gleich dem Mittelwert σ_0^2 der gegebenen priori-Verteilung von σ^2.

Die Varianz der Randverteilung von s^2 wird

$$V(s^2) = M\left[(s^2 - \sigma_0^2)^2\right] = M(s^4) - \sigma_0^4 \; .$$

In der bedingten Verteilung ist

$$M(s^4|\sigma^2) = \frac{f+2}{f}\,\sigma^4 \;;\quad f = n \;; \tag{8.44}$$

in der priori-Verteilung hat man gemäß (8.1o)

$$M(\sigma^4) = \frac{f_o - 2}{f_o - 4}\,\sigma_o^4 \;. \tag{8.45}$$

Wie bei der Herleitung von $M(s^2)$ findet man daraus für die Randverteilung

$$M(s^4) = \frac{n+2}{n}\,\frac{f_o - 2}{f_o - 4}\,\sigma_o^4 \;. \tag{8.46}$$

Damit wird die <u>Varianz von s^2 in der Randverteilung</u>

$$V(s^2) = \frac{2(n + f_o - 2)\sigma_o^4}{n(f_o - 4)} \;. \tag{8.47}$$

Die Dichte $\psi(s^2)$ der Randverteilung von s^2 läßt sich aus

$$\psi(s^2) = \int_0^\infty \psi(\sigma^2)\,\psi(s^2|\sigma^2)\,d\sigma^2 \tag{8.48}$$

berechnen. Die Dichte $\psi(\sigma^2)$ ist gemäß (8.2) vorgegeben. Die bedingte Dichte $\psi(s^2|\sigma^2)$ ist nach (8.42) bis auf einen konstanten Faktor die Dichte einer χ_f^2-Verteilung mit $f = n$ Freiheitsgraden,

$$\psi(s^2|\sigma^2) = \frac{(n/2)^{n/2}}{\Gamma(n/2)}\left(\frac{s^2}{\sigma^2}\right)^{(n/2)-1} e^{-n(s^2/\sigma^2)/2}\,\frac{1}{\sigma^2} \;. \tag{8.49}$$

Damit wird die Randdichte aus (8.48)

$$\psi(s^2) = k \int_0^\infty \frac{(s^2)^{(n/2)-1}}{(\sigma^2)^{(f_o+n)/2}}\,e^{-(A/\sigma)^2/2}\,\frac{d\sigma^2}{\sigma^2} \;,$$

wobei

$$A^2 = (f_o - 2)\sigma_o^2 + n\,s^2$$

mit (8.14) übereinstimmt. Setzt man

$$(A/\sigma)^2/2 = z \quad \text{mit} \quad d\sigma^2/\sigma^2 = |dz|/z \;,$$

so gibt die Integration über z eine Konstante. Infolgedessen findet man die Dichte der <u>Randverteilung von s^2</u> mit der Normierungskonstanten K in der Gestalt

$$\psi(s^2) = K \frac{(s^2)^{(n/2)-1}}{\left[(f_o-2)\sigma_o^2 + n\,s^2\right]^{(f_o+n)/2}} \cdot \qquad (8.5o)$$

Zur Bestimmung von K setzt man abkürzend

$$\frac{f_o}{f_o-2}\;\frac{s^2}{\sigma_o^2} = F \cdot \qquad (8.51)$$

Dann geht $\psi(s^2)$ über in $\psi(F)$,

$$\psi(F) = K_1 \frac{F^{(n/2)-1}}{(f_o + n\,F)^{(n+f_o)/2}} \cdot \qquad (8.52)$$

Aus (8.52) folgt, daß F aus (8.51) der $F(f_1;f_2)$-Verteilung mit $f_1 = n$ und $f_2 = f_o$ Freiheitsgraden genügt. Damit wird die Konstante K_1 zu

$$K_1 = \frac{\Gamma\left[(n+f_o)/2\right]}{\Gamma(n/2)\,\Gamma(f_o/2)} n^{n/2}\, f_o^{f_o/2} \cdot \qquad (8.53)$$

Aus $M(F) = f_2/(f_2-2) = f_o/(f_o-2)$ und (8.51) folgt der <u>Mittelwert von</u> s^2 <u>in der Randverteilung</u> zu

$$M(s^2) = \sigma_o^2 \ , \qquad (8.54)$$

was bereits in (8.43) auf anderem Wege gefunden wurde.

Aus (8.51) folgt weiter

$$V(s^2) = \left(\frac{f_o-2}{f_o}\right)^2 \sigma_o^4\ V(F) \ .$$

Die Varianz von F mit $f_1 = n$ und $f_2 = f_o$ Freiheitsgraden ist

$$V(F) = \frac{2(f_1 + f_2 - 2)}{f_1(f_2-4)}\left(\frac{f_2}{f_2-2}\right)^2 = \frac{2(n + f_o - 2)}{n(f_o-4)}\left(\frac{f_o}{f_o-2}\right)^2 \cdot$$

Setzt man V(F) in die vorausgehende Gleichung ein, so wird die <u>Varianz</u> <u>von</u> s^2 <u>in der Randverteilung</u>

$$V(s^2) = \frac{2(n + f_o - 2)}{n(f_o-4)} \sigma_o^4 \ , \qquad (8.55)$$

was bereits in (8.47) auf anderem Wege gefunden wurde.

Die Ermittlung von Schätzwerten für Mittelwert und Varianz der priori-Verteilung von σ^2

Da sich die priori-Verteilung von σ^2 in der Praxis nicht beobachten läßt, muß man Schätzwerte für ihre Kenngrößen (Mittelwert und Varianz) auf dem Umweg über die Randverteilung von s^2 bestimmen. Man beobachtet "über längere Zeit" k unabhängige Proben der Größe n mit den Varianzen s_i^2 ; i = 1; 2; ... ;k . Aus diesen k Varianzen berechnet man ihren Mittelwert

$$\sum_{i=1}^{k} s_i^2/k = S_1 \; ,$$

ihre Varianz

$$\sum_{i=1}^{k} (s_i^2 - S_1)^2/(k-1) = \left(\sum_{i=1}^{k} s_i^4 - k\, s_1^2\right)/(k-1) = S_2$$

und

$$\sum_{i=1}^{k} s_i^4/k = S_3 \; .$$

Aus (8.54), (8.55) und (8.46) folgt für die Erwartungswerte der Hilfsgrößen der Reihe nach

$$M(S_1) = (1/k) \sum_i M(s_i^2) = \sigma_o^2 \; , \tag{8.56}$$

$$M(S_2) = V(s_i^2) = \frac{2(n + f_o - 2)}{n(f_o - 4)} \, \sigma_o^4 \; , \tag{8.57}$$

$$M(S_3) = (1/k) \sum_i M(s_i^4) = \frac{(n+2)(f_o - 2)}{n(f_o - 4)} \, \sigma_o^4 \; . \tag{8.58}$$

Ersichtlich ist S_1 ein erwartungstreuer Schätzwert für den Mittelwert $M(\sigma^2) = \sigma_o^2$ der priori-Verteilung von σ^2 , wie unmittelbar aus (8.56) hervorgeht. Weiter ist der Ausdruck $S_2 - [2\,S_3/(n+2)]$ ein erwartungstreuer Schätzwert für die Varianz $V(\sigma^2) = 2\,\sigma_o^4/(f_o - 4)$ der priori-Verteilung von σ^2 , wie man mit Hilfe von (8.57) und (8.58) leicht nachweist. Die Schätzung von Parametern der priori-Verteilungen wird im übrigen in Abschnitt 18 noch ausführlich erörtert.

Der Leser mag an Hand der Gleichungen (8.5o), (8.13), (8.2) und (8.49) nachprüfen, daß die Beziehung

$$\psi(s^2)\,\psi(\sigma^2\,|\,s^2) = \psi(\sigma^2)\,\psi(s^2\,|\,\sigma^2) \tag{8.59}$$

erfüllt ist.

9. Die Schätzung von Mittelwert μ und Varianz σ^2 einer Normalverteilung (von der beide Parameter unbekannt sind) bei „geringen Vorinformationen" über μ und σ^2

Die Zufallsgröße x folgt einer Normalverteilung mit dem Mittelwert μ und der Varianz σ^2. Im Gegensatz zu den Abschnitten 6 bis 8, in denen jeweils einer der Parameter als bekannt vorausgesetzt wurde, sind jetzt beide Parameter μ und σ^2 nicht bekannt, sondern sollen geschätzt werden. Der Parameter Θ des Abschnitts 5 ist also hier der Parameter-vektor $\Theta = (\mu;\sigma^2)$ mit den beiden Komponenten μ und σ^2. Über der oberen $(\mu;\sigma^2)$-Halbebene mit

$$- \infty < \mu < \infty \quad \text{und} \quad o < \sigma^2 < \infty \tag{9.1}$$

wird die priori-Dichte von Θ in der Gestalt

$$\psi(\mu;\sigma^2) = \psi(\mu)\,\psi(\sigma^2) , \tag{9.2}$$

vorausgesetzt, wobei μ und σ^2 unabhängig voneinander sind. Für $\psi(\mu)$ und $\psi(\sigma^2)$ werden in diesem Abschnitt folgende Annahmen getroffen:

$$\psi(\mu) \sim \text{konst} \quad \text{und} \quad \psi(\sigma^2) \sim 1/\sigma^2 . \tag{9.3}$$

Zur Begründung des Ansatzes $\psi(\mu) = \text{konst}$ greift man auf den in Abb.7.2 dargestellten Sonderfall zurück, in dem die Bereichbreite $b-a = 2\,c \gg \sigma$ ist und $\overline{x}$ "in der Nähe" der Bereichmitte $m = (a+b)/2$ liegt. Es wird dabei vorausgesetzt, daß man eine — wenn auch sehr ungenaue — Vorstellung von der Größenordnung von μ und σ^2 hat, so daß man über das Wertepaar (m;c) in geeigneter Weise verfügen kann.

Der Ansatz $\psi(\sigma^2) \sim 1/\sigma^2$ ist nicht unmittelbar einzusehen. Eine ausführliche Begründung[1] findet sich bei Jeffreys. Vereinfachend läßt sich dazu etwa folgendes sagen: Wenn der Parameter ϑ einer Wahrscheinlichkeitsverteilung im Bereich $o < \vartheta < \infty$ liegen kann, so liegt der

---

1) H. Jeffreys. Theory of Probability. Oxford, Clarendon Press, 1961, S. 117 und folgende.

transformierte Parameter $\ln \vartheta$ im Bereich

$$- \infty < \ln \vartheta < \infty \quad .$$

Setzt man — als <u>einfachste</u> Möglichkeit — für $\ln \vartheta$ eine von ϑ unabhängige Dichte $\psi(\ln\vartheta) = $ konst über einen "genügend weiten" Bereich von $\ln \vartheta$ voraus, so folgt aus

$$\psi(\vartheta)\,d\vartheta = \psi(\ln\vartheta)\,d(\ln\vartheta) = \psi(\ln\vartheta)\,(d\vartheta/\vartheta)$$

für $\psi(\vartheta)$ zwangsläufig der Ansatz

$$\psi(\vartheta) = \text{konst}/\vartheta \quad ,$$

der in (9.3) für $\vartheta \equiv \sigma^2$ vorausgesetzt wird. Die gewählte priori-Verteilung enthält offensichtlich nur "wenig Information" über die unbekannten Parameter μ und σ^2 .

Vor der Ermittlung der posteriori-Verteilung von $(\mu;\sigma^2)$ werden zunächst einige <u>Hilfsformeln</u> bereitgestellt, die im folgenden mehrfach gebraucht werden. Es gilt

$$J(m;A) = \int_0^\infty z^{-(m+1)} e^{-(A/z)}\,dz = \Gamma(m)/A^m \quad . \tag{9.4}$$

Zum Beweis setzt man $A/z = y$. Dann wird

$$J(m;A) = \int_0^\infty y^{m-1} e^{-y}\,dy/A^m \quad ,$$

woraus die Behauptung (9.4) folgt.

Es sei weiter $\chi^2 = \chi_f^2$ eine Zufallsgröße, die der χ^2-Verteilung mit f Freiheitsgraden folgt. Dann ist die Dichte bekanntlich

$$\psi(\chi_f^2) = \frac{1}{2^{f/2}\Gamma(f/2)}(\chi^2)^{(f-2)/2} e^{-\chi^2/2} \quad . \tag{9.5}$$

Der Mittelwert von $1/\chi^2$ ist nach (8.7)

$$M(1/\chi_f^2) = \frac{1}{f-2} \quad ; \quad f \geqq 3 \quad . \tag{9.6}$$

Die Varianz ist nach (8.8)

$$V(1/\chi_f^2) = \frac{2}{(f-2)^2(f-4)} \quad ; \quad f \geqq 5 \quad . \tag{9.7}$$

Soweit die Hilfsformeln.

Der Normalverteilung $N(\mu;\sigma^2)$ entnimmt man eine Zufallsstichprobe x_1; x_2; ... ;x_n von n unabhängigen Beobachtungen. Nach (6.6) und (6.7) gilt für die Likelihood

$$L(x_1; x_2; \ldots ; x_n|\mu;\sigma^2) = \qquad\qquad (9.8)$$

$$= \frac{1}{(2\pi\sigma^2)^{n/2}} \exp\left[-\frac{n-1}{2}\left(\frac{s}{\sigma}\right)^2 - \frac{n}{2}\left(\frac{\overline{x} - \mu}{\sigma}\right)^2 \right]$$

mit $\overline{x} = \sum_{\nu=1}^{n} x_\nu/n$ und $s^2 = s^2(\overline{x}) = \sum_{\nu=1}^{n} (x_\nu - \overline{x})^2/(n-1)$.

Da L nur vom Wertepaar $(\overline{x};s^2)$, aber nicht von den Einzelwerten x_ν abhängt, wird im folgenden $L(\overline{x};s^2|\mu;\sigma^2)$ geschrieben. Die posteriori-Dichte von $(\mu;\sigma^2)$ wird proportional zum Produkt aus der priori-Dichte und der Likelihood, also

$$\psi(\mu;\sigma^2 | \overline{x};s^2) = \qquad\qquad (9.9)$$

$$= k\frac{1}{(\sigma^2)^{(n/2)+1}} \exp\left[-\frac{n-1}{2}\left(\frac{s}{\sigma}\right)^2 - \frac{n}{2}\left(\frac{\mu - \overline{x}}{\sigma}\right)^2 \right] .$$

Zur Bestimmung der Normierungskonstanten k wird über die obere $(\mu;\sigma^2)$-Halbebene integriert, und zwar in zwei Schritten:

(a) bei festem σ^2 über μ und   (b) über σ^2 .

Bei (a) gibt die Substitution

$$\frac{\mu - \overline{x}}{\sigma} \sqrt{n} = y$$

das Integral

$$(\sigma/\sqrt{n}) \int_{-\infty}^{\infty} e^{-y^2/2} \, dy = \frac{\sqrt{2\pi}\,\sigma}{\sqrt{n}} , \qquad\qquad (9.1o)$$

so daß man damit erhält

$$\psi(\sigma^2 | \overline{x};s^2) = k \cdot \frac{\sqrt{2\pi}\,\sigma}{\sqrt{n}} \frac{1}{(\sigma^2)^{(n/2)+1}} \exp\left\{ -\frac{n-1}{2}(s/\sigma)^2 \right\} .$$

Bei (b) gibt die Substitution

$$\frac{n-1}{2} \frac{s^2}{\sigma^2} = z$$

in $\psi(\sigma^2|\bar{x};s^2)$ das Integral

$$\left[\frac{2}{(n-1)s^2}\right]^{(n-1)/2} \int_0^\infty z^{(n-3)/2} e^{-z}\, dz = \left[\frac{2}{(n-1)s^2}\right]^{(n-1)/2} \Gamma[(n-1)/2].$$

Die Bestimmungsgleichung für k lautet demnach (wegen der Integrationsgrenzen für μ vergleiche man Ausführungen für den Sonderfall des Abschnitts 7)

$$1 = \int_{\mu=-\infty}^\infty \int_{\sigma^2=0}^\infty \psi(\mu;\sigma^2|\bar{x};s^2)d\mu\, d\sigma^2 = k\, \frac{\sqrt{2\pi}}{\sqrt{n}}\, \Gamma[(n-1)/2]\left[\frac{2}{(n-1)s^2}\right]^{(n-1)/2}.$$

Daraus findet man die gesuchte Konstante zu

$$k = \frac{\sqrt{n}\,[(n-1)s^2]^{(n-1)/2}}{2^{n/2}\,\sqrt{\pi}\,\Gamma[(n-1)/2]}. \tag{9.11}$$

Mit (9.9) und (9.11) ist die zweidimensionale posteriori-Verteilung
über der $(\mu;\sigma^2)$-Halbebene vollständig bekannt. Mit ihr und aus den
zugehörigen nachfolgend hergeleiteten Randdichten $\psi(\mu|\bar{x};s^2)$ und
$\psi(\sigma^2|\bar{x};s^2)$ läßt sich nachweisen, daß μ und σ^2 in der posteriori-Verteilung abhängig sind, obwohl sie in der priori-Verteilung unabhängig
sind.

Aussagen über μ

Wenn man bei gegebenem Wertepaar $(\bar{x};s^2)$ Aussagen über μ machen will,
hat man die bedingte "Randverteilung" von μ heranzuziehen. Zu dem
Zweck integriert man (9.9) bei festem μ über σ^2. Beachtet man, daß
dabei

$$2\,A = \left[(n-1)s^2 + n(\mu - \bar{x})^2\right] \tag{9.12}$$

fest bleibt, so findet man aus (9.9) mit (9.11)

$$\psi(\mu|\bar{x};s^2) = k \int_0^\infty (\sigma^2)^{-(n/2)-1} e^{-A/\sigma^2}\, d\sigma^2.$$

Mit (9.11) für k und (9.4) für das Integral wird die posteriori-Dichte für μ

$$\psi(\mu|\bar{x};s^2) = \frac{\sqrt{n}\,\Gamma(n/2)\,[(n-1)s^2]^{(n-1)/2}}{\sqrt{\pi}\,\Gamma[(n-1)/2]\,(2\,A)^{n/2}}. \tag{9.13}$$

Das Wahrscheinlichkeitselement dieser Verteilung läßt sich mit (9.12) in der Gestalt schreiben

$$\psi(\mu|\bar{x};s^2)\,d\mu = C(n)\;\frac{1}{\left[1 + \frac{n(\mu-\bar{x})^2}{(n-1)s^2}\right]^{n/2}}\;\frac{\sqrt{n}\,d\mu}{s} \tag{9.14}$$

mit $\qquad C(n) = \dfrac{\Gamma(n/2)}{\sqrt{\pi(n-1)}\,\Gamma[(n-1)/2]}$.

Setzt man abkürzend

$$t = \sqrt{n}\,(\mu - \bar{x})/s \quad \text{und} \quad n-1 = f , \tag{9.15}$$

so wird

$$\psi(\mu|\bar{x};s^2)\,d\mu = \frac{\Gamma[(f+1)/2]}{\sqrt{\pi f}\,\Gamma(f/2)}\;\frac{d t}{\left(1 + \frac{t^2}{f}\right)^{(f+1)/2}} . \tag{9.16}$$

Die posteriori-Verteilung von $\sqrt{n}\,(\mu - \bar{x})/s$ ist demnach eine t-Verteilung mit $f = n-1$ Freiheitsgraden. Da der Mittelwert der t-Verteilung verschwindet, so wird der posteriori-Mittelwert von μ

$$M(\mu|\bar{x};s^2) = \bar{x} . \tag{9.17}$$

Die Schätzwerte für μ mit und ohne Vorkenntnisse stimmen also überein.

Für die posteriori-Varianz von μ hat man

$$V(\mu|\bar{x};s^2) = \frac{s^2}{n} \cdot V(t) = \frac{s^2 \cdot f}{n(f-2)} ; \quad f \gtrsim 3 , \tag{9.18}$$

oder

$$V(\mu|\bar{x};s^2) = \frac{\sum\limits_{\nu=1}^{n}(x_\nu - \bar{x})^2}{n(n-3)} ; \quad n \gtrsim 4 . \tag{9.19}$$

Für $f \gtrsim 5$ darf man im Nenner von (9.18) $(f+1)(f-2) \approx f(f-1)$ setzen. Dann hat die Varianz (9.18) die Gestalt $V(\mu|\bar{x};s^2) \approx s^2/(n-2)$; $n \gtrsim 6$.

Ein posteriori-Vertrauensbereich für μ zur statistischen Sicherheit $1-\alpha$ folgt aus

$$|t| \leqq t_{f;1-\alpha/2} , \tag{9.2o}$$

wobei $t_{f;\beta}$ der Schwellenwert der t_f-Verteilung mit f Freiheitsgraden ist, der mit der Wahrscheinlichkeit β unterschritten wird. Man findet mit (9.15) leicht

$$\bar{x} - t_{f;1-\alpha/2}(s/\sqrt{n}) \leq \mu \leq \bar{x} + t_{f;1-\alpha/2}(s/\sqrt{n}) \; ; \quad f = n-1 \; . \quad (9.21)$$

Ohne Vorkenntnisse über μ würde man für μ den Schätzwert $\bar{x}$ und den gleichen Vertrauensbereich wie in (9.21) finden. Es besteht demnach zwischen diesem Schätzverfahren und der Bayes-Schätzung formal kein Unterschied, wenn man die priori-Verteilung mit der Dichte für $(\mu;\sigma^2)$ gemäß (9.2) und (9.3) wählt. Damit findet der Ansatz (9.3) nachträglich eine gewisse Rechtfertigung, und es bestätigt sich, daß die in (9.3) enthaltene Vorinformation bei der Schätzung von μ in der Tat "praktisch wertlos" ist.

Aussagen über σ^2

Wenn man bei gegebenem Wertepaar $(\bar{x};s^2)$ Aussagen über σ^2 machen will, hat man die bedingte "Randverteilung" von σ^2 heranzuziehen. Zu dem Zweck integriert man (9.9) bei festem σ^2 über μ . Man findet mit (9.1o) das Wahrscheinlichkeitselement der posteriori-Verteilung für σ^2 in der Gestalt

$$\psi(\sigma^2 \,|\, \bar{x};s^2)\,d\,\sigma^2 = \frac{k\,\sqrt{2\pi}}{\sqrt{n}} \; \frac{1}{(\sigma^2)^{(n-1)/2}} \; \exp\left(-\frac{n-1}{2}\,\frac{s^2}{\sigma^2}\right)\frac{d\,\sigma^2}{\sigma^2} \; . \quad (9.22)$$

Setzt man abkürzend

$$(n-1)s^2/\sigma^2 = \tau^2 \; , \quad n-1 = f \; , \quad\quad\quad\quad (9.23)$$

und führt k aus (9.11) ein, so hat τ^2 die Dichtefunktion

$$\psi(\tau^2 \,|\, \bar{x};s^2) = \frac{(\tau^2)^{(f-2)/2}\,e^{-\tau^2/2}}{2^{f/2}\Gamma(f/2)} \; . \quad\quad\quad\quad (9.24)$$

Durch Vergleich von (9.5) mit (9.24) ersieht man, daß $\tau^2 \equiv \tau_f^2$ einer χ_f^2-Verteilung genügt und man demnach $\tau_f^2 \equiv \chi_f^2$ setzen kann.

Aus (9.23) folgt demnach der <u>posteriori-Mittelwert von σ^2</u> zu

$$M(\sigma^2 \,|\, \bar{x};s^2) = (n-1)s^2 \, M(1/\chi_f^2) \; .$$

Mit (9.6) wird daraus

$$M(\sigma^2 \,|\, \bar{x};s^2) = \frac{n-1}{n-3} \cdot s^2 = \sum_{\nu=1}^{n}(x_\nu - \bar{x})^2/(n-3) \; ; \quad n \geq 4 \; . \quad (9.25)$$

Die posteriori-Varianz von σ^2 wird

$$V(\sigma^2 \mid \bar{x}; s^2) = (n-1)^2 s^4 \, V(1/\chi_f^2) \, .$$

Mit (9.7) wird daraus

$$V(\sigma^2 \mid \bar{x}; s^2) = \frac{2(n-1)^2 s^4}{(n-3)^2 (n-5)} \; ; \quad n \geq 6 \, . \tag{9.26}$$

Ein posteriori-Vertrauensbereich für σ^2 zur statistischen Sicherheit $1-\alpha$ folgt aus

$$\chi^2_{f;\alpha/2} \leq \chi^2 \leq \chi^2_{f;1-\alpha/2} \, .$$

Man findet mit $(n-1)s^2/\sigma^2 = \chi_f^2$ leicht

$$\frac{(n-1)s^2}{\chi^2_{n-1;1-\alpha/2}} \leq \sigma^2 \leq \frac{(n-1)s^2}{\chi^2_{n-1;\alpha/2}} \, . \tag{9.27}$$

In (9.25) setzt sich mit wachsendem n das Stichprobenergebnis s^2 mehr und mehr durch,

$$M(\sigma^2 \mid \bar{x}; s^2) = \left(1 + \frac{2}{n-3} \right) s^2 \longrightarrow s^2 \quad \text{für} \quad n \longrightarrow \infty \, . \tag{9.28}$$

Ohne Vorkenntnisse über σ^2 würde man für σ^2 den Schätzwert s^2 und den Vertrauensbereich (9.27) finden. Die Bayes-Schätzung $M(\sigma^2 \mid \bar{x}; s^2)$ stimmt mit wachsendem n immer besser mit s^2 überein, und die Vertrauensbereiche "ohne Vorkenntnisse" und "mit Vorkenntnissen" unterscheiden sich für alle n gar nicht, wenn man die priori-Verteilung mit der Dichte für $(\mu;\sigma^2)$ gemäß (9.2) und (9.3) wählt. Das ist — ebenso wie beim Mittelwert — ein überraschendes Ergebnis. Die Frage ist jedoch, ob ein "Nicht-Bayesianer" A und ein "Bayesianer" B die formal übereinstimmenden Aussagen über die Vertrauensbereiche in gleicher Weise deuten oder nicht. Dazu wird auf S.1o7 noch eine Bemerkung gemacht.

Aussagen über σ

In manchen Fällen ist (unter praktischen Gesichtspunkten) die Standardabweichung σ wichtiger als die Varianz σ^2 . Mit $d\sigma^2 = 2\sigma d\sigma$ findet man aus (9.22) die posteriori-Dichte von σ,

$$\psi(\sigma \mid \bar{x}; s) = \frac{2 k \sqrt{2\pi}}{\sqrt{n}} \, \frac{1}{\sigma^n} \, \exp\left[- \frac{n-1}{2}\left(\frac{s}{\sigma}\right)^2 \right] \, .$$

Führt man die Konstante k aus (9.11) ein, setzt n-1 = f und schreibt die Dichte für die dimensionslose Zufallsvariable σ/s auf, so erscheint sie unabhängig von $\bar{x}$ und s in der Gestalt

$$\psi(\sigma/s \mid \bar{x};s) = \psi(\sigma/s) = \frac{2}{\Gamma(f/2)} \left(\frac{f}{2}\right)^{f/2} \left(\frac{s}{\sigma}\right)^{f+1} \exp\left[-\frac{f}{2}\left(\frac{s}{\sigma}\right)^2\right] . \qquad (9.29)$$

Setzt man

$$(f/2)(s/\sigma)^2 = 1/z \quad\text{oder}\quad z = (2/f)(\sigma/s)^2 , \qquad (9.3o)$$

so geht (9.29) über in

$$\psi(z) = \frac{1}{\Gamma(f/2)} \frac{1}{z^{(f+2)/2}} e^{-1/z} . \qquad (9.31)$$

Die letzte Gleichung stellt die Dichte einer sogenannten "inversen" Γ-Verteilung dar, denn durch die Substitution 1/z = y , geht sie in eine "gewöhnliche" Γ-Verteilung über. Das läßt sich z.B. nachweisen, indem man von (9.23) ausgeht und die Tatsache benutzt, daß die Zufallsvariable χ_f^2 einer $\Gamma(a,p)$-Verteilung mit den Parametern a = 1/2 und p = f/2 besitzt; vgl. auch (16.5).

Zur Berechnung des posteriori-Mittelwerts $M(\sigma \mid s)$ bildet man gemäß (9.3o) und (9.31)

$$M(\sqrt{z}) = M(z^{1/2}) = \int_0^\infty z^{1/2}\psi(z)\,dz = \frac{1}{\Gamma(f/2)} \int_0^\infty \frac{e^{-1/z}}{z^{(f+1)/2}}\,dz .$$

Mit 1/z = y wird daraus

$$M(\sqrt{z}) = \frac{1}{\Gamma(f/2)} \int_0^\infty y^{(f-3)/2} e^{-y}\,dy = \frac{\Gamma[(f-1)/2]}{\Gamma(f/2)} ; \quad f\geq 1 \text{ bzw. } n\geq 2 . \qquad (9.32)$$

Aus (9.3o) oder $\sqrt{z} = \sqrt{2/f}\,\sigma/s$ findet man den <u>posteriori-Mittelwert von σ</u> zu

$$M(\sigma \mid s) = \sqrt{f/2}\,\frac{\Gamma[(f-1)/2]}{\Gamma(f/2)}\,s ; \quad f = n-1 . \qquad (9.33)$$

Für "große" $f \gg 1$ benutzt man im Nenner die asymptotische Entwicklung[1]

$$\Gamma(f/2) = \Gamma\left(\frac{f-1}{2} + \frac{1}{2}\right) \approx \Gamma\left(\frac{f-1}{2}\right)\sqrt{\frac{f-1}{2}}\left[1 - \frac{1}{4(f-1)}\right]$$

und findet damit in erster Näherung

$$M(\sigma\,|\,s) \approx \sqrt{f/(f-1)}\left[1 + \frac{1}{4(f-1)}\right]s \approx \left[1 + \frac{3}{4(f-1)}\right]s\ . \qquad (9.34)$$

Speziell für $f = 2$ gilt nach (9.33) <u>genau</u>

$$M(\sigma\,|\,s)/s = \Gamma(1/2) = \sqrt{\pi} = 1,772\ .$$

(9.34) gibt <u>angenähert</u>

$$M(\sigma\,|\,s)/s = 1 + (3/4) = 1,75\ ,$$

was für praktische Zwecke ausreichend genau mit $\sqrt{\pi}$ übereinstimmt. Man darf infolgedessen die Näherungsformel (9.34) für alle $f \geq 2$ verwenden.

Ohne "Vorkenntnisse" wählt man als Schätzwert der Standardabweichung σ die Standardabweichung s der Probe. Da s nur asymptotisch (mit wachsendem n) erwartungstreu für σ ist, so verbessert man s (bei kleinen Stichproben) zu dem <u>erwartungstreuen Schätzwert</u>[2] $\hat{s}$ für σ,

$$\hat{s} = s/a_n \quad \text{mit} \quad a_n = \sqrt{2/f}\ \frac{\Gamma[(f+1)/2]}{\Gamma(f/2)}\ ; \quad f = n-1\ , \qquad (9.35)$$

oder

$$\hat{s} = \sqrt{f/2}\ \frac{\Gamma(f/2)}{\Gamma[(f+1)/2]}\,s \approx \left(1 + \frac{1}{4f}\right)s\ . \qquad (9.36)$$

Zwischen dem Bayes-Schätzwert $M(\sigma\,|\,s)$ aus (9.34) und $\hat{s}$ aus (9.36) besteht der Unterschied

$$M(\sigma\,|\,s) - \hat{s} \approx \frac{2\,f+1}{4\,f(f-1)}\,s \approx \frac{1}{2(f-1)}\,s\ , \qquad (9.37)$$

---

1) Vgl. z.B. M. Abramowitz and I.A. Stegun: Handbook of Mathematical Functions. National Bureau of Standards Applied Mathematics Series 55. Washington, D.C.: Superintendent of Documents, U.S. Government Printing Office 1965, S. 257.
Setzt man in der dort angegebenen Gleichung (6.1.47) b = o, a = 1/2 und z = (f-1)/2, dann erhält man nach entsprechender Umbezeichnung die folgende Gleichung.

2) Vgl. z.B. K. Stange: Angewandte Statistik. Erster Teil. Berlin: Springer 197o, S. 299.

der mit wachsendem f bedeutungslos wird.

Die posteriori-Varianz von σ findet man bei Beachtung von $M(\sigma^2\,|\,s) = M(\sigma^2\,|\,s^2)$ aus

$$V(\sigma\,|\,s) = M\big[\sigma - M(\sigma\,|\,s)\big]^2 = M(\sigma^2\,|\,s^2) - M^2(\sigma\,|\,s)$$

mit (9.25) und (9.33) zu

$$V(\sigma\,|\,s) = \left[\frac{n-1}{n-3} - \frac{n-1}{2}\,\frac{\Gamma^2\!\left(\frac{n-2}{2}\right)}{\Gamma^2\!\left(\frac{n-1}{2}\right)}\right] s^2 \;;\quad n \geqq 4 \;;$$

oder

$$V(\sigma\,|\,s) = \left[\frac{f}{f-2} - \frac{f}{2}\,\frac{\Gamma^2\big[(f-1)/2\big]}{\Gamma^2(f/2)}\right] s^2 \;;\quad f = n-1 \geqq 3 \;. \quad (9.38)$$

Da (9.38) wegen der Glieder in $\Gamma^2(\ )$ unhandlich ist, benutzt man für $M(\sigma\,|\,s)$ die Näherung (9.34). Damit wird aus (9.38)

$$V(\sigma\,|\,s) = \left[\frac{f}{f-2} - \left(1 + \frac{3}{4(f-1)}\right)^2\right] s^2 \;.$$

Die eckige Klammer ist

$$[\;] = \left(1 + \frac{2}{f-2}\right) - \left(1 + \frac{3}{2(f-1)} + \frac{9}{16(f-1)^2}\right)$$

$$\approx \frac{2}{f-2} - \frac{3}{2(f-1)} - \frac{1}{2(f-1)(f-2)} = \frac{f+1}{2(f-1)(f-2)} \;,$$

wobei auch das Glied mit $1/f^2$ "fast richtig" berücksichtigt worden ist. Die posteriori-Varianz von σ wird infolgedessen angenähert

$$V(\sigma\,|\,s) = \frac{f+1}{2(f-1)(f-2)}\,s^2 \;;\quad f \geqq 3 \;. \qquad (9.39)$$

Speziell für f = 3 gilt nach (9.38) genau

$$V(\sigma\,|\,s)/s^2 = 3 - \frac{3}{2}\,\frac{1}{\Gamma^2(3/2)} = 3\left(1 - \frac{2}{\pi}\right) = 1{,}o9 \;.$$

(9.39) gibt angenähert

$$V(\sigma\,|\,s)/s^2 = \frac{4}{2 \cdot 2 \cdot 1} = 1{,}oo \;,$$

was vom genauen Wert 1,o9 um weniger als 9% abweicht und für praktische Zwecke gelegentlich ausreicht.

Die Zahlentafel 9.1 enthält für $f = 2$ bis 1o die genauen Werte von $M(\sigma\,|\,s)/s$ nach (9.33) und $V(\sigma\,|\,s)/s^2$ nach (9.38); ferner die entsprechenden Näherungswerte für $f = $ 1o nach (9.34) und (9.39). Ersichtlich genügen die Näherungsformeln für $f \gtrsim$ 1o auch hohen Ansprüchen an die Genauigkeit der Zahlenwerte.

Zahlentafel 9.1			
Zur Bestimmung der posteriori-Schätzwerte $M(\sigma\,\|\,s)$ und $V(\sigma\,\|\,s)$ für die Standardabweichung σ.			
	f	$M(\sigma\,\|\,s)/s$ nach (9.33)	$V(\sigma\,\|\,s)/s^2$ nach (9.38)
Exakte Werte	2	1,772	—
	3	1,382	1,o9o
	4	1,253	o,429
	5	1,189	o,252
	6	1,151	o,175
	7	1,126	o,132
	8	1,1o8	o,1o6
	9	1,o94	o,o884
	1o	1,o837	o,o755
Näherung	1o	1,o833	o,o764
		nach (9.34)	nach (9.39)

Einen zweiseitig abgegrenzten <u>posteriori-Vertrauensbereich</u> für σ zur statistischen Sicherheit $1-\alpha$ findet man aus (9.27) zu

$$\sqrt{(n-1)/\chi^2_{n-1;1-\alpha/2}}\; s \;\leqq\; \sigma \;\leqq\; \sqrt{(n-1)/\chi^2_{n-1;\alpha/2}}\; s \;. \tag{9.4o}$$

Verwendet man zur Abgrenzung die in (8.33) eingeführten Schwellenwerte

$$\kappa^2_{f;1-\beta} = f/\chi^2_{f;\beta}\;,$$

so wird aus (9.4o)

$$\kappa_{n-1;\alpha/2}\; s \;\leqq\; \sigma \;\leqq\; \kappa_{n-1;1-\alpha/2}\; s \;. \tag{9.41}$$

Die Vertrauensbereiche für σ "mit Vorkenntnissen" und "ohne Vorkenntnisse" stimmen für alle f genau überein, was nach dem entsprechenden Ergebnis (9.27) bei der Varianz zu erwarten ist.

Eine Bemerkung zur "Deutung" der Vertrauensbereiche aus klassischer (Neyman'scher) und Bayes'scher Sicht

Für den Beobachter A, der den klassischen Standpunkt vertritt, sind Mittelwert μ und Varianz σ^2 unbekannte feste Konstanten. Er lehnt deshalb die Verwendung einer priori-Verteilung für $(\mu;\sigma^2)$ ab. "Ohne Vorkenntnisse" deutet er beispielsweise (9.27) folgendermaßen: Er denkt sich den Vorgang der Probenahme mit festem n etwa k-mal (k groß) wiederholt mit dem Ergebnis $(\bar{x}_i;s_i^2)$, i = 1; 2; ... ;k . Wenn man dann die Behauptung (9.27) über σ^2 ausspricht, wobei sich der Bereich von Versuch zu Versuch mit s_i^2 ändert, so liegt der unbekannte Parameter σ^2 im Mittel

> in $(1-\alpha)$k Fällen innerhalb und
> in α k Fällen außerhalb

des Bereichs (9.27). Im Einzelfalle ist die Behauptung für den Beobachter A entweder richtig oder falsch (was er jedoch nicht entscheiden kann, da er den wahren Parameter nicht kennt). Der Wahrscheinlichkeitsbegriff kommt erst dadurch in seine Aussage hinein, daß man sich den Vorgang der Probenahme und Schätzung beliebig oft wiederholt denkt.

Auch der Beobachter B mit Bayes'scher Betrachtungsweise muß voraussetzen, daß sich Mittelwert μ und Varianz σ^2 während der Entnahme der Probe n nicht ändern. Jedoch geht er mit seiner Analyse gewissermaßen "einen Schritt tiefer". Er setzt für die Parameter $(\mu;\sigma^2)$ die Existenz einer Verteilung voraus, über die er zunächst nur sehr unbestimmte Vorstellungen hat. Nachdem ein Versuch (beispielsweise) die Varianz s^2 ergeben hat, verbessert B seine unbestimmte Ausgangs-Aussage über σ^2 zu der wesentlich präziseren Aussage (9.27), wobei der Parameter σ^2 im Einzelfalle für ihn mit der Wahrscheinlichkeit $(1-\alpha)$ in dem durch (9.27) abgegrenzten Bereich erhalten ist. — Der Standpunkt von B ist der Wirklichkeit oft besser angepaßt als der von A . Ein Fertigungsvorgang (als Beispiel) läuft im Zeitpunkt $t = t_1$ — genauer in der Zeitspanne $t_1 - (\Delta t)/2 \leq t \leq t_1 + (\Delta t)/2$ — mit den "augenblicklichen" Werten $(\mu = \mu_1;\sigma^2 = \sigma_1^2)$. Entnimmt man während dieser (kurzen) Zeitspanne eine Probe, so darf man μ und σ^2 als "feste" Werte ansehen. Da man jedoch nicht alle "Störgrößen", die auf die Fertigung einwirken, konstant halten kann, sondern nur die wichtigsten, so ist das Wertepaar $(\mu;\sigma^2)$ im allgemeinen nicht fest, sondern schwankt mit der Zeit, d.h. μ und/oder σ^2 besitzen "langfristig" gesehen eine Verteilung, die priori-Verteilung von μ und/oder σ^2. Das ist der vom Beobachter B eingenommene Standpunkt.

Beispiel 9.1

Um festzustellen, ob das vom Gesetzgeber vorgeschriebene mittlere Füllgewicht μ_{SOLL} = 9oo g bei Liefermengen von Fertigpackungen einer bestimmten Art nicht unterschritten wird, entnimmt ein Prüfer in einem Ladengeschäft n = 9 Packungen. Die im Labor bestimmten Füllgewichte x_1 bis x_9 liefern den Mittelwert $\bar{x}$ = 9o5,2 g und die Standardabweichung s = 5,1 g.

Da man über die Fertigungsbedingungen beim Hersteller "praktisch nichts" weiß, wird für $(\mu;\sigma^2)$ die priori-Verteilung (9.2) mit der Randdichte (9.3) für μ bzw. σ^2 angenommen. Unter dieser Voraussetzung sucht man die posteriori-Schätzwerte für den Mittelwert μ und die Varianz σ^2 der Liefermenge, ferner die posteriori-Vertrauensbereiche für μ und σ^2 zur statistischen Sicherheit 95%.

Lösung

Nach (9.17) bzw. (9.25) wird der gesuchte <u>posteriori-Schätzwert</u> für μ

$$M(\mu|\bar{x};s^2) = \bar{x} = 9o5,2 \text{ g} ,$$

bzw. für σ^2

$$M(\sigma^2|\bar{x};s^2) = \left[(n-1)/(n-3)\right]s^2 = (8/6)5,1^2 = 34,7 \text{ g}^2 .$$

Aus (9.21) bzw. (9.27) findet man den gesuchten <u>posteriori-Vertrauensbereich</u> für μ

$$9o5,2 - t_{8;o,975}(5,1/3) \leqq \mu \leqq 9o5,2 + t_{8;o,975}(5,1/3) ,$$

bzw. für σ^2

$$(8/\chi^2_{8;o,975})5,1^2 \leqq \sigma^2 \leqq (8/\chi^2_{8;o,025})5,1^2 .$$

Mit

$$t_{8;o,975} = 2,3o6 ; \quad \chi^2_{8;o,025}/8 = o,2725 ; \quad \chi^2_{8;o,975}/8 = 2,1919$$

wird zahlenmäßig für μ

$$9o1,3 \text{ g} \leqq \mu \leqq 9o9,1 \text{ g} ,$$

bzw. für σ^2

$$12 \text{ g}^2 \leqq \sigma^2 \leqq 95 \text{ g}^2$$

oder für σ

$$3,5 \text{ g} \leqq \sigma \leqq 9,7 \text{ g} \; .$$

Da man beim mittleren Füllgewicht μ Abweichungen nach oben und bei der Varianz σ^2 Abweichungen nach unten <u>nicht</u> beanstanden wird, so ist es bei der hier vorliegenden Fragestellung sinnvoller, für μ den <u>einseitig nach unten</u> und für σ^2 den <u>einseitig nach oben</u> abgegrenzten Vertrauensbereich zu bestimmen. Dann hat man für μ

$$\mu \geqq 9o5,2 - (5,1/3) \cdot t_{8;o,95}$$

und für σ^2

$$\sigma^2 \leqq (8/\chi^2_{8;o,o5})5,1^2 \; .$$

Mit $t_{8;o,95} = 1,86o$ bzw. $\chi^2_{8;o,o5}/8 = o,3416$ findet man jetzt

$$\mu \geqq 9o2,o \text{ g} \quad \text{bzw.} \quad \sigma^2 \leqq 76 \text{ g}^2 \quad \text{oder} \quad \sigma \leqq 8,7 \text{ g} \; .$$

Der Hersteller hat demnach das geforderte mittlere Füllgewicht $\mu_{\text{SOLL}} = 9oo$ g in der geprüften Liefermenge nicht unterschritten.

<u>Beispiel 9.2</u>

Bei einem physikalischen Versuch ergaben $n = 8$ Messungen (des gleichen Sachverhalts) den Mittelwert $\bar{x} = 1,459$ und die Summe der quadrierten Abweichungen (S.d.q.A.) $\sum\limits_{v=1}^{8}(x_v - \bar{x})^2 = 12o \cdot 1o^{-6}$. Daraus folgt die Varianz s^2 bzw. die Standardabweichung s der Versuchsreihe zu

$$s^2 = 17,1 \cdot 1o^{-6} \quad \text{bzw.} \quad s = 4,1 \cdot 1o^{-3} \; .$$

<u>Aussagen über den unbekannten Mittelwert μ</u>

Aus (9.17), (9.19) und (9.21) findet man für μ

den posteriori-Mittelwert $M(\mu|\bar{x};s^2) = \bar{x} = 1,459$;

die posteriori-Varianz $V(\mu|\bar{x};s^2) = 3,o \cdot 1o^{-6}$;

den posteriori-Vertrauensbereich zur statistischen Sicherheit $1-\alpha = 95\%$ mit $t_{f;1-\alpha/2} = t_{7;97,5\%} = 2,365$ zu

$$1,459 \pm 2,365 \cdot 4,1 \cdot 1o^{-3}/\sqrt{8} = 1,459 \pm 3,4 \cdot 1o^{-3} \; , \text{ d.h.}$$

$$W(1,456 \leqq \mu \leqq 1,462) = 95\% \; .$$

Aussagen über die unbekannte Standardabweichung σ (Maß für die "Genauigkeit" einer Beobachtung)

Aus (9.34), (9.39) und (9.41) findet man für σ

den posteriori-Mittelwert $M(\sigma\,|s) = \left(1 + \frac{3}{4\cdot 6}\right)\cdot 4,1\cdot 10^{-3} = 4,6\cdot 10^{-3}$;

die posteriori-Varianz $\quad V(\sigma\,|s) = 8/(2\cdot 6\cdot 5)\cdot 17,1\cdot 10^{-6} = 2,3\cdot 10^{-6}$;

den posteriori-Vertrauensbereich zur statistischen Sicherheit $1-\alpha = 95\%$

mit $\varkappa_{7;2,5\%} = 0,66$ und $\varkappa_{7;97,5\%} = 2,04$ zu

$$2,7\cdot 10^{-3} \leqq \sigma \leqq 8,4\cdot 10^{-3} .$$

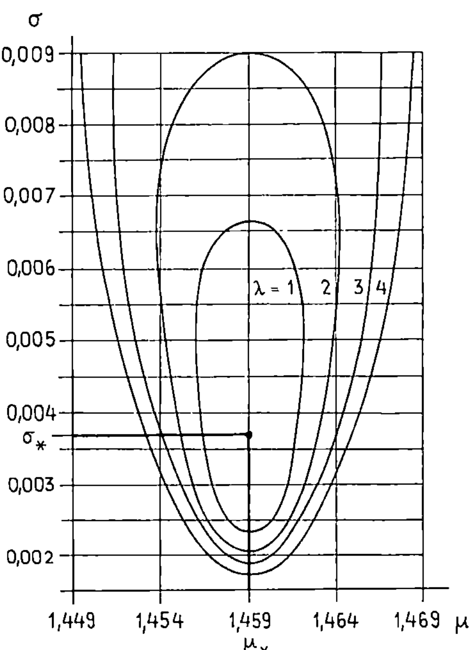

Abb.9.1 Vier Höhenlinien $\psi(\mu;\sigma\,|\,\bar{x};s) = \psi_* / 10^\lambda,\ \lambda = 1,2,3,4$, der posteriori-Dichte von $(\mu;\sigma)$ in Beispiel 9.2; ψ_* ist die größte Dichte an der Stelle $(\mu_* = \bar{x};\ \sigma_* = \sqrt{(n-1)/(n+1)}\,s)$

In Abb.9.1 ist die zweidimensionale posteriori-Verteilung von $(\mu;\sigma)$ durch einige Höhenlinien der Dichte $\psi(\mu;\sigma\,|\,\bar{x}\,;\,s)$ dargestellt. Bezeichnet man den Maximalwert der Dichtefunktion an der Stelle $(\mu_*;\sigma_*)$ mit ψ_*, so sind die vier Höhenlinien den Linien mit konstanten Dichtefunktionswerten $\psi = \psi_*/10$, $\psi_*/10^2$, $\psi_*/10^3$ und $\psi_*/10^4$ zugeordnet. Zur Bestimmung des Wertepaars $(\mu_*;\sigma_*)$ hat man die gemeinsame Dichte für $(\mu;\sigma^2)$ aus (9.9) zur Dichte

$$\psi(\mu;\sigma \,|\, \bar{x};s) \sim \frac{1}{\sigma^{n+1}} \, \exp\left[-\frac{n-1}{2}\left(\frac{s}{\sigma}\right)^2 - \frac{n}{2}\left(\frac{\mu - \bar{x}}{\sigma}\right)^2 \right]$$

umzurechnen und diese partiell nach μ und σ zu differenzieren. Führt man den in (9.12) erklärten Ausdruck $A = A(\mu)$ ein, so gilt einfach

$$\psi(\mu;\sigma \,|\, \bar{x};s) \sim \frac{1}{\sigma^{n+1}} \, e^{-A(\mu)/\sigma^2} \; .$$

Die notwendigen Bedingungen für ein Extremum, $\partial\psi /\partial\mu = o$ und $\partial\psi /\partial\sigma = o$, liefern

$$\mu_* = \bar{x} \quad \text{und} \quad \sigma_* = \sqrt{(n-1)/(n+1)}\,s \; ,$$

wie der Leser selbst nachweisen mag. Zahlenmäßig gilt hier $\mu_* = 1{,}459$ und $\sigma_* = 3{,}6 \cdot 10^{-3}$.

10. Die Schätzung von Mittelwert μ und Varianz σ^2 einer Normalverteilung (von der beide Parameter unbekannt sind) bei „geeigneten Vorinformationen" über μ und σ^2

Die Aufgabenstellung ist die gleiche wie im vorausgehenden Abschnitt. Die Dichte der priori-Verteilung von μ und σ^2 wird jetzt jedoch in der Gestalt

$$\psi(\mu;\sigma^2) = \frac{k_o\sqrt{n_o}}{\sqrt{2\pi}\,\sigma_o^3}\left(\frac{\sigma_o^2}{\sigma^2}\right)^{(f_o+3)/2} \exp\left[-\frac{f_o-2}{2}\left(\frac{\sigma_o}{\sigma}\right)^2 - \frac{n_o}{2}\left(\frac{\mu-\mu_o}{\sigma}\right)^2\right], \quad (10.1)$$

angesetzt, wobei $(\mu_o;n_o)$ und $(\sigma_o^2;f_o)$ gegebene Parameter sind, deren anschauliche Bedeutung aus den weiteren Überlegungen hervorgeht. Insbesondere sind n_o und f_o positive ganze Zahlen. Durch Vergleich von (1o.1) mit dem Produkt aus den nachstehend gebildeten Randdichten $\psi(\sigma^2)$ und $\psi(\mu)$ wird ersichtlich, daß μ und σ^2 in der priori-Verteilung nicht unabhängig sind.

Integration über μ bei festem σ gibt die Randverteilung von σ^2 mit der Dichte

$$\psi(\sigma^2) = \frac{k_o}{\sigma_o^2}\left(\frac{\sigma_o^2}{\sigma^2}\right)^{(f_o/2)+1} \exp\left[-\frac{f_o-2}{2}\left(\frac{\sigma_o}{\sigma}\right)^2\right], \quad (10.2)$$

die genau (8.2) entspricht. Damit findet man aus (8.6) die Konstante k_o zu

$$k_o = \frac{(f_o-2)^{f_o/2}}{2^{f_o/2}\,\Gamma(f_o/2)}\,; \quad (10.3)$$

ferner hat man aus (8.1o) sofort Mittelwert und Varianz der Randverteilung von σ^2,

$$M(\sigma^2) = \sigma_o^2 \quad \text{und} \quad V(\sigma^2) = 2\sigma_o^4/(f_o-4)\,; \quad f_o \geq 5 \,. \quad (10.4)$$

Mit k_o aus (1o.3) ist die gemeinsame Dichte (1o.1) von μ und σ^2 vollständig bestimmt.

Die Dichte der <u>Randverteilung von μ</u> ergibt sich aus (1o.1) durch Integration über σ^2, wobei man die Hilfsformel (9.4) mit

$$z = \sigma^2 ; \quad 2A = (f_o-2)\sigma_o^2 + n_o(\mu - \mu_o)^2 \quad \text{und} \quad m = (f_o+1)/2$$

heranzieht. Damit findet man die Dichte

$$\psi(\mu) = \frac{k_o\sqrt{n_o}}{\sqrt{2\pi}} (\sigma_o^2)^{f_o/2} \; \frac{\Gamma[(f_o+1)/2]\; 2^{(f_o+1)/2}}{\left[(f_o-2)\sigma_o^2 + n_o(\mu - \mu_o)^2\right]^{(f_o+1)/2}} \cdot \quad (1o.5)$$

Setzt man hier k_o aus (1o.3) und

$$\frac{n_o(\mu - \mu_o)^2}{(f_o-2)\sigma_o^2} = t^2/f_o \qquad\qquad (1o.6)$$

ein, so geht (1o.5) mit $\psi(\mu)d\mu = \psi(t)dt$ über in die Dichte von t,

$$\psi(t) = \frac{1}{\sqrt{\pi f_o}} \; \frac{\Gamma[(f_o+1)/2]}{\Gamma(f_o/2)} \; \frac{1}{\left[1 + (t^2/f_o)\right]^{(f_o+1)/2}} \cdot \quad (1o.7)$$

Danach genügt die Zufallsvariable t aus (1o.6),

$$t = \left[\sqrt{n_o}\,(\mu - \mu_o)/\sigma_o\right] \sqrt{f_o/(f_o-2)} = t_f , \qquad (1o.8)$$

einer t_f-Verteilung mit $f = f_o$ Freiheitsgraden. Mit $M(t) = o$ und $V(t) = f_o/(f_o-2)$ findet man leicht <u>Mittelwert und Varianz der Randverteilung von μ</u>,

$$M(\mu) = \mu_o \qquad \text{und} \qquad V(\mu) = \sigma_o^2/n_o . \qquad (1o.9)$$

Mit (1o.9) bzw. (1o.4) sind die Parameter $(\mu_o;\sigma_o^2;n_o)$ bezüglich μ bzw. $(\sigma_o^2 ; f_o)$ bezüglich σ^2 anschaulich deutbar. Insbesondere lassen sich die Varianzen von μ bzw. σ^2 durch geeignete Wahl von n_o bzw. f_o an vorgegebene bzw. aus der Praxis stammende Werte anpassen. — Im Abschnitt 6 wurde in (6.31) der Quotient n_o' der Varianzen eingeführt, $n_o' = \sigma^2/V(\mu)$. σ^2 war dort als konstant vorausgesetzt; hier ist n_o' zugleich mit σ^2 eine Zufallsgröße mit dem Mittelwert

$$M(n_o') = M(\sigma^2)/V(\mu) = n_o \; .$$

Die Dichte der posteriori-Verteilung von $(\mu;\sigma^2)$ ist proportional zum Produkt aus der Dichte (1o.1) und der Likelihood (9.8). Mit der Normierungskonstanten K_o wird

$$\psi(\mu;\sigma^2 \mid \bar{x};s^2) = K_o \; \frac{1}{(\sigma^2)^{(f_o+n+3)/2}} \; \exp\{ \; \} \; , \tag{1o.1o}$$

wobei im Exponenten der exp-Funktion

$$\{ \; \} \equiv - \frac{1}{2\sigma^2} \left[(f_o-2)\sigma_o^2 + (n-1)s^2 + n_o(\mu-\mu_o)^2 + n(\mu-\bar{x})^2 \right] \tag{1o.11}$$

steht. In der eckigen Klammer der letzten Gleichung werden die Glieder mit μ umgestaltet zu

$$(n_o+n) \left(\mu - \frac{n_o\mu_o + n\bar{x}}{n_o + n} \right)^2 + \frac{n_o n(\mu_o - \bar{x})^2}{n_o + n} \; .$$

Zweckmäßig setzt man in (1o.11)

$$\frac{n_o\mu_o + n\bar{x}}{n_o + n} = \hat{\mu} \tag{1o.12}$$

und

$$(f_o-2)\sigma_o^2 + (n-1)s^2 + \frac{n_o n(\mu_o - \bar{x})^2}{n_o + n} = w_1^2 \; . \tag{1o.13}$$

Dabei sind $\hat{\mu}$ bzw. w_1^2 bei beobachtetem Wertepaar $(\bar{x};s^2)$ bekannte feste Werte. Aus (1o.11) wird damit

$$\{ \; \} \equiv \frac{-1}{2\sigma^2} \left[w_1^2 + (n_o + n)(\mu-\hat{\mu})^2 \right] \tag{1o.14}$$

und aus (1o.1o)

$$\psi(\mu;\sigma^2 \mid \bar{x};s^2) = \frac{K_o}{(\sigma^2)^{(f_o+n+3)/2}} \; \exp\left\{ - \frac{1}{2\sigma^2} \left[w_1^2 + (n_o+n)(\mu-\hat{\mu})^2 \right] \right\} . \tag{1o.15}$$

Ersichtlich ist die posteriori-Dichte von $(\mu;\sigma^2)$ vom gleichen Typ wie die priori-Dichte (1o.1). Man hat dort lediglich beim Exponenten von $(1/\sigma^2)$ das f_o durch (f_o+n), ferner im Exponenten der Exponentialfunktion n_o durch (n_o+n), μ_o durch $\hat{\mu}$ und $(f_o-2)\sigma_o^2$ durch w_1^2 zu ersetzen. Die posteriori-Randverteilungen von μ bzw. σ^2 findet man infolgedessen aus (1o.5) bzw. (1o.2), ohne die Rechnung im einzelnen noch einmal durchzuführen. Es wird gemäß (1o.5) die posteriori-Dichte von μ

$$\psi(\mu|\bar{x};s^2) = K_1 \, \frac{1}{\left[w_1^2 + (n_o+n)(\mu-\hat{\mu})^2\right]^{(f_o+n+1)/2}} \qquad (10.16)$$

bzw. gemäß (1o.2) die posteriori-Dichte von σ^2

$$\psi(\sigma^2|\bar{x};s^2) = K_2 \, \frac{1}{(\sigma^2)^{(f_o+n+2)/2}} \, e^{-(w_1/\sigma)^2/2} \ . \qquad (10.17)$$

Die posteriori-Dichten (1o.16) bzw. (1o.17) lassen sich auch aus (1o.15) durch Ausintegrieren über σ^2 bzw. μ gewinnen.

<u>Aussagen über μ</u>

Setzt man in (1o.16)

$$(n_o+n)(\mu-\hat{\mu})^2/w_1^2 = t^2/(f_o+n) \ , \qquad (10.18)$$

so wird die Dichte für t

$$\psi(t|\bar{x};s^2) = \frac{K_1}{\sqrt{(f_o+n)(n_o+n)}\,w_1^{\,f_o+n}} \cdot \frac{1}{\left(1 + \dfrac{t^2}{f_o+n}\right)^{(f_o+n+1)/2}} \ . \qquad (10.19)$$

Daraus geht hervor, daß die Zufallsvariable t aus (1o.18)

$$t = \sqrt{(n_o+n)(f_o+n)}\,(\mu-\hat{\mu})/w_1 = t_f \qquad (10.2o)$$

einer t_f-Verteilung mit $f = (f_o+n)$ Freiheitsgraden genügt. Die Normierungskonstante K_1 wird damit

$$K_1 = \frac{\sqrt{n_o+n}\,w_1^{\,f_o+n}}{\sqrt{\pi}} \, \frac{\Gamma[(f_o+n+1)/2]}{\Gamma[(f_o+n)/2]} \ . \qquad (10.21)$$

Aus $M(t_f) = o$ folgt der <u>posteriori-Mittelwert von μ</u>,

$$M(\mu|\bar{x};s^2) = \hat{\mu} = \frac{n_o\mu_o + n\bar{x}}{n_o + n} \ , \qquad (10.22)$$

und aus $V(t_f) = f/(f-2)$; $f \geqq 3$ folgt die <u>posteriori-Varianz von μ</u> ,

$$V(\mu|\bar{x};s^2) = \frac{w_1^2}{(n_o+n)\,(f_o+n-2)} \quad \text{mit} \quad w_1^2 \text{ aus (1o.13).} \qquad (1o.23)$$

Der Bayes-Schätzwert $\hat{\mu}$ ist ein gewogener Mittelwert aus dem priori-Mittelwert μ_o und dem Stichprobenmittelwert $\bar{x}$. Mit wachsendem n gilt

$$M(\mu|\bar{x};s^2) \to \bar{x} \quad \text{für } n \to \infty \qquad (1o.24)$$

und

$$V(\mu|\bar{x};s^2) \to s^2/n \to o \quad \text{für } n \to \infty \ ; \qquad (1o.25)$$

d.h. das Stichprobenergebnis $\bar{x}$ setzt sich gegenüber der "Vorinformation" immer mehr durch.

Einen <u>zweiseitig abgegrenzten posteriori-Vertrauensbereich für μ</u> zur statistischen Sicherheit $1-\alpha$ findet man aus

$$|t| \leqq t_{f_o+n;\,1-\alpha/2} \qquad (1o.26)$$

mit (1o.2o). Es wird

$$|\mu - \hat{\mu}| \leqq \frac{w_1}{\sqrt{(f_o+n)\,(n_o+n)}} \, t_{f_o+n;\,1-\alpha/2} \ , \qquad (1o.27)$$

wobei man $\hat{\mu}$ aus (1o.22) und w_1^2 aus (1o.13) entnimmt.

<u>Aussagen über σ^2</u>

Setzt man in (1o.17)

$$(w_1/\sigma)^2 = \tau^2 \ , \qquad (1o.28)$$

so wird die Dichtefunktion von τ^2 mit $\sigma^2\tau^2 = w_1^2 = $ konst bzw. $d\sigma^2/\sigma^2 = |d\,\tau^2|/\tau^2$ zu

$$\psi(\tau^2|\bar{x};s^2) = \frac{K_2}{w_1^{f_o+n}}(\tau^2)^{(f_o+n-2)/2}\, e^{-\tau^2/2} \ . \qquad (1o.29)$$

Mithin folgt τ^2 einer χ_f^2-Verteilung mit $f = f_o+n$ Freiheitsgraden, und es gilt $\tau^2 = \chi_{f_o+n}^2$. Nach (1o.28) ist demnach

$$\sigma^2 = w_1^2/\chi_{f_o+n}^2 \ . \qquad (1o.3o)$$

Wegen $\tau^2 = \chi^2_{f_o+n}$ ergibt sich die Normierungskonstante K_2 in (1o.29) bzw. (1o.17) zu

$$K_2 = \frac{w_1^{f_o+n}}{2^{(f_o+n)/2}\,\Gamma[(f_o+n)/2]} \quad . \tag{1o.31}$$

Den <u>posteriori-Mittelwert</u> von σ^2 findet man aus (1o.3o) mit (9.6) zu

$$M(\sigma^2 \mid \bar{x}; s^2) = \frac{w_1^2}{f_o+n-2} \quad . \tag{1o.32}$$

Die <u>posteriori-Varianz</u> von σ^2 folgt aus (1o.3o) mit (9.7) zu

$$V(\sigma^2 \mid \bar{x}; s^2) = \frac{2\,w_1^4}{(f_o+n-2)^2(f_o+n-4)} \quad , \tag{1o.33}$$

wobei w_1^2 in beiden Fällen aus (1o.13) hervorgeht. Mit wachsendem n gilt

$$M(\sigma^2 \mid \bar{x}; s^2) \longrightarrow s^2 \quad \text{für } n \to \infty \tag{1o.34}$$

und

$$V(\sigma^2 \mid \bar{x}; s^2) \longrightarrow 2\,s^4/(n-1) \longrightarrow o \quad \text{für } n \to \infty \quad , \tag{1o.35}$$

so daß auch hier die priori-Information für $n \to \infty$ aus dem Ergebnis herausfällt.

Einen <u>zweiseitig abgegrenzten posteriori-Vertrauensbereich</u> für σ^2 zur statistischen Sicherheit $1-\alpha$ findet man aus

$$\chi^2_{f;\alpha/2} \leq \chi^2_f \leq \chi^2_{f;1-\alpha/2} \tag{1o.36}$$

mit (1o.3o). Es wird mit $f = f_o+n$ und w_1^2 aus (1o.13)

$$\frac{w_1^2}{\chi^2_{f_o+n;1-\alpha/2}} \leq \sigma^2 \leq \frac{w_1^2}{\chi^2_{f_o+n;\alpha/2}} \quad . \tag{1o.37}$$

Führt man hier ebenso wie in (8.33) die Zufallsgröße $f/\chi^2_f = \kappa^2_f$ mit den Schwellenwerten $\kappa^2_{f;1-\beta} = f/\chi^2_{f;\beta}$ ein, so wird aus (1o.37) mit (1o.32) in dimensionsloser Gestalt

$$\left(1 - \frac{2}{f_o+n}\right)\varkappa^2_{f_o+n;\alpha/2} \leq \frac{\sigma^2}{M(\sigma^2|\overline{x};s^2)} \leq \left(1 - \frac{2}{f_o+n}\right)\varkappa^2_{f_o+n;1-\alpha/2} \cdot \quad (1o.38)$$

Diese Gleichung entspricht (8.35); sie kann für $f_o+n \gg 2$ in der einfacheren Form (8.36) geschrieben werden. — Der Verlauf der Funktionen $\varkappa^2_{f;\alpha/2}$ und $\varkappa^2_{f;1-\alpha/2}$ bzw. $\varkappa_{f;\alpha/2}$ und $\varkappa_{f;1-\alpha/2}$ in Abhängigkeit von f für die statistischen Sicherheiten $1-\alpha_1 = 95\%$ und $1-\alpha_2 = 99\%$ geht aus Abb.8.2 bzw. Abb.8.3 hervor, die demnach auch hier benutzt werden können.

<u>Eine Bemerkung</u> zu den posteriori-Schätzwerten $M(\mu|\overline{x};s^2)$ aus (1o.22) und $M(\sigma^2|\overline{x};s^2)$ aus (1o.32).

Man hat — in anderem Zusammenhang — zwei Meßreihen (Gruppen, Stichproben) 1 und 2 der folgenden Übersicht beobachtet.

Reihe, Gruppe	Einzelwerte	Zahl der Beobachtungen	Mittelwert	Varianz
1	x'_α	n_1	$\overline{x}_1$	$V_1 = s_1^2$
2	x''_β	n_2	$\overline{x}_2$	$V_2 = s_2^2$
1 + 2	$(x'_\alpha;x''_\beta)$ bzw. x_ν	$n = n_1+n_2$	$\overline{x}$	$V = s^2$

Faßt man die beiden Meßreihen zu einer Reihe mit $n = n_1+n_2$ Meßwerten x_ν zusammen, so gilt bekanntlich[1] für die Mittelwerte

$$(n_1+n_2)\overline{x} = n_1\overline{x}_1 + n_2\overline{x}_2 \; ;$$

für die Summe der quadrierten Abweichungen (S.d.q.A.) insgesamt hat man

$$\sum_{\nu=1}^{n}(x_\nu - \overline{x})^2 = \sum_{\alpha=1}^{n_1}(x'_\alpha - \overline{x}_1)^2 + \sum_{\beta=1}^{n_2}(x''_\beta - \overline{x}_2)^2 + \frac{n_1 n_2}{n_1 + n_2}(\overline{x}_1 - \overline{x}_2)^2 \; .$$

$$\longleftarrow \quad S_1 \quad \longrightarrow \qquad \longleftarrow S_2 \longrightarrow$$

$S_1 = (n_1-1)s_1^2 + (n_2-1)s_2^2$ ist die <u>S.d.q.A. innerhalb der Gruppen</u>; S_2,

---

1) Vgl. etwa K. Stange: Angewandte Statistik. Erster Teil. Berlin: Springer 197o, S. 71.

das sich umgestalten läßt zu

$$S_2 = n_1(\overline{x}_1 - \overline{x})^2 + n_2(\overline{x}_2 - \overline{x})^2 \ ,$$

ist die S.d.q.A. zwischen den Gruppenmittelwerten.

Vergleicht man die Gleichung für die Mittelwerte mit (1o.22),

$$(n_o + n)\hat{\mu} = n_o\mu_o + n\overline{x} \ ,$$

und die Gleichung für die S.d.q.A. mit (1o.13),

$$w_1^2 = (f_o-2)\sigma_o^2 + (n-1)s^2 + \frac{n_o n}{n_o+n}(\mu_o - \overline{x})^2 \ ,$$

$$\underbrace{\qquad\qquad}_{S_I} \qquad \underbrace{\qquad}_{S_{II}} \ .$$

so ist die übereinstimmende Bauart ersichtlich.

Der Anteil S_{II} ,

$$S_{II} = \frac{n_o n}{n_o+n}(\mu_o - \overline{x})^2 = n_o(\mu_o - \hat{\mu})^2 + n(\overline{x} - \hat{\mu})^2 \ ,$$

stellt die S.d.q.A. zwischen den Gruppenmittelwerten dar, wobei die
erste Gruppe einem "fiktiven priori-Versuch" mit n_o Beobachtungen und
dem Mittelwert μ_o und die zweite Gruppe einem realen Versuch mit n
Beobachtungen und dem Mittelwert $\overline{x}$ entspricht.

Der Anteil S_I ,

$$S_I = (f_o-2)\sigma_o^2 + (n-1)s^2 \ ,$$

stellt die S.d.q.A. innerhalb der Gruppen dar, wobei die erste Gruppe
einem "fiktiven priori-Versuch" mit der Varianz σ_o^2 mit (f_o-2) Freiheitsgraden und die zweite Gruppe einem realen Versuch mit der Varianz
s^2 mit $(n-1)$ Freiheitsgraden entspricht.

Die um den Mittelwertseinfluß bereinigte posteriori-Varianz innerhalb
der Gruppen wird demnach durch

$$\frac{(f_o-2)\sigma_o^2 + (n-1)s^2}{f_o + n-3} = \hat{\sigma}^2$$

geschätzt. Die letzte Gleichung entspricht (8.17), wenn man dort n
durch $(n-1)$ ersetzt; $\hat{\sigma}^2$ ist der posteriori-Schätzwert für σ^2 bei

festem unbekanntem Mittelwert μ , während $\hat{\sigma}^2$ aus (8.17) dem posteriori-Schätzwert für σ^2 bei festem jedoch bekanntem μ entspricht.

Grenzübergänge

(a) Läßt man bei festem $n > 3$ und festem σ_o^2 durch den Grenzübergang $n_o \to o$ die Varianz σ_o^2/n_o der priori-Verteilung von μ über alle Grenzen wachsen, so wird aus (1o.22)

$$M(\mu|\bar{x};s^2) \to \bar{x} \quad \text{für } n_o \to o ,\qquad (1o.39)$$

und aus (1o.23)

$$V(\mu|\bar{x};s^2) \to \frac{1}{n}\,\frac{(f_o-2)\sigma_o^2 + (n-1)s^2}{f_o - 2 + n} \quad \text{für } n_o \to o . \qquad (1o.4o)$$

Der Mittelwert $M(\mu|\bar{x};s^2)$ wird frei von der Vorinformation über μ , während die Vorinformation über σ^2 in der Varianz $V(\mu|\bar{x};s^2)$ erhalten bleibt.

(b) Läßt man f_o über alle Grenzen wachsen, so folgt aus (1o.4)

$$V(\sigma^2) = 2\,\sigma_o^4/(f_o-4) \to o .$$

Die Varianz σ^2 ist dann keine Zufallsgröße mehr, sondern es gilt wegen $M(\sigma^2) = \sigma_o^2$

$$\sigma^2 = \text{konst} = \sigma_o^2 . \qquad (1o.41)$$

Die Schätzung von μ findet in diesem Falle bei bekannter fester Varianz σ_o^2 statt. Damit gilt $M(s^2) = \sigma_o^2$ und $V(s^2) = o$. Somit folgt aus (1o.13)

$$w_1^2/(f_o+n-2) \to \sigma_o^2 . \qquad (1o.42)$$

Die posteriori-Aussagen (1o.22),(1o.23) und (1o.27) über Mittelwert, Varianz und Vertrauensbereich für μ gehen mit $V(\mu) = \sigma_o^2/n_o$, $V(\bar{x}|\sigma^2) = V(\bar{x}|\sigma_o^2) = V(\bar{x}) = \sigma_o^2/n$ und (1o.42) über in

$$M(\mu|\bar{x};s^2) = M(\mu|\bar{x}) = \frac{n_o\mu_o + n\bar{x}}{n_o + n} = \frac{V(\bar{x})\mu_o + V(\mu)\bar{x}}{V(\bar{x}) + V(\mu)} , \qquad (1o.43)$$

$$V(\mu|\bar{x}) = \sigma^2(\mu|\bar{x}) = \frac{\sigma_o^2}{n_o+n} = \frac{V(\bar{x})V(\mu)}{V(\bar{x}) + V(\mu)} , \qquad (1o.44)$$

$$M(\mu|\bar{x}) - u_{1-\alpha/2}\,\sigma(\mu|\bar{x}) \leqq \mu \leqq M(\mu|\bar{x}) + u_{1-\alpha/2}\,\sigma(\mu|\bar{x}) \; . \qquad (1o.45)$$

Die Gleichungen (1o.43),(1o.44) und (1o.45) stimmen — abgesehen von der abweichenden Bezeichnungsweise — mit den früher hergeleiteten Gleichungen (6.15),(6.12) und (6.22) überein, wie es selbstverständlich sein muß.

(c) Läßt man n_0 über alle Grenzen wachsen, so folgt aus (1o.9)

$$V(\mu) = \sigma_0^2/n_0 \longrightarrow o \; . \qquad (1o.46)$$

Der Mittelwert μ ist dann keine Zufallsgröße mehr, sondern es gilt wegen $M(\mu) = \mu_0$

$$\mu = \text{konst} = \mu_0 \; . \qquad (1o.47)$$

Die Schätzung von σ^2 findet in diesem Falle bei bekanntem festem Mittelwert μ_0 statt. Weiter folgt aus (1o.13)

$$w_1^2 \longrightarrow (f_0-2)\sigma_0^2 + (n-1)s^2 + n(\mu_0 - \bar{x})^2$$

$$= (f_0-2)\sigma_0^2 + \sum_{\nu=1}^{n} (x_\nu - \bar{x})^2 + n(\mu_0 - \bar{x})^2 \; .$$

Nach dem Verschiebungssatz für die S.d.q.A. ist

$$\sum_{\nu=1}^{n} (x_\nu - \bar{x})^2 + n(\mu_0 - \bar{x})^2 = \sum_{\nu=1}^{n} (x_\nu - \mu_0)^2 = n\,s^2(\mu_0) \; .$$

Damit wird

$$w_1^2 = (f_0-2)\sigma_0^2 + n\,s^2(\mu_0) \; , \qquad (1o.48)$$

wobei jetzt $s^2(\mu_0)$ die Varianz der Meßreihe $x_1; \ldots ;x_n$ bezüglich des bekannten Mittelwerts $\mu = \mu_0$ ist; $s^2(\mu_0)$ besitzt n Freiheitsgrade. Setzt man den Ausdruck (1o.48) für w_1^2 in die posteriori-Aussagen (1o.32),(1o.33) und (1o.37) über Mittelwert, Varianz und Vertrauensbereich für σ^2 ein, so gehen sie über in die früher hergeleiteten Gleichungen (8.17),(8.19) und (8.22), wie es selbstverständlich sein muß.

Beispiel 1o.1

Man berechne aus der priori-Randverteilung von σ^2 mit der Dichte (1o.2) den Mittelwert $M(\sigma)$ und die Varianz $V(\sigma)$ der Standardabweichung σ in der priori-Verteilung. (Der Praktiker bevorzugt im allgemeinen anstelle der Varianz σ^2 die Standardabweichung σ.)

Nach Definition ist der Mittelwert von σ

$$M(\sigma) = \int_0^\infty \sigma\,\psi(\sigma)\,d\sigma = \int_0^\infty \sigma\,\psi(\sigma^2)\,d\sigma^2 \ .$$

Mit (1o.2) wird

$$M(\sigma/\sigma_o) = k_o \int_0^\infty \left(\frac{\sigma_o^2}{\sigma^2}\right)^{(f_o+1)/2} \exp\left[-\frac{f_o-2}{2}\left(\frac{\sigma_o}{\sigma}\right)^2\right] d(\sigma^2/\sigma_o^2) \ . \quad (1o.49)$$

Setzt man zur Auswertung des Integrals

$$\frac{f_o-2}{2}\left(\frac{\sigma_o}{\sigma}\right)^2 = y \quad \text{mit} \quad \frac{|dy|}{y} = \frac{d(\sigma^2/\sigma_o^2)}{(\sigma^2/\sigma_o^2)} \ ,$$

so geht (1o.49) über in

$$M(\sigma/\sigma_o) = \left(\frac{2}{f_o-2}\right)^{(f_o-1)/2} k_o \int_0^\infty y^{(f_o-3)/2} e^{-y}\,dy \ . \quad (1o.5o)$$

Das Integral wird $\Gamma[(f_o-1)/2]$. Mit k_o aus (1o.3) hat man schließlich den priori-Mittelwert von σ,

$$M(\sigma) = \sqrt{\frac{f_o-2}{2}}\ \frac{\Gamma[(f_o-1)/2]}{\Gamma(f_o/2)}\,\sigma_o \ ; \quad f_o \gtrless 3 \ . \quad (1o.51)$$

Ist f_o "groß" gegen 1 , so ist $\Gamma(f_o/2)$ im Nenner in erster Näherung (vgl. auch (9.33) ff.)

$$\Gamma(f_o/2) = \Gamma\left[\left(\frac{f_o-1}{2}\right) + \frac{1}{2}\right] \approx \Gamma\left(\frac{f_o-1}{2}\right)\ \sqrt{(f_o-1)/2}\left[1 - \frac{1}{4(f_o-1)}\right] \ .$$

Damit findet man die Näherungsformel

$$M(\sigma) \approx \sqrt{\frac{f_o-2}{f_o-1}}\left[1 + \frac{1}{4(f_o-1)}\right]\sigma_o \approx \left[1 - \frac{1}{4(f_o-1)}\right]\sigma_o \ . \quad (1o.52)$$

Speziell für $f_o = 5$ ist nach (1o.51) <u>genau</u>

$$M(\sigma)/\sigma_o = \sqrt{3/2}\,[\Gamma(2)/\Gamma(5/2)] = \sqrt{3/2}\,\frac{4}{3\sqrt{\pi}} = 0{,}9213 \ .$$

Nach (1o.52) gilt <u>angenähert</u>

$$M(\sigma)/\sigma_o = 1 - \frac{1}{16} = 0{,}9375 \ .$$

Der Unterschied gegen o,92 ist für praktische Zwecke so gering, daß man die Näherungsformel (1o.52) für alle $f_o \geqq 5$ verwenden darf; vgl. Zahlentafel 1o.1. — Mit wachsendem f_o gilt $M(\sigma) \longrightarrow \sigma_o$.

Zahlentafel 1o.1			
Zur Bestimmung des priori-Mittelwertes $M(\sigma)$ und der priori-Varianz $V(\sigma)$ für die Standardabweichung σ			
	f_o	$M(\sigma)/\sigma_o$ nach (1o.51)	$V(\sigma)/\sigma_o^2$ nach (1o.53)
Exakte Werte	3	0,7979	0,3634
	4	0,8862	0,2146
	5	0,9213	0,1512
	6	0,94oo	0,1164
	7	0,9515	0,o946
	8	0,9594	0,o796
	9	0,965o	0,o687
	1o	0,9693	0,o6o4
	11	0,9727	0,o539
	12	0,9754	0,o487
Näherung	5	0,9375	—
	9	0,9688	0,o625
		nach (1o.52)	nach (1o.53)

Die Varianz $V(\sigma)$ ist nach Definition

$$V(\sigma) = M[\sigma - M(\sigma)]^2 = M(\sigma^2) - M^2(\sigma) \ ,$$

wobei $M(\sigma^2) = \sigma_o^2$ aus (1o.4) und $M(\sigma)$ genau aus (1o.51) und angenähert aus (1o.52) bekannt ist. Damit wird die <u>priori-Varianz von σ</u>

$$V(\sigma) = \left[1 - \frac{f_o-2}{2}\ \frac{\Gamma^2[(f_o-1)/2]}{\Gamma^2(f_o/2)} \right] \sigma_o^2 \approx \sigma_o^2 / [2(f_o-1)] . \qquad (10.53)$$

Speziell für $f_o = 9$ ist <u>genau</u>

$$V(\sigma)/\sigma_o^2 = 1 - (7/2) [\Gamma^2(4)/\Gamma^2(9/2)] = 1 - \frac{512}{175\pi} = 0{,}0687 ;$$

<u>angenähert</u> wird $V(\sigma)/\sigma_o^2 = 1/16 = 0{,}0625$.

Die Differenz beträgt 1o% des Näherungswertes, so daß die Näherung für $f_o = 9$ "gerade noch" brauchbar erscheint; vgl. Zahlentafel 1o.1.

Beispiel 1o.2

Man berechne den posteriori-Mittelwert $M(\sigma|\bar{x};s^2)$ und die posteriori-Varianz $V(\sigma|\bar{x};s^2)$ der Standardabweichung σ mit Hilfe der Dichte $\psi(\sigma^2|\bar{x};s^2)$ aus (1o.17).

Nach Definition ist der gesuchte Mittelwert von σ

$$M(\sigma|\bar{x};s^2) = \int_0^\infty \sigma\ \psi(\sigma^2|\bar{x};s^2)\,d\sigma^2 .$$

Mit (1o.17) wird

$$M(\sigma|\bar{x};s^2) = K_2 \int_0^\infty \frac{1}{(\sigma^2)^{(f_o+n+1)/2}}\ e^{-(w_1/\sigma)^2/2}\,d\sigma^2 . \qquad (10.54)$$

Die Substitution

$$(w_1/\sigma)^2/2 = y \quad \text{mit} \quad |dy|/y = d\sigma^2/\sigma^2$$

liefert

$$M(\sigma|\bar{x};s^2) = K_2 (2/w_1^2)^{(f_o+n-1)/2} \int_0^\infty y^{(f_o+n-3)/2}\ e^{-y}\,dy . \qquad (10.55)$$

Das Integral wird $\Gamma[(f_o+n-1)/2]$. Mit K_2 aus (1o.31) hat man schließlich den <u>posteriori-Mittelwert von σ</u>

$$M(\sigma|\bar{x};s^2) = \sqrt{\frac{f_o+n-2}{2}}\ \frac{\Gamma[(f_o+n-1)/2]}{\Gamma[(f_o+n)/2]}\ \frac{w_1}{\sqrt{f_o+n-2}} . \qquad (10.56)$$

(1o.56) geht aus (1o.51) hervor, indem man dort f_o durch (f_o+n) und σ_o durch $w_1/\sqrt{f_o+n-2}$ ersetzt. Infolgedessen gilt entsprechend zu (1o.52) angenähert

$$M(\sigma|\bar{x};s^2) \approx \left[1 - \frac{1}{4(f_o+n-1)}\right] \frac{w_1}{\sqrt{f_o+n-2}} \ . \qquad (1o.57)$$

Nach der gleichen Überlegung wie im Beispiel 1o.1 findet man die <u>posteriori-Varianz</u> von σ genau zu

$$V(\sigma|\bar{x};s^2) = \left[1 - \frac{f_o+n-2}{2} \frac{\Gamma^2\left[(f_o+n-1)/2\right]}{\Gamma^2\left[(f_o+n)/2\right]}\right] \frac{w_1^2}{f_o+n-2} \qquad (1o.58)$$

und angenähert zu

$$V(\sigma|\bar{x};s^2) \approx \frac{w_1^2}{2(f_o+n-1)^2} \quad \text{für} \quad f_o+n \gg 1$$

mit w_1^2 aus (1o.13).

<u>Die gemeinsame Verteilung von $(\bar{x};s^2)$ und die Randverteilungen von $\bar{x}$ und s^2</u>

Bei gegebenem Wertepaar $(\mu;\sigma^2)$ sind Mittelwert $\bar{x}$ und Varianz s^2 einer Zufallsprobe unabhängig voneinander.[1] Deshalb hat die gemeinsame Verteilung der vier Zufallsgrößen $(\mu;\sigma^2;\bar{x};s^2)$ die Dichte

$$\psi(\mu;\sigma^2;\bar{x};s^2) = \psi(\mu;\sigma^2)\ \psi(\bar{x}|\mu;\sigma^2)\ \psi(s^2|\mu;\sigma^2)\ , \qquad (1o.59)$$

wobei $\psi(\mu;\sigma^2)$, die Dichte der priori-Verteilung von $(\mu;\sigma^2)$, durch (1o.1) gegeben ist. Die bedingten Dichten sind für $\bar{x}$

$$\psi(\bar{x}|\mu;\sigma^2) = \frac{\sqrt{n}}{\sqrt{2\pi}\,\sigma} \ \exp\left[-\frac{n}{2}\left(\frac{\bar{x}-\mu}{\sigma}\right)^2\right] \qquad (1o.60)$$

und für s^2

$$\psi(s^2|\mu;\sigma^2) = \frac{1}{\sigma^2} \ \frac{(f/2)^{f/2}}{\Gamma(f/2)} \left(\frac{s^2}{\sigma^2}\right)^{(f/2)-1} e^{-(f/2)(s/\sigma)^2} \ . \qquad (1o.61)$$

---

1) Vgl. z.B. Heinhold/Gaede: Ingenieur-Statistik. München: Oldenbourg 1972, Abschnitt 18.4.

$\bar{x}$ bzw. $f(s^2/\sigma^2) = \chi^2$ genügt in der bedingten Verteilung mit der Dichte (1o.60) bzw. (1o.61) der Normalverteilung $N(\mu;\sigma^2/n)$ bzw. der χ^2-Verteilung mit $f = n-1$ Freiheitsgraden. Gesucht wird die Dichte $\psi(\bar{x};s^2)$ der gemeinsamen Verteilung von $(\bar{x};s^2)$, ferner die Randdichte $\psi(\bar{x})$ für $\bar{x}$ und $\psi(s^2)$ für s^2. Bevor diese Randdichten $\psi(\bar{x})$ bzw. $\psi(s^2)$ berechnet werden, sei bemerkt, daß man die Mittelwerte $M(\bar{x})$ bzw. $M(s^2)$ und die Varianzen $V(\bar{x})$ bzw. $V(s^2)$ bestimmen kann, ohne daß die Dichte $\psi(\bar{x})$ bzw. $\psi(s^2)$ explizit bekannt ist.

Der Mittelwert $M(\bar{x})$ wird nach Definition

$$M(\bar{x}) = \int_{\mu=-\infty}^{\infty} \int_{\sigma^2=0}^{\infty} \int_{\bar{x}=-\infty}^{\infty} \int_{s^2=0}^{\infty} \bar{x}\, \psi(\mu;\sigma^2;\bar{x};s^2)\, d\mu\, d\sigma^2\, d\bar{x}\, ds^2 .$$

Mit (1o.59) wird daraus

$$M(\bar{x}) = \int_{\mu=-\infty}^{\infty} \int_{\sigma^2=0}^{\infty} \psi(\mu;\sigma^2) \left(\underbrace{\int_{\bar{x}=-\infty}^{\infty} \bar{x}\, \psi(\bar{x}|\mu;\sigma^2)\, d\bar{x}}_{\mu} \; \underbrace{\int_{s^2=0}^{\infty} \psi(s^2|\mu;\sigma^2)\, ds^2}_{1} \right) d\mu\, d\sigma^2$$

$$= \int_{\mu=-\infty}^{\infty} \mu \underbrace{\left(\int_{\sigma^2=0}^{\infty} \psi(\mu;\sigma^2)\, d\sigma^2 \right)}_{\psi(\mu)} d\mu = \int_{-\infty}^{\infty} \mu\, \psi(\mu)\, d\mu = M(\mu) = \mu_0 .$$

Damit hat man

$$M(\bar{x}) = \mu_0 , \tag{1o.62}$$

d.h. der Mittelwert von $\bar{x}$ in der Randverteilung ist gleich dem priori-Mittelwert μ_0 aus (1o.9).

Entsprechend findet man $M(s^2)$ zu

$$M(s^2) = \int_{\sigma^2=0}^{\infty} \left(\underbrace{\int_{\mu=-\infty}^{\infty} \psi(\mu;\sigma^2)\, d\mu}_{\psi(\sigma^2)} \; \underbrace{\int_{\bar{x}=-\infty}^{\infty} \psi(\bar{x}|\mu;\sigma^2)\, d\bar{x}}_{1} \; \underbrace{\int_{s^2=0}^{\infty} s^2\, \psi(s^2|\mu;\sigma^2)\, ds^2}_{\sigma^2} \right) d\sigma^2$$

$$= \int_{0}^{\infty} \sigma^2 \psi(\sigma^2)\, d\sigma^2 = M(\sigma^2) = \sigma_0^2 .$$

Damit hat man

$$M(s^2) = \sigma_0^2 , \tag{1o.63}$$

d.h. der Mittelwert von s^2 in der Randverteilung ist gleich dem priori-Mittelwert σ_o^2 aus (1o.4).

Weiter wird

$$V(\bar{x}) = M\left[(\bar{x} - \mu_o)^2\right] = M(\bar{x}^2) - \mu_o^2$$

und

$$M(\bar{x}^2) = \int\limits_{\mu=-\infty}^{\infty} \int\limits_{\sigma^2=0}^{\infty} \psi(\mu;\sigma^2) \left(\int\limits_{\bar{x}=-\infty}^{\infty} \bar{x}^2 \, \psi(\bar{x}|\mu;\sigma^2)\, d\bar{x} \int\limits_{s^2=0}^{\infty} \psi(s^2|\mu;\sigma^2)\, ds^2 \right) d\mu \, d\sigma^2$$

$$\xleftarrow{\hspace{1cm}} \mu^2 + \frac{\sigma^2}{n} \xrightarrow{\hspace{1cm}} \quad \xleftarrow{\hspace{1cm}} 1 \xrightarrow{\hspace{1cm}}$$

$$= \int\limits_{\mu=-\infty}^{\infty} \mu^2 \, \psi(\mu)\, d\mu + \frac{1}{n} \int\limits_{\sigma^2=0}^{\infty} \sigma^2 \, \psi(\sigma^2)\, d\sigma^2$$

$$= \left(\mu_o^2 + \frac{\sigma_o^2}{n_o} \right) + \frac{\sigma_o^2}{n} \; .$$

Die Varianz von $\bar{x}$ in der Randverteilung wird demnach

$$V(\bar{x}) = \left(\frac{1}{n_o} + \frac{1}{n} \right)\sigma_o^2 = \frac{n_o + n}{n_o n} \, \sigma_o^2 \; . \tag{1o.64}$$

$V(\bar{x})$ ist also die Summe aus der priori-Varianz $\sigma_o^2/n_o = V(\mu)$ aus (1o.9) und der mittleren Varianz

$$\underbrace{M\left(V(\bar{x}|\mu;\sigma^2)\right)}_{\sigma^2/n} = M(\sigma^2/n) = \sigma_o^2/n$$

von $\bar{x}$ in Proben der Größe n .

Die Berechnung der Varianz von s^2 in der Randverteilung sei dem Leser überlassen. Man findet

$$V(s^2) = \frac{2(f_o + f - 2)}{f(f_o - 4)} \, \sigma_o^4 \; ; \quad f = n-1 \tag{1o.65}$$

wobei sich $V(s^2)$ ähnlich wie $V(\bar{x})$ aufspalten läßt in

$$V(s^2) = \frac{2\sigma_o^4}{f_o - 4} + \frac{f_o - 2}{f_o - 4} \frac{2\sigma_o^4}{f} = V(\sigma^2) + M(2\sigma^4/f) \; . \tag{1o.66}$$

$V(s^2)$ ist die Summe aus der priori-Varianz $2\sigma_o^4/(f_o-4) = V(\sigma^2)$ aus (1o.4) und der mittleren Varianz

$$\underbrace{M\left(V(s^2/\sigma^2)\right)}_{2\sigma^4/f} = M(2\sigma^4/f)$$

von s^2 in Proben der Größe $n = f+1$. Mit Hilfe von (1o.62) bis (1o.65) schätzt man die (zunächst meist unbekannten) Parameter $(\mu_o; \sigma_o^2; n_o; f_o)$. Dazu beobachtet man "langfristig" k Proben der Größe n mit $(\bar{x}_i; s_i^2)$, $i = 1; 2; \ldots ; k$, was in Abschnitt 18 bzw. 19 noch ausführlich erörtert wird.

Zur Berechnung der gemeinsamen Dichte $\psi(\bar{x}; s^2)$ hat man (1o.59) über σ^2 und μ zu integrieren. Setzt man $\psi(\mu; \sigma^2)$ aus (1o.1) und die bedingten Dichten aus (1o.6o) und (1o.61) ein, so findet man zunächst

$$\psi(\mu; \sigma^2; \bar{x}; s^2) = K_1 \; (s^2)^{(f/2)-1} \; \frac{1}{(\sigma^2)^{(f_o+n+3)/2}} \; e^{-A/\sigma^2} \qquad (1o.67)$$

mit

$$K_1 = \frac{\sqrt{n_o n}\; f^{f/2} \left[(f_o-2)\sigma_o^2\right]^{f_o/2}}{2\pi \, 2^{(f_o+f)/2}\Gamma(f_o/2)\Gamma(f/2)} \; ; \quad f = n-1 \; ;$$

und

$$2A = (f_o-2)\sigma_o^2 + f s^2 + n_o(\mu - \mu_o)^2 + n(\bar{x} - \mu)^2 \; .$$

Bezüglich der Integration über σ^2 ist A eine Konstante. Die Hilfsformel (9.4) gibt mit $z = \sigma^2$ und $m = (f_o+n+1)/2$ schließlich

$$\psi(\mu; \bar{x}; s^2) = K_2 \frac{(s^2)^{(f/2)-1}}{\left[(f_o-2)\sigma_o^2 + f s^2 + n_o(\mu - \mu_o)^2 + n(\bar{x} - \mu)^2\right]^{(f_o+n+1)/2}}$$

mit

$$K_2 = K_1 \, 2^{(f_o+n+1)/2} \Gamma\left[(f_o+n+1)/2\right] \; .$$

Zur Integration über μ setzt man

$$n_o(\mu - \mu_o)^2 + n(\mu - \bar{x})^2 = (n_o+n)(\mu - \hat{\mu})^2 + \xi^2 \; ,$$

wobei

$$\hat{\mu} = \hat{\mu}(\bar{x}) = \frac{n_o \mu_o + n\bar{x}}{n_o + n} \quad \text{und} \quad \xi^2 = \xi^2(\bar{x}) = \frac{n_o n}{n_o + n}(\bar{x} - \mu_o)^2 \qquad (10.68)$$

bezüglich der Integration über μ konstant sind. Damit wird

$$\psi(\mu;\bar{x};s^2) = K_2(s^2)^{(f/2)-1} \frac{1}{\left[(n_o + n)(\mu - \hat{\mu})^2 + B\right]^{(f_o+n+1)/2}}$$

mit

$$B = (f_o - 2)\sigma_o^2 + f s^2 + \xi^2 \ .$$

Für das Folgende braucht man die Hilfsformel

$$J = \int\limits_0^\infty \frac{y^{\kappa-1} \, dy}{(ay^\alpha + b)^\lambda} = \frac{\Gamma(\kappa/\alpha)\,\Gamma[\lambda - (\kappa/\alpha)]}{\Gamma(\lambda)\,\alpha\,a^{\kappa/\alpha}\,b^{\lambda-(\kappa/\alpha)}} \ , \qquad (10.69)$$

$$\alpha > 0 \ ; \quad \alpha\lambda > \kappa > 0 \ ; \quad ab > 0 \ ,$$

die auf folgende Weise bewiesen wird.

Setzt man $a y^\alpha = b z$, so geht das Integral über in

$$J = \frac{1}{\alpha\,a^{\kappa/\alpha}\,b^{\lambda-(\kappa/\alpha)}} \int\limits_0^\infty \frac{z^{(\kappa/\alpha)-1}}{(z+1)^\lambda} \, dz \ .$$

Mit $x = z/(1+z)$ bzw. $z = x/(1-x)$ und $1+z = 1/(1-x)$ wird aus dem letzten Integral

$$\int\limits_0^1 x^{(\kappa/\alpha)-1}(1-x)^{\lambda-(\kappa/\alpha)-1} \, dx \ .$$

Dieses Beta-Integral mit den Parametern (κ/α) und $[\lambda - (\kappa/\alpha)]$ wird schließlich

$$B\left[\kappa/\alpha; \ \lambda - (\kappa/\alpha)\right] = \frac{\Gamma(\kappa/\alpha)\,\Gamma[\lambda - (\kappa/\alpha)]}{\Gamma(\lambda)} \ .$$

Damit ist die Hilfsformel (1o.69) bewiesen.

Mit (1o.69) ist die Integration von $\psi(\mu;\bar{x};s^2)$ über μ im Bereich $-\infty < \mu < \infty$ durchführbar. Man setzt $y = \mu - \hat{\mu}$; $\kappa = 1$; $a = n_o + n$; $\alpha = 2$, $b = B$ und $\lambda = (f_o + n + 1)/2$. Dann findet man

$$\psi(\bar{x};s^2) = K_3 \frac{(s^2)^{(f/2)-1}}{\left[(f_o-2)\sigma_o^2 + f s^2 + \xi^2(\bar{x})\right]^{(f_o+n)/2}}$$

mit

$$K_3 = K_2 \frac{\Gamma(1/2)\,\Gamma\left[(f_o+n)/2\right]}{\Gamma\left[(f_o+n+1)/2\right]} \frac{1}{\sqrt{n_o+n}} \; .$$

Setzt man die Konstanten K_2 und K_1 der Reihe nach wieder ein, so wird die gemeinsame Dichte von $(\bar{x};s^2)$ mit $\Gamma(1/2) = \sqrt{\pi}$ schließlich

$$\psi(\bar{x};s^2) = \frac{1}{\sqrt{\pi}} \sqrt{\frac{n_o n}{n_o+n}} \frac{\Gamma\left[(f_o+n)/2\right]}{\Gamma(f_o/2)\,\Gamma(f/2)} f^{f/2}\left[(f_o-2)\sigma_o^2\right]^{f_o/2} \quad \text{mal}$$

$$(1o.7o)$$

$$\text{mal} \quad \frac{(s^2)^{(f/2)-1}}{\left[(f_o-2)\sigma_o^2 + f s^2 + \xi^2(\bar{x})\right]^{(f_o+n)/2}} \; ,$$

wobei $\xi^2(\bar{x})$ aus (1o.68) zu entnehmen ist.

Da für die gemeinsame Dichte $\psi(\bar{x};s^2)$ aus (1o.7o) und die nachfolgend daraus hergeleiteten Randdichten $\psi(\bar{x})$ aus (1o.73) und $\psi(s^2)$ aus (1o.77) die Beziehung $\psi(\bar{x})\,\psi(s^2) \neq \psi(\bar{x};s^2)$ gilt, sind $\bar{x}$ und s^2 in der posteriori-Verteilung nicht unabhängig voneinander, jedoch verschwindet ihre Kovarianz,

$$C(\bar{x};s^2) = o \; , \tag{1o.71}$$

wie sich aus dem folgenden ergibt. Es ist

$$C(\bar{x};s^2) = M\left[(\bar{x}-\mu_o)(s^2-\sigma_o^2)\right] \; ,$$

oder

$$C(\bar{x};s^2) = \int_{s^2=0}^{\infty}(s^2-\sigma_o^2)\left[\int_{\bar{x}=-\infty}^{\infty}(\bar{x}-\mu_o)\psi(\bar{x};s^2)d\bar{x}\right]ds^2 \; . \tag{1o.72}$$

Nun ist die Dichte $\psi(\bar{x};s^2)$ für alle s^2 eine gerade Funktion von $(\bar{x}-\mu_o)$, wie aus (1o.7o) mit (1o.68) hervorgeht; da infolgedessen der Integrand bei der Integration über $\bar{x}$ eine ungerade Funktion von $(\bar{x}-\mu_o)$ ist, verschwindet das Integral für alle s^2 , womit die Behauptung $C(\bar{x};s^2) = o$ bewiesen ist.

Die Berechnung der Randdichten $\psi(\bar{x})$ und $\psi(s^2)$ aus (1o.7o), die dem Leser überlassen sei, ist in beiden Fällen mit der Hilfsformel (1o.69) ausführbar. Man findet durch Integration über s^2 die <u>Randdichte von $\bar{x}$</u>

$$\psi(\bar{x}) = \frac{1}{\sqrt{\pi}} \sqrt{\frac{n_o n}{n_o + n}} \frac{\Gamma[(f_o + 1)/2]}{\Gamma(f_o/2)} \frac{[(f_o - 2)\sigma_o^2]^{f_o/2}}{[(f_o - 2)\sigma_o^2 + \zeta^2]^{(f_o + 1)/2}} , \qquad (1o.73)$$

wobei $\zeta^2 = \zeta^2(\bar{x})$ aus (1o.68) zu entnehmen ist. Setzt man schließlich

$$\sqrt{f_o/(f_o - 2)} \sqrt{n_o n/(n_o + n)} [(\bar{x} - \mu_o)\sigma_o] = \tau , \qquad (1o.74)$$

so folgt aus (1o.73) mit $\psi(\bar{x})d\bar{x} = \psi(\tau)d\tau$ die Dichte von τ ,

$$\psi(\tau) = \frac{1}{\sqrt{\pi f_o}} \frac{\Gamma[(f_o + 1)/2]}{\Gamma(f_o/2)} \frac{1}{[1 + (\tau^2/f_o)]^{(f_o + 1)/2}} . \qquad (1o.75)$$

Danach genügt $\tau = t_{f_o}$ aus (1o.74) einer t-Verteilung mit $f = f_o$ Freiheitsgraden. Mit $M(\tau) = o$ und $V(\tau) = f_o/(f_o - 2)$ folgt aus (1o.74) für Mittelwert und Varianz von $\bar{x}$ in der <u>Randverteilung</u>

$$M(\bar{x}) = \mu_o \qquad \text{und} \qquad V(\bar{x}) = \frac{n_o + n}{n_o n} \sigma_o^2 , \qquad (1o.76)$$

was bereits in (1o.62) und (1o.64) auf anderem Wege gefunden wurde. Der zweiseitig abgegrenzte <u>Zufallsbereich für $\bar{x}$</u> zur Wahrscheinlichkeit $1-\alpha$ wird in der Randverteilung zu

$$\mu_o - t_{f_o;1-\alpha/2}\,\sigma_o \sqrt{\frac{f_o - 2}{f_o}} \sqrt{\frac{n_o + n}{n_o n}} \leq \bar{x} \leq \mu_o + t_{f_o;1-\alpha/2}\,\sigma_o \sqrt{\frac{f_o - 2}{f_o}} \sqrt{\frac{n_o + n}{n_o n}} .$$

Integriert man $\psi(\bar{x};s^2)$ aus (1o.7o) über $\bar{x}$, so findet man mit der Hilfsformel (1o.69) aus $\Gamma(1/2) = \sqrt{\pi}$ die <u>Randdichte von s^2</u>

$$\psi(s^2) = \frac{f \, \Gamma[(f_o + f)/2]}{\Gamma(f_o/2) \, \Gamma(f/2)} \frac{[(f_o - 2)\sigma_o^2]^{f_o/2} (f s^2)^{(f/2) - 1}}{[(f_o - 2)\sigma_o^2 + f s^2]^{(f_o + f)/2}} \qquad (1o.77)$$

$$\text{mit } f = n-1 .$$

Zweckmäßig setzt man in der letzten Gleichung

$$\frac{f_o s^2}{(f_o-2)\sigma_o^2} = F \; ; \tag{1o.78}$$

dann geht (1o.77) über in die Dichte von F ,

$$\psi(F) = K(f;f_o) \; \frac{F^{(f/2)-1}}{(f_o + f\,F)^{(f+f_o)/2}} \tag{1o.79}$$

mit

$$K(f;f_o) = \frac{\Gamma[(f+f_o)/2]}{\Gamma(f/2)\;\Gamma(f_o/2)} \; f^{f/2} \; f_o^{\,f_o/2} \; . \tag{1o.8o}$$

Daraus folgt, daß F aus (1o.78) einer F-Verteilung mit ($f_1 = f$; $f_2 = f_o$) Freiheitsgraden genügt. In der Randverteilung von s^2 ist demnach

$$\frac{s^2}{\sigma_o^2} = \frac{f_o-2}{f_o} \; F(f;f_o) \; . \tag{1o.81}$$

Aus $M(F) = f_2/(f_2-2) = f_o/(f_o-2)$ findet man den <u>Mittelwert von s^2 in der Randverteilung</u> zu

$$M(s^2) = \sigma_o^2 \; , \tag{1o.82}$$

was bereits in (1o.63) auf anderem Wege gefunden wurde. Aus

$$V(F) = \frac{2(f + f_o-2)}{f(f_o-4)} \left(\frac{f_o}{f_o-2} \right)^2 \tag{1o.83}$$

findet man die <u>Varianz von s^2 in der Randverteilung</u> zu

$$V(s^2) = \frac{2(f + f_o-2)}{f(f_o-4)} \; \sigma_o^4 \; , \tag{1o.84}$$

was in (1o.65) behauptet wurde.

Der zweiseitig abgegrenzte <u>Zufallsbereich für s^2</u> zur Wahrscheinlichkeit 1-α wird in der Randverteilung zu

$$\frac{f_o-2}{f_o} \; F_{\alpha/2}(f;f_o)\sigma_o^2 \leqq s^2 \leqq \frac{f_o-2}{f_o} \; F_{1-\alpha/2}(f;f_o)\sigma_o^2 \; . \tag{1o.85}$$

Die Randdichte (1o.79) stimmt mit der in (8.52) hergeleiteten Randdichte für F bei bekanntem Mittelwert μ = konst überein, bis auf die
Zahl $(f_1; f_2)$ der Freiheitsgrade, die hier $(f_1 = f = n-1; f_2 = f_o)$
und dort $(f_1 = n; f_2 = f_o)$ ist.

Beispiel 1o.3

Die Aufgabe ist die gleiche wie im Beispiel 9.1, jedoch steht jetzt Information über den Fertigungsvorgang zur Verfügung. Man weiß, daß die
mittleren Füllgewichte μ der täglich hergestellten Liefermengen langfristig um den "Langzeit-Mittelwert" $M(\mu) = \mu_o = 9o3$ g mit der Varianz $V(\mu) = \sigma_o^2/n_o = 4,o$ g^2 verteilt sind. In den Liefermengen
schwanken die Füllgewichte x der Einzelpackungen um den jeweiligen
Mittelwert μ mit der Varianz σ^2. Langfristig gilt im Mittel $M(\sigma^2) =$
$\sigma_o^2 = 16$ g^2 und $V(\sigma^2) = 2\sigma_o^4/(f_o-4) = 3o$ g^4. Daraus folgt (auf ganze
Zahlen gerundet) $n_o = 4$ und $f_o = 21$. Wegen $f_o \gg 1$ hat man nach (1o.52)
ausreichend genau $M(\sigma) \approx \sigma_o = 4$ g und nach (1o.53) $V(\sigma) \approx o,4o$ g^2.
(Die Standardabweichung σ der Fertigung schwankt demnach nur in ge-
ringem Ausmaß. Später werden wir auf diese Tatsache zurückkommen.)

In einer Probe der Größe n = 9 hat man — wie im Beispiel 9.1 — den
Mittelwert $\bar{x} = 9o5,2$ g und die Standardabweichung s = 5,1 g gefunden.
Unter Berücksichtigung der oben genannten Kenntnisse über die Fertigung und unter Zugrundelegung der priori-Verteilung gemäß (1o.1) werden gesucht: die posteriori-Schätzwerte für den Mittelwert μ und die
Varianz σ^2 der Liefermenge, ferner die posteriori-Vertrauensbereiche
für μ und σ^2 zur statistischen Sicherheit $1-\alpha$ = 95%.

Lösung

Zunächst berechnet man aus (1o.13) die Hilfsgrößen w_1^2 und w_1 ,

$$w_1^2 = 19 \cdot 16 + 8 \cdot 5,1^2 + \left[(4 \cdot 9)/(4 + 9) \right] 2,2^2 = 525,5 \; ; \; w_1 = 22,9 \; .$$

Nach (1o.22) bzw. (1o.32) werden die gesuchten <u>posteriori-Schätzwerte</u>

$$\text{für } \mu \qquad M(\mu|\bar{x}; s^2) = \frac{4 \cdot 9o3 + 9 \cdot 9o5,2}{4 + 9} = 9o4,5 \text{ g },$$

$$\text{für } \sigma^2 \qquad M(\sigma^2|\bar{x}; s^2) = w_1^2/(21 + 9 - 2) = 525,5/28 = 18,8 \text{ } g^2 \; .$$

Aus (1o.27) findet man den gesuchten <u>posteriori-Vertrauensbereich für μ</u>

$$903{,}8 - t_{30;0,975} \cdot 22{,}9/ \sqrt{(21+9)(4+9)} \leqq \mu \leqq 903{,}8 + \ldots \, ,$$

aus (1o.37) den <u>posteriori-Vertrauensbereich für σ^2</u>

$$525{,}4/\chi^2_{30;0,975} \leqq \sigma^2 \leqq 525{,}4/\chi^2_{30;0,025} \, .$$

Mit

$$t_{30;0,975} = 2{,}042 \, ; \quad \chi^2_{30;0,025} = 16{,}8 \, ; \quad \chi^2_{30;0,975} = 47{,}0$$

wird zahlenmäßig für μ

$$\mu_U = 901{,}4\,g \leqq \mu \leqq 906{,}2\,g = \mu_O \, ,$$

und für σ^2

$$11{,}2\,g^2 \leqq \sigma^2 \leqq 31{,}3\,g^2$$

bzw. für σ

$$\sigma_U = 3{,}3\,g \leqq \sigma \leqq 5{,}6\,g = \sigma_O \, .$$

Die Breite $(\mu_O - \mu_U)$ des Vertrauensbereichs für μ war bei gleichen Werten von $(\bar{x};s^2)$ <u>ohne</u> Vorkenntnisse, im Beispiel 9.1, $(\mu_O - \mu_U)' = 7{,}8\,g$, hier dagegen nur $(\mu_O - \mu_U) = 4{,}8\,g$. Das Verhältnis (σ_O/σ_U) für σ war <u>ohne</u> Vorkenntnisse $(\sigma_O/\sigma_U)' = 9{,}7/3{,}5 = 2{,}8$, hier dagegen nur $(\sigma_O/\sigma_U) = 5{,}6/3{,}3 = 1{,}7$. Sowohl μ als auch σ werden jetzt erheblich besser geschätzt, was man ohne Vorkenntnisse nur durch größeren Prüfaufwand erzielt hätte.

Ergänzend seien noch die <u>einseitig abgegrenzten Vertrauensbereiche</u> für μ und σ^2 angegeben. Mit $t_{30;0,95} = 1{,}697$ bzw. $\chi^2_{30;0,05} = 18{,}5$ findet man ähnlich wie im Beispiel 9.1

$$\mu \geqq 901{,}8\,g \quad \text{bzw.} \quad \sigma^2 \leqq 28{,}4\,g^2 \quad \text{oder} \quad \sigma \leqq 5{,}3\,g \, .$$

Soweit das Beispiel.

Eingangs wurde erwähnt, daß die Standardabweichung σ der Füllgewichte x nur wenig veränderlich ist. Dann liegt es nahe, Schätzwert und posteriori-Vertrauensbereich für μ unter der Voraussetzung einer bekannten und festen Varianz $\sigma^2 = \text{konst} = \sigma_o^2$ zu bestimmen (und auf die Schätzung der Varianz σ^2 zu verzichten); man erhält dann die Gleichung (1o.43) des Grenzübergangs (b) von S.12o . Verwendet man die in Abschnitt 6 gegebene Lösung, dann folgt aus (6.15) mit den hier gebrauchten Bezeichnungen, insbesondere mit $\sigma = \sigma_o$

$$M(\mu|\bar{x}) = \frac{(\sigma_o^2/n)\,\mu_o + (\sigma_o^2/n_o)\,\bar{x}}{(\sigma_o^2/n) + (\sigma_o^2/n_o)} = \frac{n_o\mu_o + n\,\bar{x}}{n_o + n} \; .$$

Diese Gleichung stimmt genau mit (1o.43) überein, so daß man in beiden Fällen zum gleichen Schätzwert für μ gelangt.

Beispiel 1o.4

Ein Abnehmer von Seidengarn prüft die eingehenden Liefermengen auf Zerreißfestigkeit mit einer Zufallsprobe von $n' = 5o$ Fäden. Da über die vom Hersteller gelieferte "Qualität" noch keine Erfahrungen vorliegen, wird der Vertrauensbereich für die mittlere Zerreißfestigkeit μ jeder Liefermenge ohne Kenntnis einer priori-Verteilung aus (9.21) berechnet,

$$|\mu - \bar{x}| \leq t_{n'-1;\,1-\alpha/2} \; (s/\sqrt{n'}) \; .$$

Nach längerer Zeit (etwa nach Abnahme von 3o Liefermengen) hat der Käufer durch varianzanalytische Untersuchungen herausgefunden, daß die mittleren Zerreißfestigkeiten μ der Liefermengen den Mittelwert

$$M(\mu) = \mu_o = 8o,6 \text{ g}$$

und die Varianz

$$V(\mu) = \sigma_o^2/n_o = 4,o \text{ g}^2$$

besitzen. Die Einzelwerte x der Fadenfestigkeit bei festem μ (d.h. "innerhalb" der Liefermengen) schwanken mit der Varianz σ^2, wobei

$$M(\sigma^2) = \sigma_o^2 = 152,o \text{ g}^2 \quad \text{und} \quad V(\sigma^2) = 2\,\sigma_o^4/(f_o-4) = 144o \text{ g}^4$$

ist. Aus den genannten Zahlenwerten folgt

$$n_o = 152,o/4,o = 38 \quad \text{und} \quad f_o-4 = 2 \cdot 152^2/144o = 32,1 \; ,$$

mithin $f_o \approx 36$. Aus (1o.52) bzw. (1o.53) hat man mit $f_o = 36$ ausreichend genau

$$M(\sigma) \approx \sigma_o = 12,3 \text{ g} \quad \text{und} \quad V(\sigma) \approx \sigma_o^2/[2(f_o-1)] = 2,2 \text{ g}^2 \; .$$

Die Standardabweichung σ ist demnach nur "wenig veränderlich".

Welche Probengröße $n < n'$ kann der Abnehmer für das Prüfverfahren wählen, wenn er die genannte priori-Information nutzbar macht?

Dabei soll bei gleicher statistischer Sicherheit $1-\alpha$ "im Mittel" die gleiche Breite des Vertrauensbereichs eingehalten werden wie mit dem alten Prüfaufwand n'.

Lösung

Es sei b bzw. B die halbe Bereichbreite mit dem Prüfaufwand n' bzw. n . Nach dem alten Prüfverfahren mit n' gilt $|\mu - \bar{x}| \leqq b$ mit

$$b^2 = (t^2_{n'-1;1-\alpha/2}/n')s^2 \ .$$

Im Mittel über zahlreiche Liefermengen ist

$$M(b^2) = (t^2_{n'-1;1-\alpha/2}/n')\sigma_o^2 \ .$$

Bei dem neuen Prüfverfahren mit n Beobachtungen benötigt man gemäß (1o.13) die Hilfsgröße

$$w_1^2 = (f_o-2)\sigma_o^2 + (n-1)s^2 + \frac{n_o n}{n_o+n} (\mu_o - \bar{x})^2 \ .$$

Nach (1o.27) gilt $|\mu - M(\mu \mid \bar{x};s^2)| \leqq B$ mit

$$B^2 = t^2_{f_o+n;1-\alpha/2} \cdot w_1^2/ \left[(f_o+n)(n_o+n)\right] \ .$$

Im Mittel über zahlreiche Liefermengen ist

$$M(B^2) = t^2_{f_o+n;1-\alpha/2} \cdot M(w_1^2)/\left[(f_o+n)(n_o+n)\right] \qquad (1o.86)$$

mit

$$M(w_1^2) = (f_o-2)\sigma_o^2 + (n-1)\sigma_o^2 + \frac{n_o n}{n_o+n} M\left[(\mu_o - \bar{x})^2\right] \ .$$

Nun ist nach (1o.64)

$$M\left[(\bar{x} - \mu_o)^2\right] = V(\bar{x}) = \frac{n_o+n}{n_o n} \sigma_o^2 \qquad (1o.87)$$

und damit

$$M(w_1^2) = \left[(f_o-2) + (n-1) + 1\right]\sigma_o^2 = (f_o+n-2)\sigma_o^2 \ . \qquad (1o.88)$$

Aus $M(b^2) = M(B^2)$ folgt die Bestimmungsgleichung für n ,

$$n + n_o = \left(1 - \frac{2}{f_o + n}\right) \frac{t^2_{f_o+n;\,1-\alpha/2}}{t^2_{n'-1;\,1-\alpha/2}}\, n' \,. \qquad (10.89)$$

Da die rechte Seite der letzten Gleichung sich bei "großem" f_o nur wenig mit n ändert und nahezu gleich n' ist, hat man in erster Näherung

$$n = n_1 = n' - n_o \,, \qquad (10.90)$$

was mit (6.34) übereinstimmt (abgesehen von der Bezeichnung). In zweiter (praktisch ausreichender) Näherung wird <u>die neue Probengröße n</u> zu

$$n = n_2 = \left(1 - \frac{2}{f_o + n_1}\right) \frac{t^2_{f_o+n_1;\,1-\alpha/2}}{t^2_{n'-1;\,1-\alpha/2}}\, n' - n_o \,. \qquad (10.91)$$

Mit den genannten Zahlenwerten $n' = 5o$, $n_o = 38$ und $f_o = 36$ findet man aus (1o.9o) $n_1 = 5o - 38 = 12$ und aus (1o.91)

$$n_2 = \left(1 - \frac{2}{48}\right) \frac{t^2_{48;\,1-\alpha/2}}{t^2_{49;\,1-\alpha/2}}\, 5o - 38 = 1o \,.$$

Der Hersteller kann demnach bei Kenntnis der priori-Verteilung von $(\mu;\sigma^2)$ etwa $(4o/5o) = 8o\%$ seines bisherigen Prüfaufwands n' einsparen.

11. Die Schätzung der Mittelwerte μ_1 und μ_2 zweier Normalverteilungen mit bekannten Varianzen σ_1^2 und σ_2^2; Normalverteilungen für μ_1 und μ_2 als priori-Verteilungen

Nachstehend werden für die Zufallsgrößen x_1 und x_2 folgende Verteilungsannahmen getroffen:

Die Zufallsgröße x_1 folgt einer Normalverteilung mit dem Mittelwert μ_1 und der Varianz σ_1^2, wobei μ_1 nicht bekannt ist, aber σ_1^2 als bekannt gilt. Entsprechend folgt x_2 der Normalverteilung $N(\mu_2;\sigma_2^2)$ mit unbekanntem μ_2 und bekanntem σ_2^2. Die unbekannten Mittelwerte μ_1 und μ_2 sind in der priori-Verteilung unabhängig voneinander verteilt mit der Dichte

$$\psi(\mu_1;\mu_2) = \psi(\mu_1)\,\psi(\mu_2) . \tag{11.1}$$

Die Zufallsvariablen μ_1 und μ_2 sind normalverteilt mit den Mittelwerten und den Varianzen

$$M(\mu_i) = \mu_{io} \quad ; \quad V(\mu_i) = \sigma_{io}^2 \quad ; \quad i = 1,2 \tag{11.2}$$

sowie den Dichtefunktionen

$$\psi(\mu_i) = \frac{1}{\sqrt{2\pi}\,\sigma_{io}} \exp\left[-\frac{1}{2}\left(\frac{\mu_i - \mu_{io}}{\sigma_{io}}\right)^2 \right] \quad ; \quad i = 1,2 . \tag{11.3}$$

Man zieht bei unbekanntem (aber während der Entnahme der Probe festem) Wertepaar $(\mu_1;\mu_2)$ unabhängig voneinander aus jeder der beiden Normalverteilungen $N(\mu_1;\sigma_1^2)$ bzw. $N(\mu_2;\sigma_2^2)$ eine Zufallsprobe der Größe n_1 bzw. n_2. Die unabhängigen Einzelwerte,

$$(x_{11};\ x_{12};\ \dots\ ;x_{1n_1}) = \mathscr{V}_1 \quad \text{bzw.} \quad (x_{21};\ x_{22};\ \dots\ ;x_{2n_2}) = \mathscr{V}_2 ,$$

geben die Mittelwerte

$$\bar{x}_1 = \sum_{\nu=1}^{n_1} x_{1\nu}/n_1 \quad \text{bzw.} \quad \bar{x}_2 = \sum_{\nu=1}^{n_2} x_{2\nu}/n_2 . \tag{11.4}$$

Gesucht werden für μ_1 bzw. μ_2 posteriori-Mittelwert, -Varianz und

-Vertrauensbereich.

Die Likelihood wird (entsprechend den Überlegungen des Abschnitts 6)
wegen der Unabhängigkeit von μ_1 und μ_2 in der priori-Verteilung

$$L(\mathfrak{X}_1 ; \mathfrak{X}_2 \,|\, \mu_1 ; \mu_2)$$

$$= \prod_{\nu=1}^{n_1} \psi(x_{1\nu}\,|\,\mu_1) \prod_{\nu=1}^{n_2} \psi(x_{2\nu}\,|\,\mu_2)$$

$$= \frac{1}{(2\pi\sigma_1^2)^{n_1/2}} \exp\left[-\frac{1}{2}\sum_{\nu=1}^{n_1}\left(\frac{x_{1\nu}-\mu_1}{\sigma_1}\right)^2 \right] \quad \text{mal} \tag{11.5}$$

$$\frac{1}{(2\pi\sigma_2^2)^{n_2/2}} \exp\left[-\frac{1}{2}\sum_{\nu=1}^{n_2}\left(\frac{x_{2\nu}-\mu_2}{\sigma_2}\right)^2 \right] .$$

Gestaltet man die Exponenten durch Einführung des zugehörigen Mittelwerts $\bar{x}_1$ bzw. $\bar{x}_2$ ebenso um, wie in (6.6), so geht (11.5) über in

$$L = c_1 c_2 \exp\left[-\frac{n_1}{2}\left(\frac{\bar{x}_1-\mu_1}{\sigma_1}\right)^2 - \frac{n_2}{2}\left(\frac{\bar{x}_2-\mu_2}{\sigma_2}\right)^2 \right] . \tag{11.6}$$

Für c_i gilt wie in (6.7) die Beziehung

$$(2\pi\sigma_i^2)^{n_i/2}\, c_i = \exp\left[-\frac{1}{2}(n_i-1)(s_i/\sigma_i)^2 \right] ; \quad i = 1;2 . \tag{11.7}$$

Bei gegebenem σ_i^2 und beobachtetem $s_i^2 = \sum_{\nu=1}^{n_i}(x_{i\nu}-\bar{x}_i)^2/(n_i-1)$ ist c_i
eine bekannte Konstante.

Die gesuchte posteriori-Dichte für $(\mu_1;\mu_2)$ wird proportional dem Produkt aus der priori-Dichte $\psi(\mu_1;\mu_2)$ (aus (11.1)) und der Likelihood
(11.6), also

$$\psi(\mu_1;\mu_2\,|\,\bar{x}_1;\bar{x}_2) \sim E_1 \cdot E_2 , \tag{11.8}$$

wobei nach (11.3) und (11.6) gilt

$$E_i = \exp\left[-\frac{1}{2}\left(\frac{\mu_i-\mu_{io}}{\sigma_{io}}\right)^2 - \frac{n_i}{2}\left(\frac{\bar{x}_i-\mu_i}{\sigma_i}\right)^2 \right] ; \quad i = 1;2 . \tag{11.9}$$

Jeder der beiden Faktoren E_i entspricht (6.8) und läßt sich ebenso umgestalten wie es dort geschehen ist. Man findet auf diese Weise

$$\psi(\mu_1;\mu_2|\bar{x}_1;\bar{x}_2) = \psi(\mu_1|\bar{x}_1)\,\psi(\mu_2|\bar{x}_2)\,, \tag{11.1o}$$

wobei $\psi(\mu_i|\bar{x}_i)$ gemäß (6.11) die Form hat

$$\psi(\mu_i|\bar{x}_i) \sim \exp\left[-\frac{1}{2}\left(\frac{1}{\sigma_{io}^2} + \frac{n_i}{\sigma_i^2}\right)(\mu_i-\hat{\mu}_i)^2\right] \tag{11.11}$$

mit

$$\hat{\mu}_i(\bar{x}_i) = \frac{(1/\sigma_{io}^2)\mu_{io} + (n_i/\sigma_i^2)\bar{x}_i}{(1/\sigma_{io}^2) + (n_i/\sigma_i^2)} \; . \tag{11.12}$$

Die gemeinsame posteriori-Dichte für $(\mu_1;\mu_2)$ zerfällt nach (11.1o) in das Produkt von zwei Dichten gleicher Bauart für μ_1 bzw. μ_2, die posteriori-Randdichten von μ_1 bzw. μ_2. Es sind zwei voneinander unabhängige Normalverteilungen mit den posteriori-Mittelwerten $M(\mu_i|\bar{x}_i) = \hat{\mu}_i$ aus (11.12) und den posteriori-Varianzen

$$V(\mu_i|\bar{x}_i) = \frac{1}{(1/\sigma_{io}^2) + (n_i/\sigma_i^2)} = V_i \; . \tag{11.13}$$

Die posteriori-Aussagen über Mittelwert und Varianz von μ_1 sind unabhängig von denen über μ_2 und umgekehrt, so daß man auf die Überlegungen und Ergebnisse des Abschnitts 6 zurückgreifen darf.

Die Mittelwertdifferenz $\mu_1 - \mu_2 = \delta$ ist nach den vorausgehenden Ergebnissen normal verteilt mit dem posteriori-Mittelwert

$$M(\delta|\bar{x}_1;\bar{x}_2) = \hat{\mu}_1 - \hat{\mu}_2 = \hat{\delta} \tag{11.14}$$

und der posteriori-Varianz

$$V(\delta|\bar{x}_1;\bar{x}_2) = V(\mu_1|\bar{x}_1) + V(\mu_2|\bar{x}_2) = V_1 + V_2 \; . \tag{11.15}$$

Der zweiseitig abgegrenzte posteriori-Vertrauensbereich für δ zur statistischen Sicherheit $1-\alpha$ wird infolgedessen

$$\hat{\delta} - u_{1-\alpha/2}\sqrt{V_1 + V_2} \leq \delta \leq \hat{\delta} + u_{1-\alpha/2}\sqrt{V_1 + V_2}\,, \tag{11.16}$$

wobei $\hat{\delta}$ aus (11.14) mit (11.12) und V_i aus (11.13) hervorgeht.

<u>Ein Grenzübergang</u>

Je größer die priori-Varianzen $V(\mu_i) = \sigma_{io}^2$ für μ_i sind, umso weniger ist die Vorinformation über μ_i wert. Läßt man σ_{io}^2 über alle Grenzen wachsen, so folgt aus (11.12)

$$\hat{\mu}_i \longrightarrow \bar{x}_i \qquad \text{für } \sigma_{io}^2 \longrightarrow \infty \, , \qquad\qquad (11.17)$$

und aus (11.13)

$$V(\mu_i|\bar{x}_i) = V_i \longrightarrow \sigma_i^2/n_i \qquad \text{für } \sigma_{io}^2 \longrightarrow \infty \, . \qquad\qquad (11.18)$$

Die Vorinformation über μ_i verschwindet aus den Ergebnissen und man kommt auf die ohne Vorkenntnisse geltenden Formeln zurück. Mit (11.17) wird aus (11.14) für $\sigma_{1o}^2 \longrightarrow \infty$ und $\sigma_{2o}^2 \longrightarrow \infty$

$$\hat{\delta} \longrightarrow \bar{x}_1 - \bar{x}_2 = d \, . \qquad\qquad (11.19)$$

Der Vertrauensbereich (11.16) geht durch den Grenzübergang $\sigma_{1o}^2 \longrightarrow \infty$ und $\sigma_{2o}^2 \longrightarrow \infty$ über in

$$d - u_{1-\alpha/2} \sqrt{(\sigma_1^2/n_1)+(\sigma_2^2/n_2)} \leqq \delta \leqq d + u_{1-\alpha/2} \sqrt{(\sigma_1^2/n_1)+(\sigma_2^2/n_2)} \, . \quad (11.2o)$$

Dieser Bereich hängt nur von der Stichprobeninformation $(\bar{x}_1;\bar{x}_2)$ bzw. $\bar{x}_1 - \bar{x}_2 = d$ ab und wird "üblicherweise" angegeben, wenn über die Verteilung von μ_1 und μ_2 nichts bekannt ist. Soweit der Grenzübergang.

Für das Verhältnis Q der Weiten der zweiseitigen posteriori-Vertrauensbereiche für δ mit und ohne Kenntnis der priori-Dichte (11.1) für $(\mu_1;\mu_2)$ gilt (bei gleicher statistischer Sicherheit)

$$Q^2 = \frac{\dfrac{\sigma_1^2/n_1}{1 + z_1} + \dfrac{\sigma_2^2/n_2}{1 + z_2}}{(\sigma_1^2/n_1) + (\sigma_2^2/n_2)} < 1 \quad \text{mit } z_i = (\sigma_i/\sigma_{io})^2/n \, . \quad (11.21)$$

Wegen $z_i > o$ ist $Q^2 < 1$ und damit auch $Q < 1$, d.h. die Schätzung von δ mit Vorkenntnissen über $(\mu_1;\mu_2)$ ist stets genauer als die Schätzung ohne Vorkenntnisse. Mit wachsendem n_i gilt $z_i \longrightarrow o$ und $Q \longrightarrow 1$. Schon für mäßig große n_i und $\sigma_i < \sigma_{io}$ liegt Q nahe bei 1 ; beispielsweise für $n_i \geqq 5$ und $(\sigma_i/\sigma_{io}) \leqq 1/2$ weicht Q von 1 um weniger als 2,5% ab. Wie man aus (11.17) entnimmt, ist die Vorinformation über $(\mu_1;\mu_2)$ bei der Schätzung von $\delta = \mu_1 - \mu_2$ nur dann von praktischer Bedeutung, wenn $\sigma_i > \sigma_{io}$ und n_i "klein" ist.

<u>Beispiel 11.1</u>

Zwei Hersteller 1 und 2 stellen Zement her. Die in kp/cm^2 gemessenen Druckfestigkeiten x_1 bzw. x_2 der damit gefertigten Beton-Probewürfel schwanken um den Mittelwert μ_1 bzw. μ_2 mit der Standardabweichung $\sigma_1 = 4o$ bzw. $\sigma_2 = 3o$, wenn die Würfel mit ·Zement aus je <u>einer</u> Liefermenge hergestellt werden. Die den Liefermengen zugeordneten Mittelwerte μ_1 bzw. μ_2 haben "langfristig" den Mittelwert

$$M(\mu_1) = \mu_{1o} = 3oo \quad \text{bzw.} \quad M(\mu_2) = \mu_{2o} = 32o$$

und die Standardabweichung

$$\sigma(\mu_1) = \sigma_{1o} = 25 \quad \text{bzw.} \quad \sigma(\mu_2) = \sigma_{2o} = 2o \ .$$

Drei Probewürfel aus je einer Liefermenge von jedem Hersteller geben die Stichprobenmittelwerte

$$\bar{x}_1 = 24o \quad \text{bzw.} \quad \bar{x}_2 = 29o \ .$$

Hat der aus der Liefermenge des Herstellers 2 hergestellte Beton eine höhere mittlere Festigkeit? M.a.W.: Ist $\mu_2 > \mu_1$ oder $\mu_2 - \mu_1 = \delta > o$?

<u>Lösung</u>

Man berechnet zunächst aus (11.12) und (11.13) die posteriori-Mittelwerte und Varianzen

$$M(\mu_1|\bar{x}_1) = \hat{\mu}_1 = 267,6 \quad \text{bzw.} \quad M(\mu_2|\bar{x}_2) = \hat{\mu}_2 = 3o2,9 \ ;$$

$$V(\mu_1|\bar{x}_1) = V_1 = 287,8 \quad \text{bzw.} \quad V(\mu_2|\bar{x}_2) = V_2 = 171,4 \ ;$$

mit $\qquad \hat{\mu}_2 - \hat{\mu}_1 = 35,3 \qquad$ und $\qquad \sqrt{V_1 + V_2} = 21,43 \ .$

Der posteriori-Mittelwert von $\delta = \mu_2 - \mu_1$ wird nach (11.14)

$$M(\delta|\bar{x}_1;\bar{x}_2) = \hat{\delta} = \hat{\mu}_2 - \hat{\mu}_1 = 35,3 \ .$$

Der zweiseitig abgegrenzte <u>posteriori-Vertrauensbereich für δ</u> zur statistischen Sicherheit $1-\alpha = 95\%$ folgt aus (11.16) mit $u_{1-\alpha/2} = 1,96$ zu

$$\hat{\delta} \pm 1,96 \cdot 21,43 = \hat{\delta} \pm 42,o = 35,3 \pm 42,o \ \Big\langle {{77,3 \ ;} \atop {-6,7 \ .}}$$

Danach läßt sich die Annahme $\mu_2 > \mu_1$ oder $\mu_2 - \mu_1 = \delta > 0$ nicht aufrecht erhalten, obwohl $\bar{x}_2 - \bar{x}_1 = 5o(!)$ ist.

Den <u>Vertrauensbereich für δ ohne priori-Kenntnisse</u> über $(\mu_1;\mu_2)$ findet man nach (11.2o) zu

$$d \pm 1,96 \sqrt{(4o^2/3) + (3o^2/3)} = d \pm (1,96/\sqrt{3})5o = d \pm 56,6 \ .$$

Mit $d = \bar{x}_2 - \bar{x}_1 = 5o$ lautet die Entscheidung über δ ebenso wie oben. Der Leser beachte jedoch, daß der posteriori-Bereich, $-6,7 \leqq \delta \leqq 77,3$, erheblich enger ist als der Bereich ohne priori-Kenntnisse, $-6,6 \leqq \delta \leqq$ $1o6,6$.

Der Leser beantworte die gleiche Frage, wenn die Standardabweichungen σ_{io} verdoppelt werden, während man die übrigen Zahlenwerte beibehält.

12. Die Schätzung der Mittelwerte und Varianzen zweier Normalverteilungen bei „geringen Vorinformationen" über die Parameter

Die Zufallsgröße x_i , $i = 1;2$, genügt der Normalverteilung $N(\mu_i;\sigma_i^2)$, wobei beide Parameter μ_i und σ_i^2 <u>unbekannt</u> sind. Weiter wird vorausgesetzt, daß μ_1, μ_2, σ_1^2 und σ_2^2 unabhängig voneinander verteilt sind mit der gemeinsamen <u>priori-Dichte</u>

$$\psi(\mu_1;\mu_2;\sigma_1^2;\sigma_2^2) = \text{konst}/(\sigma_1^2\,\sigma_2^2) . \qquad (12.1)$$

Mit diesem Ansatz wird die für <u>eine</u> Verteilung geltende Gleichung (9.3) auf zwei Verteilungen verallgemeinert.

Beobachtet werden zwei voneinander unabhängige Stichproben der Größe n_1 bzw. n_2 aus $N(\mu_1;\sigma_1^2)$ bzw. $N(\mu_2;\sigma_2^2)$ mit den Einzelwerten

$$(x_{11};\ x_{12};\ \dots\ ;x_{1n_1}) \equiv \mathcal{V}_1 \quad \text{bzw.} \quad (x_{21};\ x_{22};\ \dots\ ;x_{2n_2}) \equiv \mathcal{V}_2 ,$$

den Mittelwerten

$$\bar{x}_1 = \sum_{\nu=1}^{n_1} x_{1\nu}/n_1 \quad \text{bzw.} \quad \bar{x}_2 = \sum_{\nu=1}^{n_2} x_{2\nu}/n_2 \qquad (12.2)$$

und den Varianzen

$$s_1^2 = \sum_{\nu=1}^{n_1}(x_{1\nu}-\bar{x}_1)^2/(n_1-1) \quad \text{bzw.} \quad s_2^2 = \sum_{\nu=1}^{n_2}(x_{2\nu}-\bar{x}_2)^2/(n_2-1) . \qquad (12.3)$$

Gesucht werden posteriori-Aussagen über den Unterschied $b = \mu_1 - \mu_2$ der Mittelwerte und das Verhältnis (σ_1^2/σ_2^2) der Varianzen der beiden Normalverteilungen.

Da die Beobachtungen voneinander unabhängig sind, so findet man die Likelihood entsprechend (9.8) bzw. (6.6) und (6.7) zu

$$L(\mathcal{V}_1 \, ; \, \mathcal{V}_2 \,|\, \mu_1 ; \mu_2 ; \sigma_1^2 ; \sigma_2^2) =$$

$$= \prod_{i=1}^{2} \frac{1}{(2\pi\sigma_i^2)^{n_i/2}} \exp\left[-\frac{n_i-1}{2}\left(\frac{s_i}{\sigma_i}\right)^2 - \frac{n_i}{2}\left(\frac{\overline{x}_i - \mu_i}{\sigma_i}\right)^2 \right] \qquad (12.4)$$

$$= L_1(\mathcal{V}_1 \,|\, \mu_1 ; \sigma_1^2)\, L_2(\mathcal{V}_2 \,|\, \mu_2 ; \sigma_2^2) \; .$$

Da L_i nur vom Wertepaar $(\overline{x}_i ; s_i^2)$, aber nicht von den Einzelwerten $x_{i\nu}$ abhängt, wird im folgenden

$$L_i = L_i(\overline{x}_i ; s_i^2 \,|\, \mu_i ; \sigma_i^2)$$

geschrieben. Die gesuchte <u>posteriori-Dichte</u> für $(\mu_1 ; \mu_2 ; \sigma_1^2 ; \sigma_2^2)$ wird entsprechend zu (9.9)

$$\psi(\mu_1 ; \mu_2 ; \sigma_1^2 ; \sigma_2^2 \,|\, \overline{x}_1 ; \overline{x}_2 ; s_1^2 ; s_2^2) = \qquad (12.5)$$

$$= \prod_{i=1}^{2} \frac{k_i}{(\sigma_i^2)^{(n_i/2)+1}} \exp\left[-\frac{n_i-1}{2}\left(\frac{s_i}{\sigma_i}\right)^2 - \frac{n_i}{2}\left(\frac{\mu_i - \overline{x}_i}{\sigma_i}\right)^2 \right] ,$$

wobei für die Konstante k_i nach (9.11) gilt

$$k_i = \frac{\sqrt{n_i}\,\left[(n_i-1)s_i^2\right]^{(n_i-1)/2}}{2^{n_i/2}\,\sqrt{\pi}\,\Gamma\left[(n_i-1)/2\right]} \; . \qquad (12.6)$$

Die posteriori-Dichte (12.5) ist das Produkt

$$\psi(\mu_1 ; \sigma_1^2 \,|\, \overline{x}_1 ; s_1^2) \cdot \psi(\mu_2 ; \sigma_2^2 \,|\, \overline{x}_2 ; s_2^2)$$

von zwei Dichten gleicher Bauart, d.h. die Wertepaare $(\mu_1 ; \sigma_1^2)$ und $(\mu_2 ; \sigma_2^2)$ sind (nicht nur priori sondern auch) posteriori unabhängig voneinander. Infolgedessen lassen sich die zur Berechnung der Mittelwerte und Varianzen erforderlichen Integrationen jeweils getrennt ausführen, und man kann — ohne die Rechnung im einzelnen noch einmal durchzuführen — die Ergebnisse des Abschnitts 9 bezüglich μ_i und σ_i^2 heranziehen.

Aussagen über die Mittelwerte μ_i und ihre Differenz $\delta = \mu_1 - \mu_2$

Entsprechend zu (9.15) genügt die Zufallsvariable

$$\sqrt{n_i}\,(\mu_i - \bar{x}_i)/s_i = t_{f_i} \tag{12.7}$$

einer t-Verteilung mit $f_i = n_i-1$ Freiheitsgraden. Infolgedessen hat man den posteriori-Mittelwert von μ_i nach (9.17),

$$M(\mu_i|\bar{x}_i;s_i^2) = \bar{x}_i \ , \tag{12.8}$$

und die posteriori-Varianz von μ_i nach (9.19),

$$V(\mu_i|\bar{x}_i;s_i^2) = \frac{\sum_{\nu=1}^{n_i}(x_{i\nu}-\bar{x}_i)^2}{n_i(n_i-3)} = s_i^2/[n_i(n_i-3)] \ . \tag{12.9}$$

Aus

$$\mu_i = \bar{x}_i + (s_i/\sqrt{n_i})t_{f_i} \ ; \quad i = 1;2 \ , \tag{12.1o}$$

folgt der posteriori-Mittelwert von $\delta = \mu_1 - \mu_2$,

$$M(\delta|\bar{x}_1;\bar{x}_2;s_1^2;s_2^2) = \bar{x}_1 - \bar{x}_2 = d \ . \tag{12.11}$$

Da μ_1 und μ_2 auch posteriori unabhängig voneinander sind, wird die posteriori-Varianz von $\delta = \mu_1 - \mu_2$ nach (12.9)

$$V(\delta|\bar{x}_1;\bar{x}_2;s_1^2;s_2^2) = \frac{s_1^2}{n_1(n_1-3)} + \frac{s_2^2}{n_2(n_2-3)} \ . \tag{12.12}$$

Um einen Vertrauensbereich für $\delta = \mu_1 - \mu_2$ anzugeben, braucht man die posteriori-Verteilung von δ. Mit (12.1o) hat man

$$(\mu_1 - \mu_2) - (\bar{x}_1 - \bar{x}_2) = \delta - d = (s_1/\sqrt{n_1})t_{f_1} - (s_2/\sqrt{n_2})t_{f_2} \ , \tag{12.13}$$

wobei die zwei t-verteilten Zufallsgrößen t_{f_1} und t_{f_2} nach dem Vorausgehenden unabhängig voneinander sind. Setzt man

$$\tan\gamma = \frac{s_2/\sqrt{n_2}}{s_1/\sqrt{n_1}} \quad \text{und} \quad \frac{s_1^2}{n_1} + \frac{s_2^2}{n_2} = s_d^2 \ , \tag{12.14}$$

so wird

$$\sin\gamma \; = \; \frac{s_2/\sqrt{n_2}}{s_d} \qquad \text{und} \qquad \cos\gamma \; = \; \frac{s_1/\sqrt{n_1}}{s_d} \; . \qquad (12.15)$$

Führt man die mit den Beobachtungen $x_{i\nu}$ bekannten Hilfsgrößen $\sin\gamma$, $\cos\gamma$ und s_d in (12.13) ein, so findet man

$$(\delta - d)/s_d \; = \; (\cos\gamma)\, t_{f_1} \; - \; (\sin\gamma)\, t_{f_2} \; = \; t' \; . \qquad (12.16)$$

t' ist eine Linearkombination der unabhängigen Zufallsgrößen t_{f_1} und t_{f_2}. Die "Gewichte" $\cos\gamma$ und $\sin\gamma$ sind (mit den Beobachtungen $x_{i\nu}$ bekannte) feste Faktoren.

Die Zufallsgröße $t' = t'(f_1;f_2;\cos^2\gamma)$ aus (12.16) genügt einer Behrens-Fisher-Verteilung mit f_1 und f_2 Freiheitsgraden und dem Parameter $\cos^2\gamma$. Wegen $M(t_f) = o$ ist

$$M(t') \; = \; o \; . \qquad (12.17)$$

Für die t-verteilten Zufallsvariablen t_1 und t_2 gilt wegen der Symmetrie bezüglich $t = o$, daß auch die Zufallsvariablen $\tau_1 = -t_1$ und $\tau_2 = -t_2$ einer t-Verteilung genügen. Daraus folgt, daß die Zufallsvariablen $-t' = -t_1 \cos\gamma + t_2 \sin\gamma = \tau_1 \cos\gamma - \tau_2 \sin\gamma$ und $t' = t_1 \cos\gamma - t_2 \sin\gamma$ identisch verteilt sind. Das bedeutet, daß t' symmetrisch bezüglich $t' = o$ verteilt ist; es gilt also für die Dichte von t'

$$\psi(-t'\,|\,f_1;f_2;\cos^2\gamma) \; = \; \psi(t'\,|\,f_1;f_2;\cos^2\gamma) \; . \qquad (12.18)$$

Es sei weiter $t'_{1-\beta}(f_1;f_2;\cos^2\gamma)$ der Schwellenwert der t'-Verteilung, der mit der Wahrscheinlichkeit $1-\beta$ unterschritten wird. Dann gilt wegen der Symmetrie der Verteilung

$$t'_\beta(f_1;f_2;\cos^2\gamma) \; = \; -t'_{1-\beta}(f_1;f_2;\cos^2\gamma) \; . \qquad (12.19)$$

Für den praktischen Gebrauch sind diese Schwellenwerte in Abhängigkeit von f_1,f_2 und $\cos^2\gamma$ vertafelt.[1]

---

1) E.S. Pearson and H.O. Hartley. Biometrika Tables for Statisticians; Vol. I, Table 11. Cambridge University Press 197o. — Graf/Henning/ Stange. Formeln und Tabellen der mathematischen Statistik, Tab. 6.2.2. Springer Verlag Berlin/Heidelberg/New York 1966.

Mit der Wahrscheinlichkeit $1-\alpha$ ist

$$|\delta - d|/s_d = |t'| \leqq t'_{1-\alpha/2}(f_1; f_2; \cos^2\gamma) \, .$$

Mithin wird bei beobachtetem $d = \bar{x}_1 - \bar{x}_2$ und beobachteten Varianzen s_1^2 und s_2^2 der gesuchte <u>posteriori-Vertrauensbereich für $\delta = \mu_1 - \mu_2$ zur</u> statistischen Sicherheit $1-\alpha$

$$d - t'_{1-\alpha/2}(f_1; f_2; \cos^2\gamma)s_d \leqq \delta \leqq d + t'_{1-\alpha/2}(f_1; f_2; \cos^2\gamma)s_d \, , \quad (12.2o)$$

wobei $f_1 = n_1 - 1$, $f_2 = n_2 - 1$ ist und $\cos\gamma$ und s_d aus (12.15) und (12.14) berechnet werden. Ohne Vorkenntnisse über $(\mu_1; \mu_2; \sigma_1^2; \sigma_2^2)$ kommt man zu dem gleichen Ergebnis (12.2o), so daß die in (12.1) enthaltene Information bei der Schätzung von δ in der Tat praktisch ohne Wert ist.

Die <u>Schwellenwerte</u> $t'_{1-\beta}(f_1; f_2; \cos^2\gamma)$ <u>der Behrens-Fisher-Verteilung</u> sind von vier Parametern abhängig, von der Zahl der Freiheitsgrade f_1 und f_2 für die Varianzen, von den "Gewichtsfaktoren" $\cos\gamma$ (bzw. $\sin\gamma$) in (12.16) und der Irrtumswahrscheinlichkeit (Überschreitungswahrscheinlichkeit) β . In den genannten Tafeln findet man einseitige obere Schwellenwerte für $\beta = o,5$; $1,o$; $2,5$ und 5%, vertafelt in Abhängigkeit von $(f_1; f_2)$ und $c = \cos^2\gamma$.

Wenn kein Tafelwerk verfügbar ist, so bestimmt man als "Ersatzverteilung" eine t-Verteilung mit dem fiktiven Freiheitsgrad f, wobei f aus der Gleichung

$$\frac{1}{f} = \frac{c^2}{f_1} + \frac{(1-c)^2}{f_2} \quad \text{mit} \quad c = \cos^2\gamma = \frac{s_1^2/n_1}{(s_1^2/n_1) + (s_2^2/n_2)} \quad (12.21)$$

berechnet wird.[1] Die gesuchten Schwellenwerte der Behrens-Fisher-Verteilung stimmen um so besser mit den Schwellenwerten der Ersatzverteilung überein, je kleiner $(1/f_i)^2$ gegen 1 ist,

$$t'_{1-\beta}(f_1; f_2; \cos^2\gamma) = t_{f; 1-\beta} \, , \quad \text{falls} \ (1/f_i)^2 \ll 1 \, . \quad (12.22)$$

Beispielsweise findet man für $(n_1 = 1o; n_2 = 15)$ bzw. $(f_1 = 9; f_2 = 14)$ und $c = \cos^2\gamma = o,35$ aus (12.21)

$$1/f = (o,35^2/9) + (o,65^2/14) = o,o438 \quad \text{oder} \quad f = 23 \, .$$

---

1) B.L. Welch. Biometrika 34(1947), S. 31 und 36(1949), S. 295.

Zu $f = 23$ und $1-\beta = 95\%$ gehört der Schwellenwert $t_{23;95\%} = 1,71$ der t-Verteilung, der mit dem Tafelwert $t'_{95\%}(9;\ 14;\ \cos^2\gamma = 0,35) = 1,71$ genau übereinstimmt.

Aussagen über die Varianzen σ_i^2 und ihr Verhältnis σ_2^2/σ_1^2

Dazu hat man die gemeinsame bedingte Dichte (12.5) von $(\mu_1;\mu_2;\sigma_1^2;\sigma_2^2)$ bei festem $(\sigma_1^2;\sigma_2^2)$ und beobachtetem $(\not{x}_1;\not{x}_2)$ über μ_1 und μ_2 zu integrieren. Man findet entsprechend (9.22) mit der Konstanten k_i gemäß (12.6)

$$\psi(\sigma_1^2;\ \sigma_2^2\ |\ \bar{x}_1;\bar{x}_2;s_1^2;s_2^2)\ = \tag{12.23}$$

$$= \prod_{i=1}^{2} \frac{k_i\sqrt{2\pi}}{\sqrt{n_i}}\ \frac{1}{(\sigma_i^2)^{(n_i-1)/2}}\ \exp\left[-\frac{1}{2}(n_i-1)(s_i/\sigma_i)^2\right]\ ,$$

wobei man in der Dichte ψ die "Bedingungen" $\bar{x}_1$ und $\bar{x}_2$ streichen kann, da sie auf der rechten Seite nicht vorkommen. Da die gemeinsame posteriori-Dichtefunktion $\psi(\sigma_1^2\ ;\ \sigma_2^2\ |\ s_1^2\ ;\ s_2^2)$ von σ_1^2 und σ_2^2 gemäß (12.23) das Produkt der Einzeldichten $\psi(\sigma_1^2|s_1^2)$ und $\psi(\sigma_2^2|s_2^2)$ ist, sind bei beobachtetem s_1^2 und s_2^2 auch die Zufallsgrößen

$$\tau_i^2 = (n_i-1)s_i^2/\sigma_i^2\ ,\quad i = 1;2 \tag{12.24}$$

unabhängig voneinander. Jede Einzeldichte hat die Gestalt (9.22). Infolgedessen ist $\tau_i^2 = \chi_{f_i}^2$ nach den Ergebnissen des Abschnitts 9 verteilt wie χ^2 mit $f_i = n_i-1$ Freiheitsgraden. Nach (9.25) wird der <u>posteriori-Mittelwert von</u> σ_i^2

$$M(\sigma_i^2\ |s_i^2) = \frac{n_i-1}{n_i-3}\ s_i^2\ ;\quad n_i \geqq 4\ ;\ i = 1;2\ . \tag{12.25}$$

Nach (9.26) wird die <u>posteriori-Varianz von</u> σ_i^2

$$V(\sigma_i^2\ |s_i^2) = \frac{2(n_i-1)^2 s_i^4}{(n_i-3)^2(n_i-5)}\ ;\quad n_i \geqq 6\ ;\ i = 1;2\ . \tag{12.26}$$

Der zweiseitig abgegrenzte <u>posteriori-Vertrauensbereich für</u> σ_i^2 zur statistischen Sicherheit $1-\alpha$ folgt aus (9.27),

$$\frac{(n_i-1)s_i^2}{\chi_{n_i-1;1-\alpha/2}^2} \leq \sigma_i^2 \leq \frac{(n_i-1)s_i^2}{\chi_{n_i-1;\alpha/2}^2} \quad ; \quad i = 1;2 \; . \qquad (12.27)$$

Da $\tau_1^2 = \chi_{f_1}^2$ und $\tau_2^2 = \chi_{f_2}^2$ unabhängig voneinander sind, genügt der Quotient,

$$\frac{\tau_1^2/(n_1-1)}{\tau_2^2/(n_2-1)} = \frac{s_1^2/\sigma_1^2}{s_2^2/\sigma_2^2} = \frac{\chi_{f_1}^2/f_1}{\chi_{f_2}^2/f_2} = F(f_1;f_2) \qquad (12.28)$$

einer F-Verteilung mit $f_1 = n_1-1$ und $f_2 = n_2-1$ Freiheitsgraden. Mit

$$M(F) = \frac{f_2}{f_2-2} \quad \text{und} \quad V(F) = \frac{2(f_1+f_2-2)}{f_1(f_2-4)}\left(\frac{f_2}{f_2-2}\right)^2 \qquad (12.29)$$

findet man den <u>posteriori-Mittelwert von σ_2^2/σ_1^2</u> ,

$$M(\sigma_2^2/\sigma_1^2|s_1^2;s_2^2) = \frac{n_2-1}{n_2-3}\frac{s_2^2}{s_1^2} = \frac{n_1-1}{n_1-3}\frac{M(\sigma_2^2|s_2^2)}{M(\sigma_1^2|s_1^2)} \; , \qquad (12.3o)$$

und die <u>posteriori-Varianz von σ_2^2/σ_1^2</u> ,

$$V(\sigma_2^2/\sigma_1^2|s_1^2;s_2^2) = (s_2/s_1)^4 V(F) \; . \qquad (12.31)$$

Aus

$$F_{\alpha/2}(f_1;f_2) \leq F \leq F_{1-\alpha/2}(f_1;f_2)$$

folgt schließlich der <u>posteriori-Vertrauensbereich für σ_2^2/σ_1^2</u> zur statistischen Sicherheit $1-\alpha$

$$F_{\alpha/2}(f_1;f_2)(s_2^2/s_1^2) \leq (\sigma_2^2/\sigma_1^2) \leq F_{1-\alpha/2}(f_1;f_2)(s_2^2/s_1^2) \; , \qquad (12.32)$$

wobei bekanntlich $F_{\alpha/2}(f_1;f_2) = 1/F_{1-\alpha/2}(f_2;f_1)$ ist.

Ohne Kenntnis der priori-Verteilung (12.1) würde man als Schätzwert für σ_i^2 anstelle von (12.25) die Stichprobenvarianz s_i^2 wählen. Nur für "kleine"Stichproben besteht ein merklicher Unterschied. Für $n_i = 6$ hat man beispielsweise als Bayes-Schätzwert $M(\sigma_i^2|s_i^2) = (5/3)s_i^2 \approx$ 1,7 s_i^2 im Vergleich zum Schätzwert s_i^2 ohne Vorkenntnisse. Beim Vertrauensbereich für die Varianz σ_i^2 bzw. für das Varianzverhältnis (σ_2^2/σ_1^2) gelangt man jedoch <u>mit und ohne Kenntnis der priori-Verteilung zur gleichen Aussage</u> (12.27) bzw. (12.32). Ebenso wie bei der Schätzung der Mittelwerte $(\mu_1;\mu_2)$ ist die in (12.1) enthaltene Vorinformation auch bei der Schätzung der Varianzen $(\sigma_1^2;\sigma_2^2)$ und ihres Quotienten praktisch ohne Wert.

<u>Der Sonderfall $\sigma_1^2 = \sigma_2^2$</u>

Der Sonderfall, daß die Varianzen σ_1^2 und σ_2^2 zwar unbekannt aber einander gleich sind, läßt sich aus den vorausgehenden Ergebnissen <u>nicht</u> dadurch herleiten, daß man $\sigma_1^2 = \sigma_2^2$ setzt. Vielmehr ist eine besondere Überlegung notwendig. Die Fragestellung bleibt die gleiche wie bisher, jedoch wird vorausgesetzt, daß

$$\sigma_1^2 = \sigma_2^2 = \sigma^2 \tag{12.33}$$

gilt. Anstelle von (12.1) ist die gemeinsame priori-Dichte für $(\mu_1;\mu_2;\sigma^2)$ jetzt

$$\psi(\mu_1;\mu_2;\sigma^2) = \text{konst}/\sigma^2 . \tag{12.34}$$

Die Likelihood (12.4) läßt sich mit $\sigma_1^2 = \sigma_2^2 = \sigma^2$ übernehmen,

$$L(\gamma_1;\gamma_2 \mid \mu_1;\mu_2;\sigma^2) = \tag{12.35}$$

$$= \frac{1}{(2\pi\sigma^2)^{(n_1+n_2)/2}} \exp\left[- \frac{1}{2}(s^2/\sigma^2) - \frac{n_1}{2}\left(\frac{\bar{x}_1 - \mu_1}{\sigma}\right)^2 - \frac{n_2}{2}\left(\frac{\bar{x}_2 - \mu_2}{\sigma}\right)^2\right] ,$$

wobei

$$s^2 = (n_1-1)s_1^2 + (n_2-1)s_2^2 \tag{12.36}$$

eine mit den Beobachtungen $x_{i\nu}$ gegebene Konstante ist. Die gemeinsame posteriori-Dichte für $(\mu_1;\mu_2;\sigma^2)$ findet man aus (12.34) und (12.35). Es wird mit einer Normierungskonstanten k' bzw. k mit

$$k' = k(s^2)^{(n_1 + n_2)/2}$$

$$\psi(\mu_1;\mu_2;\sigma^2 \mid \gamma_1;\gamma_2) = \tag{12.37}$$

$$= \frac{k}{\sigma^2}\left(\frac{s^2}{\sigma^2}\right)^{(n_1+n_2)/2} \exp\left[- \frac{1}{2}(s^2/\sigma^2) - \frac{n_1}{2}\left(\frac{\bar{x}_1 - \mu_1}{\sigma}\right)^2 - \frac{n_2}{2}\left(\frac{\bar{x}_2 - \mu_2}{\sigma}\right)^2\right].$$

Integriert man bei festem σ^2 über μ_1 und μ_2, so findet man mit $\sqrt{n_i}\,(\bar{x}_i - \mu_i)/\sigma = y_i$ und (9.1o) die posteriori-Dichte für σ^2,

$$\psi(\sigma^2 \mid \mathscr{V}_1 ; \mathscr{V}_2) = \frac{k\,2\pi}{\sqrt{n_1 n_2}} \left(\frac{s^2}{\sigma^2}\right)^{(n_1 + n_2)/2} \exp\left(-\frac{1}{2}\frac{s^2}{\sigma^2}\right) . \tag{12.38}$$

Ersichtlich genügt

$$s^2/\sigma^2 = \chi^2 \quad \text{mit} \quad d\sigma^2/\sigma^2 = |d\chi^2|/\chi^2 \tag{12.39}$$

einer χ_f^2-Verteilung mit $f = n_1 + n_2 - 2$ Freiheitsgraden. Die Konstante k wird damit zu

$$k = \frac{\sqrt{n_1 n_2}}{2\pi\,2^{f/2}\,\Gamma(f/2)\,s^2} \quad \text{mit} \quad f = n_1 + n_2 - 2 . \tag{12.4o}$$

Mit k aus (12.4o) sind die Dichten (12.37) und (12.38) vollständig bekannt.

Aussagen über die Mittelwerte μ_i und ihre Differenz $\delta = \mu_1 - \mu_2$

Dazu hat man (12.37) über σ^2 zu integrieren. Man setzt $\sigma^2 = z$ und findet mit der Hilfsformel (9.4) nach kurzer Rechnung die posteriori-Dichte von $(\mu_1 ; \mu_2)$ in der Gestalt

$$\psi(\mu_1 ; \mu_2 \mid \mathscr{V}_1 ; \mathscr{V}_2) = \tag{12.41}$$

$$= \frac{(n_1 + n_2 - 2)\sqrt{n_1 n_2}}{2\pi s^2} \; \frac{1}{\left[1 + \dfrac{n_1(\mu_1 - \bar{x}_1)^2 + n_2(\mu_2 - \bar{x}_2)^2}{s^2}\right]^{(n_1 + n_2)/2}} .$$

Zweckmäßig setzt man in (12.41)

$$\frac{\sqrt{n_i}\,(\mu_i - \bar{x}_i)}{s/\sqrt{n_1 + n_2 - 2}} = t_i ; \quad i = 1;2 , \tag{12.42}$$

und rechnet die Dichte auf das Wertepaar $(t_1 ; t_2)$ um. Die Substitutionsdeterminante wird

$$\frac{\partial(\mu_1 ; \mu_2)}{\partial(t_1 ; t_2)} = s^2 / \left[(n_1 + n_2 - 2)\sqrt{n_1 n_2}\right] ;$$

damit findet man die posteriori-Dichte

$$\psi(t_1;t_2 \mid \psi_1; \psi_2) = \frac{1}{2\pi} \cdot \frac{1}{\left[1 + \dfrac{t_1^2 + t_2^2}{n_1 + n_2 - 2}\right]^{(n_1+n_2)/2}} \cdot \qquad (12.43)$$

Da die Dichte $\psi(t_1;t_2 \mid \psi_1; \psi_2)$ nur von $(t_1^2 + t_2^2)$ abhängt, ist sie dreh-symmetrisch bezüglich des Nullpunktes $(t_1 = o;\ t_2 = o)$. Daraus folgt, daß sowohl t_1 als auch t_2 als auch jede Linearkombination t' von t_1 und t_2 der Form

$$t' = t_1 \cos \varepsilon + t_2 \sin \varepsilon\ ,\quad \varepsilon = \text{konst}, \qquad (12.44)$$

die gleiche bedingte Dichte $\psi(t \mid \psi_1; \psi_2)$ besitzen. Diese Dichte wird im folgenden berechnet. Dazu integriert man beispielsweise bei festem t_1 über den Bereich $-\infty < t_2 < \infty$. Es wird

$$\psi(t_1 \mid \psi_1; \psi_2) = \qquad\qquad (12.45)$$

$$= \frac{(n_1+n_2-2)^{(n_1+n_2)/2}}{2\pi} \int_{-\infty}^{\infty} \frac{dt_2}{\left[(n_1+n_2-2) + t_1^2 + t_2^2\right]^{(n_1+n_2)/2}}\ ,$$

wobei wegen der Symmetrie zu $t_2 = o$ für das hier auftretende Integral J gilt:

$$J = \int_{-\infty}^{\infty} \dots dt_2 = 2 \int_{0}^{\infty} \dots dt_2\ .$$

Die Hilfsformel (1o.69) gibt mit $\varkappa = 1$, $a = 1$, $\alpha = 2$, $\lambda = (n_1+n_2)/2$ und $b = (n_1 + n_2 - 2) + t_1^2$ für das Integral J den Ausdruck

$$J = \frac{1}{\left[(n_1+n_2-2) + t_1^2\right]^{(n_1+n_2-1)/2}} \cdot \frac{\Gamma(1/2)\,\Gamma\left[(n_1+n_2-1)/2\right]}{\Gamma\left[(n_1+n_2)/2\right]}\ .$$

Führt man J in (12.45) ein und setzt abkürzend

$$n_1 + n_2 - 2 = f\ ,$$

so wird mit $\Gamma\left[(f/2) + 1\right] = (f/2)\,\Gamma(f/2)$ und $\Gamma(1/2) = \sqrt{\pi}$ schließlich

$$\psi(t_1 \mid \gamma_1; \gamma_2) = \frac{1}{\sqrt{\pi f}} \frac{\Gamma[(f+1)/2]}{\Gamma(f/2)} \frac{1}{\left[1 + (t_1^2/f)\right]^{(f+1)/2}} \cdot \qquad (12.46)$$

Die Veränderliche t_1, aber auch t_2 und $t' = t_1 \cos\varepsilon + t_2 \sin\varepsilon$ genügen posteriori einer t-Verteilung mit $f = n_1 + n_2 - 2$ Freiheitsgraden. Aus (12.42), d.h. aus

$$\mu_i = \bar{x}_i + \frac{S}{\sqrt{n_1 + n_2 - 2}} \frac{t_i}{\sqrt{n_i}} \ , \quad i = 1;2 \ , \qquad (12.47)$$

folgt mit den bekannten Eigenschaften der t-Verteilung der <u>posteriori-Mittelwert von</u> μ_i,

$$M(\mu_i \mid \gamma_1; \gamma_2) = \bar{x}_i \ , \quad i = 1;2 \ , \qquad (12.48)$$

die <u>posteriori-Varianz von</u> μ_i,

$$V(\mu_i \mid \gamma_1; \gamma_2) = \frac{1}{n_i} \frac{S^2}{n_1 + n_2 - 4} \ , \quad i = 1;2 \ , \qquad (12.49)$$

und der <u>posteriori-Vertrauensbereich von</u> μ_i zur statistischen Sicherheit $1-\alpha$

$$\bar{x}_i - \frac{S}{\sqrt{f}\,\sqrt{n_i}} \, t_{f;1-\alpha/2} \ \leq \ \mu_i \ \leq \ \bar{x}_i + \frac{S}{\sqrt{f}\,\sqrt{n_i}} \, t_{f;1-\alpha/2} \ ; \qquad (12.50)$$

mit $i = 1;2$, $f = n_1 + n_2 - 2$ und S^2 aus (12.36).

Die posteriori-Verteilung der Differenz $\delta = \mu_1 - \mu_2$ findet man, indem man in (12.44) für $\cos\varepsilon$ bzw. $\sin\varepsilon$ setzt

$$\cos\varepsilon = \frac{1/\sqrt{n_1}}{\sqrt{(1/n_1) + (1/n_2)}} \quad \text{bzw.} \quad \sin\varepsilon = \frac{-1/\sqrt{n_2}}{\sqrt{(1/n_1) + (1/n_2)}} \cdot \qquad (12.51)$$

Dann wird mit t_i aus (12.42)

$$\sqrt{(1/n_1) + (1/n_2)}\ \ t' = \frac{(\mu_1 - \bar{x}_1) - (\mu_2 - \bar{x}_2)}{S/\sqrt{n_1 + n_2 - 2}} \cdot$$

Nach dem Vorausgehenden genügt t' einer t_f-Verteilung mit

$f = n_1 + n_2 - 2$ Freiheitsgraden. Mit $\mu_1 - \mu_2 = \delta$ und $\bar{x}_1 - \bar{x}_2 = d$ wird aus der letzten Gleichung

$$\frac{\delta - d}{S/\sqrt{n_1 + n_2 - 2}} \; \frac{1}{\sqrt{(1/n_1) + (1/n_2)}} = t' = t_{n_1 + n_2 - 2} \; . \qquad (12.52)$$

Aus den bekannten Eigenschaften der t-Verteilung folgt der <u>posteriori-Mittelwert von δ</u> ,

$$M(\delta \,|\, \mathscr{V}_1 ; \mathscr{V}_2) = d = \bar{x}_1 - \bar{x}_2 \; , \qquad (12.53)$$

die <u>posteriori-Varianz von δ</u> ,

$$V(\delta \,|\, \mathscr{V}_1 ; \mathscr{V}_2) = \left(\frac{1}{n_1} + \frac{1}{n_2}\right) \frac{s^2}{n_1 + n_2 - 4} \; , \qquad (12.54)$$

und der zweiseitig abgegrenzte <u>posteriori-Vertrauensbereich für δ</u> zur statistischen Sicherheit $1-\alpha$

$$d - \sqrt{(1/n_1) + (1/n_2)} \,(S/\sqrt{f})\, t_{f;1-\alpha/2} \leqq \delta \leqq \qquad (12.55)$$

$$\leqq d + \sqrt{(1/n_1) + (1/n_2)} \,(S/\sqrt{f})\, t_{f;1-\alpha/2} , \quad f = n_1 + n_2 - 2 \; ; \quad s^2 \text{ aus } (12.36) .$$

In (12.55) ist

$$s^2/f = (f_1 s_1^2 + f_2 s_2^2)/(f_1 + f_2) = s^2 \quad \text{mit} \quad f_i = n_i - 1; \quad i = 1,2$$

der aus dem Wertepaar $(s_1^2 ; s_2^2)$ mit $(f_1 ; f_2)$ Freiheitsgraden berechnete Schätzwert s^2 (mit $f = f_1 + f_2$ Freiheitsgraden) für σ^2 .

<u>Bemerkung</u> über die bedingte Dichte (12.43),

$$\psi(t_1 ; t_2 \,|\, \mathscr{V}_1 ; \mathscr{V}_2) = \frac{1}{2\pi} \frac{1}{\left[1 + \dfrac{t_1^2 + t_2^2}{n_1 + n_2 - 2}\right]^{(n_1 + n_2)/2}} = \psi(t_1 ; t_2) \; . \qquad (12.56)$$

Die Dichte (12.56) hängt nicht funktional von $(\mathscr{V}_1 ; \mathscr{V}_2)$ ab, so daß $\psi(t_1 ; t_2 \,|\, \mathscr{V}_1 ; \mathscr{V}_2) = \psi(t_1 ; t_2)$ geschrieben werden kann. Da die Randdichten $\psi(t_1)$ und $\psi(t_2)$ von (12.56) jeweils Dichten von t-Verteilungen mit $f = n_1 + n_2 - 2$ Freiheitsgraden darstellen, läßt sich (12.56) als Dichte einer zweidimensionalen t-Verteilung mit f Freiheitsgraden auffassen. Da $\psi(t_1) \cdot \psi(t_2) \neq \psi(t_1 ; t_2)$ ist, sind t_1 und t_2 nicht unabhängig voneinander. Es läßt sich jedoch zeigen, daß t_1 und t_2 unkorreliert sind, die Kovarianz $C(t_1;t_2)$ also verschwindet. Wegen $M(t_1) = M(t_2) = o$ ist

$$C = C(t_1;t_2) = M(t_1 t_2) = \int_{-\infty}^{\infty} \int_{-\infty}^{\infty} t_1 t_2 \; \psi(t_1;t_2) dt_1 \, dt_2 \, .$$

Setzt man $t_1 = r \cos\varphi$ und $t_2 = r \sin\varphi$, wobei $(r;\varphi)$ Polarkoordinaten in der $(t_1;t_2)$-Ebene sind, so wird C bis auf unwesentliche Faktoren

$$C \sim \int_{\varphi=0}^{2\pi} \int_{r=0}^{\infty} \frac{r^3 \sin\varphi \, \cos\varphi \, dr \, d\varphi}{\left[1 + \dfrac{r^2}{n_1+n_2-2} \right]^{(n_1+n_2)/2}} \, .$$

Die Integration über φ gibt

$$\int_0^{2\pi} \sin\varphi \, \cos\varphi \, d\varphi = \frac{1}{2} \int_0^{2\pi} \sin(2\varphi) d\varphi = o \, ,$$

womit die Behauptung $C(t_1;t_2) = o$ bewiesen ist. Infolgedessen wird die Varianz von $t' = (\cos \varepsilon)t_1 + (\sin \varepsilon)t_2$ zu

$$V(t') = (\cos^2\varepsilon)V(t_1)+(\sin^2\varepsilon)V(t_2) + 2 \sin\varepsilon \cos\varepsilon \; C(t_1;t_2) = V(t_1) = V(t_2),$$

wie es wegen der Drehsymmetrie der gemeinsamen Dichte $\psi(t_1;t_2)$ sein muß.

Aussagen über die Varianz σ^2

Aus (12.39) folgt

$$\sigma^2/s^2 = 1/\chi_f^2 \quad \text{mit} \quad f = n_1 + n_2 - 2 \, , \qquad (12.57)$$

d.h. σ^2/s^2 genügt posteriori einer $(1/\chi_f^2)$-Verteilung mit $f = n_1 + n_2 - 2$ Freiheitsgraden. Mit (9.6) findet man den posteriori-Mittelwert für σ^2

$$M(\sigma^2 \mid v_1; v_2) = s^2/(n_1+n_2-4) = \frac{(n_1-1)s_1^2 + (n_2-1)s_2^2}{n_1 + n_2-4} \qquad (12.58)$$

und mit (9.7) die posteriori-Varianz für σ^2

$$V(\sigma^2 \mid v_1; v_2) = \frac{2 s^4}{(n_1 + n_2-4)^2 (n_1 + n_2-6)} \, . \qquad (12.59)$$

Aus

$$\chi^2_{f;\alpha/2} \leq \chi^2_f = (s^2/\sigma^2) \leq \chi^2_{f;1-\alpha/2}$$

findet man den <u>posteriori-Vertrauensbereich für σ^2</u> zur statistischen Sicherheit $1-\alpha$ in der Gestalt

$$s^2/\chi^2_{n_1+n_2-2;1-\alpha/2} \leq \sigma^2 \leq s^2/\chi^2_{n_1+n_2-2;\alpha/2} \ . \qquad (12.60)$$

Ohne Vorkenntnisse über σ^2 würde man aus den unabhängigen Stichprobenvarianzen s_1^2 mit $f_1 = n_1-1$ und s_2^2 mit $f_2 = n_2-1$ Freiheitsgraden (die beide die gleiche Varianz σ^2 schätzen) den "besten" Schätzwert s^2 für σ^2,

$$s^2 = \frac{f_1 s_1^2 + f_2 s_2^2}{f_1 + f_2} = S^2/(n_1+n_2-2) \ , \qquad (12.61)$$

mit $f = n_1+n_2-2$ Freiheitsgraden bestimmen. Damit erhält man als Vertrauensbereich für σ^2 ohne Kenntnis der priori-Verteilung bekanntlich

$$\frac{n_1+n_2-2}{\chi^2_{n_1+n_2-2;1-\alpha/2}} \, s^2 \leq \sigma^2 \leq \frac{n_1+n_2-2}{\chi^2_{n_1+n_2-2;\alpha/2}} \, s^2 \ . \qquad (12.62)$$

Wegen $(n_1+n_2-2)s^2 = S^2$ stimmen die Bereiche (12.60) mit Kenntnis und (12.62) ohne Kenntnis der priori-Verteilung überein. Ein Unterschied besteht nur bei der Schätzung von σ^2, da S^2 in (12.58) durch (n_1+n_2-4), in (12.61) jedoch durch n_1+n_2-2 dividiert wird. Von Bedeutung ist dieser Unterschied nur dann, wenn n_1 und n_2 beide "sehr klein" sind. Für $n_1 = n_2 = 3$ gilt beispielsweise $M(\sigma^2|\psi_1; \psi_2) = S^2/2$ gegen $s^2 = S^2/4$. Die in der priori-Dichte (12.34) enthaltene Information über σ^2 ist jedoch "im allgemeinen" praktisch ohne Wert, wie aus dem Vergleich von (12.62) und (12.60) hervorgeht.

13. Die Schätzung der Mittelwerte und Varianzen zweier Normalverteilungen bei „geeigneten Vorinformationen" über die Parameter

Die Aufgabenstellung ist die gleiche wie im vorausgehenden Abschnitt. Jedoch hat die priori-Verteilung der Parameter jetzt eine andere Gestalt als dort. Die Vorkenntnisse über $(\mu_1;\mu_2;\sigma_1^2;\sigma_2^2)$ werden in der gemeinsamen priori-Verteilung mit der Dichte

$$\psi(\mu_1;\mu_2;\sigma_1^2;\sigma_2^2) = \psi(\mu_1;\sigma_1^2) \cdot \psi(\mu_2;\sigma_2^2) = \tag{13.1}$$

$$= \prod_{i=1}^{2}\left\{(k_i/\sigma_{io}^3)\left(\frac{\sigma_{io}^2}{\sigma_i^2}\right)^{(f_{io}+3)/2} \exp\left[-\frac{f_{io}-2}{2}\left(\frac{\sigma_{io}}{\sigma_i}\right)^2 - \frac{n_{io}}{2}\left(\frac{\mu_i-\mu_{io}}{\sigma_i}\right)^2\right]\right\}$$

zusammengefaßt. Dabei hat die Konstante k_i gemäß (1o.3) die Gestalt

$$k_i = \left[\sqrt{n_{io}}(f_{io}-2)^{f_{io}/2}\right] / \left[\sqrt{2\pi}\,2^{f_{io}/2}\,\Gamma(f_{io}/2)\right] . \tag{13.2}$$

Jedes Wertepaar $(\mu_i;\sigma_i^2)$ genügt der im Abschnitt 1o für das Wertepaar $(\mu;\sigma^2)$ vorausgesetzten Verteilung (1o.1). Ersichtlich sind die Wertepaare $(\mu_1;\sigma_1^2)$ und $(\mu_2;\sigma_2^2)$ in der priori-Verteilung unabhängig voneinander. Ebenso wie in (1o.9) und (1o.4) gilt auch hier

$$M(\mu_i) = \mu_{io} \quad ; \quad V(\mu_i) = \sigma_{io}^2/n_{io} , \tag{13.3}$$

und

$$M(\sigma_i^2) = \sigma_{io}^2 \quad ; \quad V(\sigma_i^2) = 2\,\sigma_{io}^4/(f_{io}-4) , \tag{13.4}$$

wobei μ_{io}, σ_{io}^2, n_{io} und f_{io} acht bekannte Parameter sind, welche die priori-Mittelwerte und -Varianzen kennzeichnen.

Die Likelihood, — gebildet aus den unabhängigen Stichprobenwerten $\mathcal{X}_i = (x_{i1};\ldots;x_{in_i})$; $i = 1,2$ zweier unabhängig gezogener Stichproben des Umfangs n_i aus $N(\mu_i;\sigma_i^2)$ — , ist mit (12.4) identisch,

$$L(\mathcal{U}_1 ; \mathcal{U}_2 \mid \mu_1 ; \mu_2 ; \sigma_1^2 ; \sigma_2^2) = \prod_{i=1}^{2} L_i(\mathcal{U}_i \mid \mu_i ; \sigma_i^2) \ . \tag{13.5}$$

Aus (13.1) und (13.5) folgt, daß die gemeinsame posteriori-Dichte der vier Veränderlichen $(\mu_1 ; \mu_2 ; \sigma_1^2 ; \sigma_2^2)$ bei beobachtetem $\mathcal{U}_1$ und $\mathcal{U}_2$ in das Produkt

$$\left[\psi_1(\mu_1 ; \sigma_1^2) \, L_1(\mathcal{U}_1 \mid \mu_1 ; \sigma_1^2) \right] \cdot \left[\psi_2(\mu_2 ; \sigma_2^2) L_2(\mathcal{U}_2 \mid \mu_2 ; \sigma_2^2) \right] \tag{13.6}$$

zerfällt, wobei $\psi_i(\mu_i ; \sigma_i^2)$ aus (1o.1) bzw. (13.1) zu entnehmen und $L_i(\mathcal{U}_i \mid \mu_i ; \sigma_i^2)$ entsprechend (9.8) bzw. (12.4) zu bilden ist. Infolgedessen sind die Paare $(\mu_1 ; \sigma_1^2)$ und $(\mu_2 ; \sigma_2^2)$ nicht nur priori, sondern auch posteriori unabhängig voneinander.

Die Aussagen über Mittelwerte und Varianzen gehen infolgedessen unmittelbar aus den Ergebnissen des Abschnitts 1o hervor, wo die erforderlichen Integrationen für __ein__ Wertepaar $(\mu ; \sigma^2)$ in allen Einzelheiten durchgeführt worden sind. Zweckmäßig erklärt man für $i = 1 ; 2$ entsprechend zu (1o.12) und (1o.13) die Hilfsgrößen

$$\hat{\mu}_i = (n_{io} \mu_{io} + n_i \bar{x}_i) / (n_{io} + n_i) \tag{13.7}$$

und

$$w_i^2 = (f_{io} - 2) \sigma_{io}^2 + (n_i - 1) s_i^2 + \frac{n_{io} n_i}{n_{io} + n_i} (\mu_{io} - \bar{x}_i)^2 \ . \tag{13.8}$$

Dabei sind $(\bar{x}_1 ; \bar{x}_2)$ nach (12.2) die Mittelwerte und $(s_1^2 ; s_2^2)$ nach (12.3) die Varianzen von zwei unabhängigen Stichproben der Größe n_1 bzw. n_2 aus der Normalverteilung $N(\mu_1 ; \sigma_1^2)$ bzw. $N(\mu_2 ; \sigma_2^2)$.

__Aussagen über die Mittelwerte μ_i und ihre Differenz $\delta = \mu_1 - \mu_2$__

Nach (1o.2o) genügt posteriori die Zufallsvariable

$$\sqrt{(n_{io} + n_i)(f_{io} + n_i)} \, (\mu_i - \hat{\mu}_i) / w_i = t_i \ , \quad i = 1 ; 2 \ , \tag{13.9}$$

einer t-Verteilung mit $f_i = f_{io} + n_i$ Freiheitsgraden. Mithin wird der __posteriori-Mittelwert von μ_i__ ,

$$M(\mu_i \mid \mathcal{U}_i) = \hat{\mu}_i \ , \tag{13.1o}$$

die posteriori-Varianz von μ_i,

$$V(\mu_i \mid \mathcal{v}_i) = \frac{w_i^2}{(n_{io} + n_i)(f_{io} + n_i - 2)},\qquad (13.11)$$

der zweiseitig abgegrenzte posteriori-Vertrauensbereich für μ_i zur statistischen Sicherheit $1-\alpha$,

$$|\mu_i - \hat{\mu}_i| \leqq \frac{w_i}{\sqrt{(n_{io} + n_i)(f_{io} + n_i)}}\, t_{f_{io} + n_i; 1-\alpha/2},\qquad (13.12)$$

der posteriori-Mittelwert der Differenz $\delta = \mu_1 - \mu_2$,

$$M(\delta \mid \mathcal{v}_1; \mathcal{v}_2) = \hat{\mu}_1 - \hat{\mu}_2 = \hat{\delta}.\qquad (13.13)$$

Da die in (13.9) erklärten t-verteilten Zufallsgrößen t_1 und t_2 unabhängig voneinander sind, genügt die Zufallsvariable

$$t' = (\cos\gamma)t_1 + (\sin\gamma)t_2 \qquad (13.14)$$

einer Behrens-Fisher-Verteilung mit den Freiheitsgraden $f_1 = f_{1o} + n_1$, $f_2 = f_{2o} + n_2$ und dem Parameter $\cos^2\gamma$. Die hier gegebene Definition der Zufallsgröße t' stimmt mit der in (12.16) gegebenen überein, da wegen der Symmetrie der t-Verteilung die Zufallsvariablen $-t_2$ und t_2 identisch verteilt sind (vgl. auch S.147). Setzt man insbesondere

$$\cos\gamma = \frac{w_1}{\lambda_{12}\sqrt{(f_{1o} + n_1)(n_{1o} + n_1)}} \quad \text{und}$$

$$\sin\gamma = -\frac{w_2}{\lambda_{12}\sqrt{(f_{2o} + n_2)(n_{2o} + n_2)}},\qquad (13.15)$$

so ist wegen $\sin^2\gamma + \cos^2\gamma = 1$

$$\lambda_{12}^2 = \frac{w_1^2}{(f_{1o} + n_1)(n_{1o} + n_1)} + \frac{w_2^2}{(f_{2o} + n_2)(n_{2o} + n_2)},\qquad (13.16)$$

ferner

$$\tan\gamma = -\frac{w_2/\sqrt{(f_{2o} + n_2)(n_{2o} + n_2)}}{w_1/\sqrt{(f_{1o} + n_1)(n_{1o} + n_1)}}.\qquad (13.17)$$

Setzt man $(\cos\gamma ; \sin\gamma)$ aus (13.15) und $(t_1 ; t_2)$ aus (13.9) in (13.14) ein, so wird t' zu

$$t' = [(\mu_1 - \hat{\mu}_1) - (\mu_2 - \hat{\mu}_2)]/\lambda_{12} \; . \tag{13.18}$$

Mit $\mu_1 - \mu_2 = \delta$ und $\hat{\mu}_1 - \hat{\mu}_2 = \hat{\delta}$ hat man

$$t' = (\delta - \hat{\delta})/\lambda_{12} \; . \tag{13.19}$$

Es sei $t'_{1-\beta}$ $(f_1 ; f_2 ; \cos^2\gamma)$ der Schwellenwert [der Behrens-Fisher-Verteilung mit $(f_1 ; f_2)$ Freiheitsgraden und dem Parameter $\cos^2\gamma$], der mit der Wahrscheinlichkeit $(1-\beta)$ unterschritten wird. Aus (13.19) folgt damit der <u>posteriori-Vertrauensbereich für die Differenz $\delta = \mu_1 - \mu_2$</u> zur statistischen Sicherheit $1-\alpha$

$$\hat{\delta} - \lambda_{12}\, t'_{1-\alpha/2} \; (f_{1o} + n_1 ; f_{2o} + n_2 ; \cos^2\gamma) \leq \delta \leq \tag{13.2o}$$

$$\leq \hat{\delta} + \lambda_{12}\, t'_{1-\alpha/2} \; (f_{1o} + n_1 ; f_{2o} + n_2 ; \cos^2\gamma) \; .$$

Dabei findet man $\hat{\delta} = \hat{\mu}_1 - \hat{\mu}_2$ mit (13.7) und λ_{12}^2 aus (13.16) mit (13.8).

<u>Aussagen über die Varianzen σ_i^2 und ihr Verhältnis σ_1^2/σ_2^2</u>

Nach (1o.28) und (1o.29) genügt posteriori die Zufallsvariable

$$(w_i/\sigma_i)^2 = \tau_i^2 \quad , \quad i = 1;2 \; , \tag{13.21}$$

einer χ_f^2-Verteilung mit $f_i = f_{io} + n_i$ Freiheitsgraden, d.h. posteriori gilt

$$\sigma_i^2/w_i^2 = 1/\chi^2_{f_{io} + n_i} \; . \tag{13.22}$$

Mithin wird

der <u>posteriori-Mittelwert von σ_i^2</u> gemäß (9.6)

$$M(\sigma_i^2 \,|\, \gamma_i) = w_i^2/(f_{io} + n_i - 2) \; , \tag{13.23}$$

die <u>posteriori-Varianz von σ_i^2</u> gemäß (9.7)

$$V(\sigma_i^2 \,|\, \gamma_i) = 2\, w_i^4/[(f_{io} + n_i - 2)^2 (f_{io} + n_i - 4)] \; , \tag{13.24}$$

der zweiseitig abgegrenzte posteriori-Vertrauensbereich für σ_i^2 zur statistischen Sicherheit $1-\alpha$ gemäß (1o.37)

$$w_i^2/\chi^2_{f_{io}+n_i;1-\alpha/2} \leq \sigma_i^2 \leq w_i^2/\chi^2_{f_{io}+n_i;\alpha/2} \; . \tag{13.25}$$

Da die in (13.21) erklärten χ^2_f-verteilten Zufallsgrößen τ_1^2 und τ_2^2 wegen (13.6) unabhängig voneinander sind, so genügt die Zufallsvariable

$$\frac{\tau_1^2/f_1}{\tau_2^2/f_2} = F(f_1;f_2) \tag{13.26}$$

einer F-Verteilung mit f_1 und f_2 Freiheitsgraden. Setzt man in der letzten Gleichung τ_i^2 aus (13.21) ein, so wird das Varianzverhältnis

$$\sigma_1^2/\sigma_2^2 = \frac{w_1^2/(f_{1o}+n_1)}{w_2^2/(f_{2o}+n_2)} \frac{1}{F(f_1;f_2)} \; . \tag{13.27}$$

Mit $F(f_1;f_2) \cdot F(f_2;f_1) = 1$ wird daraus

$$\sigma_1^2/\sigma_2^2 = \frac{w_1^2/(f_{1o}+n_1)}{w_2^2/(f_{2o}+n_2)} F(f_2;f_1) \; . \tag{13.28}$$

Der posteriori-Mittelwert des Quotienten σ_1^2/σ_2^2 wird infolgedessen mit (12.29)

$$M(\sigma_1^2/\sigma_2^2|\psi_1;\psi_2) = \frac{w_1^2/(f_{1o}+n_1-2)}{w_2^2/(f_{2o}+n_2)} \; ; \tag{13.29}$$

die posteriori-Varianz von σ_1^2/σ_2^2 mit (12.29)

$$V(\sigma_1^2/\sigma_2^2|\psi_1;\psi_2) = \frac{2(f_1+f_2-2)f_2}{(f_1-4)(f_1-2)^2} \frac{w_1^4}{w_2^4} \; ; \tag{13.3o}$$

der zweiseitig abgegrenzte posteriori-Vertrauensbereich für σ_1^2/σ_2^2 zur statistischen Sicherheit $1-\alpha$ ist

$$\frac{w_1^2/(f_{1o}+n_1)}{w_2^2/(f_{2o}+n_2)}\, F_{\alpha/2} \;\leq\; \frac{\sigma_1^2}{\sigma_2^2} \;\leq\; \frac{w_1^2/(f_{1o}+n_1)}{w_2^2/(f_{2o}+n_2)}\, F_{1-\alpha/2} \qquad (13.31)$$

mit $F_\beta = F_\beta(f_{2o}+n_2; \; f_{1o}+n_1)$ und w_i^2 aus (13.8).

In den folgenden Sonderfällen (a) bis (e) mag der Leser (mit Hilfe der entsprechenden Grenzübergänge) untersuchen, wie die priori-Information und die posteriori-Aussagen beschaffen sind:

(a) $f_{io} \longrightarrow \infty$;

(b) $n_{io} \longrightarrow \infty$;

(c) $n_{io} \longrightarrow o$;

(d) $f_{io} \longrightarrow 4$;

(e) $n_i \longrightarrow \infty$.

14. Die Schätzung der Grundwahrscheinlichkeit p einer Binomialverteilung; Gleichverteilung von p als priori-Verteilung

Es sei p die Grundwahrscheinlichkeit einer Binomialverteilung, beispielsweise der Schlechtanteil einer Fertigung. Allgemein seien die Wahrscheinlichkeiten für das Auftreten der Eigenschaft $A \equiv 1$ bzw. $\bar{A} \equiv o$ gleich $W(A) = p$ bzw. $W(\bar{A}) = q = 1-p$. Als priori-Verteilung von p wird eine Gleichverteilung im Bereich $o \leq p \leq 1$ mit der Dichte

$$\psi(p) = konst = 1 \tag{14.1}$$

angenommen. Ersichtlich hat man damit "praktisch keine Information" über p.

Man entnimmt der Grundgesamtheit bei unbekanntem (aber während der Probenahme festem) p eine Zufallsstichprobe der Größe n mit den unabhängig erhaltenen Ergebnissen z_1; z_2; ... ;z_n , wobei die z_ν entweder den Wert 1 oder o besitzen, je nachdem ob beim ν-ten Stichprobenelement $A \equiv 1$ oder $\bar{A} \equiv o$ beobachtet wird. Beispielsweise bedeutet die Eigenschaft 1 "fehlerhaft" und die Eigenschaft o "fehlerfrei". Die Verteilung von z hat bei festem p die Gestalt

$$\psi(z \mid p) = \begin{cases} p\,z + q(1-z) & ; \ z = o;1 \ , \\ o & sonst. \end{cases} \tag{14.2}$$

$\psi(z)$ bezeichnet hier im Gegensatz zur bisherigen Bedeutung nicht die Wahrscheinlichkeitsdichte an der Stelle z, sondern die <u>Wahrscheinlichkeit für z</u> . Verwechslungen infolge der Verwendung des gleichen Symbols ψ sind jedoch nicht zu befürchten.

Die Likelihood $L = L(z_1; \ z_2; \ ... \ ;z_n \mid p)$ ist

$$L = \prod_{\nu=1}^{n} \psi(z_\nu \mid p) = \prod_{\nu=1}^{n} \left[p\,z_\nu + q(1-z_\nu) \right] ; \tag{14.3}$$

$z_\nu = o$ liefert den Beitrag q und $z_\nu = 1$ liefert den Beitrag p zum Produkt $\prod_\nu$.

Setzt man

$$\sum_{\nu=1}^{n} z_{\nu} = x \; ; \quad o \le x \le n \; , \tag{14.4}$$

so wird ersichtlich mit 1-p = q und n-x = y

$$L(x;y|p) = p^{x}(1-p)^{n-x} = p^{x}q^{y} \; . \tag{14.5}$$

L hängt nur von (x;y), jedoch nicht von den einzelnen z_{ν} , ab.

Als posteriori-Dichte für p bei beobachtetem (x;y) mit x+y = n hat man demnach mit (14.1) und der Normierungskonstanten k

$$\psi(p|x) = k\,p^{x}(1-p)^{y} \; ; \quad o \le p \le 1 \; . \tag{14.6}$$

Das ist die Dichte einer Beta-Verteilung — vgl. auch (4.27) bis (4.3o) — mit den Parametern (x+1) und (y+1). Infolgedessen wird die Konstante k in (14.6) zu

$$k = \frac{\Gamma(n+2)}{\Gamma(x+1)\,\Gamma(y+1)} \; . \tag{14.7}$$

Das Moment $m_{\lambda}(o)$ der Ordnung λ bezüglich Null der Beta-Verteilung wird

$$m_{\lambda}(o) = \int_{0}^{1} k\,p^{\lambda}\,p^{x}(1-p)^{y}\,dp = k\,\frac{\Gamma(\lambda+x+1)\,\Gamma(y+1)}{\Gamma(n+\lambda+2)}$$

oder mit (14.7)

$$m_{\lambda}(o) = \frac{\Gamma(n+2)\,\Gamma(\lambda+x+1)}{\Gamma(x+1)\,\Gamma(n+\lambda+2)} \; . \tag{14.8}$$

λ = 1 gibt den Mittelwert $M(p|x;y)$ von p bei beobachtetem (x;y), den posteriori-Schätzwert von p ,

$$M(p|x) = (x+1)/(n+2) \; . \tag{14.9}$$

λ = 2 gibt zunächst

$$m_{2}(o) = \frac{(x+1)\,(x+2)}{(n+2)\,(n+3)} \; . \tag{14.1o}$$

Nach dem "Verschiebungssatz" für Momente zweiter Ordnung ist

$$V(p|x) = m_{2}(o) - m_{1}^{2}(o) \; . \tag{14.11}$$

Mit (14.1o) und (14.9) wird daraus die posteriori-Varianz von p

$$V(p|x) = \frac{(x+1)(y+1)}{(n+2)^2(n+3)} \quad , \quad x+y = n \ . \tag{14.12}$$

Den zweiseitig abgegrenzten posteriori-Vertrauensbereich für p zur statistischen Sicherheit $1-\alpha$,

$$p_1 \leqq p \leqq p_2 \ , \tag{14.13}$$

findet man, indem man p_1 und $p_2 > p_1$ aus der Gleichung

$$\int_0^{p_1} \psi(p|x)\,dp = \alpha/2 = \int_{p_2}^1 \psi(p|x)\,dp \tag{14.14}$$

bestimmt, wobei $\psi(p|x)$ durch (14.6) mit (14.7) gegeben ist. Die Grenzen p_1 und p_2 kann man mit der unvollständigen Beta-Funktion finden; vgl. auch S. 45 f.

Einfacher geht es mit der F-Verteilung. Zu dem Zweck transformiert man p zu F mit

$$F = \frac{(y+1)p}{(x+1)(1-p)} \ . \tag{14.15}$$

Setzt man bei gegebenem x und y

$$(y+1) + (x+1)F = G(F) = G \ , \tag{14.16}$$

so folgt aus (14.15)

$$p = (x+1)(F/G) \quad \text{und} \quad 1-p = (y+1)/G \ . \tag{14.17}$$

Setzt man p und (1-p) in (14.6) ein und berücksichtigt

$$dp = \left[(x+1)(y+1)/G^2\right]dF \ , \tag{14.18}$$

so wird die posteriori-Dichte $\psi(F|x)$ mit einer geeigneten Konstanten k_1 ,

$$\psi(F|x) = k_1\,F^x/G^{n+2} = k_1\,\frac{F^x}{\left[(y+1) + (x+1)F\right]^{n+2}} \ . \tag{14.19}$$

Aus (14.19) ist ersichtlich, daß F der $F(f_1;f_2)$-Verteilung mit $f_1 = 2(x+1)$ und $f_2 = 2(y+1)$ Freiheitsgraden genügt. Sind

$$F_{\alpha/2}(f_1;f_2) \equiv F_{\alpha/2} \quad \text{und} \quad F_{1-\alpha/2}(f_1;f_2) \equiv F_{1-\alpha/2} \qquad (14.2o)$$

die Schwellenwerte der $F(f_1;f_2)$-Verteilung, die mit der Wahrscheinlichkeit $\alpha/2$ bzw. $1-\alpha/2$ unterschritten werden, so gilt mit der Wahrscheinlichkeit $1-\alpha$ gemäß (14.15)

$$F_{\alpha/2} \leqq \frac{(y+1)p}{(x+1)(1-p)} \leqq F_{1-\alpha/2} \; . \qquad (14.21)$$

Da die Transformation von p zu F nach (14.18) streng monoton ist,
darf man (14.21) nach p auflösen und findet den <u>posteriori-Vertrau-
ensbereich für p</u> in der Gestalt

$$p_1 = \frac{(x+1)F_{\alpha/2}(f_1;f_2)}{(y+1)+(x+1)F_{\alpha/2}(f_1;f_2)} \leqq p \leqq \frac{(x+1)F_{1-\alpha/2}(f_1;f_2)}{(y+1)+(x+1)F_{1-\alpha/2}(f_1;f_2)} = p_2, \qquad (14.22)$$

wobei die Schwellenwerte der $F(f_1;f_2)$-Verteilung für $f_1 = 2(x+1)$ und
$f_2 = 2(y+1) = 2(n-x+1)$ Freiheitsgrade zu entnehmen sind.

Bestimmt man <u>ohne Vorkenntnisse</u> über p den Vertrauensbereich für p
zur statistischen Sicherheit $1-\alpha$ bei beobachtetem $\hat{p} = x/n$ durch den
"(Neyman'schen) Konfidenzschluß von der Probe auf die Gesamtheit",
so gilt[1)]

$$p_U \leqq p \leqq p_O \qquad (14.23)$$

mit

$$p_U = \frac{x\,F_{\alpha/2}(f_1';f_2')}{(y+1)+x\,F_{\alpha/2}(f_1';f_2')} \; ; \; f_1' = 2x \; ; \; f_2' = 2(y+1) = 2(n-x+1) \; ; \qquad (14.24)$$

und

$$p_O = \frac{(x+1)F_{1-\alpha/2}(f_1'';f_2'')}{y+(x+1)F_{1-\alpha/2}(f_1'';f_2'')} \; ; \; f_1'' = 2(x+1) \; ; \; f_2'' = 2(n-x) = 2y \; . \qquad (14.25)$$

Ersichtlich sind die Unterschiede zwischen $(p_1;p_2)$ aus (14.22) und
$(p_U;p_O)$ aus (14.24) und (14.25) nicht von Belang, falls $y \gg 1$ ist.

Bemerkenswert ist der Grenzübergang zu großen Stichproben. Wenn n
"groß" und $x \gg 1$ ist, so werden Mittelwert bzw. Varianz aus (14.9)

---

1) Vgl. z.B. Graf/Henning/Stange: Formeln und Tabellen der mathematischen Statistik. Berlin: Springer 1966, S. 55 .

bzw. (14.12) angenähert

$$M(p|x) \approx x/n \; ; \quad x \gg 1 \; ; \quad n \text{ "groß" } ; \tag{14.26}$$

bzw.

$$V(p|x) \approx \frac{1}{n}(x/n)\left[1 - (x/n)\right] . \tag{14.27}$$

x/n ist der relative Anteil der Eigenschaft A ≡ 1 in der Probe,

$$x/n = \hat{p} . \tag{14.28}$$

Damit hat man aus (14.26) und (14.27) bei festem n

$$M(p|\hat{p}) \approx \hat{p} \quad \text{und} \quad V(p|\hat{p}) \approx \frac{1}{n}\hat{p}\,(1-\hat{p}) . \tag{14.29}$$

In diesen Gleichungen sind die Rollen von p und $\hat{p}$ vertauscht im Vergleich zu den bekannten Gleichungen für Mittelwert und Varianz von $\hat{p}$ bei gegebenem p ,

$$M(\hat{p}|p) = p \quad \text{und} \quad V(\hat{p}|p) = \frac{1}{n}p\,(1-p) . \tag{14.3o}$$

"Nullergebnis" in der Probe

Hat man in der Probe kein Element mit der Eigenschaft A ≡ 1 beobachtet, so ist x = o . Nach (14.22) wird für x = o die <u>untere</u> Grenze p_1 des posteriori-Vertrauensbereichs für p zu

$$p_1' = \frac{F_{\alpha/2}(2;2n+2)}{(n+1) + F_{\alpha/2}(2;2n+2)} .$$

Mit

$$F_{\alpha/2}(f_1;f_2)\; F_{1-\alpha/2}(f_2;f_1) = 1$$

wird

$$p_1' = \frac{1}{1 + (n+1)F_{1-\alpha/2}(2n+2;2)} .$$

Für n ≥ 1 ist 2n+2 ≥ 4 und

$$F_{1-\alpha/2}(4;2) \leq F_{1-\alpha/2}(2n+2;2) \leq F_{1-\alpha/2}(\infty;2) .$$

Zahlenmäßig gilt beispielsweise für 1−α = 95%

$$39,2 \leq F_{0,975}(2n+2;2) \leq 39,5 .$$

Der Schwellenwert $F_{1-\alpha/2}(2n+2;2)$ ist demnach nahezu unabhängig von n . Für die genannte statistische Sicherheit von 95% wird die untere Grenze etwa

$$p_1' \approx \frac{1}{4o(n+1)} \; .$$

Für praktische Zwecke darf daher p_1' durch o ersetzt werden. Deshalb wird im Falle x = o der Vertrauensbereich für p <u>einseitig nach oben</u> mit dem Faktor $F_{1-\alpha}(2;2n+2)$ abgegrenzt. Aus (14.22) folgt dann

$$o \le p \le \frac{F_{1-\alpha}(2;2n+2)}{(n+1) + F_{1-\alpha}(2;2n+1)} = p_2' \; . \tag{14.31}$$

Die obere Grenze findet man auch aus

$$p_2' = 1 - \alpha^{1/(n+1)} \; . \tag{14.32}$$

Zum Beweise betrachtet man eine Binomialverteilung mit den Parametern (p;q) und (n+1). Ihre Summenfunktion $B_{n+1}(x|p)$ an der Stelle x läßt sich bekanntlich durch die Summenfunktion $\Psi(F|f_1;f_2)$ der F-Verteilung ausdrücken,

$$B_{n+1}(x|p) = 1 - \Psi(F_o|f_1;f_2) \; , \tag{14.33}$$

mit

$$F_o = \frac{y+1}{x+1}\frac{p}{q} \; ; \quad f_1 = 2(x+1) \; ; \quad f_2 = 2(y+1) = 2(n+1-x) \; ,$$

wobei hier wie im vorangehenden y = n-x gesetzt ist. Insbesondere ist für x = o mit $F_o = (n+1)p/q$

$$q^{n+1} = B_{n+1}(o|p) = 1 - \Psi[(n+1)p/q|\, 2\;;2(n+1)] \; . \tag{14.34}$$

Setzt man $q^{n+1} = \alpha$, so wird einerseits

$$p = 1-\alpha^{1/(n+1)} = p_2' \; , \tag{14.35}$$

was mit (14.32) übereinstimmt. Die Forderung $q^{n+1} = \alpha$ ist gleichbedeutend damit, daß für $1 \ge q \ge \sqrt[n+1]{\alpha}$ bzw. für $o \le p \le p_2' = 1 - \sqrt[n+1]{\alpha}$ das Nullergebnis mindestens mit der Wahrscheinlichkeit α auftritt. Andererseits folgt aus (14.34) mit $q^{n+1} = \alpha$

$$\Psi[(n+1)p/q \,|\, 2 \,;\, 2(n+1)] = 1-\alpha$$

oder

$$F_{1-\alpha}(2 \,;\, 2n+2) = (n+1)p/q = (F_O)_{x=o} \,. \qquad (14.36)$$

Löst man diese Gleichung nach p auf, so findet man

$$p = \frac{F_{1-\alpha}(2;2n+2)}{(n+1) + F_{1-\alpha}(2;2n+2)} = p_2' \,, \qquad (14.37)$$

was mit (14.31) übereinstimmt. Damit ist der Beweis erbracht, daß (14.31) und (14.32) den gleichen Schwellenwert p_2' liefern.

Für "große" n läßt sich p_2' umgestalten. Setzt man $1/(n+1) = t$, so wird

$$\alpha^{1/(n+1)} = \alpha^t = f(t) \quad \text{mit} \quad f(o) = 1$$

und

$$df/dt = f'(t) = \alpha^t \,\ell n\alpha \quad \text{mit} \quad f'(o) = \ell n\alpha \,.$$

Für große n bzw. kleine t gilt

$$f(t) \approx f(o) + f'(o)t = 1 + t\,\ell n\alpha = 1 - t\,\ell n(1/\alpha) \,.$$

Damit wird aus (14.32)

$$p_2' = 1 - f(t) \approx t\,\ell n(1/\alpha) = \ell n(1/\alpha)/(n+1) \,.$$

Wählt man insbesondere die statistische Sicherheit $1-\alpha = 95\%$ bzw. $\alpha = 5\% = 5/1oo$, so ist

$$\ell n(1/\alpha) = \ell n\, 2o = 2,996 \approx 3 \,.$$

Damit wird beim Nullergebnis $x = o$ die <u>einseitige obere posteriori-Vertrauensgrenze</u> p_2' für p bei der statistischen Sicherheit $1-\alpha = 95\%$ zu

$$p_2' \approx 3/(n+1) \;;\quad n \gtrsim 5o \,. \qquad (14.38)$$

Für $n \gtrsim 5o$ ist der absolute Fehler dieser Näherung für p_2' kleiner als 2‰ , wie man bei Betrachtung des Gliedes

$$f''(o)\,\frac{t^2}{2} = \frac{1}{2}\left(\frac{\ell n\alpha}{n+1}\right)^2$$

der Taylorreihe von f(t) erkennt, die wegen $\ln\alpha < 0$ im Vorzeichen
alterniert.

Beispiel 14.1

Als priori-Verteilung von p wird die Gleichverteilung im Bereich
$0 \leq p \leq 1$ gewählt. Bei fester unbekannter Grundwahrscheinlichkeit p
werden insgesamt 1ooo unabhängige Versuche, und zwar nacheinander,
durchgeführt. Erreicht die Zahl der durchgeführten Versuche bestimmte
vorgegebene Werte n , so wird jeweils die Zahl x bzw. y der "Erfolge"
bzw. "Mißerfolge" notiert. Es ergibt sich:

	priori						
n	o	5	2o	1oo	2oo	4oo	1ooo
x	o	1	5	26	43	91	2o8
y	o	4	15	74	157	3o9	792

In Abb.14.1 sind die zu n = 2o, n = 2oo und n = 1ooo gehörenden posteriori-Dichten von p ,

$$\psi(p|x) = \frac{\Gamma(n+2)}{\Gamma(x+1)\Gamma(y+1)}\, p^x(1-p)^y \;;\; x+y = n \;;$$

in Abhängigkeit von p dargestellt. Die ursprüngliche Gleichverteilung
geht mit wachsendem n in eine immer "engere" und "höhere" Verteilung
über. Nach 1ooo Beobachtungen konzentriert sich die Wahrscheinlichkeit
auf eine sehr enge Umgebung des wahren Wertes (der im vorliegenden
Fall bei p = o,2o = 2o% lag).

Bei n = 1ooo ist der posteriori-Mittelwert von p nach (14.9)

$$M(p|x) = \frac{x+1}{n+2} = \frac{2o9}{1oo2} = 0,2o9 = 2o,9\% \;.$$

Die zugehörige posteriori-Varianz von p folgt aus (14.12),

$$V(p|x) = \frac{(x+1)(y+1)}{(n+2)^2(n+3)} = 1,646/1o^4 \;.$$

Die posteriori-Standardabweichung von p ist

$$\sigma(p|x) \approx \sqrt{V(p|x;y)} = 1,28/1o^2 \;.$$

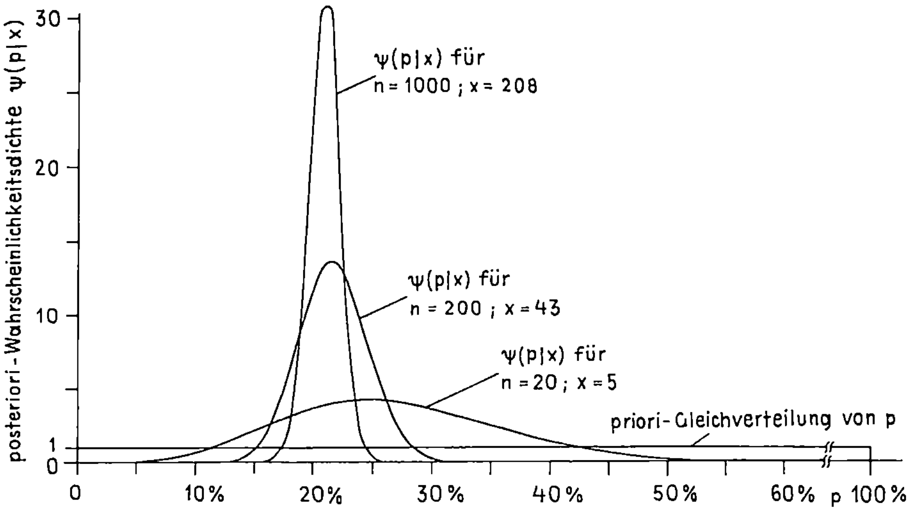

Abb.14.1 Die zu n = 2o, n = 2oo und n = 1ooo gehörenden posteriori-Dichten von p sowie die priori-Gleichverteilung von p .

Der posteriori-Vertrauensbereich für p zur statistischen Sicherheit 1-α = 95% folgt aus (14.22) zu

$$\frac{2o9\ F_{2,5\%}(418;1586)}{793 + 2o9\ F_{2,5\%}(418;1586)} \leq p \leq \frac{2o9\ F_{97,5\%}(418;1586)}{793 + 2o9\ F_{97,5\%}(418;1586)} \ .$$

Mit

$$F_{97,5\%}(f_1;f_2) = 1,16 \quad \text{und} \quad F_{2,5\%}(f_1;f_2) = 1/F_{97,5\%}(f_2;f_1) = 1/1,17$$

wird

$$18,4\% \leq p \leq 23,4\% \ .$$

Angenähert berechnet man den Vertrauensbereich bei "großem" n zur statistischen Sicherheit 1-α = 95% aus

$$M(p|x) \pm 2\,\sigma(p|x) = (2o,9 \pm 2,6)\% \ ,$$

was mit dem genauen Ergebnis ausreichend genau übereinstimmt. Soweit das Beispiel.

Abschließend sei noch eine Bemerkung zur Berechnung der posteriori-Dichte $\psi(p|x)$ aus (14.6) und (14.7) gemacht. Nach diesen Formeln wird die Summenfunktion der posteriori-Verteilung von p bei beobachtetem Wertepaar (x;y) mit x+y = n zu

$$\Psi(p|x) = \int_{\eta=0}^{p} \psi(\eta|x;y)\,d\eta = \frac{\Gamma(n+2)}{\Gamma(x+1)\,\Gamma(y+1)} \int_{\eta=0}^{p} \eta^{x}(1-\eta)^{y}\,d\eta \ . \qquad (14.39)$$

Sie läßt sich nach (4.27) bis (4.3o) mit Hilfe der unvollständigen Betafunktion bestimmen. Ersetzt man dort das Wertetripel $(z;\kappa;\lambda)$ durch $(p\ ;\ x+1\ ;\ y+1)$, so wird die Summenfunktion zu

$$\Psi(p|x) = \frac{B_{p}(x+1;y+1)}{B(x+1;y+1)} = I_{p}(x+1;y+1) \ ; \qquad (14.4o)$$

vgl. auch (4.3o).

<table>
<tr><td colspan="4" align="center">Zahlentafel 14.1</td></tr>
<tr><td>p %</td><td>b(1ooo;2o8;p)</td><td>posteriori-
Dichte
$\psi(p|2o8;792)$</td><td>posteriori-
Summenfunktion
$\Psi(p|2o8;792)$</td></tr>
<tr><td>15</td><td>0,00000</td><td>0,000</td><td></td></tr>
<tr><td>16</td><td>0,00001</td><td>0,01o</td><td>0,0000</td></tr>
<tr><td>17</td><td>25</td><td>0,25o</td><td>0,0001</td></tr>
<tr><td>18</td><td>241</td><td>2,412</td><td>0o26</td></tr>
<tr><td>19</td><td>1111</td><td>11,121</td><td>o267</td></tr>
<tr><td>2o</td><td>2548</td><td>25,5o5</td><td>1379</td></tr>
<tr><td>21</td><td>3o7o</td><td>3o,731</td><td>393o</td></tr>
<tr><td>22</td><td>2o31</td><td>2o,33o</td><td>7oo3</td></tr>
<tr><td>23</td><td>767</td><td>7,678</td><td>9o36</td></tr>
<tr><td>24</td><td>171</td><td>1,712</td><td>98o4</td></tr>
<tr><td>25</td><td>24</td><td>0,24o</td><td>9975</td></tr>
<tr><td>26</td><td>0,00002</td><td>0,02o</td><td>0,9999</td></tr>
<tr><td>27</td><td>0,00000</td><td>0,000</td><td>1,0oo1</td></tr>
<tr><td colspan="4" align="center">Zur Berechnung der posteriori-Dichte $\psi(p|x;y)$ aus
b(n;x;p) für n = 1ooo; x = 2o8 (und y = 792)</td></tr>
</table>

Zur Bestimmung von $\Psi(p|x)$ kann man auch den Zusammenhang der Beta-Verteilung mit der Binomialverteilung ausnutzen. Es sei

$$b(n;x;p) = \binom{n}{x} p^{x}(1-p)^{n-x} = \frac{n!}{x!\,y!}\, p^{x}q^{y} \qquad (14.41)$$

die Wahrscheinlichkeit, bei n Versuchen genau x mal die Eigenschaft $A \equiv 1$ zu beobachten, wenn die Grundwahrscheinlichkeit gleich p ist und die Versuchsergebnisse unabhängig voneinander sind. Dann ist die posteriori-Dichte aus (14.6) mit k aus (14.7)

$$\psi(p|x) = \frac{(n+1)!}{x!y!}\, p^x q^y = (n+1)\frac{n!}{x!y!}\, p^x q^y = (n+1)b(n;x;p) \ . \qquad (14.42)$$

In Zahlentafel 14.1 sind die Ergebnisse der Rechnung für Beispiel 14.1 mit n = 1ooo; x = 2o8 (und y = 792) enthalten.

15. Die Schätzung der Grundwahrscheinlichkeit p einer Binomialverteilung; Beta-Verteilung von p als priori-Verteilung

In diesem Abschnitt wird vorausgesetzt, daß der Parameter p der Binomialverteilung als priori-Verteilung eine Beta-Verteilung mit den Parametern κ_1 und κ_2 besitzt, daß also die Dichte von p durch

$$\psi(p|\kappa_1;\kappa_2) = \frac{\Gamma(\kappa)}{\Gamma(\kappa_1)\,\Gamma(\kappa_2)}\; p^{\kappa_1-1}\,(1-p)^{\kappa_2-1} = \psi(p) \qquad (15.1)$$

mit

$$o \leq p \leq 1 \;;\; (\kappa_1;\kappa_2) > o \quad \text{und} \quad \kappa_1 + \kappa_2 = \kappa$$

gegeben ist. Für $\kappa_1 = 1$ und $\kappa_2 = 1$ kommt man auf die Gleichverteilung (14.1) mit $\psi(p) = $ konst $= 1$ zurück, die im Abschnitt 14 zugrunde gelegt wurde. Aus (15.1) findet man mit (14.8) den <u>Mittelwert und die Varianz der priori-Verteilung von p</u> in der Gestalt

$$M(p) = \frac{\kappa_1}{\kappa_1 + \kappa_2} = \frac{\kappa_1}{\kappa} = p_o \qquad (15.2)$$

und

$$V(p) = \frac{\kappa_1\kappa_2}{\kappa^2\,(\kappa+1)} = \frac{1}{\kappa+1}\left(\frac{\kappa_1}{\kappa}\right)\left(\frac{\kappa_2}{\kappa}\right) = \frac{1}{\kappa+1}\,p_o q_o \;, \qquad (15.3)$$

wobei

$$q_o = \frac{\kappa_2}{\kappa} = 1 - p_o \;. \qquad (15.4)$$

Durch geeignete Wahl des Parameterpaares $(\kappa_1;\kappa_2)$ läßt sich die Dichte (15.1) an eine <u>beobachtete</u> priori-Verteilung anpassen. Aus (15.3) ist ersichtlich, daß die "Güte der Information" über p mit wachsendem κ immer besser wird.

Die <u>posteriori-Dichte von p</u> wird mit der priori-Dichte (15.1) und der Likelihood $L(x;y|p)$ aus (14.5) (in normierter Gestalt)

$$\psi(p\,|\,x) = \frac{\Gamma(\kappa+n)}{\Gamma(\kappa_1+x)\,\Gamma(\kappa_2+y)}\; p^{\kappa_1+x-1}\,(1-p)^{\kappa_2+y-1}\;,\qquad (15.5)$$

wobei x die in der Probe n beobachtete Zahl der Elemente mit der Eigenschaft A $\equiv$ 1 ist. $\psi(p\,|\,x)$ ist die Dichte der Beta-Verteilung mit den Parametern (κ_1+x) und (κ_2+y).

Der posteriori-Mittelwert von p folgt daraus mit Hilfe von (14.8) zu

$$M(p\,|\,x) = \frac{\kappa_1+x}{\kappa_1+\kappa_2+n} = \frac{\kappa_1+x}{\kappa+n}\;.\qquad (15.6)$$

Der relative Anteil von Elementen mit der Eigenschaft A in der Probe ist

$$x/n = \hat{p}\;.\qquad (15.7)$$

Mit $\kappa_1 = \kappa p_0$ und $x = n\hat{p}$ wird aus (15.6)

$$M(p\,|\,x) = \frac{\kappa p_0 + n\hat{p}}{\kappa+n}\;.\qquad (15.8)$$

Der posteriori-Mittelwert $M(p\,|\,x)$ ist ein <u>gewogener Mittelwert</u> aus dem priori-Mittelwert $M(p) = p_0$ und dem beobachteten Stichprobenanteil $\hat{p}$. Entsprechend gilt

$$M(q\,|\,y) = \frac{\kappa q_0 + n\hat{q}}{\kappa+n}\quad \text{mit}\quad \hat{q} = y/n = 1-\hat{p}\;.\qquad (15.9)$$

Ist in (15.8) $n \gg \kappa$, so setzt sich das Stichprobenergebnis $\hat{p}$ durch,

$$M(p\,|\,x) \approx \hat{p} - \frac{\kappa}{n}(\hat{p} - p_0) \longrightarrow \hat{p}\quad \text{für } n \longrightarrow \infty\;.\qquad (15.1o)$$

Ist in (15.8) jedoch $\kappa \gg n$, so setzt sich der priori-Mittelwert p_0 durch,

$$M(p\,|\,x) \approx p_0 - \frac{n}{\kappa}(p_0 - \hat{p}) \longrightarrow p_0\quad \text{für } \kappa \longrightarrow \infty\;.\qquad (15.11)$$

Die <u>posteriori-Varianz von p</u> ergibt sich aus der posteriori-Dichte (15.5) für p gemäß (4.21) als Varianz der Beta-Verteilung

$$V(p\,|\,x) = \frac{(\kappa_1+x)\,(\kappa_2+y)}{(\kappa+n)^2\,(\kappa+n+1)}\;.\qquad (15.12)$$

Mit (15.6) und $(\kappa_2+y)/(\kappa+n) = M(q\,|\,y)$ wird

$$V(p|x) = \frac{1}{\kappa+n+1}\, M(p|x)\, M(q|y)\ . \tag{15.13}$$

Zur Bestimmung eines Vertrauensbereichs für p setzt man ähnlich wie
in (14.15)

$$\frac{\kappa_2+y}{\kappa_1+x}\,\frac{p}{q} = F \tag{15.14}$$

und findet, daß F der $F(f_1;f_2)$-Verteilung mit

$$f_1 = 2(\kappa_1+x) \quad \text{und} \quad f_2 = 2(\kappa_2+y) \tag{15.15}$$

Freiheitsgraden genügt. (Wegen κ_1 bzw. κ_2 reell, nicht notwendig
ganzzahlig, ist auch f_1 bzw. f_2 nicht notwendig ganzzahlig, so daß
die benötigten Fraktilen der F-Verteilung durch Interpolation aus
den Tabellen gewonnen werden müssen.) Damit wird der zweiseitig abgegrenzte <u>posteriori-Vertrauensbereich für p</u> zur statistischen Sicherheit 1-α schließlich gemäß (14.22)

$$\frac{(\kappa_1+x)F_{\alpha/2}(f_1;f_2)}{(\kappa_2+n-x)+(\kappa_1+x)F_{\alpha/2}(f_1;f_2)} \leq p \leq \frac{(\kappa_1+x)F_{1-\alpha/2}(f_1;f_2)}{(\kappa_2+n-x)+(\kappa_1+x)F_{1-\alpha/2}(f_1;f_2)} \tag{15.16}$$

mit $(f_1;f_2)$ aus (15.15).

<u>Die gemeinsame Verteilung von (p;x) und die Randverteilung von x</u>
<u>bei festem n</u>

Die Wahrscheinlichkeit für das Wertepaar (p;x) ist bei fest vorgege-
bener Probengröße n = konst

$$\psi(p;x)dp = \left[\psi(p)dp\,\right]\psi(x|p)\ . \tag{15.17}$$

Dabei ist $\psi(p)$ die Dichte (15.1) der priori-Verteilung von p ; die bedingte Wahrscheinlichkeit für x bei gegebenem p ,

$$\psi(x|p) = b_n(x|p) = \binom{n}{x} p^x q^y\ ; \quad x+y = n\ , \tag{15.18}$$

folgt der Binomialverteilung mit dem Parameter (Grundwahrscheinlichkeit) p und der Probengröße n . In der gemeinsamen Verteilung ist die
Zufallsgröße p im Bereich $0 \leq p \leq 1$ stetig, dagegen ist die Zufallsgröße x im Bereich $0 \leq x \leq n$ diskret mit ganzzahligen Ausprägungen.

Mittelwert und Varianz der Randverteilung von x findet man mit (15.17), ohne die Wahrscheinlichkeiten für x , d.h. ohne die Randverteilung von x explizit zu kennen. Der Mittelwert von x wird

$$M(x) = \int_0^1 \sum_{x=0}^n x\, b_n(x|p)\, \psi(p)\,dp \; .$$

Nun ist der Mittelwert der Binomialverteilung bei festem p bekanntlich

$$\sum_{x=0}^n x\, b_n(x|p) = np \; . \tag{15.19}$$

Damit wird der <u>Mittelwert von x in der Randverteilung</u>

$$M(x) = n \int_0^1 p\, \psi(p)\,dp = np_0 = \frac{\kappa_1}{\kappa}\, n \; , \tag{15.2o}$$

wobei $p_0 = M(p)$ der Mittelwert (15.2) der priori-Verteilung von p ist.

Zur Berechnung der Varianz V(x) bestimmt man zunächst das auf Null bezogene Moment $V_0(x)$ zweiter Ordnung der Verteilung von x ,

$$V_0(x) = \int_0^1 \sum_{x=0}^n x^2\, b_n(x|p)\, \psi(p)\,dp \; .$$

Für die Binomialverteilung ist bei festem p

$$\sum_{x=0}^n x^2\, b_n(x|p) = np + n(n-1)p^2 \; . \tag{15.21}$$

Damit wird

$$V_0(x) = n \int_0^1 p\, \psi(p)\,dp + n(n-1) \int_0^1 p^2\, \psi(p)\,dp \; .$$

Das erste Integral ist p_0; das zweite Integral ist das auf Null bezogene Moment zweiter Ordnung der priori-Verteilung und wird mit (15.2) und (15.3) zu

$$V_0(p) = \frac{1}{\kappa+1}\, p_0 q_0 + p_0^2 \; .$$

Damit hat man

$$V_0(x) = n\, p_0 q_0 + \frac{n(n-1)}{\kappa+1}\, p_0 q_0 + n^2 p_0^2 \; .$$

Aus dem Verschiebungssatz

$$V(x) = V_o(x) - \left[M(x)\right]^2 = V_o(x) - (np_o)^2$$

folgt schließlich die <u>Varianz von x in der Randverteilung</u> zu

$$V(x) = np_o q_o + \frac{n(n-1)}{\varkappa+1}\, p_o q_o = np_o q_o\, \frac{\varkappa+n}{\varkappa+1} \ . \qquad (15.22)$$

<u>Mittelwert und Varianz der relativen Anteile</u> $\hat{p} = x/n$ werden in der Randverteilung

$$M(\hat{p}) = p_o \quad\text{und}\quad V(\hat{p}) = \frac{p_o q_o}{n}\, \frac{\varkappa+n}{\varkappa+1} \ . \qquad (15.23)$$

Mit wachsender Probengröße n gilt

$$V(\hat{p}) \longrightarrow \frac{p_o q_o}{\varkappa+1} = V(p) \quad\text{für}\quad n \longrightarrow \infty\, ; \qquad (15.24)$$

$V(\hat{p})$ strebt gegen die Varianz von p in der priori-Verteilung.

Die Gleichungen (15.2o) und (15.22) werden später zur Schätzung der (zunächst meist unbekannten) Parameter $p_o = \varkappa_1/\varkappa$ und $\varkappa$ der priori-Verteilung von p verwendet.

Die Wahrscheinlichkeit $\psi(x)$ für x in der Randverteilung findet man aus (15.17) durch Integration über p . Es wird mit (15.18)

$$\psi(x) = \int_0^1 b_n(x|p)\,\psi(p)\,dp \ . \qquad (15.25)$$

Mit $\psi(p)$ aus (15.1) und $b_n(x|p)$ aus (15.18) ist

$$\psi(x) = \frac{\Gamma(\varkappa)}{\Gamma(\varkappa_1)\,\Gamma(\varkappa_2)}\binom{n}{x}\underbrace{\int_0^1 p^{\varkappa_1+x-1}(1-p)^{\varkappa_2+y-1}\,dp}_{I} \ .$$

Das Integral I hat den Wert

$$I = \frac{\Gamma(\varkappa_1+x)\,\Gamma(\varkappa_2+y)}{\Gamma(\varkappa+n)} \ .$$

Damit findet man die <u>Wahrscheinlichkeit für x in der Randverteilung</u> zu

$$\psi(x) = \frac{\Gamma(\varkappa)}{\Gamma(\varkappa+n)}\, \frac{\Gamma(\varkappa_1+x)}{\Gamma(\varkappa_1)}\, \frac{\Gamma(\varkappa_2+y)}{\Gamma(\varkappa_2)}\, \frac{n!}{x!\,y!} \quad\text{mit}\quad y = n-x \ . \qquad (15.26)$$

Da die Summe aller Wahrscheinlichkeiten gleich 1 ist, so gilt mit
$z! = \Gamma(z+1)$

$$\sum_{x=0}^{n} \psi(x) = 1 = \frac{\Gamma(\kappa)\,\Gamma(n+1)}{\Gamma(\kappa+n)\,\Gamma(\kappa_1)\,\Gamma(\kappa_2)} \sum_{y=0}^{n} \frac{\Gamma(\kappa_1+x)}{\Gamma(1+x)}\; \frac{\Gamma(\kappa_2+y)}{\Gamma(1+y)} \; . \qquad (15.27)$$

Mit $z\Gamma(z) = \Gamma(z+1)$ zeigt man leicht, daß für $\psi(x)$ aus (15.26) die
Rekursionsformel

$$\psi(x) \equiv \psi(x|\kappa_1;\kappa_2;n) = \frac{n\kappa_1}{\kappa\,x}\, \psi(x-1|\kappa_1+1 \; ; \; \kappa_2 \; ; \; n-1) \qquad (15.28)$$

gilt, die zur Berechnung von Mittelwert und Varianz nützlich ist.

Der Mittelwert von x wird

$$M(x) = \sum_{x=0}^{n} x\,\psi(x) = \sum_{x=1}^{n} x\,\psi(x) \; .$$

Mit (15.28) und $x' = x-1$ wird daraus

$$M(x) = \frac{n\kappa_1}{\kappa} \sum_{x'=0}^{n-1} \psi(x'|\kappa_1+1 \; ; \; \kappa_2 \; ; \; n-1) \; .$$

Da die Summe entsprechend zu (15.27) gleich 1 ist, hat man

$$M(x) = \frac{n\kappa_1}{\kappa} = np_0 \; , \qquad (15.29)$$

was bereits in (15.2o) auf anderem Wege gefunden wurde.

Das auf Null bezogene Moment zweiter Ordnung von x wird

$$V_0(x) = \sum_{x=0}^{n} x^2\,\psi(x) = \sum_{x=1}^{n} x^2\,\psi(x) \; .$$

Mit (15.28) wird daraus

$$V_0(x) = \frac{n\kappa_1}{\kappa} \sum_{x-1=0}^{x-1=n-1} x\,\psi(x-1|\kappa_1+1 \; ; \; \kappa_2 \; ; \; n-1) = \frac{n\kappa_1}{\kappa}\,S \; . \qquad (15.3o)$$

Gibt man der Summe S die Gestalt

$$S = \sum_{x-1=0}^{n-1} \left[(x-1) + 1\right] \psi(x-1|\kappa_1+1 \; ; \; \kappa_2 \; ; \; n-1) \; ,$$

so findet man leicht

$$S = M(x|\kappa_1+1 ; \kappa_2 ; n-1) + 1 .$$

Mit (15.29) wird daraus

$$S = \frac{(n-1)(\kappa_1+1)}{\kappa+1} + 1 = \frac{\kappa_2+n + n\kappa_1}{\kappa+1} .$$

Damit wird schließlich $V_o(x)$ aus (15.3o)

$$V_o(x) = \frac{n\kappa_1}{\kappa} \; \frac{\kappa_2+n + n\kappa_1}{\kappa+1} . \qquad (15.31)$$

Setzt man $V_o(x)$ aus (15.31) und $M(x) = n\kappa_1/\kappa$ in

$$V(x) = V_o(x) - M^2(x)$$

ein, so wird die gesuchte Varianz zu

$$V(x) = \frac{n\kappa_1}{\kappa} \left(\frac{\kappa_2+n + n\kappa_1}{\kappa+1} - \frac{n\kappa_1}{\kappa} \right)$$

oder

$$V(x) = n \left(\frac{\kappa_1}{\kappa} \right) \left(\frac{\kappa_2}{\kappa} \right) \frac{\kappa+n}{\kappa+1} . \qquad (15.32)$$

(15.32) stimmt wegen $\kappa_1/\kappa = p_o$ und $\kappa_2/\kappa = q_o$ mit (15.22) überein.

Bei der zahlenmäßigen Berechnung der Wahrscheinlichkeiten $\psi(x)$ der Randverteilung von x wählt man die dem Mittelwert np_o am nächsten liegende ganze Zahl x_o und berechnet $\psi(x_o)$ aus (15.26), etwa mit Hilfe der Logarithmen der Γ-Funktionen. Die übrigen Wahrscheinlichkeiten $\psi(x)$ für $x \neq x_o$ findet man mit der aus (15.26) hergeleiteten Rekursionsformel

$$(x+1)(\kappa_2+y-1)\psi(x+1) = (\kappa_1+x)y \; \psi(x) , \qquad (15.33)$$

die man wahlweise nach $\psi(x+1)$ oder nach $\psi(x)$ auflösen kann.

Der Einfluß der Vorinformation auf die Schätzung von p

Ohne Kenntnis der priori-Verteilung von p ermittelt man aus einer Stichprobe des Umfangs n' als Schätzwert für p bzw. q die Stichprobenanteile

$$\hat{p} = x/n' \quad \text{bzw.} \quad \hat{q} = y/n' \quad \text{mit} \quad x+y = n' \quad \text{und} \quad \hat{p} + \hat{q} = 1 . \qquad (15.34)$$

Die Mittelwerte von $\hat{p}$ bzw. $\hat{q}$ sind bei dem festen (jedoch unbekannten)

Wertepaar $(p;q)$ des Versuchs vom Umfang n'

$$M(\hat{p}) = p \quad \text{bzw.} \quad M(\hat{q}) = q \; ; \tag{15.35}$$

ihre Varianz wird

$$V(\hat{p}) = V(\hat{q}) = (pq)/n' \, , \tag{15.36}$$

was leicht aus den Eigenschaften der Binomialverteilung folgt.

Als "Gütemaß" für die Schätzung ohne Vorkenntnisse wählt man das relative Streumaß

$$Q' = \frac{V(\hat{p})}{M(\hat{p})M(\hat{q})} = \frac{1}{n'} \, . \tag{15.37}$$

$\sqrt{Q'}$ ist ein Variationskoeffizient, bei dem im Zähler die Standardabweichung $\hat{p}$ bzw. $\hat{q}$ und im Nenner der geometrische Mittelwert $\sqrt{pq}$ von p und q steht.

Mit Kenntnis der priori-Verteilung von p ermittelt man aus einer Stichprobe des Umfangs n als Schätzwerte für p bzw. q nach (15.6) die posteriori-Mittelwerte

$$M(p|x) = \frac{\kappa_1 + x}{\kappa + n} \quad \text{bzw.} \quad M(q|y) = M(q|x) = \frac{\kappa_2 + y}{\kappa + n} \tag{15.38}$$

mit

$$\kappa_1 + \kappa_2 = \kappa \, , \quad x+y = n \quad \text{und} \quad M(p|x) + M(q|y) = 1 \, .$$

Die posteriori-Varianz von p ist nach (15.12) bzw. (15.13)

$$V(p|x) = V(q|x) = V(q|y) = \frac{(\kappa_1 + x)(\kappa_2 + y)}{(\kappa + n)^2 (\kappa + n + 1)} = \frac{M(p|x)M(q|y)}{\kappa + n + 1} \, . \tag{15.39}$$

Als "Gütemaß" für die Schätzung mit Vorkenntnisse wählt man den Quotienten

$$Q'' = \frac{V(p|x)}{M(p|x)M(q|x)} = \frac{1}{\kappa + n + 1} \, . \tag{15.4o}$$

$\sqrt{Q''}$ läßt sich ähnlich wie $\sqrt{Q'}$ auch als Variationskoeffizient deuten. Das Verhältnis Q''/Q' wird

$$Q = Q''/Q' = n'/(\kappa + n + 1) \, . \tag{15.41}$$

Die fehlende Kenntnis der priori-Verteilung läßt sich durch eine grössere Probe $n' > n$ ausgleichen. Wenn die "Gütemaße" der Schätzung in beiden Fällen übereinstimmen sollen, so muß gelten $Q = 1$ oder

$$n' = n + \kappa + 1 \approx n + \kappa \; . \tag{15.42}$$

Man kann demnach in beiden Fällen nahezu übereinstimmende Genauigkeit der Schätzwerte erwarten, wenn man n', die Probengröße ohne Vorkenntnisse, zu $(n+\kappa)$ vergrößert.

Ist $n' = n$, so folgt aus (15.41)

$$Q \approx \frac{n}{n+\kappa} = \frac{1}{1 + (\kappa/n)} \; . \tag{15.43}$$

Da $Q < 1$ ist, so ist bei gleicher Probengröße $n' = n$ das Schätzverfahren mit Vorkenntnissen stets besser als ohne Vorkenntnisse. Bei festem κ, d.h. bei gegebener priori-Verteilung für p, strebt $Q \longrightarrow 1$ für $n \longrightarrow \infty$. Mit wachsendem n werden die Vorkenntnisse über p demnach praktisch wertlos, was bereits aus (15.1o) hervorgeht. Der Nutzen der Vorinformation beim Schätzen von p ist umso größer, je kleiner Q bzw. je größer κ/n ist. Für "große" κ und "kleine" n sollte man die Vorkenntnisse auf jeden Fall bei der Probenahme berücksichtigen.

Beispiel 15.1

Ein Fertigungsvorgang hat die "augenblicklichen" Schlechtanteile p. "Langfristig" genügen die p-Werte einer Beta-Verteilung mit den Parametern $\kappa_1 = 3$ und $\kappa_2 = 57$. Man berechne und zeichne die Dichte $\psi(p)$ der priori-Verteilung von p.

Lösung

Nach (15.1) wird die Dichte von p

$$\psi(p) = \frac{\Gamma(6o)}{\Gamma(3)\,\Gamma(57)} \, p^2 (1-p)^{56} = \frac{57 \cdot 58 \cdot 59}{2} \, p^2 (1-p)^{56}$$

oder

$$\psi(p) = 97527 \, p^2 (1-p)^{56} \; . \tag{$*$}$$

Die Zahlentafel 15.1 gibt zu vorgegebenen Werten von p die zugehörigen Werte der Wahrscheinlichkeitsdichte $\psi(p)$. In Abb. 15.1 ist die Dichte $\psi(p)$ in Abhängigkeit von p dargestellt.

Die Schlechtanteile p des Fertigungsvorgangs liegen im Bereich

$$o \leqq p \leqq 12\% \; ,$$

wobei der Wert $p = 12\%$ nur mit der geringen Wahrscheinlichkeit $W = 2\%$ überschritten wird.

Zahlentafel 15.1	
Dichte $\psi(p)$ der Beta-Verteilung mit $\kappa_1 = 3$ und $\kappa_2 = 57$	
$p[\%]$	$\psi(p)$ [Wahrsch./%]
o	0,000
1	o56
2	126
3	159
4	159
5	138
6	11o
7	82
8	59
9	4o
1o	27
11	17
12	11
13	7
14	4
15	2
16	1
17	1
18	0,000

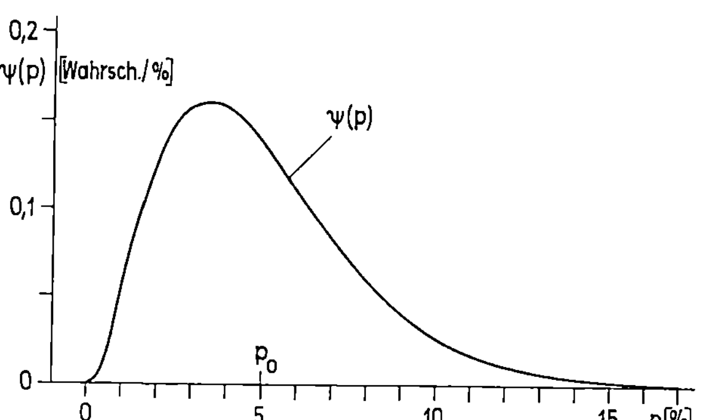

Abb.15.1 Die Dichte $\psi(p)$ der Beta-Verteilung mit ($\kappa_1 = 3$; $\kappa_2 = 57$) im Bereich $o \leq p \leq 1oo\%$ für die Schlechtanteile p einer Fertigung. Es ist $M(p) = p_o = 5\%$.

Da die Berechnung von $(1-p)^{\kappa_2-1}$ für "große" Exponenten κ_2 lästig ist, so setzt man für "ausreichend kleine" Werte von p

$$\ln(1-p)^{\kappa_2-1} = (\kappa_2-1)\ln(1-p) \approx - (\kappa_2-1)\left[p + (p^2/2)\right]$$

und

$$(1-p)^{\kappa_2-1} \approx e^{-(\kappa_2-1)p[1 + (p/2)]} \quad .$$

Im Zahlenbeispiel mit $\kappa_2 = 57$ wird dann

$$\psi(p) \approx 97527 \, p^2 \, e^{-56\,p\,[1 + (p/2)]}$$

oder, wenn man p in % einsetzt,

$$\psi(p) \approx 9,7527 \, p^2 \, e^{-0,56\,p\,[1 + (p/200)]} \; ; \; p \text{ in } \% \quad . \qquad (**)$$

Diese Gleichung ist rechentechnisch erheblich bequemer als die Gleichung (*). Die Näherung (**) liefert im p-Bereich der Zahlentafel 15.1 die gleichen Werte für $\psi(p)$ wie die genaue Gleichung (*).

Beispiel 15.2

Man berechne die Wahrscheinlichkeiten $\psi(x)$ der Randverteilung von x für die priori-Verteilung von p aus Beispiel 15.1 mit den Parametern $\kappa_1 = 3$, $\kappa_2 = 57$ und $\kappa = \kappa_1 + \kappa_2 = 60$, wenn die Probengröße n = x+y = 100 ist.

Lösung

Nach (15.29) ist der Mittelwert von x

$$M(x) = np_0 = n(\kappa_1/\kappa) = 300/60 = 5 = x_0 \quad .$$

Die Wahrscheinlichkeit $\psi(x_0)$ an der Stelle $x_0 = 5$ berechnet man unmittelbar aus (15.26). Es wird

$$\psi(x_0) = \psi(5) = \frac{\Gamma(60)}{\Gamma(160)} \cdot \frac{\Gamma(8)}{\Gamma(3)} \cdot \frac{\Gamma(152)}{\Gamma(57)} \cdot \frac{100!}{5!\,95!}$$

oder umgeordnet

$$\psi(5) = \frac{7!}{5!\,2!} \cdot \frac{100!}{95!} \cdot \frac{59!}{56!} \cdot \frac{151!}{159!}$$

und gekürzt

$$\psi(5) = 21(100 \cdot 99 \cdot \ldots \cdot 96)(59 \cdot 58 \cdot 57)/(159 \cdot 158 \cdot \ldots \cdot 152) \quad .$$

Man findet

$$\psi(5) = 0,10835 \approx 0,108 = 108 \cdot 10^{-3} \quad .$$

Die restlichen Wahrscheinlichkeiten $\psi(x)$ für $x \neq 5$ berechnet man

mit Hilfe der Rekursionsformel (15.33). Man findet bei der Auflösung
nach $\psi(x)$ beispielsweise für $x = 4$

$$\psi(4) = \frac{5 \cdot 152}{7 \cdot 96} \, \psi(5) = \frac{95}{84} \, 0,10835 = 0,12254 \, ,$$

usw. Die Ergebnisse der Rechnung sind in Zahlentafel 15.2 enthalten.

Zahlentafel 15.2		
Wahrscheinlichkeiten $\psi(x)$ in der Randverteilung von x für $n = 1oo$, $\varkappa_1 = 3$; $\varkappa_2 = 57$		
x	$1o^3 \psi(x)$	$1o^3 \, b_{1oo}(x\,\vert\,5\%)$
o	49	6
1	95	31
2	122	81
3	129	14o
4	123	178
5	1o8	18o
6	91	15o
7	73	1o6
8	57	65
9	43	35
1o	32	17
11	24	7
12	17	3
13	12	1
14	8	—
15	6	—
16	4	
17	3	
18	2	
19	1	
2o ÷ 25	2	
	1oo1	1ooo

Zum Vergleich sind die Wahrscheinlichkeiten

$$b_n(x\,\vert\,p_o) = b_{1oo}(x\,\vert\,5\%)$$

berechnet worden, die für eine Binomialverteilung mit <u>festem</u> Schlechtanteil $p = p_o = 5\%$ gelten. Die Mittelwerte der beiden Verteilungen in
Zahlentafel 15.2 stimmen überein,

$$M(x) = np_o = 5 \, ,$$

während die Standardabweichung $\sqrt{np_o q_o} = 2,18$ der Binomialverteilung
erheblich kleiner als die aus (15.32) berechnete Standardabweichung

$\sigma(x) = 3,53$ der Randverteilung von x ist. Die im Vergleich zur Binomialverteilung (also der bedingten Verteilung von x mit der Bedingung p) größere Varianz der Randverteilung von x ist stets ein Hinweis darauf, daß die Schlechtanteile p der Fertigung nicht konstant sind, sondern zufällig schwanken.

Beispiel 15.3

Ein Abnehmer beurteilt Liefermengen von N = 3ooo Stück mit Hilfe von Gut-Schlecht-Prüfung. Dazu wird jeder Liefermenge zufallsmäßig eine Probe von n = 1oo Stück entnommen. Man bestimmt (beispielsweise durch Sicht- oder Lehrenprüfung) die Zahl x der "schlechten" Stücke in der Probe. Man findet in einer Liefermenge $x_1 = o$ und in einer zweiten Liefermenge $x_2 = 4$. Gesucht werden die Schätzwerte für die Schlechtanteile der beiden Liefermengen und die zugehörigen Vertrauensbereiche zur statistischen Sicherheit $1-\alpha = 95\%$.

Lösung

Solange der Abnehmer noch keine Erfahrung über die vom Hersteller angelieferte "Qualität" hat, wählt er als priori-Verteilung von p die Gleichverteilung (14.1).

<u>Liefermenge 1</u> mit $x = x_1 = o$.

Aus (14.9) folgt der <u>posteriori-Schätzwert für p</u> zu

$$M(p|x) = M(p|o) = 1/1o2 = o,98\% \ .$$

Der <u>einseitig nach oben</u> abgegrenzte posteriori-Vertrauensbereich für p wird nach (14.22)

$$p \leq p_2 = \frac{F_{1-\alpha}(2;2o2)}{1o1 + F_{1-\alpha}(2;2o2)} \ \cdot$$

Zur statistischen Sicherheit $1-\alpha = 95\%$ gehört

$$F_{1-\alpha} = F_{o,95}(2;2o2) = 3,o4 \ .$$

Damit wird die <u>obere Grenze p_2 des posteriori-Vertrauensbereichs für p</u>

$$p_2 = 3,o4/1o4,o4 = 2,92\% \ .$$

Die Liefermenge 1 enthält höchstens 2,92% schlechte Stücke $(1-\alpha = 95\%)$.

Da $n > 5o$ mit $1-\alpha = 95\%$ ist, so darf man die <u>Faustformel</u> (14.38) verwenden und findet angenähert (aber schneller als mit der F-Verteilung)

$$p \leqq p_2' = 3/101 = 2,97\% \ .$$

Der Unterschied von $0,5\%_0$ zwischen p_2 und p_2' ist in der Tat ohne praktische Bedeutung.

Ohne Berücksichtigung einer priori-Verteilung würde man nach (15.34) den Schätzwert $\hat{p} = x/n$ verwenden, der hier verschwindet. Der einseitig nach oben abgegrenzte Vertrauensbereich für p wird entsprechend zu (14.25)

$$p_0 = \frac{F_{1-\alpha}(2;200)}{100 + F_{1-\alpha}(2;200)} \ .$$

Zur statistischen Sicherheit $1-\alpha = 95\%$ gehört der Schwellenwert $F_{0,95}(2;200) = 3,04$; und damit wird

$$p_0 = 2,95\% \ ,$$

was von $p_2 = 2,92\%$ nur unwesentlich abweicht. Die priori-Verteilung (14.1) von p hat auf die posteriori-Schätzung von p nur geringen Einfluß.

Liefermenge 2 mit $x = x_2 = 4$.

Aus (14.9) folgt der posteriori-Schätzwert für p zu

$$M(p|x) = M(p|4) = 5/102 = 4,90\% \ .$$

Der posteriori-Vertrauensbereich für p soll hier zur statistischen Sicherheit $1-\alpha = 95\%$ zweiseitig abgegrenzt werden. Aus (14.22) folgt mit

$$F_{\alpha/2}(f_1;f_2) \cdot F_{1-\alpha/2}(f_2;f_1) = 1$$

$$\frac{5}{5 + 97\ F_{1-\alpha/2}(194;10)} \leqq p \leqq \frac{5\ F_{1-\alpha/2}(10;194)}{97 + 5\ F_{1-\alpha/2}(10;194)} \ .$$

Mit

$$F_{0,975}(194;10) = 3,12 \quad \text{und} \quad F_{0,975}(10;194) = 2,11$$

wird der posteriori-Vertrauensbereich für p zahlenmäßig

$$p_1 = 1,63\% \leqq p \leqq 9,81\% = p_2 \ .$$

Die Liefermenge 2 enthält (abgerundet) mindestens 1,6% und höchstens 9,8% schlechte Stücke. — Falls der gefundene Bereich für p für praktische Zwecke "zu weit" ist, muß man die Probe vom Umfang n = 100 (erheblich) vergrößern, z.B. auf $\hat{n} = 400$, womit man die Bereichsbreite angenähert halbiert.

Ohne Berücksichtigung einer priori-Verteilung würde man für $n = n' = 1oo$
den Schätzwert $p = x/n = 4/1oo = 4\%$ verwenden. Der zugehörige Vertrauensbereich $p_U \leq p \leq p_O$ für p folgt aus (14.24) und (14.25) zu

$$p_U = \frac{4}{4 + 97\ F_{1-\alpha/2}(194;8)} \quad \text{und} \quad p_O = \frac{5\ F_{1-\alpha/2}(1o;192)}{96 + 5\ F_{1-\alpha/2}(1o;192)} \ .$$

Mit

$$F_{o,975}(194;8) = 3,7o \quad \text{und} \quad F_{o,975}(1o;192) = 2,11$$

wird zahlenmäßig

$$p_U = 1,1o\% \ \leq \ p \ \leq \ 9,9o\% = p_O \ .$$

Seine Weite $p_O - p_U = (9,9o-1,1o)\% \approx 8,8\%$ ohne Kenntnis einer priori-Verteilung ist etwas größer als die Weite $p_2 - p_1 = (9,81-1,63)\% \approx 8,2\%$ des
Bereichs, der mit der priori-Verteilung (14.1) berechnet worden ist.

Beispiel 15.4

Nach "längerer Zeit" hat der Abnehmer herausgefunden, daß die priori-
Verteilung für die Schlechtanteile p der angelieferten Mengen durch
eine Beta-Verteilung mit $\kappa_1 = 3$, $\kappa_2 = 57$ und $\kappa_1 + \kappa_2 = \kappa = 6o$ angenähert werden kann. Welche Schätzwerte und posteriori-Vertrauensbe-
reiche kann man für die eingangs genannten Liefermengen mit $x = x_1 = o$
bzw. $x = x_2 = 4$ angeben, wenn man die Kenntnis der priori-Verteilung
berücksichtigt ?

Lösung

Liefermenge 1 mit $x = x_1 = o$.

Aus (15.6) folgt der posteriori-Schätzwert für p zu

$$M(p|x) = M(p|o) = 3/(6o + 1oo) = 1,88\% \ .$$

Der einseitig nach oben abgegrenzte posteriori-Vertrauensbereich für p
wird nach (15.16)

$$p \leq p_2 = \frac{3\ F_{1-\alpha}(6;314)}{(57 + 1oo) + 3\ F_{1-\alpha}(6;314)} \ .$$

Zur statistischen Sicherheit $1-\alpha = 95\%$ gehört

$$F_{1-\alpha} = F_{o,95}(6;314) = 2,13 \ .$$

Damit wird die obere Grenze p_2 des posteriori-Vertrauensbereichs für p

$$p_2 = 6{,}39/163{,}39 = 3{,}91\% \ .$$

Liefermenge 2 mit $x = x_2 = 4$.

Aus (15.6) folgt der posteriori-Schätzwert für p zu

$$M(p|x) = M(p|4) = \frac{3 + 4}{60 + 100} = 4{,}38\% \ .$$

Der zweiseitig abgegrenzte posteriori-Vertrauensbereich für p zur statistischen Sicherheit $1-\alpha = 95\%$ wird mit (15.16) und

$$F_{\alpha/2}(f_1;f_2) \cdot F_{1-\alpha/2}(f_2;f_1) = 1$$

zu

$$\frac{7}{7 + 153\ F_{1-\alpha/2}(306;14)} \le p \le \frac{7\ F_{1-\alpha/2}(14;306)}{153 + 7\ F_{1-\alpha/2}(14;306)} \ .$$

Mit

$$F_{0,975}(306;14) = 2{,}52 \quad \text{und} \quad F_{0,975}(14;306) = 1{,}91$$

wird zahlenmäßig

$$p_1 = 1{,}78\% \le p \le 8{,}04\% = p_2 \ .$$

Die Liefermenge enthält (abgerundet) mindestens 1,8% und höchstens 8,0% schlechte Stücke ($1-\alpha = 95\%$).

Ohne Kenntnis der priori-Verteilung war die Weite des Vertrauensbereichs für p

$$p_O - p_U \approx 8{,}8\% \ .$$

Mit Kenntnis der priori-Verteilung wird hier

$$p_2 - p_1 = (8{,}04 - 1{,}78)\% \approx 6{,}3\% \ . \tag{$*$}$$

Das ist eine praktisch durchaus bedeutsame Verbesserung der Schätzung.

Nach (15.42) kommt man in beiden Fällen zu nahezu übereinstimmenden Vertrauensbereichen für p , wenn man "die Probengröße ohne Vorkenntnisse" von n = 1oo zu n' = n + κ = 1oo + 6o = 16o vergrößert. Werden in dieser Probe beispielsweise x' = 6 schlechte Stücke beobachtet, so bleibt der Schätzwert für p mit $\hat{p}' = 6/16o = 3{,}8\%$ (nahezu) unverändert im Vergleich zu $\hat{p} = 4/1oo = 4\%$ vorher. Der zugehörige Vertrauensbereich $p_U' \le p \le p_O'$ für p folgt aus (14.24) bzw. (14.25) zu

$$p_U' = \frac{6}{6 + 155\ F_{1-\alpha/2}(310;12)} \quad \text{bzw.} \quad p_O' = \frac{7\ F_{1-\alpha/2}(14;308)}{154 + 7\ F_{1-\alpha/2}(14;308)} \ .$$

Mit

$$F_{0,975}(310;12) = 2,75 \quad \text{und} \quad F_{0,975}(14;308) = 1,91$$

wird zahlenmäßig

$$p_U' = 1,39\% \ \leqq \ p \ \leqq \ 7,99\% = p_O' \ .$$

Die Bereichbreite ist jetzt

$$p_O' - p_U' = (7,99 - 1,39)\% \ \approx \ 6,6\% \ ,$$

was in der Tat mit $p_2 - p_1 \approx 6,3\%$ aus Gleichung (*) recht gut übereinstimmt.

16. Die Schätzung des Mittelwerts μ einer Poisson-Verteilung bei „geringen Vorinformationen" über μ

Es sei μ der Mittelwert einer Poisson-Verteilung, der jedoch nicht fest ist, sondern für $\mu > 0$ einer priori-Verteilung folgt, deren Dichte proportional zu $1/\mu$ ist,

$$\psi(\mu) = k_o/\mu \; ; \quad \mu > 0 \; . \tag{16.1}$$

Dieser Ansatz mit der Dichtefunktion k_o/μ für den unbekannten Parameter läßt sich hier analog begründen wie in Abschnitt 9 für den Parameter σ der Normalverteilung. Ersichtlich hat man damit nur "wenig Information" über μ. Bei festem μ genügt die Zufallsgröße x, die Zahl der Ereignisse je Zählabschnitt, (z.B. die Zahl der "Isolationsfehler" je $L = 100\,m$ Kupferdraht) einer Poisson-Verteilung mit dem Mittelwert μ,

$$\psi(x|\mu) = \frac{\mu^x}{x!} \, e^{-\mu} \; ; \quad x = 0; \; 1; \; 2; \; \dots \; . \tag{16.2}$$

Man entnimmt der Grundgesamtheit bei unbekanntem (aber während der Probenahme festem) μ eine Zufallsprobe der Größe n mit dem Ergebnis $x_1; \; x_2; \; \dots \; ;x_n$, wobei die x_ν nichtnegative ganze Zahlen sind. (Beispielsweise prüft man n mal je $L = 100\,m$ Kupferdraht auf Fehler in der Isolation und findet $x_1; \; x_2; \; \dots \; ;x_n$ Fehler.) Es sei $\sum\limits_{\nu=1}^{n} x_\nu = n\bar{x}$. Die Likelihood wird

$$L(x_1; \; x_2; \; \dots \; ;x_n|\mu) = \prod\limits_{\nu=1}^{n} \frac{\mu^{x_\nu}}{x_\nu!} \, e^{-\mu} = e^{-n\mu} \, \mu^{n\bar{x}} / \prod\limits_{\nu=1}^{n} x_\nu! \; . \tag{16.3}$$

Die posteriori-Dichte für μ folgt aus (16.1) und (16.3) mit der Normierungskonstanten K zu

$$\psi(\mu|\bar{x}) = K \, \mu^{n\bar{x}-1} \, e^{-n\mu} \; ; \quad \mu > 0 \; . \tag{16.4}$$

Ersichtlich ist (16.4) die Dichte einer Gamma-Verteilung (Γ -Verteilung). Diese Dichte hat allgemein die Gestalt

$$\psi(\mu|a;p) = \frac{a^p}{\Gamma(p)} \, \mu^{p-1} \, e^{-a\mu} \tag{16.5}$$

mit den Parametern $a > o$ und $p > o$. Für Mittelwert und Varianz der Γ-Verteilung gilt

$$M(\mu|a;p) = p/a \quad \text{und} \quad V(\mu|a;p) = p/a^2 \; . \tag{16.6}$$

Die Parameter in Gleichung (16.4) sind $p \equiv n\bar{x}$ und $a \equiv n$. Somit hat die Konstante K in (16.4) die Gestalt $K = n^{n\bar{x}}/ \Gamma(n\bar{x})$. Aus (16.6) findet man die <u>posteriori-Schätzwerte für Mittelwert und Varianz</u>

$$M(\mu|\bar{x}) = \bar{x} \quad \text{und} \quad V(\mu|\bar{x}) = \bar{x}/n \; . \tag{16.7}$$

Diese Schätzwerte für μ bzw. $V(\mu)$ stimmen mit den Stichprobenergebnissen $\bar{x}$ bzw. $\bar{x}/n$ überein, die man auch ohne Vorkenntnisse über die Verteilung von μ gewählt hätte.

Den posteriori-Vertrauensbereich für μ zur statistischen Sicherheit $1-\alpha$ findet man aus

$$\int_0^{\mu_1} \psi(\mu|\bar{x})\,d\mu = \alpha/2 = \int_{\mu_2}^{\infty} \psi(\mu|\bar{x})\,d\mu \; , \tag{16.8}$$

wobei $\psi(\mu|\bar{x})$ aus (16.4) einzusetzen ist. Die Grenzen μ_1 und μ_2 des gesuchten Bereichs

$$\mu_1 \leq \mu \leq \mu_2 \tag{16.9}$$

lassen sich mit Hilfe von Tafeln der unvollständigen Γ-Funktion, einfacher jedoch mit der χ^2-Verteilung berechnen. Zu dem Zweck transformiert man $n\mu$ zu $y^2/2$,

$$2\,n\mu = y^2 \; . \tag{16.1o}$$

Man findet mit $K = n^{n\bar{x}}/\Gamma(n\bar{x})$ aus $\psi(\mu|\bar{x})\,d\mu = \psi(y^2|\bar{x})\,dy^2$ leicht

$$\psi(y^2|\bar{x}) = \frac{1}{2^{n\bar{x}}\,\Gamma(n\bar{x})}(y^2)^{n\bar{x}-1} \, e^{-y^2/2} \; . \tag{16.11}$$

Mithin genügt y^2 einer χ_f^2-Verteilung mit $f = 2\,n\bar{x}$ Freiheitsgraden. Mit der Wahrscheinlichkeit $1-\alpha$ gilt

$$\chi_{f;\alpha/2}^2 \leq \chi_f^2 \leq \chi_{f;1-\alpha/2}^2 \; . \tag{16.12}$$

Daraus folgen mit $2\,n\mu = y^2 = \chi_f^2$ die Grenzen μ_1 und μ_2 des <u>posteriori-</u>

<u>Vertrauensbereichs</u> (16.9) für μ zu

$$\mu_1 = \chi^2_{2n\bar{x};\alpha/2}/(2n) \quad \text{und} \quad \mu_2 = \chi^2_{2n\bar{x};1-\alpha/2}/(2n) \ . \qquad (16.13)$$

Bestimmt man <u>ohne Vorkenntnisse</u> über μ den Vertrauensbereich für μ zur statistischen Sicherheit $1-\alpha$ bei beobachtetem Wertetupel $(x_1; x_2; \ldots ; x_n)$ durch den "Neyman'schen Konfidenzschluß von der Probe auf die Gesamtheit", so gilt

$$\mu_U \leqq \mu \leqq \mu_O \qquad (16.14)$$

mit

$$\mu_U = \chi^2_{2n\bar{x};\alpha/2}/(2n) \quad \text{und} \quad \mu_O = \chi^2_{2(n\bar{x}+1);1-\alpha/2}/(2n) \ . \quad (16.15)$$

Die unteren Grenzen μ_1 und μ_U stimmen überein. Zwischen den oberen Grenzen μ_2 und μ_O besteht kein wesentlicher Unterschied, wenn $n\bar{x} = \sum_\nu x_\nu \gg 1$ ist. Die in Gleichung (16.1) enthaltene Vorinformation über μ ist demnach bei der Schätzung von μ "nahezu wertlos", denn sie trägt nur wenig zur Verbesserung der Bereichsschätzung bei, wenn $n\bar{x} \gg 1$ ist.

Wenn man in der Probe der Größe n "kein Ereignis" (z.B. keinen Isolationsfehler) beobachtet hat, so ist mit $x_\nu = o$ für alle ν auch $\bar{x} = o$ und das sogenannte Nullergebnis eingetreten. Dann bildet man sinnvollerweise einen einseitig durch μ_O nach oben abgegrenzten Vertrauensbereich und erhält im Fall ohne Vorkenntnisse als obere Vertrauensgrenze

$$[\mu_O]_{\bar{x}=0} = \chi^2_{2;1-\alpha}/(2n) \ . \qquad (16.16)$$

Wählt man $1-\alpha = 95\%$, so ist $\chi^2_{2;o,95} = 5{,}99 \approx 6$. Damit gilt in guter Näherung

$$[\mu_O]_{\bar{x}=0} \approx \ 3/n \ \ ; \ \text{statistische Sicherheit } 1-\alpha = 95\% \ . \quad (16.17)$$

Für den Fall mit Vorkenntnissen läßt sich keine Lösung angeben, da die posteriori-Dichte (16.4) bzw. (16.11) für $\bar{x}=o$ nicht definiert ist.

17. Die Schätzung des Mittelwerts μ einer Poisson-Verteilung; Gamma-Verteilung von μ als priori-Verteilung

In diesem Abschnitt wird die priori-Verteilung des Parameters μ der Poisson-Verteilung in Gestalt einer Gamma-Verteilung (Γ-Verteilung) mit Parameter $a = n_o > o$ und $p = p_o > o$ angesetzt mit der Dichte

$$\psi(\mu|n_o;p_o) = \left[n_o^{p_o}/\Gamma(p_o) \right] \mu^{p_o-1}\, e^{-n_o\mu} = \psi(\mu) \qquad (17.1)$$

Die Verteilung (17.1) hat nach (16.6) den Mittelwert

$$M(\mu) = \mu_o = p_o/n_o \qquad (17.2)$$

und die Varianz

$$V(\mu) = p_o/n_o^2 = M(\mu)/n_o = \mu_o/n_o \; . \qquad (17.3)$$

Durch geeignete Wahl der Parameter p_o und n_o läßt sich die Dichte (17.1) an beobachtete Verteilungen von μ anpassen. Hat eine beobachtete Verteilung von μ den Mittelwert $\bar{\mu}$ und die Varianz s_μ^2, so wählt man

$$n_o = \bar{\mu}/s_\mu^2 \quad \text{und} \quad 1/p_o = (s_\mu/\bar{\mu})^2 \; . \qquad (17.4)$$

Der Kehrwert $(1/p_o)$ ist das Quadrat des Variationskoeffizienten $s_\mu/\bar{\mu}$. Aus (17.3) ist ersichtlich, daß bei festem μ_o die "Güte der Information" über μ mit wachsendem n_o immer besser wird.

Bei unbekanntem (aber während der Probenahme festem) μ entnimmt man eine Zufallsprobe der Größe n mit dem Ergebnis $x_1; x_2; \ldots ; x_n$, wobei die x_ν nichtnegative ganze Zahlen sind.

Die Likelihood ist entsprechend (16.3)

$$L(x_1;x_2;\ldots;x_n|\mu) = \prod_{\nu=1}^{n} \frac{\mu^{x_\nu}}{x_\nu!}\, e^{-\mu} = e^{-n\mu}\, \mu^{n\bar{x}}/\prod_{\nu=1}^{n} x_\nu! \quad \text{mit} \quad n\bar{x} = \sum_{\nu=1}^{n} x_\nu \; . \qquad (17.5)$$

Die posteriori-Dichte für μ folgt aus (17.1) und (17.5) mit einer Normierungskonstanten K_1 zu

$$\psi(\mu|x_1;x_2; \ldots ;x_n) = K_1 \mu^{n\bar{x}+p_o-1} e^{-(n_o+n)\mu} \; ; \quad \bar{x} = \sum_{v=1}^{n} x_v/n \; . \qquad (17.6)$$

(17.6) ist die Dichte einer Γ-Verteilung mit den Parametern $a = n_o + n$ und $p = p_o + n\bar{x}$. Infolgedessen wird die Normierungskonstante gemäß (16.5)

$$K_1 = \frac{(n_o+n)^{p_o+n\bar{x}}}{\Gamma(p_o+n\bar{x})} \; . \qquad (17.7)$$

Aus (17.6) findet man mit (16.6) den posteriori-Mittelwert von μ ,

$$M(\mu|\bar{x}) = \frac{p_o + n\bar{x}}{n_o + n} \; . \qquad (17.8)$$

Mit (17.2) wird daraus

$$M(\mu|\bar{x}) = \frac{n_o\mu_o + n\bar{x}}{n_o + n} \; . \qquad (17.9)$$

Der posteriori-Schätzwert ist ein gewogener Mittelwert aus dem priori-Mittelwert μ_o und dem Stichprobenmittelwert $\bar{x}$.

Die posteriori-Varianz von μ findet man aus (16.6) mit $a = n_o + n$ und $p = p_o + n\bar{x}$ zu

$$V(\mu|\bar{x}) = \frac{p_o + n\bar{x}}{(n_o+n)^2} = \frac{n_o\mu_o + n\bar{x}}{(n_o+n)^2} = \frac{M(\mu|\bar{x})}{n_o + n} \; . \qquad (17.1o)$$

Mit wachsender Stichprobengröße n gilt in erster Näherung

$$M(\mu|\bar{x}) \approx \bar{x} + \varepsilon(\mu_o-\bar{x}) \quad \text{mit} \quad \varepsilon = n_o/n \qquad (17.11)$$

und

$$V(\mu|\bar{x}) \approx \frac{1}{n} \left[\bar{x} + \varepsilon(\mu_o - 2\bar{x}) \right] \quad \text{mit} \quad \varepsilon = n_o/n \; . \qquad (17.12)$$

Mit wachsendem n bzw. abnehmendem ε setzt sich das Stichprobenergebnis $\bar{x}$ in (17.11) bzw. $\bar{x}/n$ in (17.12) mehr und mehr durch.

Zur Bestimmung eines posteriori-Vertrauensbereichs für μ setzt man in (17.6)

$$2(n_o + n)\mu = z^2 \; .$$
(17.13)

Dann wird die Dichtefunktion von z^2

$$\psi(z^2|\bar{x}) = \frac{1}{2^{p_o+n\bar{x}}\,\Gamma(p_o+n\bar{x})} \; (z^2)^{p_o+n\bar{x}-1} \; e^{-z^2/2} \; .$$
(17.14)

z^2 genügt einer χ_f^2-Verteilung mit $f = 2(p_o + n\bar{x})$ Freiheitsgraden, wobei f als ganzzahlig vorausgesetzt werden muß. Da $n\bar{x} = \sum_\nu x_\nu$ beim Versuch immer eine ganze Zahl wird, jedoch p_o auch nichtganzzahlig sein kann, muß $2\,p_o$ zu einer ganzen Zahl gerundet werden, damit die Bedingung für f erfüllt wird. Da die Transformation (17.13) von $\mu > o$ zu z^2 umkehrbar eindeutig ist, so werden bei der statistischen Sicherheit $1-\alpha$ die Grenzen μ_1 und μ_2 des <u>posteriori-Vertrauensbereichs</u> <u>für μ,</u>

$$\mu_1 \leq \mu \leq \mu_2 \; ,$$
(17.15)

zu

$$\mu_1 = \frac{\chi_{f;\alpha/2}^2}{2(n_o+n)} \quad \text{und} \quad \mu_2 = \frac{\chi_{f;1-\alpha/2}^2}{2(n_o+n)}$$
(17.16)

mit

$$f = 2(p_o + n\bar{x}) = 2(n_o\mu_o + n\bar{x}) \; .$$
(17.17)

Für $p_o \rightarrow o$; $n_o \rightarrow o$ mit $\lim M(\mu) = \lim (p_o/n_o) \rightarrow \mu_o \neq o$ und $V(\mu) \rightarrow \infty$ kommt man auf den im Abschnitt 16 behandelten Sonderfall zurück, denn es gilt

$$\lim_{\substack{n_o\rightarrow o \\ p_o\rightarrow o}} \psi(\mu|n_o;p_o) = k_o/\mu \; .$$

<u>Die gemeinsame Verteilung von (μ;y) und die Randverteilung von</u> <u>$y = n\bar{x} = \sum_\nu x_\nu$</u>

Die Wahrscheinlichkeit für das Wertepaar $(\mu;y)$ — mit μ als stetiger und y als diskreter Zufallsgröße — ist

$$\psi(\mu;y)d\mu = [\psi(\mu)d\mu]\psi(y|\eta) \; ; \quad \eta = n\mu \; .$$
(17.18)

Dabei ist $\psi(\mu)$ die Dichte (17.1) der priori-Verteilung von μ. Um die bedingte Verteilung von $y = n\bar{x}$ bei gegebenem $\eta = n\mu$ zu finden, greift man auf den Additionssatz der Poisson-Verteilung zurück: Wenn die Zufallsgrößen x_ν , $\nu = 1; 2; \ldots ;n$, unabhängig voneinander sind und je einer Poisson-Verteilung mit dem Mittelwert μ_ν genügen, so genügt die Summe $\sum\limits_{\nu=1}^{n} x_\nu = n\bar{x} = y$ einer Poisson-Verteilung mit dem Mittelwert $\sum\limits_{\nu=1}^{n} \mu_\nu = n\bar{\mu}$. Hier sind — wegen der in Abschnitt 16 nach (16.2) gemachten Voraussetzungen — für jede Probe der Größe n die Mittelwerte μ_ν einander gleich, $\mu_\nu = konst = \mu$, und damit $\sum\limits_{\nu=1}^{n} \mu_\nu = n\mu = \eta$. Mithin folgt die Zufallsgröße $y = \sum\limits_{\nu=1}^{n} x_\nu = n\bar{x}$ in der bedingten Verteilung (bei gegebenem μ bzw. η) nach (16.2) dem Verteilungsgesetz

$$\psi(y|\eta) = \frac{\eta^y}{y!} e^{-\eta} = p(y|\eta) \; ; \quad y = o;1;2; \ldots \tag{17.19}$$

(17.19) zeigt, daß die Zufallsgröße y Poisson-verteilt ist mit den Wahrscheinlichkeiten $p(y|\eta)$ und dem Mittelwert η . In der gemeinsamen Verteilung (17.18) von $(\mu;y)$ ist die Zufallsgröße μ im Bereich $o \leqq \mu < \infty$ stetig, dagegen die Zufallsgröße y diskret mit ganzzahligen Ausprägungen im Bereich $o \leqq y < \infty$.

Mittelwert und Varianz der Randverteilung von y findet man mit (17.18), ohne die Wahrscheinlichkeiten für y explizit zu kennen. Der Mittelwert von y wird

$$M(y) = \sum\limits_{y=0}^{\infty} y \int\limits_{0}^{\infty} p(y|\eta)\psi(\mu)d\mu = \int\limits_{0}^{\infty} \sum\limits_{y=0}^{\infty} y\, p(y|\eta)\,\psi(\mu)d\mu \; .$$

Nun ist der Mittelwert der Poisson-Verteilung

$$\sum\limits_{y=0}^{\infty} y\, p(y|\eta) = \eta = n\mu \; . \tag{17.2o}$$

Damit wird der <u>Mittelwert von y in der Randverteilung</u>

$$M(y) = n \int\limits_{0}^{\infty} \mu\, \psi(\mu)d\mu = n\,\mu_O = n\, p_O/n_O \; , \tag{17.21}$$

wobei $\mu_O = M(\mu)$ gemäß (17.2) der Mittelwert der priori-Verteilung von μ ist.

Zur Berechnung der Varianz $V(y)$ bestimmt man zunächst das auf Null bezogene Moment $V_O(y)$ zweiter Ordnung der Verteilung von y ,

$$V_O(y) = \int\limits_{0}^{\infty} \sum\limits_{y=0}^{\infty} y^2\, p(y|\eta)\, \psi(\mu)d\mu \; .$$

Für die Poisson-Verteilung ist bei festem η bekanntlich

$$\sum_{y=0}^{\infty} y^2\, p(y|n) = n + n^2 = n(1+n) \, . \qquad (17.22)$$

Damit wird

$$V_0(y) = n \int_0^{\infty} \mu\,\psi(\mu)\,d\mu + n^2 \int_0^{\infty} \mu^2 \psi(\mu)\,d\mu \, .$$

Das erste Integral ist μ_0; das zweite Integral ist das auf Null bezogene Moment zweiter Ordnung der priori-Verteilung von μ. Es wird
mit (17.3) und (17.2) zu $(\mu_0/n_0) + \mu_0^2$. Damit hat man

$$V_0(y) = n\mu_0 + n^2(\mu_0/n_0) + (n\mu_0)^2 \, .$$

Aus dem Verschiebungssatz für Momente zweiter Ordnung folgt schließlich die <u>Varianz von y in der Randverteilung</u> zu

$$V(y) = V_0(y) - M^2(y) = n(n_0 + n)\mu_0/n_0 \, . \qquad (17.23)$$

Mittelwert und Varianz von $\bar{x} = y/n$ in der Randverteilung werden

$$M(\bar{x}) = \mu_0 = p_0/n_0 \quad \text{und} \quad V(\bar{x}) = \frac{n_0 + n}{n_0 n}\,\mu_0 \, . \qquad (17.24)$$

Schreibt man die Varianz $V(\bar{x})$ in der Gestalt

$$V(\bar{x}) = (\mu_0/n_0) + (\mu_0/n) \, , \qquad (17.25)$$

so lassen sich die beiden Summanden μ_0/n_0 und μ_0/n anschaulich deuten. Nach (17.3) ist $\mu_0/n_0 = V(\mu)$. Weiter ist die Varianz von x bei
festem μ

$$V(x|\mu) = \mu \, , \quad \text{mithin} \quad V(\bar{x}|\mu) = \mu/n \, .$$

Damit wird aus (17.25)

$$V(\bar{x}) = V(\mu) + M\big[V(\bar{x}|\mu)\big] \, . \qquad (17.26)$$

Die Varianz von $\bar{x}$ in der Randverteilung ist gleich der Summe aus der
mittleren Varianz "innerhalb" der Gruppen (wobei die Gruppen die Proben der Größe n bedeuten) und der Varianz $V(\mu)$ "zwischen" den Gruppenmittelwerten. — Die Gleichungen (17.24) werden später zur Schätzung
der (zunächst meist unbekannten) Parameter μ_0 und n_0 der priori-Verteilung von μ verwendet.

Die Wahrscheinlichkeit $\psi(y)$ für y in der Randverteilung findet man
aus (17.18), indem man über μ integriert. Es wird mit $\psi(\mu)$ aus (17.1),

$\psi(y|n)$ aus (17.19) und $\eta = n\mu$

$$\psi(y) = \frac{n_o^{p_o}\, n^y}{\Gamma(p_o)\, y!} \int_0^\infty \mu^{p_o+y-1}\, e^{-(n_o+n)\mu}\, d\mu \;.$$

Das Integral läßt sich auf die Gamma-Funktion zurückführen und liefert

$$I = \frac{\Gamma(p_o+y)}{(n_o+n)^{p_o+y}} \;.$$

Damit findet man die <u>Wahrscheinlichkeit für y in der Randverteilung</u> zu

$$\psi(y) = \left(\frac{n_o}{n_o+n}\right)^{p_o} \left(\frac{n}{n_o+n}\right)^y \frac{\Gamma(p_o+y)}{\Gamma(p_o)\,\Gamma(y+1)} \;, \quad y = o;1;2; \;\ldots \quad (17.27)$$

Da die Summe aller Wahrscheinlichkeiten $\psi(y)$ gleich 1 ist, so gilt

$$\sum_{y=0}^{\infty} \psi(y) = 1 \;. \tag{17.28}$$

Man zeigt mit $z\,\Gamma(z) = \Gamma(z+1)$ leicht, daß für die Wahrscheinlichkeiten $\psi(y)$ die Beziehung gilt

$$n_o\, y\, \psi(y|p_o;n_o;n) = n\, p_o\, \psi(y-1|p_o+1;n_o;n) \;, \tag{17.29}$$

die zur Berechnung von Mittelwert $M(y)$ und Varianz $V(y)$ der Randverteilung von y nützlich ist.

Der Mittelwert von y wird

$$M(y) = \sum_{y=0}^{\infty} y\, \psi(y) = \sum_{y=1}^{\infty} y\, \psi(y) \;.$$

Mit (17.29) wird daraus

$$M(y) = \frac{n p_o}{n_o} \underbrace{\sum_{y-1=0}^{\infty} \psi(y-1|p_o+1;\, n_o;\, n)}_{1} = \frac{n p_o}{n_o} = n\mu_o \;, \tag{17.30}$$

was bereits in (17.21) auf anderem Wege gefunden wurde.

Das auf Null bezogene Moment zweiter Ordnung von y wird

$$V_o(y) = \sum_{y=0}^{\infty} y^2 \psi(y) = \sum_{y=1}^{\infty} y^2 \psi(y) \;.$$

Mit (17.29) wird daraus

$$V_o(y) = \frac{np_o}{n_o} \sum_{y-1=0}^{\infty} \left[(y-1) + 1 \right] \psi(y-1 \mid p_o+1; n_o; n)$$

$$= \frac{np_o}{n_o} \left[M(y \mid p_o+1; n_o; n) + 1 \right]$$

$$= \frac{np_o}{n_o} \left[\frac{n(p_o+1)}{n_o} + 1 \right] = \frac{n(n_o+n)p_o}{n_o^2} + \left(\frac{np_o}{n_o} \right)^2 .$$

Der Verschiebungssatz,

$$V(y) = V_o(y) - M^2(y) ,$$

gibt schließlich die Varianz von y in der Randverteilung zu

$$V(y) = \frac{n(n_o+n)}{n_o^2} p_o = \frac{n(n_o+n)}{n_o} \mu_o , \qquad (17.31)$$

was bereits in (17.23) auf anderem Wege gefunden wurde.

Bei der zahlenmäßigen Berechnung der Wahrscheinlichkeiten $\psi(y)$ der Randverteilung von y wählt man eine in der Nähe des Mittelwerts ($n\mu_o$) gelegene ganze Zahl y_o und berechnet $\psi(y_o)$ aus (17.27). Die übrigen Wahrscheinlichkeiten $\psi(y)$ für $y \neq y_o$ findet man mit der <u>Rekursionsformel</u>

$$(n_o+n)(y+1)\psi(y+1) = n(p_o+y)\psi(y) , \qquad (17.32)$$

die man wahlweise nach $\psi(y+1)$ oder nach $\psi(y)$ auflösen kann.

Im folgenden werden die Wahrscheinlichkeiten $\psi(y)$ aus (17.27) umgestaltet. Dazu setzt man

$$\frac{n_o}{n_o+n} = p \quad \text{und} \quad \frac{n}{n_o+n} = q \quad \text{mit} \quad p+q = 1 . \qquad (17.33)$$

Nach der Rekursionsformel der Gamma-Funktion gilt für ganzzahlige $y \geqq 1$

$$\Gamma(p_o+y) = (p_o+y-1)(p_o+y-2) \cdots (p_o+1)p_o\, \Gamma(p_o) . \qquad (17.34)$$

Damit geht $\psi(y)$ aus (17.27) über in

$$\psi(y) = p^{p_o} q^y \frac{p_o(p_o+1) \cdots (p_o+y-1)}{y!} . \qquad (17.35)$$

Im Zusammenhang mit der Binomialverteilung wird das Symbol $\binom{n}{y}$ für ganzzahlige Werte von n und y mit $o \leqq y \leqq n$ erklärt durch

$$\binom{n}{y} = \frac{n!}{y!\,(n-y)!} = \frac{n(n-1)\,\cdots\,(n-y+1)}{y!} \ . \tag{17.36}$$

Im folgenden wird die Bedeutung des Symbols $\binom{n}{y}$ verallgemeinert. Für beliebige reelle (auch negative) p_o und jedes ganze $y > o$ sei

$$\binom{p_o}{y} = \frac{p_o(p_o-1)\,\cdots\,(p_o-y+1)}{y!} \ ; \quad \binom{p_o}{o} = 1 \ . \tag{17.37}$$

Damit nimmt $\psi(y)$ aus (17.35) die Gestalt

$$\psi(y) = (-1)^y \binom{-p_o}{y} p^{p_o} q^y = \binom{p_o+y-1}{p_o-1} p^{p_o} q^y \tag{17.38}$$

an. <u>Die Zufallsgröße $y = n\bar{x}$ genügt in der Randverteilung einer "negativen" Binomialverteilung</u>[1] mit den Parametern $(p_o;p;q)$ mit $p+q = 1$. Bildet man den Quotienten aus $\psi(y+1)$ und $\psi(y)$, so findet man die Rekursionsformel

$$\psi(y+1) = \frac{y + p_o}{y + 1} q\,\psi(y) \ , \tag{17.39}$$

die natürlich mit (17.32) übereinstimmt. Mittelwert und Varianz der negativen Binomialverteilung mit den Parametern $(p;q)$ und $p_o > o$ sind

$$M(y) = \frac{p_o q}{p} \quad \text{und} \quad V(y) = \frac{p_o q}{p^2} \ . \tag{17.4o}$$

<u>Der Einfluß der Vorinformation auf die Schätzung von μ</u>

<u>Ohne Kenntnis</u> der priori-Verteilung von μ verwendet man als Schätzwert für μ den Stichprobenmittelwert aus einer Probe vom Umfang n',

$$\bar{x} = \sum_{v=1}^{n'} x_v/n' = y/n' \ . \tag{17.41}$$

Mittelwert und Varianz von $\bar{x}$ sind bei dem während des Versuchs festen

---

1) Die Wahrscheinlichkeiten $\psi(y)$ sind vertafelt bei E. Williamson and M.H. Bretherton. Tables of the Negative Binomial Probability Distribution. London: Wiley 1963.

Wert μ

$$M(\bar{x}) = \mu \quad \text{und} \quad V(\bar{x}) = \mu/n' . \tag{17.42}$$

Als "Gütemaß" für die Schätzung ohne Vorkenntnisse wählt man das relative Streumaß $\left[\text{vgl. auch (15.37)}\right]$

$$Q' = \frac{V(\bar{x})}{M(\bar{x})} = \frac{1}{n'} . \tag{17.43}$$

<u>Mit Kenntnis</u> der priori-Verteilung von μ verwendet man als Schätzwert für μ aus einer Stichprobe vom Umfang n den posteriori-Mittelwert (17.9),

$$M(\mu|\bar{x}) = \frac{n_o\mu_o + n\bar{x}}{n_o + n} . \tag{17.44}$$

Die posteriori-Varianz von μ wird nach (17.1o)

$$V(\mu|\bar{x}) = \frac{M(\mu|\bar{x})}{n_o + n} . \tag{17.45}$$

Als "Gütemaß" für die Schätzung mit Vorkenntnissen wählt man den Quotienten

$$Q'' = \frac{V(\mu|\bar{x})}{M(\mu|\bar{x})} = \frac{1}{n_o+n} . \tag{17.46}$$

Das Verhältnis Q''/Q' wird

$$Q = Q''/Q' = n'/(n_o+n) . \tag{17.47}$$

Die fehlende Kenntnis der priori-Verteilung läßt sich durch eine größere Probe $n' > n$ ausgleichen. Wenn die "Gütemaße" der Schätzung in beiden Fällen übereinstimmen sollen, so muß gelten $Q = 1$ oder

$$n' = n_o+n . \tag{17.48}$$

Ist $n' = n$, so folgt aus (17.47)

$$Q = \frac{n}{n+n_o} = \frac{1}{1 + (n_o/n)} . \tag{17.49}$$

Da $Q < 1$ ist, so ist bei gleicher Probengröße $n' = n$ das Schätzverfahren mit Vorkenntnissen stets besser als ohne Vorkenntnisse. Bei festem n_o, d.h. bei gegebener priori-Verteilung von μ , strebt $Q \longrightarrow 1$ für $n \longrightarrow \infty$. Mit wachsendem n werden die Vorkenntnisse über μ demnach praktisch wertlos, was bereits aus (17.11) hervorgeht. Der Nutzen der Vorinformation beim Schätzen von μ ist umso größer, je kleiner Q bzw. je größer n_o/n ist.

Man kann den Einfluß der Vorinformation aber noch auf ganz andere Weise untersuchen, nämlich über die Vertrauensbereiche $\mu_U \leq \mu \leq \mu_O$ ohne und $\mu_1 \leq \mu \leq \mu_2$ mit Kenntnis der priori-Verteilung von μ. Nach (16.15) wird der auf den Schätzwert $\bar{x}$ bezogene Vertrauensbereich ohne Vorkenntnisse

$$\frac{\chi^2_{m;\alpha/2}}{m} \leq \frac{\mu}{\bar{x}} \leq \frac{\chi^2_{m+2;1-\alpha/2}}{m} \quad \text{mit} \quad m = 2\,n\bar{x}\,. \tag{17.5o}$$

Nach (17.16) und (17.9) wird der auf den Schätzwert $M(\mu|\bar{x})$ bezogene posteriori-Vertrauensbereich (mit Vorkenntnissen)

$$\frac{\chi^2_{m+m_o;\alpha/2}}{m+m_o} \leq \frac{\mu}{M(\mu|\bar{x})} \leq \frac{\chi^2_{m+m_o;1-\alpha/2}}{m+m_o} \quad \text{mit} \quad m_o = 2\,n_o\,\mu_o\,. \tag{17.51}$$

Wegen $M(\chi^2_f/f) = 1$ und $V(\chi^2_f/f) = 2/f$ gilt mit wachsendem f bei festem ß

$$\lim_{f\to\infty} \chi^2_{f;\beta}/f \longrightarrow 1\,. \tag{17.52}$$

Da $\chi^2_{f;\alpha/2}/f$ für "kleine" α mit f monoton steigt und $\chi^2_{f;1-\alpha/2}/f$ mit f monoton fällt, so ist

$$\chi^2_{m;\alpha/2}/m \quad < \quad \chi^2_{m+m_o;\alpha/2}/(m+m_o) \quad < \quad 1$$

und

$$1 < \chi^2_{m+m_o;1-\alpha/2}/(m+m_o) < \chi^2_{m;1-\alpha/2}/m \quad < \quad \chi^2_{m+2;1-\alpha/2}/m \quad .$$

Der Bereich (17.51) liegt demnach innerhalb des Bereichs (17.5o), d.h. die "relativen" Vertrauensbereiche sind mit Vorinformation stets enger als ohne Vorinformation. Das geht anschaulich aus Abb.17.1 hervor, in der die Funktionen

$$\chi^2_{f;\alpha/2}/f \quad \text{und} \quad \chi^2_{f;1-\alpha/2}/f \quad \text{bzw.} \quad \chi^2_{f+2;1-\alpha/2}/f$$

in Abhängigkeit von f für $1-\alpha$ = 95% dargestellt sind. Der Einfluß der Vorinformation auf die Weite des Vertrauensbereichs ist gering, wenn m_o "klein" und m "groß" ist, z.B. (m_o' = 9; m' = 2o). Er ist erheblich und damit praktisch bedeutsam, wenn umgekehrt m_o "groß" und m "klein" ist, z.B. (m_o'' = 2o; m" = 9). Diese Zusammenhänge sind in Abb.17.1 mühelos zu erkennen.

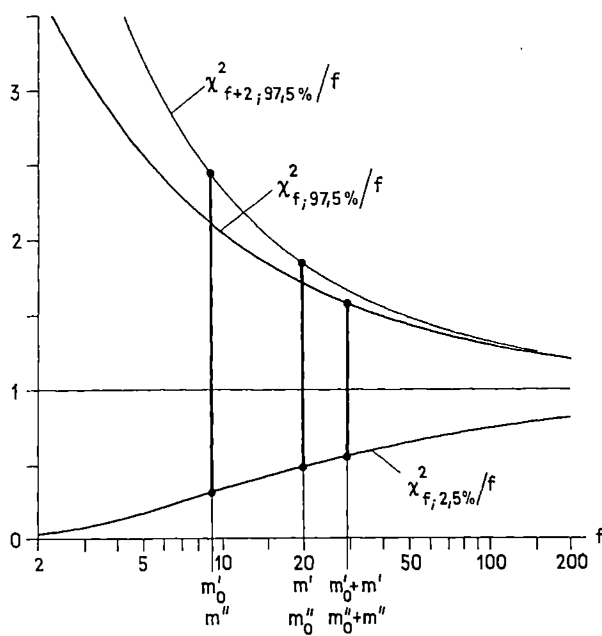

Abb.17.1 Die Funktionen $\chi^2_{f;\alpha/2}/f$ und $\chi^2_{f;1-\alpha/2}/f$ bzw. $\chi^2_{f+2;1-\alpha/2}/f$ in Abhängigkeit von f für die statistische Sicherheit $1-\alpha = 95\%$ zur Ermittlung des Einflusses der Vorkenntnisse über μ auf die Schätzung des Mittelwerts μ einer Poisson-Verteilung.

Will man bei einer Probe vom Umfang n' ohne Vorinformation die gleiche Genauigkeit wie bei einer Probe vom Umfang n mit Vorinformation erzielen, so muß nach (17.5o) und (17.51) gelten

$$m' \approx m + m_o \; ,$$

oder mit $m' = 2\,n'\bar{x}$, $m = 2\,n\bar{x}$ und $m_o = 2\,n_o\mu_o$,

$$n'\bar{x} \approx n\bar{x} + n_o\mu_o \; . \tag{17.53}$$

Wegen $M(\bar{x}) = \mu_o$ hat man <u>im Mittel</u>

$$n' \approx n + n_o \; ,$$

was mit der auf ganz anderem Wege gefundenen Beziehung (17.48) übereinstimmt.

Beispiel 17.1

Ein Abnehmer beurteilt Draht auf Isolationsfehler. Eine Liefermenge besteht aus N = 2oo Rollen, von denen durch Zufallsauswahl 1o zur Prüfung herangezogen werden. Bei jeder dieser 1o Rollen wird auf einer festen "Prüflänge" L die Zahl x der Isolationsfehler festgestellt. Der Mittelwert $\bar{x}$ der n = 1o Einzelbeobachtungen x_1; x_2; ... ;x_{1o} ist $\bar{x}$ = 2,7 ; es ist die mittlere Zahl der Isolationsfehler (bezogen auf die Länge L) in der Probe. Gesucht wird der Schätzwert für μ , — die mittlere Zahl der Isolationsfehler (bezogen auf die Länge L) in der Liefermenge —, und der zugehörige Vertrauensbereich zur statistischen Sicherheit 1-α = 95%, (a) ohne Kenntnis, (b) mit Kenntnis einer priori-Verteilung von μ .

Lösung

(a) Ohne Berücksichtigung einer priori-Verteilung urteilt der Abnehmer nur nach dem Stichprobenergebnis $\bar{x}$. Dann ist der Schätzwert für μ nach (17.41) $\bar{x}$ = 2,7. Der zweiseitig abgegrenzte Vertrauensbereich wird mit (16.15)

$$\mu_U = \chi^2_{54;\alpha/2}/2o \leqq \mu \leqq \chi^2_{56;1-\alpha/2}/2o = \mu_O .$$

Zur statistischen Sicherheit 1-α = 95% gehören die Schwellenwerte der χ^2-Verteilung

$$\chi^2_{54;0,o25} = 35,6 \quad \text{und} \quad \chi^2_{56;o,975} = 78,6 .$$

Damit hat man

$$\mu_U = 1,78 \leqq \mu \leqq 3,93 = \mu_O .$$

Solange der Abnehmer noch keine Erfahrung über die vom Hersteller gelieferte "Qualität" hat, kann er die im Abschnitt 16 zugrunde gelegte priori-Verteilung für μ wählen. Der posteriori-Schätzwert für μ wird dann nach (16.7) unverändert gegen vorher

$$M(\mu|\bar{x}) = \bar{x} = 2,7 .$$

Der zweiseitig abgegrenzte posteriori-Vertrauensbereich für μ wird mit n$\bar{x}$ = 27 nach (16.13)

$$\mu_1 = \chi^2_{54;\alpha/2}/2o \leqq \mu \leqq \chi^2_{54;1-\alpha/2}/2o = \mu_2 .$$

Zur statistischen Sicherheit 1-α = 95% gehören die Schwellenwerte der

χ^2-Verteilung

$$\chi^2_{54;0,025} = 35,6 \quad \text{und} \quad \chi^2_{54;0,975} = 76,2 \ .$$

Damit wird der <u>posteriori-Vertrauensbereich für μ</u>

$$\mu_1 = 1,78 \leqq \mu \leqq 3,81 = \mu_2 \ .$$

In der Liefermenge ist die mittlere Zahl der Isolationsfehler (bezogen auf die Prüflänge L) mindestens $\mu_1 \approx 1,8$ und höchstens $\mu_2 \approx 3,8$. Der beobachtete Mittelwert $\bar{x} = 2,7$ liegt nahezu in der Mitte des Bereichs $1,8 \leqq \mu \leqq 3,8$. Falls der gefundene Bereich für μ für praktische Zwecke "zu weit" ist, muß man n vergrößern, z.B. auf n' = 4o; damit wird die Bereichbreite $(\mu_2 - \mu_1) = 2,o3$ annähernd halbiert, wie der Leser selbst nachweisen mag.

Es ist $\mu_U = \mu_1$. Nur die obere Grenze $\mu_O = 3,93$ weicht geringfügig von $\mu_2 = 3,81$ ab. Die Bereichsweite $\mu_O - \mu_U = 3,93 - 1,78 = 2,15$ ohne Berücksichtigung der priori-Verteilung (16.1) ist etwas größer als die Bereichsweite $\mu_2 - \mu_1 = 3,81 - 1,78 = 2,o3$, die mit dieser priori-Verteilung berechnet worden ist. Für praktische Zwecke ist der Unterschied belanglos.

<u>(b)</u> Nach "längerer Zeit" hat der Abnehmer herausgefunden, daß die priori-Verteilung der mittleren Fehlerzahl μ (bezogen auf die Prüflänge L) in den angelieferten Mengen durch eine Γ-Verteilung mit dem Mittelwert $M(\mu) = \mu_O = p_O/n_O = 3,5o$ und der Varianz $V(\mu) = \mu_O/n_O = 3,5o/18 = o,194$ bzw. der Standardabweichung $\sigma(\mu) = o,44o$ angenähert werden kann. Welchen Schätzwert und welchen Vertrauensbereich für μ kann man bei der unter (a) beurteilten Liefermenge mit n = 1o und $\bar{x} = 2,7$ angeben, wenn man diese priori-Verteilung von μ berücksichtigt.

<u>Lösung</u>

Aus (17.9) folgt der <u>posteriori-Schätzwert für μ</u>

$$M(\mu|\bar{x}) = \frac{18 \cdot 3,5o + 1o \cdot 2,7}{18 + 1o} = 3,21 \ .$$

Der zweiseitig abgegrenzte <u>posteriori-Vertrauensbereich für μ</u> folgt aus (17.16) mit $f = 2(n_O\mu_O + n\bar{x}) = 2(63 + 27) = 18o$ zu

$$\chi^2_{18o;0,025}/56 \leqq \mu \leqq \chi^2_{18o;0,975}/56 \ .$$

Mit $\chi^2_{180;0,025} = 144{,}74$ und $\chi^2_{180;0,975} = 219{,}06$ wird zahlenmäßig

$$\mu_1 = 2{,}58 \leqq \mu \leqq 3{,}91 = \mu_2 \ . \tag{$*$}$$

In der Liefermenge ist die mittlere Zahl der Isolationsfehler (bezogen auf die Länge L) mindestens $\mu_1 \approx 2{,}6$ und höchstens $\mu_2 \approx 3{,}9$. Der Schätzwert $M(\mu|\bar{x}) \approx 3{,}2$ liegt nahezu in der Mitte des Bereichs $2{,}6 \leqq \mu \leqq 3{,}9$. — Die Weite des Vertrauensbereichs ohne Kenntnis der priori-Verteilung ist nach (a)

$$\mu_O - \mu_U = 2{,}15 \ .$$

Mit Kenntnis der priori-Verteilung wird hier

$$\mu_2 - \mu_1 = 1{,}33 \ .$$

Das bedeutet eine praktisch durchaus bedeutsame Verbesserung der Schätzung von μ .

Man kommt in beiden Fällen (d.h. im Fall ohne Vorinformation und im Fall mit Γ-Verteilung für μ als Vorinformation) zur gleichen relativen Schätzgenauigkeit für μ , wenn man die Probengröße n = 1o zu n' vergrößert, wobei n' aus (17.53) bestimmt wird. Aus $2{,}7\,n' = 27 + 63 = 9o$ findet man $n' \approx 33$. Der zugehörige Vertrauensbereich $\mu_U' \leqq \mu \leqq \mu_O'$ für μ folgt aus (16.15) mit $2\,n'\bar{x} = 18o$ zu

$$\mu_U' = \chi^2_{180;0,025}/66 \leqq \mu \leqq \chi^2_{182;0,975}/66 = \mu_O' \ .$$

Mit $\chi^2_{180;0,025} = 144{,}74$ und $\chi^2_{182;0,975} = 221{,}26$ wird zahlenmäßig

$$\mu_U' = 2{,}19 \leqq \mu \leqq 3{,}35 = \mu_O' \ .$$

Die auf den Schätzwert $\bar{x}' = 2{,}7$ bezogene Bereichsweite ohne Kenntnis der priori-Verteilung ist damit bei $n' = 33$

$$(\mu_O' - \mu_U')/\bar{x} = (3{,}35 - 2{,}19)/2{,}7 = o{,}43o \ ;$$

die auf den Schätzwert $M(\mu|\bar{x}) = 3{,}21$ bezogene posteriori-Bereichsweite wird mit ($*$) bei n = 1o

$$(\mu_2 - \mu_1)/M(\mu|\bar{x}) = (3{,}91 - 2{,}58)/3{,}21 = o{,}414 \ .$$

Wie es sein muß, stimmen die beiden auf die zugehörigen Schätzwerte bezogenen Bereichsbreiten, welche die relative Schätzgenauigkeit

für μ kennzeichnen, nahezu überein. Die fehlende Information über
die priori-Verteilung von μ läßt sich im vorliegenden Beispiel durch
Vergrößerung der Probe von n = 1o zu n' = 33 ausgleichen.

Beliebige priori-Verteilung von μ

Bisher wurde vorausgesetzt, daß die priori-Verteilung von μ eine
Γ-Verteilung mit der Dichte (17.1) ist. Im folgenden wird gezeigt,
daß man $M(\mu|\bar{x})$, den posteriori-Mittelwert von μ , auch in anderen
Fällen leicht finden kann. Zunächst betrachten wir noch einmal den
bisher behandelten Fall. Nach (17.9) ist

$$M(\mu|\bar{x}) = \frac{n_o\mu_o + n\bar{x}}{n_o + n} \quad .$$

Mit $n_o\mu_o = p_o$ und $n\bar{x} = y$ wird daraus

$$M(\mu|\bar{x}) = M(\mu|y) = \frac{p_o + y}{n_o + n} \quad . \tag{17.54}$$

Nach (17.39) gilt für die Randverteilung von y die Rekursionsformel

$$\frac{(y+1)\,\psi(y+1)}{\psi(y)} = n\,\frac{p_o + y}{n_o + n} = n\,M(\mu|y) \quad . \tag{17.55}$$

Mithin hat man

$$M(\mu|y) = \frac{y+1}{n}\,\frac{\psi(y+1)}{\psi(y)} = \left(\bar{x} + \frac{1}{n}\right)\frac{\psi(y+1)}{\psi(y)} \quad . \tag{17.56}$$

Aus dieser Gleichung läßt sich der posteriori-Mittelwert $M(\mu|\bar{x})$ be-
stimmen, wenn die Randverteilung von y mit den Wahrscheinlichkeiten
$\psi(y)$ bekannt ist.

Bemerkenswert ist, daß die Beziehung (17.56) nicht nur dann gilt,
wenn die priori-Verteilung von μ eine Γ-Verteilung ist (wie bisher
angenommen wurde), sondern auch in anderen Fällen. Das wird im folgenden gezeigt. Aus (5.14) und (5.12) folgt mit $\eta = n\mu > o$ anstelle
von θ und $y \geqq o$ anstelle von b_n

$$M(\eta|y) = k \int_o^\infty \eta\,\psi(\eta)\,\psi(y|\eta)\,d\eta \quad . \tag{17.57}$$

Setzt man die Normierungskonstante k aus (5.13) ein, so gilt allgemein

$$M(\eta|y) = \frac{\int_0^\infty \eta\,\psi(\eta)\,\psi(y|\eta)\,d\eta}{\int_0^\infty \psi(\eta)\,\psi(y|\eta)\,d\eta} \; . \tag{17.58}$$

Ist nun $\psi(y|\eta)$ insbesondere die Poisson-Verteilung mit dem Mittelwert $\eta = n\mu$, so ist nach (16.2)

$$\psi(y|\eta) = \frac{\eta^y}{y!}\,e^{-\eta} \; ; \quad y = o; \; 1; \; 2; \; \ldots \tag{17.59}$$

Setzt man $\psi(y|\eta)$ aus der letzten Gleichung in (17.58) ein, so findet man

$$M(\eta|y) = \frac{\int_0^\infty \eta^{y+1}\,\psi(\eta)\,e^{-\eta}\,d\eta/y!}{\int_0^\infty \eta^y\,\psi(\eta)\,e^{-\eta}\,d\eta/y!}$$

oder

$$M(\eta|y) = \frac{(y+1)\int_0^\infty \psi(\eta)\,\eta^{y+1}\,e^{-\eta}\,d\eta/(y+1)!}{\int_0^\infty \psi(\eta)\,\eta^y\,e^{-\eta}\,d\eta/y!} \; . \tag{17.6o}$$

Das Integral im Zähler geht aus dem Nenner hervor, indem man y durch (y+1) ersetzt.

Da der Nenner die Wahrscheinlichkeit $\psi_R(y)$ von y in der Randverteilung darstellt, hat man

$$M(\eta|y) = (y+1)\frac{\psi_R(y+1)}{\psi_R(y)} \; . \tag{17.61}$$

Mit $\eta = n\mu$ und $y = n\bar{x}$ hat der posteriori-Schätzwert für $\mu = \eta/n$ bei beobachtetem $\bar{x} = y/n$ die Gestalt

$$M(\mu|\bar{x}) = \frac{1}{n}\,M(\eta|y) = \left(\bar{x} + \frac{1}{n}\right)\frac{\psi_R(y+1)}{\psi_R(y)} \; . \tag{17.62}$$

(17.62) stimmt mit (17.56) überein, gilt aber auf Grund der Herleitung für beliebige priori-Verteilungen von μ . Soweit die Poisson-Verteilung.

Die Eigenschaft (17.62) beruht wesentlich auf der in (17.6o) benutzten Rekursionsformel

$$(y+1)\,\psi(y+1|\eta) = \eta\,\psi(y|\eta) \tag{17.63}$$

für die Wahrscheinlichkeiten $\psi(y|\eta)$ der Poisson-Verteilung. Man wird vermuten, daß andere Verteilungen $\psi(y|\eta)$ mit einer ähnlich gebauten Rekursionsformel auch die Eigenschaft (17.62) besitzen, daß der Bayes-Schätzwert für den Parameter η sich mit Hilfe der Wahrscheinlichkeiten $\psi_R(y)$ der Randverteilung ausdrücken läßt. Dazu gehört beispielsweise die geometrische Verteilung mit dem Parameter q

$$\psi(y|q) = (1-q)q^y \ , \quad y = 0; 1; 2; \ \dots \ \text{und} \ \ 0 < q < 1, \quad (17.64)$$

mit der Rekursionsformel

$$\psi(y+1|q) = q \ \psi(y|q) \ . \tag{17.65}$$

Analog zu der Herleitung in (17.58) folgt bei beliebiger priori-Verteilung $\psi(p)$ der posteriori-Mittelwert von p zu

$$M(q|y) = \frac{\int_0^1 q\psi(q)\,\psi(y|q)\,dq}{\int_0^1 \psi(q)\,\psi(y|q)\,dq} = \frac{\psi_R(y+1)}{\psi_R(y)} \ , \tag{17.66}$$

wobei $\psi_R(y)$ die Wahrscheinlichkeit von y in der Randverteilung ist.

Ferner gehört die negative Binomialverteilung mit den Wahrscheinlichkeiten

$$\psi(y|q;k) = \frac{1}{y!} \ p^k \ q^y \ \frac{\Gamma(k+y)}{\Gamma(k)} \ ; \quad \begin{array}{l} p+q = 1 \ ; \\ y = 0; 1; 2; \ \dots \end{array} \tag{17.67}$$

hierher, wenn der Parameter k eine bekannte Konstante ist, während q bzw. p eine Zufallsvariable mit einer bekannten priori-Verteilung ist. Die geometrische Verteilung gemäß (17.64) ergibt sich als Spezialfall für k = 1 aus (17.67). Die Wahrscheinlichkeiten $\psi(y|q;k)$ genügen der Rekursionsformel

$$\frac{y+1}{k+y} \ \psi(y+1|q) = q \ \psi(y|q) \ . \tag{17.68}$$

Mithin gibt (17.58) bei beliebiger priori-Verteilung $\psi(q)$ den posteriori-Mittelwert von q in der Gestalt

$$M(q|y) = \frac{y+1}{k+y} \ \frac{\psi_R(y+1)}{\psi_R(y)} \ . \tag{17.69}$$

18. Eine allgemeine Methode zur Ermittlung der priori-Parameter aus einer Versuchsreihe

Wenn man die posteriori-Schätzgleichungen der vorausgehenden Abschnitte praktisch nutzbar machen will, so muß man die priori-Verteilung des zu schätzenden Parameters kennen. In den Anwendungen ist die unmittelbare Beobachtung der priori-Verteilung eines Parameters nur in Sonderfällen möglich. Beispiele sind die Ermittlung des Schlechtanteils p oder die Bestimmung des Mittelwerts μ einer Eigenschaft in Liefermengen durch "Vollprüfung". Der Versuchsaufwand ist dabei erheblich und im allgemeinen nicht vertretbar. Bei zerstörender Prüfung scheidet diese Möglichkeit vollkommen aus. Man ist deshalb gezwungen, die in den posteriori-Schätzgleichungen auftretenden priori-Parameter aus der "Randverteilung" der beobachteten Zufallsgröße zu schätzen. Ein mögliches Verfahren, das die Momente der Randverteilung heranzieht, wird im folgenden erläutert.

Ein bei einem Fertigungsvorgang wesentliches Merkmal z der Erzeugnisse sei eine Zufallsgröße, die den "augenblicklichen" Mittelwert μ und die "augenblickliche" Varianz $\sigma^2 = \omega$ besitzt,

$$M(z|\mu;\omega) = \mu \quad ; \quad V(z|\mu;\omega) = \omega \ . \qquad (18.1)$$

"Langfristig" sind μ und ω nicht fest, sondern haben Verteilungen mit den Mittelwerten

$$M(\mu) = \mu_o \quad ; \quad M(\omega) = \omega_o \qquad (18.2)$$

und den Varianzen

$$V(\mu) = \sigma_\mu^2 \quad ; \quad V(\omega) = \sigma_\omega^2 \ , \qquad (18.3)$$

wie es in Abb.18.1 dargestellt ist. μ und ω müssen nicht unabhängig voneinander sein. Gesucht werden die vier Parameter $(\mu_o;\ \omega_o;\sigma_\mu^2\ ;\ \sigma_\omega^2)$, die den Fertigungsvorgang bzw. die priori-Information kennzeichnen.

Zur Bestimmung von Schätzwerten für die genannten vier Parameter be-

obachtet man den Fertigungsvorgang mit "punktweise" entnommenen Stichproben[1] , die über so lange Zeit verteilt werden, daß man die "Gesamt-
variabilität" von μ und ω erfaßt. Wann diese Forderung bei einer Untersuchung erfüllt ist, kann nur durch Erfahrung und von Fall zu Fall
entschieden werden.

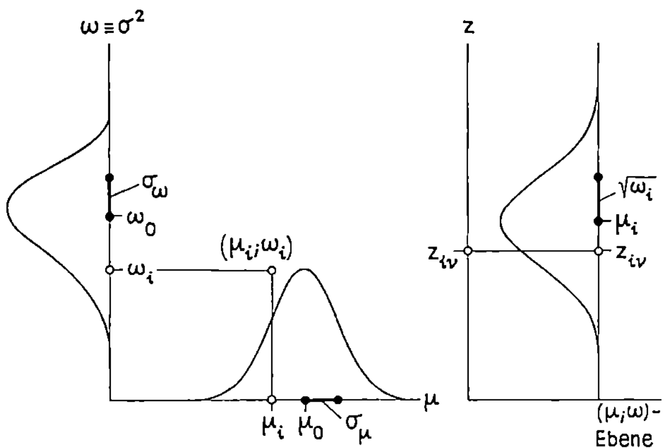

Abb.18.1 Die priori-Randdichten von Mittelwert μ und Varianz $\omega = \sigma^2$
einer Fertigung. Der augenblickliche Zustand ist (im <u>rechten</u> Teil-
bild) durch das Wertepaar $(\mu_i;\omega_i)$ gekennzeichnet.

Der Abstand zwischen den Entnahmezeitpunkten sollte jedoch auf jeden
Fall so groß sein, daß μ und ω unabhängig vom vorherigen Zustand des
Fertigungsvorganges jeweils eine neue Realisation angenommen haben.

Verfügbar sind k zu den (nahezu gleichabständigen) Zeitpunkten t_i ,
i = 1;2; ... ;k , entnommene unabhängige Proben der gleichen Größe n
mit den jeweils unabhängigen Einzelwerten z_{iv} , v = 1;2; ... ;n , den
Mittelwerten $\bar{z}_i$ und den Varianzen $s_i^2 = w_i$, wobei

$$\bar{z}_i = \sum_v z_{iv}/n \quad \text{und} \quad s_i^2 = w_i = \sum_v (z_{iv} - \bar{z}_i)^2/(n-1) \qquad (18.4)$$

ist. (Alle Summen über v bzw. i laufen im Bereich $1 \leqq v \leqq n$ bzw.
$1 \leqq i \leqq k$, ohne daß hier und im folgenden besonders darauf hingewiesen wird.) Mittelwerte bzw. Varianzen in der priori-Verteilung, d.h.
für den Fertigungsvorgang "langfristige" Mittelwerte bzw. Varianzen,

---

1) Die Bezeichnung "punktweise" soll andeuten, daß die Zufallsgrößen
   μ und σ^2 zum Zeitpunkt der Entnahme einen festen realisierten
   (aber unbekannten) Wert besitzen.

werden im folgenden mit M(...) bzw. V(...) bezeichnet. Bedingte Mittelwerte bzw. Varianzen bei gegebenem $(\mu;\omega)$, d.h. für den Fertigungsvorgang "augenblickliche" Mittelwerte bzw. Varianzen, werden mit $M(...|\mu;\omega) = M'(...)$ bzw. $V(...|\mu;\omega) = V'(...)$ bezeichnet.

Aus den (n k) Beobachtungen $z_{i\nu}$ bzw. den k Mittelwerten $\bar{z}_i$ und den k Varianzen $s_i^2 = w_i$ sind Schätzwerte für die vier Parameter $(\mu_0;\omega_0;\sigma_\mu^2;\sigma_\omega^2)$ der Fertigung zu bestimmen. Für Probe Nr.i , also für festes Wertepaar $(\mu_i;\omega_i)$ gilt

$$M'(z_{i\nu}) = \mu_i \quad \text{und} \quad V'(z_{i\nu}) = \sigma_i^2 = \omega_i \ . \tag{18.5}$$

Mithin

$$M'(\bar{z}_i) = \mu_i \quad \text{und} \quad M'(w_i) = \omega_i \ ; \tag{18.6}$$

demnach schätzen die Stichprobenwerte $(\bar{z}_i;w_i)$ die augenblicklichen Parameter $(\mu_i;\omega_i)$ der Fertigung im Zeitpunkt t_i erwartungstreu. Ferner gilt

$$V'(\bar{z}_i) = \omega_i/n \tag{18.7}$$

und — wie hier ohne Beweis mitgeteilt[1] wird —

$$V'(w_i) = \frac{1}{n}\left[m_{4i} - \frac{n-3}{n-1}\,\omega_i^2 \right] \ . \tag{18.8}$$

Dabei ist bei festem $(\mu_i;\omega_i)$

$$m_{4i} = M'\left[(z_{i\nu} - \mu_i)^4 \right] \tag{18.9}$$

das "augenblickliche" auf den Mittelwert μ_i bezogene Moment vierter Ordnung der z-Werte. Eine Aussage über $V'(w_i)$ ist demnach nur bei Kenntnis dieses Moments möglich. Da wegen $M'(z_{i\nu}) = \mu_i$ die Abweichungen $(z_{i\nu} - \mu_i)$ bei einer Verschiebung des Mittelwerts μ_i unter sonst konstanten Verhältnissen ungeändert bleiben, so hängt m_{4i} nicht von μ_i, wohl aber von ω_i ab, $m_{4i} = m_{4i}(\omega_i)$. Im folgenden wird vorausgesetzt, daß sich m_{4i} nur infolge dieses Einflusses ändert.

Im folgenden wird gezeigt:

---

1) Vgl. z.B. K. Stange. Angewandte Statistik. Erster Teil. Berlin: Springer 197o. S.195 .

Der Mittelwert der gesamten Beobachtungsreihe,

$$\sum_{i} \sum_{\nu} z_{i\nu}/(kn) = \sum_{i} \bar{z}_i/k = \bar{\bar{z}} \ , \qquad (18.1o)$$

schätzt $M(\mu) = \mu_o$. Die mittlere Varianz "innerhalb" der Proben,

$$\sum_{i} \sum_{\nu} (z_{i\nu} - \bar{z}_i)^2/[k(n-1)] = \sum_{i} w_i/k = \bar{w} \ , \qquad (18.11)$$

schätzt $M(\omega) = \omega_o$.

Zur Schätzung der unbekannten Varianzen σ_μ^2 bzw. σ_ω^2 werden die empi-
rischen Varianzen der $\bar{z}_i$ bzw. der w_i herangezogen,

$$S_1 = \sum_{i} (\bar{z}_i - \bar{\bar{z}})^2/(k-1) \quad \text{bzw.} \quad S_2 = \sum_{i} (w_i - \bar{w})^2/(k-1) \ . \quad (18.12)$$

Zum Beweis der vorausgehenden Behauptungen berechnet man der Reihe
nach die Mittelwerte der aus den Beobachtungen $z_{i\nu}$ bestimmten Zufallsgrößen $\bar{\bar{z}}$, $\bar{w}$, S_1 und S_2 .

In der Zerlegung des Meßwerts $z_{i\nu}$,

$$z_{i\nu} = \mu_o + (\mu_i - \mu_o) + (z_{i\nu} - \mu_i) \ , \qquad (18.13)$$

sind die Abweichungen $(\mu_i - \mu_o)$ "erster Stufe" und $(z_{i\nu} - \mu_i)$ "zweiter
Stufe" nicht miteinander korreliert: Die Kovarianz zwischen $(\mu_i - \mu_o)$
und $(z_{i\nu} - \mu_i)$ verschwindet,

$$M[(\mu_i - \mu_o)(z_{i\nu} - \mu_i)] = o \ , \qquad (18.14)$$

weil bereits $M' = M'((\mu_i - \mu_o)(z_{i\nu} - \mu_i)) = (\mu_i - \mu_o)M'(z_{i\nu} - \mu_i) = o$ und
daher auch $M(M') = o$ ist. Mit

$$M(\mu_i - \mu_o) = o \quad \text{und} \quad M'(z_{i\nu} - \mu_i) = o$$

folgt aus (18.13)

$$M(z_{i\nu}) = \mu_o \ . \qquad (18.15)$$

Geht man mit (18.15) in (18.4) und (18.1o) zu den Mittelwerten über,
so findet man

$$M(\bar{z}_i) = \mu_o \quad \text{und} \quad M(\bar{\bar{z}}) = \mu_o \ . \qquad (18.16)$$

Der Gesamtmittelwert $\bar{\bar{z}}$ ist demnach ein erwartungstreuer Schätzwert für $M(\mu) = \mu_o$.

In der Zerlegung der Varianz w_i ,

$$w_i = \omega_o + (\omega_i - \omega_o) + (w_i - \omega_i) , \qquad (18.17)$$

sind die Abweichungen $(\omega_i - \omega_o)$ "erster Stufe" und $(w_i - \omega_i)$ "zweiter Stufe" nicht miteinander korreliert: Die Kovarianz verschwindet,

$$M\left[(\omega_i - \omega_o)(w_i - \omega_i)\right] = o , \qquad (18.18)$$

weil bereits $M'\left\{(\omega_i - \omega_o)(w_i - \omega_i)\right\} = o$ ist. Mit

$$M(\omega_i - \omega_o) = o \quad \text{und} \quad M'(w_i - \omega_i) = o$$

folgt aus (18.17)

$$M(w_i) = \omega_o . \qquad (18.19)$$

Damit findet man aus (18.11)

$$M(\bar{w}) = \omega_o . \qquad (18.2o)$$

Der Mittelwert $\bar{w}$ der k Einzelvarianzen $w_i = s_i^2$ ist demnach ein erwartungstreuer Schätzwert für $M(\omega) = \omega_o$.

Im folgenden werden die Varianzen S_1 und S_2 aus (18.12) betrachtet. Aus der Zerlegung

$$\bar{z}_i - \mu_o = (\bar{z}_i - \bar{\bar{z}}) + (\bar{\bar{z}} - \mu_o) \qquad (18.21)$$

folgt durch Quadrieren und Summieren über i wegen $\sum_i (\bar{z}_i - \bar{\bar{z}}) = o$ leicht

$$\sum_i (\bar{z}_i - \mu_o)^2 = \sum_i (\bar{z}_i - \bar{\bar{z}})^2 + k(\bar{\bar{z}} - \mu_o)^2 .$$

Durch Mittelbildung findet man

$$M\left\{\sum_i (\bar{z}_i - \bar{\bar{z}})^2\right\} = \sum_i M\left[(\bar{z}_i - \mu_o)^2\right] - k\, M\left[(\bar{\bar{z}} - \mu_o)^2\right] = \sum_i V(\bar{z}_i) - k\, V(\bar{\bar{z}}) .$$

Mit $V(\bar{\bar{z}}) = V(\bar{z}_i)/k$ wird aus der letzten Gleichung

$$M(S_1) = M\left\{\sum_i (\bar{z}_i - \bar{\bar{z}})^2/(k-1)\right\} = V(\bar{z}_i) . \qquad (18.22)$$

S_1 ist ein erwartungstreuer Schätzwert für die Varianz der $\bar{z}_i$. Diese Varianz $V(\bar{z}_i)$ findet man aus der Zerlegung

$$\bar{z}_i - \mu_o = (\mu_i - \mu_o) + (\bar{z}_i - \mu_i).$$

Es wird

$$(\bar{z}_i - \mu_o)^2 = (\mu_i - \mu_o)^2 + (\bar{z}_i - \mu_i)^2 + 2(\mu_i - \mu_o)(\bar{z}_i - \mu_i) . \tag{18.23}$$

Mit

$$M'\left[(\bar{z}_i - \mu_i)^2\right] = V'(\bar{z}_i) = \omega_i/n \tag{18.24}$$

wird bei Mittelbildung aus (18.23)

$$M\left[(\bar{z}_i - \mu_o)^2\right] = M\left[(\mu_i - \mu_o)^2\right] + M(\omega_i/n) , \tag{18.25}$$

da die Kovarianz $M\left[(\mu_i - \mu_o)(\bar{z}_i - \mu_i)\right]$ wegen (18.14) ebenfalls verschwindet. Damit hat man mit (18.22)

$$M(S_1) = V(\bar{z}_i) = M\left[(\bar{z}_i - \mu_o)^2\right] = M\left[(\mu_i - \mu_o)^2\right] + M(\omega_i/n) \tag{18.26}$$

$$= V(\mu) + (\omega_o/n) = \sigma_\mu^2 + (\omega_o/n) .$$

Infolgedessen ist

$$S_1 = \sum_i (\bar{z}_i - \bar{\bar{z}})^2 / (k-1)$$

ein erwartungstreuer Schätzwert für $\sigma_\mu^2 + (\omega_o/n)$. Mit wachsender Probengröße n gilt

$$\lim_{n \to \infty} M(S_1) = \sigma_\mu^2 . \tag{18.27}$$

Es bleibt noch die Betrachtung von S_2 aus (18.12). Entsprechend zu (18.22) findet man jetzt

$$M(S_2) = M\left[\sum_i (w_i - \bar{w})^2 / (k-1)\right] = V(w_i) , \tag{18.28}$$

so daß nur noch die Varianz $V(w_i)$ zu berechnen ist. Dazu bildet man die Zerlegung

$$w_i - \omega_o = (\omega_i - \omega_o) + (w_i - \omega_i)$$

oder

$$(w_i - \omega_o)^2 = (\omega_i - \omega_o)^2 + (w_i - \omega_i)^2 + 2(\omega_i - \omega_o)(w_i - \omega_i) .$$

Zusammen mit (18.8) ergibt sich zunächst

$$M'\left[(w_i - \omega_i)^2\right] = V'(w_i) = \frac{m_{4i}}{n} - \frac{n-3}{n(n-1)}\,\omega_i^2 \qquad (18.29)$$

und durch Mittelbildung über die Zerlegungsgleichung für $(w_i - \omega_o)^2$ unter Beachtung von (18.18) und (18.8) schließlich

$$M\left[(w_i - \omega_o)^2\right] = V(w_i) = M\left[(\omega_i - \omega_o)^2\right] + \frac{1}{n}\,M\left[m_{4i} - \frac{n-3}{n-1}\,\omega_i^2\right]. \qquad (18.30)$$

Nun ist

$$M\left[(\omega_i - \omega_o)^2\right] = V(\omega_i) = \sigma_\omega^2 = M(\omega_i^2) - \omega_o^2.$$

Damit folgt aus (18.3o) in Verbindung mit (18.28) schließlich

$$M(S_2) = V(w_i) = \sigma_\omega^2 - \frac{n-3}{n(n-1)}\,(\omega_o^2 + \sigma_\omega^2) + \frac{1}{n}\,M(m_{4i}). \qquad (18.31)$$

Infolgedessen ist

$$S_2 = \sum_i (w_i - \bar{w})^2/(k-1)$$

ein erwartungstreuer Schätzwert für

$$\sigma_\omega^2 - \frac{n-3}{n(n-1)}\,(\omega_o^2 + \sigma_\omega^2) + \frac{1}{n}\,M(m_{4i}).$$

Wie bereits bemerkt wurde, ist m_{4i} eine Funktion von $\omega_i = \sigma_i^2$. Der Mittelwert $M(m_{4i})$ ist bezüglich der Verteilung von ω zu bilden, wobei nur vorausgesetzt wird, daß $M(m_{4i})$ endlich bleibt. Eine Aussage über σ_ω^2 ist nur dann möglich, wenn man die Verteilung von z , zumindest aber deren Moment m_{4i} vierter Ordnung kennt. — Mit wachsender Probengröße n wird

$$\lim_{n \to \infty} M(S_2) = \sigma_\omega^2. \qquad (18.32)$$

Zusammenfassung

Die k n Meßwerte $z_{i\nu}$ werden in k Gruppen (oder Spalten) mit je n Beobachtungen angeordnet, wie es die Übersicht 18.1 zeigt. Für jede Gruppe (oder Spalte) berechnet man den Mittelwert $\bar{z}_i$ und die Varianz $s_i^2 = w_i$; ferner bestimmt man die Gesamtmittelwerte $\bar{z}$ und $\bar{w}$. Dann gelten die in der Übersicht 18.2 zusammengestellten Ergebnisse für die Schätzung der unbekannten Parameter $(\mu_o; \omega_o; \sigma_\mu^2; \sigma_\omega^2)$.

<table>
<tr><td colspan="7" align="center">Übersicht 18.1</td></tr>
<tr><td colspan="7" align="center">Gruppe; Spalte</td></tr>
<tr><td>1</td><td>2</td><td>...</td><td>i</td><td>...</td><td>k</td><td></td></tr>
<tr><td>z_{11}</td><td>z_{21}</td><td></td><td>z_{i1}</td><td></td><td>z_{k1}</td><td></td></tr>
<tr><td>z_{12}</td><td>z_{22}</td><td></td><td>z_{i2}</td><td></td><td>z_{k2}</td><td></td></tr>
<tr><td>$\vdots$</td><td>$\vdots$</td><td></td><td>$\vdots$</td><td></td><td>$\vdots$</td><td></td></tr>
<tr><td>$z_{1\nu}$</td><td>$z_{2\nu}$</td><td></td><td>$z_{i\nu}$</td><td></td><td>$z_{k\nu}$</td><td></td></tr>
<tr><td>$\vdots$</td><td>$\vdots$</td><td></td><td>$\vdots$</td><td></td><td>$\vdots$</td><td></td></tr>
<tr><td>z_{1n}</td><td>z_{2n}</td><td></td><td>z_{in}</td><td></td><td>z_{kn}</td><td></td></tr>
<tr><td>$\bar{z}_1$</td><td>$\bar{z}_2$</td><td>...</td><td>$\bar{z}_i$</td><td>...</td><td>$\bar{z}_k$</td><td>$\bar{\bar{z}}$</td></tr>
<tr><td>w_1</td><td>w_2</td><td>...</td><td>w_i</td><td>...</td><td>w_k</td><td>$\bar{w}$</td></tr>
</table>

<table>
<tr><td colspan="3" align="center">Übersicht 18.2</td></tr>
<tr><td colspan="2" align="center">Die Zufallsgröße</td><td align="center">schätzt erwartungstreu</td></tr>
<tr><td>(a)</td><td>$\bar{\bar{z}} = \sum_i \bar{z}_i / k$</td><td>$M(\mu) = \mu_o$</td></tr>
<tr><td>(b)</td><td>$\bar{w} = \sum_i w_i / k$</td><td>$M(\omega) = \omega_o$</td></tr>
<tr><td>(c)</td><td>$S_1 = \sum_i (\bar{z}_i - \bar{\bar{z}})^2 / (k-1)$</td><td>$V(\mu) + (\omega_o/n)$</td></tr>
<tr><td>(d)</td><td>$S_2 = \sum_i (w_i - \bar{w})^2 / (k-1)$</td><td>$\left[1 - \dfrac{n-3}{n(n-1)}\right] V(\omega) - \dfrac{n-3}{n(n-1)} \omega_o^2 + \dfrac{1}{n} M(m_{4i})$</td></tr>
<tr><td colspan="3">$\bar{w}$ ist die beobachtete mittlere Varianz "innerhalb der Gruppen" und S_1 ist die beobachtete Varianz zwischen den Gruppenmittelwerten $\bar{z}_i$.</td></tr>
</table>

In den Gleichungen (b) und (c) der Übersicht 18.2 ist

$$k(n-1)\bar{w} = S_{(n)} = \sum_i \sum_\nu (z_{i\nu} - \bar{z}_i)^2 \quad \text{mit } k(n-1) \text{ Freiheitsgraden}$$

die S.d.q.A. "innerhalb der Gruppen" und

$$n(k-1)S_1 = S_{(k)} = \sum_i \sum_v (\bar{z}_i - \bar{\bar{z}})^2 \quad \text{mit (k-1) Freiheitsgraden}$$

die S.d.q.A. "zwischen den Gruppenmittelwerten". Infolgedessen kann man bei der Auswertung der Versuchsreihe die von der Varianzanalyse bekannte zweckmäßige Rechentechnik der einfachen Zerlegung auch hier mit Vorteil verwenden, worauf jedoch nur hingewiesen[1] sei. — Dazu kommt hier

$$n(k-1)S_2 = \sum_i \sum_v (w_i - \bar{w})^2 \quad \text{mit (k-1) Freiheitsgraden,}$$

die S.d.q.A. "zwischen den Gruppenvarianzen" $w_i = s_i^2$.

Sonderfall: Normalverteilung für z

Ist die "augenblickliche" Verteilung der z-Werte normal mit $(\mu; \sigma^2)$, so ist das vierte auf μ bezogene Moment bekanntlich

$$m_4 = M\left[(z - \mu)^4\right] = 3\sigma^4 = 3\omega^2 . \tag{18.33}$$

Damit wird der Mittelwert

$$M(m_4) = 3\,M(\omega^2) = 3(\omega_0^2 + \sigma_\omega^2) . \tag{18.34}$$

Setzt man $M(m_4) = M(m_{4i})$ in (18.31) ein, so findet man

$$M(S_2) = V(w_i) = \frac{n+1}{n-1}\,\sigma_\omega^2 + \frac{2\omega_0^2}{n-1} . \tag{18.35}$$

S_2 ist demnach ein erwartungstreuer Schätzwert für

$$\frac{n+1}{n-1}\,\sigma_\omega^2 + \frac{2\omega_0^2}{n-1} ,$$

wenn z der Normalverteilung $N(\mu; \sigma^2) \equiv N(\mu; \omega)$ folgt. Soweit der Sonderfall.

---

1) Vgl. z.B. Graf/Henning/Stange: Formeln und Tabellen der mathematischen Statistik. Berlin: Springer 1966. S. 1o6 u.f.

Die Genauigkeit der Schätzwerte $\bar{\bar{z}}, \bar{w}, S_1$ und S_2

Die Genauigkeit der Schätzwerte läßt sich durch ihre Varianzen beurteilen. Da die $\bar{z}_i$ unabhängig voneinander sind, so folgt aus (18.1o) und (18.26) bei festem Wertepaar (n;k)

$$V(\bar{\bar{z}}) = \frac{1}{k^2} \sum_i V(\bar{z}_i) = \frac{1}{k} V(\bar{z}_i) = \frac{1}{k} \left[\sigma_\mu^2 + (\omega_o/n) \right] = \frac{1}{k} M(S_1) .$$

Infolgedessen läßt sich $V(\bar{\bar{z}})$ schätzen durch

$$\hat{V}(\bar{\bar{z}}) = S_1/k .\tag{18.36}$$

Entsprechend folgt aus (18.11) und (18.31), daß sich $V(\bar{w})$ schätzen läßt durch

$$\hat{V}(\bar{w}) = S_2/k .\tag{18.37}$$

Zur Bestimmung der Varianzen von S_1 und S_2 muß man weiter ausholen. Es sei $V(y) = \sigma_y^2$ und s_y^2 ein aus k unabhängigen Beobachtungen y_i bestimmter Schätzwert für σ_y^2, so gilt entsprechend zu (18.8)

$$V(s_y^2) = \frac{1}{k} \left(M_4 - \frac{k-3}{k-1} \sigma_y^4 \right) ,\tag{18.38}$$

wobei M_4 das auf den Mittelwert $M(y) = \eta$ bezogene Moment vierter Ordnung der y-Werte ist,

$$M_4 = M\left[(y - \eta)^4 \right] .$$

Setzt man $y_i = \bar{z}_i$ und $\bar{y} = \bar{\bar{z}}$, so ist nach den vorausgehenden Ergebnissen, insbesondere mit (18.26)

$$M(s_y^2) = \sigma_y^2 = V(y_i) = V(\bar{z}_i) = \sigma_\mu^2 + (\omega_o/n) = M(S_1) .$$

Damit hat man aus (18.38)

$$k V(S_1) = M_4 - \frac{k-3}{k-1} \left[\sigma_\mu^2 + (\omega_o/n) \right]^2 .\tag{18.39}$$

Die eckige Klammer $[\ ]$ der rechten Seite wird nach der Übersicht 18.2, Zeile (c), durch S_1 geschätzt. Da die Verteilung der Gruppenmittelwerte $\bar{z}_i$ nur in Sonderfällen bekannt ist, schätzt man M_4 durch das entsprechende beobachtete Moment S_3 ,

$$S_3 = \sum_i (\bar{z}_i - \bar{\bar{z}})^4/(k-1) .\tag{18.4o}$$

Dann wird die zur Beurteilung der Genauigkeit von S_1 erforderliche Varianz

$$V(S_1) \quad \text{geschätzt durch} \quad \left(S_3 - \frac{k-3}{k-1} S_1^2 \right)/k \ . \tag{18.41}$$

Entsprechend wird

$$V(S_2) \quad \text{geschätzt durch} \quad \left(S_4 - \frac{k-3}{k-1} S_2^2 \right)/k \ , \tag{18.42}$$

wobei

$$S_4 = \sum_i (w_i - \bar{w})^4/(k-1) \tag{18.43}$$

ist. Die Schätzungen (18.41) und (18.42) sind allerdings nur asymptotisch erwartungstreu.

In (18.41) bzw. (18.42) ist für beliebige Beobachtungen stets

$$S_\lambda - \frac{k-3}{k-1} S_{\lambda-2}^2 > o \ ; \quad \lambda = 3;4 \ . \tag{18.44}$$

Zum Beweise setzt man für $\lambda = 4$ beispielsweise $(w_i - \bar{w})^2 = \delta_i \geqq o$. Dann ist nach Definition

$$(k-1)S_4 = \sum_i \delta_i^2 \quad \text{und} \quad (k-1)S_2 = \sum_i \delta_i \ . \tag{18.45}$$

Aus

$$\sum_i \left(\delta_i - \frac{\sum_i \delta_i}{k} \right)^2 = \sum_i \delta_i^2 - \frac{1}{k} \left(\sum_i \delta_i \right)^2 \geqq o$$

folgt mit (18.45)

$$(k-1)S_4 \geqq \frac{(k-1)^2}{k} S_2^2$$

oder

$$S_4 \geqq \frac{k-1}{k} S_2^2 > \frac{k-3}{k-1} S_2^2 \ , \tag{18.46}$$

was zu zeigen war.

In den Anwendungen sollte $k \geqq 2o$ gewählt werden. In dem Falle darf man $(k-3)/(k-1)$ in (18.41) und (18.42) durch 1 ersetzen. Die Schätzwerte $\hat{\sigma}(\ )$ für die Standardabweichungen der vier Zufallsgrößen $\bar{z}$, $\bar{w}$, S_1 und S_2 sind dann bestimmbar aus

$$\hat{\sigma}(\bar{\bar{z}}) = \sqrt{S_1/k} \qquad ; \qquad \hat{\sigma}(\bar{w}) = \sqrt{S_2/k} \qquad ;$$

$$\hat{\sigma}(S_1) \approx \sqrt{(S_3 - S_1^2)/k} \quad ; \qquad \hat{\sigma}(S_2) \approx \sqrt{(S_4 - S_2^2)/k} \ . \tag{18.47}$$

Die vier Summen S_1 bis S_4 sind aus den k Beobachtungen $(\bar{z}_i;w_i)$ berechenbar. Mit Hilfe dieser Gleichungen läßt sich die Genauigkeit der Schätzwerte $\bar{z}$, $\bar{w}$, S_1 und S_2 der Übersicht 18.2 wenigstens grob beurteilen. Alle vier Standardabweichungen $\hat{\sigma}$ sind proportional zu $1/\sqrt{k}$, wobei k $\gtreqless$ 2o sein sollte.

Ein <u>Sonderfall</u> für S_1 mag noch erwähnt werden. Aus (18.13) erhält man die Zerlegung

$$\bar{z}_i - \mu_o = (\mu_i - \mu_o) + (\bar{z}_i - \mu_i) \ ,$$

wobei die Abweichungen $(\bar{z}_i - \mu_i)$ für "nicht zu kleine" n bei weitgehend beliebigen Verteilungen von z nahezu normal verteilt sind. Genügen zusätzlich auch die Mittelwerte μ_i einer Normalverteilung, so sind die $(\bar{z}_i - \mu_o)$ in sehr guter Näherung normal verteilt. In dem Falle ist in (18.38) $M_4 = 3\,\sigma_y^4$ zu setzen. Damit wird aus (18.38)

$$V(s_y^2) = 2\sigma_y^2/(k-1)$$

und aus (18.39)

$$V(S_1) = \frac{2}{k-1}\left[\sigma_\mu^2 + (\omega_o/n)\right]^2 = \frac{2}{k-1}\,M^2(S_1) \ . \tag{18.48}$$

In dem genannten Sonderfall läßt sich S_1 demnach durch die Standardabweichung (Schätzwert)

$$\hat{\sigma}(S_1) = \sqrt{2/(k-1)}\ S_1 \tag{18.49}$$

beurteilen. Die Berechnung des Moments vierter Ordnung fällt weg. Für S_2 ist eine entsprechende Überlegung nicht möglich, da die Varianzen $w = s^2$ auch nicht annähernd normal verteilt sind.

19. Die Ermittlung der priori-Parameter spezieller Verteilungen aus einer Versuchsreihe

a) Normalverteilung

Bei gegebenem Wertepaar $(\mu;\sigma^2) \equiv (\mu;\omega)$ sei die Zufallsgröße $z \equiv x$ normal verteilt. Im Abschnitt 1o werden Mittelwert μ und Varianz σ^2 einer Normalverteilung geschätzt, wenn "geeignete Vorinformation" über μ und σ^2 zur Verfügung steht. Nach (1o.9) und (1o.4) werden u.a. die Mittelwerte

$$M(\mu) = \mu_o \qquad \text{und} \qquad M(\sigma^2) = \sigma_o^2 \ , \qquad\qquad (19.1)$$

ferner die Varianzen

$$V(\mu) = \sigma_o^2/n_o \qquad \text{und} \qquad V(\sigma^2) = 2\sigma_o^4/(f_o-4) \qquad (19.2)$$

als bekannt vorausgesetzt. Im allgemeinen sind jedoch die vier Parameter $(\mu_o;\sigma_o^2; n_o;f_o)$ zunächst nicht bekannt. Im folgenden werden sie aus einer Versuchsreihe mit den Ergebnissen $x_{i\nu}$ ($1 \le i \le k$; $1 \le \nu \le n$) geschätzt, wie es im Abschnitt 18 erläutert worden ist. Gegeben sind also n k Meßwerte $x_{i\nu}$, die man der Übersicht 18.1 entsprechend anordnet, wobei $z_{i\nu} \equiv x_{i\nu}$ ist. Die Versuchsreihe der $x_{i\nu}$ soll etwa aus $k = 2o$ bis $k' = 3o$ Proben der Größe $n = 5$ bis $n' = 1o$ bestehen, so daß man insgesamt etwa k n = 1oo bis k'n' = 3oo Meßwerte $x_{i\nu}$ zur Verfügung hat.

Auf Grund der Übersicht 18.2 findet man im vorliegenden Fall mit $\omega_o \equiv \sigma_o^2$, $\omega \equiv \sigma^2$ und $w \equiv s^2$ die Ergebnisse der Übersicht 19.1. In Zeile (d) greift man unmittelbar auf den Sonderfall (18.35) zurück. — Damit hat man aus der Versuchsreihe der $x_{i\nu}$ Schätzwerte $(\bar{\bar{x}};\bar{w};\hat{n}_o;\hat{f}_o)$ für die vier priori-Parameter $(\mu_o;\sigma_o^2; n_o;f_o)$ gefunden.

Vergleich mit den Ergebnissen des Abschnitts 1o

In der Randverteilung von $\bar{x}$ gilt nach (1o.62) und (1o.64) für Mittelwert und Varianz von $\bar{x}$

$$M(\bar{x}) = \mu_o \quad \text{und} \quad V(\bar{x}) = (\sigma_o^2/n_o) + (\sigma_o^2/n) \, , \qquad (19.3)$$

was mit den Ergebnissen der Zeilen (a) und (c) der Übersicht 19.1 übereinstimmt.

<table>
<tr><td colspan="3" align="center">Übersicht 19.1</td></tr>
<tr><td></td><td align="center">Die beobachtete Zufallsgröße</td><td align="center">schätzt erwartungstreu</td></tr>
<tr><td>(a)</td><td>$\bar{\bar{x}} = \sum_i \bar{x}_i/k$</td><td>$M(\mu) = \mu_o$</td></tr>
<tr><td>(b)</td><td>$\bar{w} = \sum_i w_i/k$</td><td>$M(\sigma^2) = \sigma_o^2$</td></tr>
<tr><td>(c)</td><td>$S_1 = \sum_i (\bar{x}_i - \bar{\bar{x}})^2/(k-1)$</td><td>$(\sigma_o^2/n_o) + (\sigma_o^2/n)$</td></tr>
<tr><td>(d)</td><td>$S_2 = \sum_i (w_i - \bar{w})^2/(k-1)$</td><td>$\dfrac{n+1}{n-1}\dfrac{2\sigma_o^4}{f_o-4} + \dfrac{2\sigma_o^4}{n-1}$

$= \dfrac{2(f_o+f-2)}{f(f_o-4)}\,\sigma_o^4 \; ; \; f = n-1$</td></tr>
<tr><td></td><td align="center">Mithin schätzt die Zufallsgröße</td><td align="center">den Parameter</td></tr>
<tr><td>(e)</td><td>$(S_1/\bar{w}) - (1/n) = 1/\hat{n}_o$</td><td>$1/n_o$ bei $V(\mu)$ in (19.2)</td></tr>
<tr><td>(f)</td><td>$\dfrac{n-1}{n+1}(S_2/\bar{w}^2) - \dfrac{2}{n+1} = \dfrac{2}{\hat{f}_o-4}$</td><td>$2/(f_o-4)$ bei $V(\sigma^2)$ in (19.2)</td></tr>
</table>

In der Randverteilung von s^2 gilt nach (1o.63) und (1o.65) für Mittelwert und Varianz von $s^2 \equiv w$

$$M(s^2) = \sigma_o^2 \quad \text{und} \quad V(s^2) = \frac{2(f_o+f-2)}{f(f_o-4)}\,\sigma_o^4 \, , \qquad (19.4)$$

was mit den Ergebnissen der Zeilen (b) und (d) der Übersicht 19.1 übereinstimmt.

Ersichtlich gelten die Schätzgleichungen der Übersicht 18.1 bzw. 19.1 nicht nur für die im Abschnitt 1o vorausgesetzte gemeinsame Dichte $\psi(\mu;\sigma^2)$ aus (1o.1), sondern viel allgemeiner. Praktisch ist diese

Erkenntnis jedoch von geringem Wert. Wenn man die Formeln des Abschnitts 1o zur posteriori-Schätzung von $(\mu;\sigma^2)$ heranziehen will — insbesondere (1o.22) für den Mittelwert $M(\mu|\bar{x};s^2)$ und (1o.27) für den posteriori-Vertrauensbereich von μ bzw. (1o.32) für den Mittelwert $M(\sigma^2|\bar{x};s^2)$ und (1o.37) für den posteriori-Vertrauensbereich von σ^2 —, so muß man voraussetzen, daß die wahre Dichte $\psi^*(\mu;\sigma^2)$ der gemeinsamen Verteilung von $(\mu;\sigma^2)$ wenigstens in brauchbarer Näherung durch die priori-Dichte $\psi(\mu;\sigma^2)$ aus (1o.1) ersetzt werden darf. Die theoretische Erörterung dieser Frage soll hier offen bleiben. Behelfsmäßig geht man folgendermaßen vor. Nachdem man die vier priori-Parameter $(\mu_0;\sigma_0^2;n_0;f_0)$ durch $(\bar{\bar{x}};\bar{w};\hat{n}_0;\hat{f}_0)$ geschätzt hat, berechnet man aus den "beobachteten" Werten $\bar{x}_i;\bar{\bar{x}};w_i$ und $\bar{w}$ die Größen $\hat{t}_i$ gemäß (1o.6),

$$\sqrt{\frac{\hat{f}_0}{\hat{f}_0-2}} \ \sqrt{\hat{n}_0} \ \frac{\bar{x}_i - \bar{\bar{x}}}{\sqrt{\bar{w}}} = \hat{t}_i \ , \qquad (19.5a)$$

und $\hat{\chi}_i^2$ gemäß (8.3),

$$(\hat{f}_0-2)(\bar{w}/w_i) = \hat{\chi}_i^2 \ . \qquad (19.5b)$$

Dann prüft man nach, ob die Veränderliche $\hat{t}_i$ näherungsweise die Summenfunktion einer t-Verteilung mit $\hat{f}_0$ Freiheitsgraden bzw. ob $\hat{\chi}_i^2$ die Summenfunktion einer χ^2-Verteilung mit $\hat{f}_0$ Freiheitsgraden besitzt, wie es nach den Ergebnissen der Abschnitte 1o bzw. 8 sein soll. Da die Summenfunktionen der t- und χ^2-Verteilung vertafelt vorliegen, ist der Vergleich leicht durchführbar. Wenn sich die beobachtete Summenlinie der $\hat{t}_i$ bzw. der $\hat{\chi}_i^2$, $i = 1;2; \ldots ;k$, mit der Summenlinie $\Psi(t|\hat{f}_0)$ der t-Verteilung bzw. $\Psi(\chi^2|\hat{f}_0)$ der χ^2-Verteilung "praktisch deckt", so darf man die gemeinsame Dichte $\psi(\mu;\sigma^2)$ aus (1o.1) als Näherung für die wahre (unbekannte) Dichte $\psi^*(\mu;\sigma^2)$ ansehen. Damit ist dann die Verwendung der posteriori-Schätzformeln des Abschnitts 1o gerechtfertigt.

Die Genauigkeit der Schätzwerte

Für μ_0 läßt sich der Vertrauensbereich angeben. Nach (18.26) ist die Varianz von $\bar{x}$ in der Randverteilung von x

$$V(\bar{x}) = \sigma_\mu^2 + (\omega_0/n) = M(S_1) \ .$$

$V(\bar{x})$ wird geschätzt durch S_1 . Die Varianz von $\bar{\bar{x}}$ ist

$$V(\bar{\bar{x}}) = \sigma^2(\bar{\bar{x}}) = [\sigma_\mu^2 + (\omega_0/n)]/k .$$

Diese Varianz wird geschätzt durch $S_1/k = s^2(\bar{\bar{x}})$ mit $(k-1)$ Freiheitsgraden. Da $\bar{x}$ in der Randverteilung nach (1o.74) bis auf konstante Faktoren t-verteilt und damit in "guter Näherung" normal verteilt ist, so ist

$$\frac{\bar{\bar{x}} - M(\bar{\bar{x}})}{\sigma(\bar{\bar{x}})} = \frac{\bar{\bar{x}} - \mu_0}{\sigma(\bar{\bar{x}})} = u$$

in sehr guter Näherung standardisiert normal verteilt; die Zufallsgröße

$$\frac{\bar{\bar{x}} - \mu_0}{s(\bar{\bar{x}})} = \frac{\bar{\bar{x}} - \mu_0}{\sqrt{S_1/k}} = t_{k-1}$$

genügt demnach in sehr guter Näherung einer t_f-Verteilung mit $f = k-1$
Freiheitsgraden. Mithin wird der <u>Vertrauensbereich für</u> μ_0 zur statistischen Sicherheit $1-\alpha$

$$\bar{\bar{x}} - t_{k-1;1-\alpha/2}\sqrt{S_1/k} \leq \mu_0 \leq \bar{\bar{x}} + t_{k-1;1-\alpha/2}\sqrt{S_1/k} . \qquad (19.6)$$

Für $k \gtrless 2o$ und $1-\alpha = 95\%$ ist $1,96 \leq t_{k-1;97,5\%} \leq 2,09$ und damit
$t_{k-1;97,5\%} \approx 2$. Zu dem gleichen Ergebnis kommt man mit der Näherung
(18.47), wenn man den Bereich mit Hilfe von

$$\bar{\bar{x}} \pm 2\hat{\sigma}(\bar{\bar{x}}) = \bar{\bar{x}} \pm 2\sqrt{S_1/k}$$

abgrenzt.

Die Genauigkeit der übrigen Parameter $\bar{w}$, S_1 und S_2 läßt sich nur näherungsweise mit Hilfe ihrer Standardabweichungen $\sigma(\ )$ bzw. deren Schätzwerten $\hat{\sigma}(\ )$ beurteilen. Dazu greift man hinsichtlich $\bar{w}$ und S_2 auf
(18.47), hinsichtlich S_1 auf (18.49) zurück.

b) Binomialverteilung

Bei gegebener Grundwahrscheinlichkeit p (vgl. Abschnitt 14) sind die
Wahrscheinlichkeiten für die Zufallsgröße z gemäß (14.2) durch

$$\psi(z|p) = p\,z + q(1-z) , \quad z = o;1 ,$$

$$\psi(z|p) = o \quad \text{sonst} , \qquad\qquad (19.7)$$

erklärt. Die Wahrscheinlichkeit für $z = o$ bzw. $z = 1$ ist q bzw. p .
Wie man leicht nachrechnet, ist dann

$$M(z|p) = M'(z) = p \quad \text{und} \quad V(z|p) = V'(z) = pq \ . \tag{19.8}$$

Im Abschnitt 15 wird die Grundwahrscheinlichkeit p geschätzt, wenn die priori-Verteilung von p eine Beta-Verteilung ist. Nach (15.2) und (15.3) sind Mittelwert und Varianz von p

$$M(p) = p_o \quad \text{und} \quad V(p) = (p_o q_o)/(\kappa+1) \ . \tag{19.9}$$

Die beiden Parameter p_o und κ sind im allgemeinen zunächst nicht bekannt. Im folgenden werden sie aus einer Versuchsreihe $z_{i\nu}$ mit $1 \leqq i \leqq k$ und $1 \leqq \nu \leqq n$ geschätzt, wobei die $z_{i\nu}$ der Übersicht 18.1 hier entweder den Wert o oder den Wert 1 annehmen. Weiter ist

$$\sum_\nu z_{i\nu} = x_i \tag{19.1o}$$

die Zahl der in der Probe Nr. i beobachteten Einsen, und

$$\sum_\nu z_{i\nu}/n = \bar{z}_i = x_i/n = \hat{p}_i \tag{19.11}$$

ist der Schätzwert für p in der Probe Nr. i. Die Übersicht 18.1 vereinfacht sich jetzt zu

Gruppe oder Probe der Größe n						
1	2	...	i	...	k	
$\bar{z}_1$	$\bar{z}_2$	...	$\bar{z}_i = \hat{p}_i$	...	$\bar{z}_k$	$\bar{\bar{z}} \equiv \bar{\bar{p}}$

Die in den Abschnitten 15 und 18 gewählten Bezeichnungen sind folgendermaßen miteinander zu verknüpfen:

Der Bezeichnung im Abschnitt 18	entspricht hier bzw. im Abschnitt 15
$M'(z) = \mu$	$M(z\|p) = M'(z) = p$
$V'(z) = \omega$	$V(z\|p) = V'(z) = pq$
$M(\mu) = \mu_o$	$M(p) = p_o$
$V(\mu) = \sigma_\mu^2$	$V(p) = (p_o q_o)/(\kappa+1)$
$M(\omega) = \omega_o$	$(*) \quad M(pq) = \dfrac{\kappa}{\kappa+1} p_o q_o$

Die Gleichung (*) kommt auf folgende Weise zustande. Es ist

$$M(pq) = M[p(1-p)] = M(p) - M(p^2) = M(p) - [M^2(p) + V(p)]$$

$$= p_o - p_o^2 - [(p_o q_o)/(\kappa+1)] = p_o q_o - [(p_o q_o)/(\kappa+1)] = p_o q_o \kappa/(\kappa+1),$$

was zu zeigen war.

Aus der Übersicht 18.2, von der man hier nur die Zeilen (a) und (c) braucht, findet man die Ergebnisse der Übersicht 19.2. Damit hat man aus der Versuchsreihe der $z_{i\nu}$ Schätzwerte $\bar{p}$ und $\hat{\kappa}$ für die zwei priori-Parameter p_o und κ gefunden.

<table>
<tr><td colspan="3" align="center">Übersicht 19.2</td></tr>
<tr><td></td><td align="center">Die Zufallsgröße</td><td align="center">schätzt erwartungstreu</td></tr>
<tr><td>(a)</td><td>$\bar{\bar{z}} = \begin{cases} \sum_i \hat{p}_i/k = \bar{p} \\ \sum_i x_i/(kn) = \bar{p} \end{cases}$</td><td>$M(p) = p_o = \kappa_1/\kappa$
 $(q_o = 1-p_o = \kappa_2/\kappa)$</td></tr>
<tr><td>(c)</td><td>$S_1 = \begin{cases} \sum_i (\hat{p}_i - \bar{p})^2/(k-1) \\ \sum_i (x_i - \bar{x})^2/[n^2(k-1)] \end{cases}$</td><td>$V(p) + \dfrac{1}{n} M(pq) = \dfrac{p_o q_o}{n} \dfrac{\kappa+n}{\kappa+1}$</td></tr>
<tr><td></td><td align="center">Mithin schätzt die Zufallsgröße</td><td align="center">den Parameter</td></tr>
<tr><td>(e)</td><td>$\left(\dfrac{n S_1}{\bar{p}\bar{q}} - 1\right)/(n-1) = 1/(\hat{\kappa}+1)$</td><td>$1/(\kappa+1)$ bei $V(p)$ in (19.9)</td></tr>
<tr><td>(f)</td><td>$\hat{\kappa}\bar{p} = \hat{\kappa}_1$</td><td>$\kappa_1$
 $\left.\begin{array}{c} \\ \end{array}\right\}$ in der Beta-Verteilung</td></tr>
<tr><td>(g)</td><td>$\hat{\kappa}\bar{q} = \hat{\kappa}_2$</td><td>$\kappa_2$ $\left.\begin{array}{c} \\ \end{array}\right\}$ (15.1) der p-Werte</td></tr>
</table>

In der Übersicht 19.2 Zeile (a) gilt

$$kn\bar{p} = \sum_i x_i = A \quad \text{und} \quad kn\bar{q} = kn - A \ .$$

Ist die Zahl k der Einzelproben "groß", so daß man (k-1) durch k ersetzen kann, dann ist in (c)

$$k^2 n^2 \, s_1 = k \sum_i x_i^2 - \left(\sum_i x_i \right)^2 = k\,B - A^2 \, .$$

$$\leftarrow B \rightarrow$$

Setzt man diese Ausdrücke in (e) für $1/(\hat{\kappa}+1)$ ein und löst nach $\hat{\kappa}$ auf, so findet man

$$\hat{\kappa} = \frac{nk(nA - B)}{nk(B-A) - (n-1)A^2}$$

oder

$$\hat{\kappa} = \frac{nk\left(n \sum_i x_i - \sum_i x_i^2 \right)}{nk\left(\sum_i x_i^2 - \sum_i x_i \right) - (n-1)\left(\sum_i x_i \right)^2} \, . \qquad (e')$$

Die Gleichung (e') ist für die Durchführung der Rechnung bequem, da man aus den x_i laufend nicht nur $\sum_i x_i$, sondern gleichzeitig $\sum_i x_i^2$ bilden kann. Gleichung (e') wurde von Weiler[1] (mit noch anderen Schätzmöglichkeiten) angegeben. Weiler untersucht zusätzlich zwei Fragen von praktischer Bedeutung:

(1') ob sich eine "beliebige" priori-Verteilung für p immer ausreichend genau durch eine Beta-Verteilung mit geeigneten Parametern $(\kappa_1;\kappa_2)$ annähern läßt und

(2') wie sich unterschiedliche Schätzergebnisse bei $(\kappa_1;\kappa_2)$ auf die posteriori-Verteilung $\psi(p|x)$ von p bei beobachtetem x auswirken.

Weiler kommt zu folgenden Ergebnissen:

(1") "... it appears that most density curves likely to occur in acceptance sampling problems can be fitted adequately by a beta density."

(2") U.a. werden vier priori-Beta-Verteilungen mit den Parametern $(\kappa_1;\kappa_2)$ der Übersicht auf Seite 231 betrachtet. Zu einer Probe der Größe n = 1oo mit x = 1o schlechten Stücken gehören in den Fällen

---

1) H. Weiler. The Use of Incomplete Beta Functions for Prior Distributions in Binomial Sampling. Technometrics 7 (1965), S.335.

A bis D posteriori-Dichten $\psi(p|x)$, die sich nur geringfügig von einer "mittleren" Dichte unterscheiden, die man mit den Parametern $\bar{\kappa}_1 + x = 12$, $\bar{\kappa}_2 + y = 1o3$ bzw. $\bar{\kappa} + n = 115$ findet. Im Grunde genommen ist das Ergebnis zu erwarten, da das Wertepaar $(x;y) = (1o;9o)$ in der posteriori-Verteilung den Ausschlag gibt gegen die Wertepaare $(\hat{\kappa}_1;\hat{\kappa}_2)$ der Übersicht. Der praktisch wichtigere Fall, daß $\hat{\kappa}_1 \gtrless x$ und $\hat{\kappa}_2 \gtrless y$ ist, wird von Weiler nicht behandelt.

	κ_1	κ_2	κ
A	0,75	6,75	7,5
B	2,o8	18,72	2o,8
C	2,85	16,15	19,o
D	1,5o	8,5o	1o,o
	$\bar{\kappa}_1 \approx 2$	$\bar{\kappa}_2 \approx 13$	$\bar{\kappa} \approx 15$

<u>Vergleich mit der im Abschnitt 15 berechneten Randverteilung von $x = np$</u>

In dieser Verteilung gilt nach (15.29) und (15.32) für Mittelwert und Varianz von $\hat{p} = x/n$

$$M(\hat{p}) = p_o \quad \text{und} \quad V(\hat{p}) = \frac{p_o q_o}{n} \; \frac{\kappa+n}{\kappa+1} , \qquad (19.12)$$

was mit den Ergebnissen der Zeilen (a) und (c) der Übersicht 19.2 übereinstimmt.

Nachdem man die zwei Parameter $(p_o;\kappa)$ durch $(\bar{p};\hat{\kappa})$, ferner $(\kappa_1;\kappa_2)$ durch $(\hat{\kappa}_1;\hat{\kappa}_2)$ geschätzt hat, prüft man, ob die empirische Summenlinie der $\hat{p}_i$ sich mit der Summenlinie $\Psi(p|\hat{\kappa}_1;\hat{\kappa}_2)$ der Beta-Verteilung (15.1) mit den Parametern $(\hat{\kappa}_1;\hat{\kappa}_2)$ "praktisch deckt". Wenn das der Fall ist, so darf man die posteriori-Schätzformeln aus Abschnitt 15 verwenden.

<u>Die Größe n der Einzelprobe</u>

Für die Festlegung von n in der Versuchsreihe der $z_{i\nu}$ läßt sich keine feste Regel angeben; n muß so groß gewählt werden, daß eine "merkli-che" Wahrscheinlichkeit dafür besteht, in der Probe wenigstens ein Ergebnis o bzw. 1 zu verwirklichen, je nachdem, ob q bzw. p der kleinere Wert ist. Das soll an einem Beispiel erläutert werden. Es sei p die Wahrscheinlichkeit, aus einer Liefermenge der Größe $N \gg n$ ein "schlechtes" Stück zu ziehen, wenn man zufallsmäßig in die Liefermenge hineingreift. Im allgemeinen sind die p-Werte bei dieser Fragestellung "klein", z.B. p = 1%. Die Wahrscheinlichkeit, in einer Probe der Größe n , d.h. bei n-maligem Hineingreifen, nur "gute" Stücke zu finden, ist q^n. Dann ist die Wahrscheinlichkeit W , wenigstens ein "schlechtes" zu ziehen, $W = 1-q^n$. Fordert man $W = 1-\beta$, so folgt aus

$$W = 1-q^n = 1-\beta$$

leicht

$$q^n = (1-p)^n = \beta \quad \text{oder} \quad n\ln(1-p) \approx -np = -\ln(1/\beta) \, .$$

Mithin gilt für n angenähert

$$n \approx [\ln(1/\beta)]/p \; ; \quad p \ll 1 \, . \tag{19.13}$$

Da n proportional zu (1/p) ist, so gelangt man bei "kleinen" p zu "großen" Probenumfängen n . Beispielsweise gibt $\beta = 10\% = 0,1$ mit $\ln(1/\beta) = \ln 10 = 2,30$ und $p = 1\% = 0,01$ die Probengröße $n \approx 230$. Wählt man in diesem Beispiel n erheblich unter 200, so liefert der Versuch mit großer Wahrscheinlichkeit nicht die gewünschte Information über die unbekannten Parameter der priori-Verteilung.

c) Poisson-Verteilung

Bei gegebenem μ genügt die Zufallsgröße x einer Poisson-Verteilung mit dem Mittelwert μ . Dann gilt für Mittelwert und Varianz von x

$$M(x|\mu) = M'(x) = \mu \quad \text{und} \quad V(x|\mu) = V'(x) = \mu \, . \tag{19.14}$$

Im Abschnitt 17 wird der Mittelwert μ einer Poisson-Verteilung geschätzt, wenn μ nicht fest ist, sondern der priori-Verteilung (17.1), einer Γ-Verteilung, genügt. Dabei ist nach (17.2) und (17.3)

$$M(\mu) = \mu_o \quad \text{und} \quad V(\mu) = \mu_o/n_o \, . \tag{19.15}$$

Der Bezeichnung im Abschnitt 18	entspricht hier bzw. im Abschnitt 17
$M'(z) = \mu$	$M'(x) = \mu$
$V'(z) = \omega$	$V'(x) = \mu$
$M(\mu) = \mu_o$	$M(\mu) = \mu_o$
$M(\omega) = \omega_o$	$M(\mu) = \mu_o$
$V(\mu) = \sigma_\mu^2$	$V(\mu) = \mu_o/n_o$

Wenn die beiden Parameter μ_o und n_o nicht bekannt sind, schätzt man sie aus einer Versuchsreihe mit den Ergebnissen $x_{i\nu}$ $(1 \le i \le k; 1 \le \nu \le n)$, wie es im Abschnitt 18 erläutert worden ist. Die Beobachtungen $z_{i\nu} \equiv x_{i\nu}$ der Übersicht 18.1 sind hier nichtnegative ganze Zahlen.

Aus der Übersicht 18.2, von der man hier nur die Zeilen (a) und (c) braucht, findet man die Ergebnisse der Übersicht 19.3 . Damit hat man aus der Versuchsreihe der $x_{i\nu}$ Schätzwerte $\bar{\bar{x}}$ und $\hat{n}_o$ für die priori-Parameter μ_o und n_o gefunden.

<table>
<tr><td colspan="3" align="center">Übersicht 19.3</td></tr>
<tr><td></td><td align="center">Die Zufallsgröße</td><td align="center">schätzt erwartungstreu</td></tr>
<tr><td>(a)</td><td>$\bar{\bar{x}} = \sum_i \bar{x}_i/k$</td><td>$M(\mu) = \mu_o = p_o/n_o$</td></tr>
<tr><td>(c)</td><td>$S_1 = \sum_i (\bar{x}_i - \bar{\bar{x}})^2/(k-1)$</td><td>$\dfrac{\mu_o}{n_o} + \dfrac{\mu_o}{n} = \dfrac{n_o+n}{n_o n}\,\mu_o$</td></tr>
<tr><td></td><td align="center">Mithin schätzt die Zufallsgröße</td><td align="center">den Parameter</td></tr>
<tr><td>(e)</td><td>$(S_1/\bar{\bar{x}}) - (1/n) = 1/\hat{n}_o$</td><td>$1/n_o$ bei $V(\mu)$ in (19.15)</td></tr>
<tr><td>(f)</td><td>$\hat{n}_o \bar{\bar{x}} = \hat{p}_o$</td><td>$p_o$</td></tr>
</table>

Vergleich mit der im Abschnitt 17 berechneten Randverteilung von $y = n\bar{x}$

In dieser Verteilung gilt nach (17.21) und (17.23)

$$M(y) = np_o/n_o = n\mu_o \quad \text{und} \quad V(y) = n(n_o+n)\mu_o/n_o \;.$$

Damit hat man für $\bar{x} = y/n$

$$M(\bar{x}) = \mu_o \quad \text{und} \quad V(\bar{x}) = \frac{n_o+n}{n_o n}\,\mu_o \;, \tag{19.16}$$

was mit den Ergebnissen der Zeilen (a) und (c) der Übersicht 19.3 übereinstimmt.

Nachdem man die zwei Parameter $(\mu_o; n_o)$ durch $(\bar{\bar{x}}; \hat{n}_o)$, ferner p_o durch $\hat{p}_o = \hat{n}_o \bar{\bar{x}}$ geschätzt hat, prüft man, ob die empirische Summenlinie der

$\bar{x}_i$ sich mit der Summenlinie $\Psi(\mu|\hat{n}_o;\hat{p}_o)$ der Γ-Verteilung (17.1) mit den Parametern $\hat{n}_o$ und $\hat{p}_o$ "praktisch deckt". Wenn das der Fall ist, so darf man die posteriori-Schätzformeln aus Abschnitt 17 verwenden.

Die Größe n der Einzelprobe

Die Wahrscheinlichkeit, kein Ereignis (z.B. keinen Isolationsfehler auf der Prüflänge L) zu beobachten, ist nach (16.2)

$$\psi(o|\mu) = \psi(o) = e^{-\mu} \,.$$

Die Wahrscheinlichkeit für wenigstens ein Ereignis, d.h. für $x \neq o$, ist demnach $W = 1-e^{-\mu}$. Die Wahrscheinlichkeit, in einer Probe der Größe n kein Ereignis (z.B. keinen Isolationsfehler auf der Länge nL) zu beobachten, ist nach (16.2) mit $n\mu$ anstelle von μ,

$$\psi(o|n\mu) = e^{-n\mu} \,. \tag{19.17}$$

Die Wahrscheinlichkeit für wenigstens ein Ereignis in der Probe n , d.h. die Wahrscheinlichkeit für $\bar{x} \neq o$, ist demnach

$$W = 1-e^{-n\mu} \,. \tag{19.18}$$

Fordert man $W = 1-\beta$, so folgt für n

$$n = [\ln(1/\beta)]/\mu \,. \tag{19.19}$$

Da n proportional zu $1/\mu$ ist, so gelangt man bei "kleinen" μ zu "großen" n-Werten. Beispielsweise gibt $\beta = 10\% = o,1$ mit $\ln(1/\beta) = \ln 1o = 2,3o$ und $\mu = o,1$ die Probengröße $n = 23$ (d.h. es ist 23 mal die "Prüflänge" L zu untersuchen). Wählt man in diesem Beispiel n erheblich unter 2o, so ist die Prüfung bzw. der Versuch praktisch wertlos, da dann nur mit geringer Wahrscheinlichkeit Werte von $\bar{x} \neq o$ gefunden werden.

Bemerkung zur Poisson-Verteilung

In der Übersicht 19.3 werden die Parameter $(\mu_o;n_o)$ der priori-Verteilung von μ durch $(\hat{\mu}_o \equiv \bar{\bar{x}};\hat{n}_o)$ geschätzt. Das Wertepaar $(\hat{\mu}_o;\hat{n}_o)$ dient bei allen weiteren Versuchen mit dem jeweiligen Ergebnis $\bar{x}$ zur Schätzung des posteriori-Mittelwerts von μ nach (17.9), wobei man anstelle von $(\mu_o;n_o)$ die Schätzwerte $(\hat{\mu}_o;\hat{n}_o)$ einsetzt,

$$M(\mu|\bar{x}) = \frac{\hat{n}_o\hat{\mu}_o + n\bar{x}}{\hat{n}_o + n} \,. \tag{19.2o}$$

Man kann $M(\mu|\bar{x})$ jedoch aus (17.62) finden, ohne vorher das Wertepaar $(\mu_0;n_0)$ zu schätzen. Für beliebige priori-Verteilungen von μ gilt nach (17.62)

$$M(\mu|y) = \frac{y+1}{n} \; \frac{\psi_R(y+1)}{\psi_R(y)} \quad \text{mit} \quad y = n\bar{x} \; , \tag{19.21}$$

wobei $\psi_R(y)$ die Wahrscheinlichkeit für y in der Randverteilung von $y = n\bar{x} = \sum_\nu x_\nu$ ist. In (19.21) genügt die Kenntnis der Randverteilung $\psi_R(y)$ zur Ermittlung des posteriori-Mittelwerts $M(\mu|y)$.

Hat man (wie im Abschnitt 18) insgesamt $k\,n$ Beobachtungen $x_{i\nu}$ mit den k Mittelwerten $\bar{x}_i$ bzw. den k Werten $y_i = n\bar{x}_i = \sum_\nu x_{i\nu}$ zur Verfügung und ist dabei k "sehr groß", so läßt sich $\psi_R(y)$ leicht bestimmen. Die Zahl der y_i , die gleich einem fest vorgegebenen Wert y sind, sei $k(y)$, wobei

$$\sum_{y=0}^{\infty} k(y) = k \tag{19.22}$$

ist.

Dann ist die relative Häufigkeit an der Stelle y ,

$$\hat{\psi}_R(y) = k(y)/k \quad \text{mit} \quad \sum_{y=0}^{\infty} \hat{\psi}_R(y) = 1 \; , \tag{19.23}$$

ein Schätzwert für die Wahrscheinlichkeit $\psi_R(y)$. Damit hat man für den <u>posteriori-Mittelwert</u> bei in einem weiteren Versuch beobachtetem y

$$M(\mu|y) = \frac{y+1}{n} \; \frac{\hat{\psi}_R(y+1)}{\hat{\psi}_R(y)} \quad \text{mit} \quad y = n\bar{x} = \sum_\nu x_\nu \; . \tag{19.24}$$

Das ist ein sehr bequemes Verfahren, aus dem "Vorversuch" die Randverteilung $\psi_R(y)$ und aus weiteren Versuchen den posteriori-Mittelwert $M(\mu|y)$ zu schätzen. Jedoch ist k in den Anwendungen nur selten so groß, daß sich die Wahrscheinlichkeiten $\psi_R(y)$ auf diese Weise ausreichend genau durch die relativen Häufigkeiten $\hat{\psi}_R(y)$ schätzen lassen. Wenn man die Schätzung durch ein Ausgleichsverfahren verbessert, indem man die beobachteten Häufigkeiten $\hat{\psi}_R(y)$ durch eine glättende stetige oder diskrete Verteilung annähert, so geht der Vorteil des einfachen Verfahrens wieder verloren. Bei stetigem Ausgleichen wird man beispielsweise eine geeignete Verteilung aus der Reihe der Pearson-Typen oder die sehr anpassungsfähige verallgemeinerte Γ-Verteilung

$$\psi(y|a;\nu;p) = |p|y^{p\nu-1} \exp[-(x/a)^p]/[a^{p\nu}\Gamma(\nu)] \qquad (19.25)$$

$$p \neq o \; ; \quad (a;\nu) > o \; ;$$

wählen[1]; bei einem Ausgleichen der $\hat{\psi}_R(y)$ mit Hilfe einer diskreten Verteilung bietet sich die negative Binomialverteilung (17.35) an.

Entscheidet man sich für die letztere, so kann man die Parameter $(p;q = 1-p)$ und p_o der Verteilung (17.35) über Mittelwert $\bar{y}$ und Varianz s_y^2 schätzen. Wie der Leser selbst nachweisen mag, kommt man damit auf die Schätzgleichungen (a) und (c) der Übersicht 19.3 zurück.

---

1) E.W. Stacy and G.A. Mihram. Parameter Estimation for a Generalized Gamma Distribution. Technometrics 7(1965), S. 349 .

Teil II
Prüfpläne für messende Prüfung mit Berück-
sichtigung von Vorinformationen
(Bayes-Prüfpläne)

20. Aufgabenstellung

In den folgenden Abschnitten werden einige Testverfahren (Prüfpläne)
erörtert, wenn priori-Information über Θ zur Verfügung steht.

Zunächst sei das "klassische" Testverfahren erwähnt, wenn keine priori-
Information über Θ bekannt ist (bzw. benutzt wird). Ein bestimmter
"Zustand" der Einheiten einer Gesamtheit [z.B. das Füllgewicht x der
Einzelpackungen (Einheiten) einer "großen" Liefermenge (Gesamtheit)]
sei durch die Verteilungsfunktion $\Psi(x|\Theta)$ gekennzeichnet. Die Form von
$\Psi(x|\Theta)$ ist bekannt [z.B. eine Normalverteilung], jedoch hängt $\Psi(x|\Theta)$
von einem unbekannten stetig veränderlichen Parameter Θ ab [z.B. dem
Mittelwert μ (bei gegebener Varianz σ^2)]. Der "Zustand" der Gesamtheit gilt

für $\Theta \leqq \Theta_1$ als zulässig, gut, annehmbar;

für $\Theta \geqq \Theta_2 (> \Theta_1)$ als nicht zulässig, schlecht, nicht annehmbar.

Die Wahl des Wertepaars $(\Theta_1;\Theta_2)$ ist kein statistisches, sondern ein
technisch-wirtschaftliches Problem. Wenn $(\Theta_1;\Theta_2)$ festliegen, so wählt
man bei $\Theta = \Theta_1$ bzw. $\Theta = \Theta_2$ die Irrtumswahrscheinlichkeit α bzw. β ; α
ist die (bedingte) Wahrscheinlichkeit, den Zustand $\Theta = \Theta_1$ abzulehnen,
obwohl er "gerade noch zulässig" ist; β ist die (bedingte) Wahrschein-
lichtkeit, den Zustand $\Theta = \Theta_2$ anzunehmen, obwohl er "bereits nicht mehr
zulässig" ist; (Fehlentscheidungen erster bzw. zweiter Art).

Die Entscheidung über den "Zustand" einer vorgelegten unbekannten Gesamtheit wird mit Hilfe einer Stichprobe $(x_1;x_2;\dots;x_n) \equiv \mathcal{X}_n$ der Grösse n gefällt. Der realisierte Stichprobenpunkt $P(\mathcal{X}_n)$ liegt im n-dimen-
sionalen Stichprobenraum R_n. Dieser Raum ist in den "Annahmebereich"
B_A und den "Rückweisbereich" B_R mit $B_A \cup B_R = R_n$ aufzuteilen. Es sei
vorausgesetzt, daß sich die genannten Bereiche auf zwei entsprechende
Bereiche einer eindimensionalen Prüfgröße $X(\mathcal{X}_n)$ reduzieren lassen (was
im allgemeinen der Fall ist). Dann lautet die Entscheidungsregel:

Für $X(\varphi_n)$ $\lessgtr$ $\begin{cases} \leq X_o \\ > X_o \end{cases}$ wird $\Theta \leq \Theta_1$ $\begin{cases} \text{angenommen ;} \\ \text{abgelehnt ;} \end{cases}$ der Zustand

der Gesamtheit wird als $\begin{cases} \text{zulässig angesehen ;} \\ \text{nicht zulässig angesehen.} \end{cases}$

$X_o = X_o(n;\alpha)$ ist der Schwellenwert oder die "Trenngröße" für die Entscheidung.

Man bezeichnet mit

$$W_A = W_A(\Theta|n; \dot{X}_o)$$

die Wahrscheinlichkeit, den durch Θ gekennzeichneten Zustand anzunehmen. W_A hängt bei gegebenem Θ von der Probengröße n und der Trenngröße X_o ab (Operations-Charakteristik des Prüfplans).

Das den Prüfplan (Test) kennzeichnende Wertepaar $(n; X_o)$ findet man aus
den zwei "Forderungen"

$$W_A(\Theta_1|n; X_o) = 1-\alpha \quad \text{und} \quad W_A(\Theta_2|n; X_o) = \beta .$$

Es wird

$$n = n(\Theta_1;\Theta_2;\alpha;\beta) \quad \text{und} \quad X_o = X_o(\Theta_1;\Theta_2;\alpha;\beta) .$$

Soweit die Lösung ohne Kenntnis einer priori-Verteilung von Θ .

An dieser Lösung ist mehrfach Kritik geübt worden. Bei der "Annahmewahrscheinlichkeit" W_A ,

$$W_A = W_A(\Theta|n; X_o) = W_A(\Theta|\Theta_1;\Theta_2;\alpha;\beta) ,$$

des "Zustands Θ" handelt es sich nur um eine bedingte Wahrscheinlichkeit; Abb.2o.1 . Wenn der Zustand Θ herrscht, dann wird er mit der
Wahrscheinlichkeit W als "zulässig" beurteilt. Die Frage, ob ein be-
stimmtes Θ oder ein bestimmter Bereich $\Theta' \leq \Theta \leq \Theta''$ überhaupt auftritt,
wird gar nicht gestellt. Infolgedessen ist die Kenntnis der Operations-
Charakteristik eines Prüfplans nur von "bedingtem" Wert für die Beurteilung des wirklichen Geschehens, da man die Wahrscheinlichkeit (bzw.
die Wahrscheinlichkeitsdichte) für Θ nicht kennt.

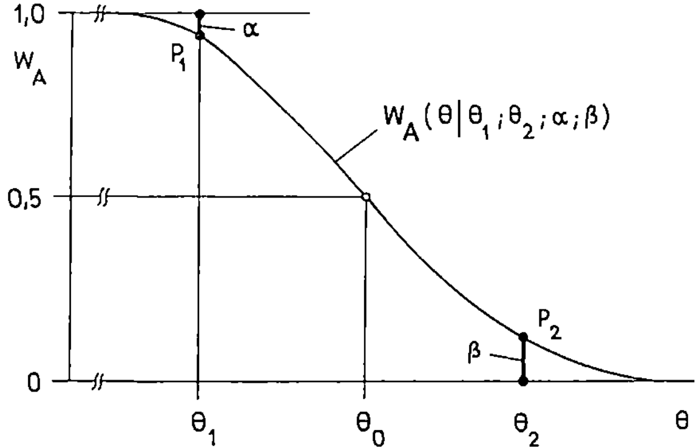

Abb.2o.1 Zur Ermittlung der Annahmekennlinie (Operations-Charakteristik) W_A $(\Theta|\Theta_1;\Theta_2;\alpha;\beta)$ für einen Prüfplan (Test) aus den zwei Grundpunkten P_1 $(\Theta_1;1-\alpha)$ und P_2 $(\Theta_2;\beta)$.

21. Pläne für messende Prüfung bei Berücksichtigung von Vorinformationen über die Verteilung der Mittelwerte

Die Aufgabenstellung dieses Abschnitts wird zunächst an den folgenden beiden Beispielen erläutert.

Beispiel 21.1

Ein Fertigungsvorgang, beispielsweise ein Abfüllvorgang zur Herstellung von Fertigpackungen mit dem Sollgewicht a = 5oo g, hat zum "Zeitpunkt" t = t' , genauer in der Zeitspanne $t' - (T/2) \leqq t \leqq t' + (T/2)$, den "augenblicklichen" Mittelwert $\mu = \mu'$. Während der genannten Zeitspanne T fertigt man eine Liefermenge von N Einzelpackungen. Die N Merkmalwerte x_ν , d.h. die einzelnen Füllgewichte, besitzen eine Verteilung mit dem Mittelwert $\mu(t') = \mu'$ und der Varianz $\sigma^2(t') = \sigma^2$.

Da man während der Fertigung nicht alle "Störgrößen", die auf den Vorgang einwirken, konstant halten kann (sondern nur die wichtigsten), so ist μ "langfristig gesehen" im allgemeinen nicht fest, sondern schwankt zufällig im Zeitablauf, d.h. μ besitzt eine Verteilung. Diese Verteilung der Mittelwerte μ wird durch die (stetige) Dichte $\psi(\mu)$, weiter durch den Mittelwert μ_o,

$$\mu_o = M(\mu) = \int_{-\infty}^{\infty} \mu\,\psi(\mu)\,d\mu \ , \tag{21.1}$$

und die Varianz σ_o^2 ,

$$\sigma_o^2 = V(\mu) = \int_{-\infty}^{\infty} (\mu - \mu_o)^2 \psi(\mu)\,d\mu \ , \tag{21.2}$$

gekennzeichnet. Auf Grund längerer Erfahrung wird diese Verteilung als bekannt vorausgesetzt (priori-Verteilung von μ); sie sei durch eine Normalverteilung mit $(\mu_o;\sigma_o^2)$ approximierbar. Diese Verteilung enthält die Vorkenntnisse über μ , die bei der Ermittlung eines Prüfplans berücksichtigt werden sollen.

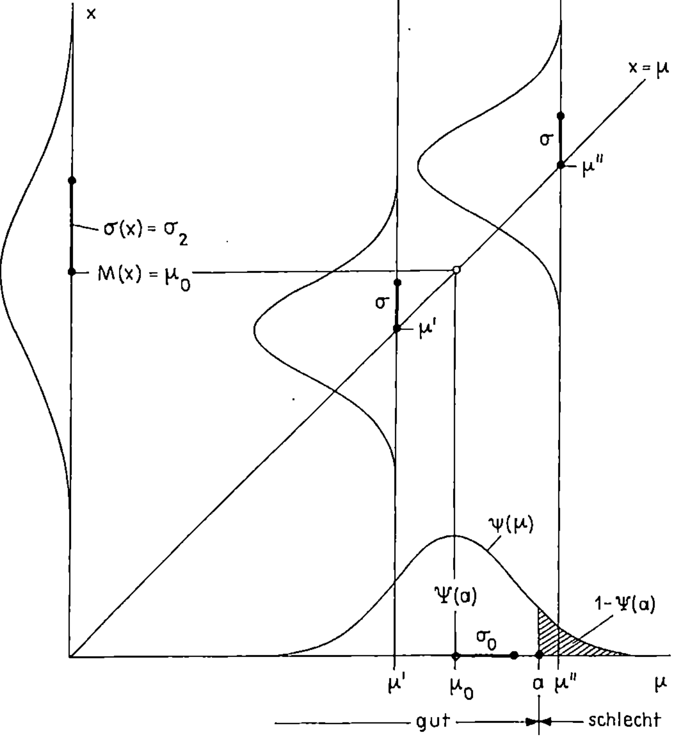

Abb.21.1 Die priori-Dichte von μ und die Randdichte von x ; a ist die "Trenngröße der Qualität" .

Die Varianz σ^2 des Abfüllvorgangs sei von der Zeit t und damit auch von μ <u>nicht</u> abhängig,

$$V(x|\mu) = \text{konst} = \sigma^2 . \tag{21.3}$$

Im allgemeinsten Falle ist natürlich auch die Varianz σ^2 einer Fertigung von der Zeit abhängig und besitzt "langfristig gesehen" — ebenso wie μ — eine Verteilung. Jedoch sind Vorgänge, bei denen σ^2 "nahezu" unverändert bleibt, nach den Erfahrungen des Verfassers in der Praxis nicht selten; sie sollen deshalb hier betrachtet werden. Im folgenden wird daher σ^2 aus (21.3) als bekannt vorausgesetzt.

Der Käufer kann nicht erwarten, daß das Füllgewicht x_ν <u>jeder</u> Packung gleich dem Sollwert a ist. Diese (übertriebene) Forderung ist mit "normalem" technischen Aufwand nicht zu verwirklichen. Der Hersteller "hält das vorgeschriebene Sollgewicht a ein", wenn das <u>mittlere</u> Füllgewicht μ der Liefermenge den Sollwert a nicht unterschreitet, d.h.

wenn

$$M(x|\mu) = \mu \geqq a$$

ist. Solche Liefermengen sind "annehmbar" ("gut"). Liefermengen, deren Mittelwert μ den Sollwert a unterschreitet, für die also

$$M(x|\mu) = \mu < a$$

gilt, sind zu beanstanden; sie gelten als "nicht annehmbar" ("schlecht").
Der Parameter a heißt die "Trenngröße der Beschaffenheit" (Trenngrös-
se der Qualität).

Mit Hilfe des Mittelwerts $\bar{x}$ einer kleinen Stichprobe vom Umfang $n \ll N$
aus jeder Liefermenge vom Umfang N will der Hersteller alle erzeugten
Liefermengen in Klasse 1 oder Klasse 2 einordnen, um späteren Bean-
standungen vorzubeugen.

<u>Beispiel 21.2</u>

Bedeutet x den Gehalt in Gramm je Packung an einem nicht erwünschten
Stoff (Wassergehalt; Schmutzgehalt) und ist a der vom Gesetzgeber zu-
gelassene "mittlere Höchstwert" je Liefermenge, so sind Liefermengen
mit

$$M(x|\mu) = \mu \leqq a$$

"gut" und solche mit

$$M(x|\mu) = \mu > a$$

"schlecht". Im übrigen ist die Aufgabenstellung die gleiche wie im
Beispiel 21.1; vgl. Abb.21.1, die auch für das Beispiel 21.1 gilt,
wenn man die Bereiche für "gut" und "schlecht" miteinander vertauscht.

Im folgenden machen wir uns von den besonderen Beispielen frei und
behandeln die Aufgabe allgemein unter den Voraussetzungen (1) bis (6):

(1)   Jede Einheit ν , $1 \leqq \nu \leqq N$, einer zu prüfenden Liefermenge der
      Größe N ist gekennzeichnet durch einen meßbaren Merkmalwert x_ν .
<u>Innerhalb</u> der Liefermengen ist das Qualitätsmerkmal x (nahezu) nor-
mal verteilt mit dem unbekannten bedingten Mittelwert $M(x|\mu) = \mu$ und
der bekannten (bedingten) Varianz $V(x|\mu) = \sigma^2$, die von μ nicht abhängt.

(2)   <u>Zwischen</u> den Liefermengen sind die Mittelwerte μ (nahezu) nor-
      mal verteilt mit $M(\mu) = \mu_o$ und $V(\mu) = \sigma_o^2$. Das Wertepaar $(\mu_o ; \sigma_o^2)$
ist bekannt [priori-Verteilung von μ mit der Dichte $\psi(\mu)$ und der Summenfunktion $\Psi(\mu)$] .

(3)   Liefermengen mit $\mu \leqq a$ sollen "angenommen" werden; ihr Anteil an der Fertigung ist $\Psi(a)$. Liefermengen mit $\mu > a$ sollen "abgelehnt" werden; ihr Anteil an der Fertigung ist $1-\Psi(a)$. Die Festsetzung der Qualitätstrenngröße a ist kein statistisches, sondern ein technisch-wirtschaftliches Problem.

(4)   Die bedingten Wahrscheinlichkeiten, ein "gutes" Los mit $\mu \leqq a$ zu verwerfen (Fehlentscheidung erster Art) und ein "schlechtes" Los mit $\mu > a$ anzunehmen (Fehlentscheidung zweiter Art), sind Werte $(\alpha;\beta)$, die nach technisch-wirtschaftlichen Gesichtspunkten gewählt werden.

(5)   Die Liefermenge wird durch eine Zufallsprobe der Größe n beurteilt, wobei n klein gegen N sein soll; $n \ll N$. Als Prüfgröße dient der Probenmittelwert $\bar{x}$ bei festem aber unbekanntem μ,

$$\bar{x} = \sum_{\nu=1}^{n} x_\nu / n \; . \tag{21.4}$$

(6)   Bezeichnet man die (vorläufig unbekannte) "Trenngröße des Prüfplans" mit b , so lautet die Entscheidung über die Liefermenge:

$$\text{Für} \quad \begin{array}{c} \bar{x} \leqq b \\ \bar{x} > b \end{array} \quad \text{wird die Liefermenge} \quad \begin{array}{c} \text{angenommen.} \\ \text{abgelehnt.} \end{array} \tag{21.5}$$

Gesucht wird ein Prüfplan (gekennzeichnet durch die Probengröße n und die Trenngröße b), bei dem die in der priori-Verteilung enthaltenen Kenntnisse über μ berücksichtigt werden sollen.

Die Wahrscheinlichkeit für das Auftreten einer guten Liefermenge ist nach Abb.21.1

$$W(\mu \leqq a) = \int_{-\infty}^{a} \psi(\mu) d\mu = \Psi(a) \; . \tag{21.6}$$

Die Wahrscheinlichkeit für das Auftreten einer schlechten Liefermenge ist

$$W(\mu > a) = \int_{a}^{\infty} \psi(\mu) d\mu = 1-\Psi(a) \; . \tag{21.7}$$

Wegen (2) liegt nur dann eine sinnvolle Fragestellung vor, wenn keine der beiden Wahrscheinlichkeiten $\Psi(a)$ bzw. $1-\Psi(a)$ verschwindet; es sei also im folgenden

$$\Psi(a) \neq o \quad \text{und} \quad 1-\Psi(a) \neq o \; . \tag{21.8}$$

Die Randverteilung des Qualitätsmerkmals x und die gemeinsame Verteilung von μ und $\bar{x}$

Aus der Zerlegung des Merkmalwerts x ,

$$x = \mu_o + (\mu - \mu_o) + (x - \mu)_{\mu = \text{konst}} ,\qquad (21.9)$$

folgt für den Mittelwert M(x) in der Randverteilung von x

$$M(x) = \mu_o .\qquad (21.10)$$

Für die Varianz V(x) in der Randverteilung von x gilt

$$V(x) = \sigma_o^2 + \sigma^2 ,\qquad (21.11)$$

falls die Abweichungen $(\mu - \mu_o)$ und $(x - \mu)$ unabhängig voneinander sind, was vorausgesetzt werden soll. Führt man das Verhältnis der Varianzen

$$\sigma^2/\sigma_o^2 = \lambda^2\qquad (21.12)$$

ein, so gilt

$$V(x) = \sigma_o^2(1 + \lambda^2) .\qquad (21.13)$$

Die "langfristig" beobachtete Gesamtverteilung des Qualitätsmerkmals x, die Randverteilung von x , besitzt den Mittelwert μ_o und die Varianz $\sigma_o^2(1 + \lambda^2)$.

Nach Voraussetzung (2) ist die priori-Verteilung der Mittelwerte μ in Abb.21.1 die Normalverteilung $N(\mu_o;\sigma_o^2)$; ferner genügen nach Voraussetzung (1) die "kurzfristig" in der Lage μ' erzeugten Werte des Qualitätsmerkmals x der Normalverteilung $N(\mu';\sigma^2)$. Infolgedessen ist nach (21.9) auch die Randverteilung von x normal, d.h. die "langfristig" erzeugten Werte des Qualitätsmerkmals x sind normal verteilt.

Die Randverteilung der Prüfgröße $\bar{x}$ folgt aus der Zerlegung

$$\bar{x} = \mu_o + (\mu - \mu_o) + (\bar{x} - \mu)_{\mu = \text{konst}} ,\qquad (21.14)$$

wobei $(\mu - \mu_o)$ und $(\bar{x} - \mu)$ nach dem Vorausgehenden normal verteilte und voneinander unabhängige Zufallsgrößen darstellen. Infolgedessen ist auch $\bar{x}$ normal verteilt. Mittelwert und Varianz von $\bar{x}$ sind

$$M(\bar{x}) = \mu_o \quad \text{und} \quad V(\bar{x}) = \sigma_o^2 \left[1 + (\lambda^2/n)\right] = \sigma_2^2 .\qquad (21.15)$$

Die Dichte der gemeinsamen Verteilung von μ und $\bar{x}$ hat die Gestalt

$$\psi(\mu;\bar{x}) = \psi(\mu)\ \psi(\bar{x}|\mu)\ , \qquad (21.16)$$

wobei entsprechend den hier getroffenen Voraussetzungen sowohl die Randdichte $\psi(\mu)$ von μ als auch die bedingte Dichte $\psi(\bar{x}|\mu)$ für $\bar{x}$ bei gegebenem μ zu einer Normalverteilung gehört. Infolgedessen genügt das Wertepaar $(\mu;\bar{x})$ einer zweidimensionalen Normalverteilung, deren Mittelwerte und Varianzen aus (21.1), (21.2) und (21.15) bekannt sind. Zur Berechnung des Korrelationskoeffizienten ρ zwischen μ und $\bar{x}$ geht man vom bedingten Mittelwert für $\bar{x}$ bei gegebenem μ aus; es ist bekanntlich[1]

$$M(\bar{x}|\mu) = \mu_o + \rho(\sigma_2/\sigma_o)(\mu - \mu_o)\ . \qquad (21.17)$$

Da wegen Voraussetzung (1) außerdem $M(\bar{x}|\mu) = \mu$ gilt, folgt daraus ρ zu

$$\rho(\mu;\bar{x}) = \rho = \sigma_o/\sigma_2 = 1/\sqrt{1 + (\lambda^2/n)}\ . \qquad (21.18)$$

Mit wachsendem n gilt $\rho \longrightarrow 1$, wie man erwarten muß.

<u>Die Gleichungen zur Berechnung des Prüfplans</u>

Wie bisher sei $\varphi(u)$ die Dichte und $\Phi(u)$ die Summenfunktion der standardisierten Normalverteilung $N(o;1)$. Nach Abb.21.1 ist die Wahrscheinlichkeit, daß eine Liefermenge "gut" ist,

$$W(\mu \le a) = \int_{-\infty}^{a} \psi(\mu)d\mu = \Psi(a) = \Phi\left[(a - \mu_o)/\sigma_o\right]\ . \qquad (21.19)$$

Die bedingte Wahrscheinlichkeit, daß eine Liefermenge mit dem Mittelwert μ angenommen wird, ist nach Abb.21.2 und gemäß (6)

$$W(\bar{x} \le b|\mu) = \int_{-\infty}^{b} \psi(\bar{x}|\mu)d\bar{x} = \Phi\left[\sqrt{n}(b - \mu)/\sigma\right]\ . \qquad (21.2o)$$

Die Wahrscheinlichkeit, daß eine Liefermenge den Mittelwert μ hat und angenommen wird, ist demnach

$$\psi(\mu)d\mu\ \Phi\left[\ \sqrt{n}(b - \mu)/\sigma\ \right]\ . \qquad (21.21)$$

Gemäß (4) sind der Stichprobenumfang n und die Trenngröße b des Prüfplans so zu bestimmen, daß der Anteil $(1-\alpha)\Psi(a)$ guter Liefermengen angenommen und der Anteil $(1-\beta)\left[1-\Psi(a)\right]$ schlechter Liefermengen abge-

---

1) Vgl. K. Stange. Angewandte Statistik. Zweiter Teil. Berlin: Springer 1971, Formel (17.6.12).

lehnt wird. Mithin muß gelten

$$\int_{-\infty}^{a} \psi(\mu)\; \Phi[\sqrt{n}(b-\mu)/\sigma]\,d\mu \;=\; (1-\alpha)\,\Psi(a) \qquad (21.22)$$

und

$$\int_{a}^{\infty} \psi(\mu)\left\{1-\Phi[\sqrt{n}(b-\mu)/\sigma]\right\}d\mu \;=\; (1-\beta)\left[1-\Psi(a)\right]. \qquad (21.23)$$

Die Gleichungen (21.22) und (21.23) sind bei gegebenem μ_o; σ_o; a ; σ; α und ß die Bestimmungsgleichungen für das den Prüfplan kennzeichnen-de Wertepaar (n;b).

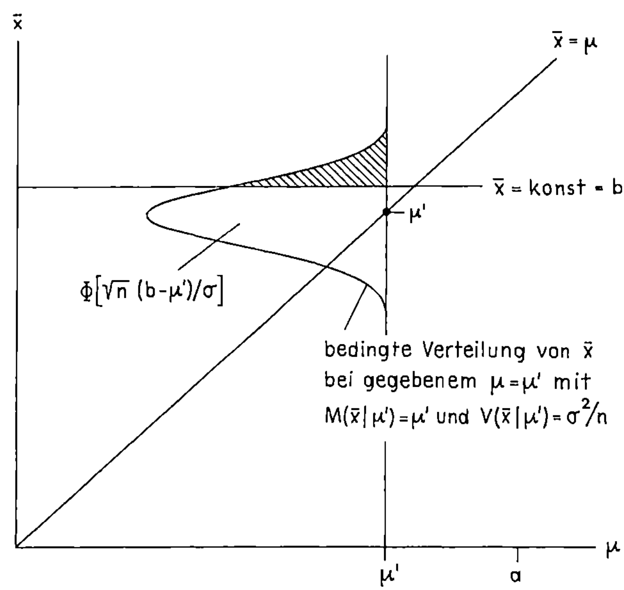

Abb.21.2 Zur Veranschaulichung der Entscheidungsregel (21.5) und zur Berechnung der bedingten Annahmewahrscheinlichkeit $W(\bar{x} \le b|\mu')$ einer Liefermenge mit dem Mittelwert μ'.

Einführung von dimensionslosen Veränderlichen

Zweckmäßig geht man von den dimensionsbehafteten Mittelwerten μ zu den dimensionslosen (standardisierten) Mittelwerten

$$(\mu - \mu_o)/\sigma_o \;=\; u \qquad (21.24)$$

über. Insbesondere ist der "Trenngüte" μ = a der standardisierte Wert

$$(a - \mu_o)/\sigma_o \;=\; u_o \qquad (21.25)$$

zugeordnet. Eine Liefermenge gilt als gut, wenn $\mu \leqq a$ bzw. $u \leqq u_0$ ist. Ferner sei

$$(\bar{x} - \mu_0)/\sigma_0 = v \tag{21.26}$$

und

$$(b - \mu_0)/\sigma_0 = v_0 \ . \tag{21.27}$$

Die Zufallsgröße v ist zwar dimensionslos und normal verteilt, aber wegen (21.15) <u>nicht</u> standardisiert. Dem Wertepaar $(a;b)$ entspricht in der dimensionslosen Darstellung das Wertepaar $(u_0;v_0)$, wobei u_0 bekannt ist und v_0 gesucht wird. Mit (21.24) bis (21.27) und $\sigma/\sigma_0 = \lambda$ gehen die Bestimmungsgleichungen (21.22) und (21.23) über in

$$\int_{-\infty}^{v_0} \varphi(u)\ \Phi\left[\ \sqrt{n}(v_0 - u)/\lambda\right] du = (1-\alpha)\Phi(u_0) \tag{21.28}$$

und

$$\int_{v_0}^{\infty} \varphi(u)\ \left\{1 - \Phi\left[\ \sqrt{n}(v_0 - u)/\lambda\right]\right\} du = (1-\beta)\left[1 - \Phi(u_0)\right]\ . \tag{21.29}$$

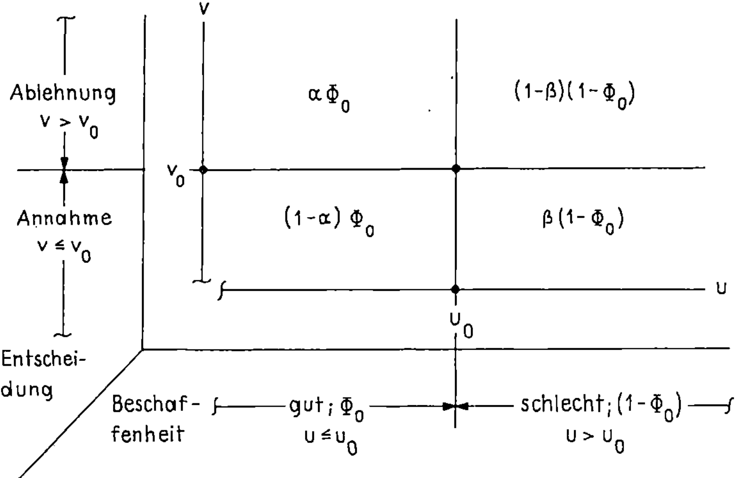

Abb.21.3 Die Aufteilung der dimensionslosen (u,v)-Ebene in vier Felder mit den zugehörigen Wahrscheinlichkeiten für Beschaffenheit der Liefermenge und Entscheidung. Es ist $\Phi_0 = \Phi(u_0)$ mit $u_0 = (a - \mu_0)/\sigma_0$.

Gesucht wird das Wertepaar $(n;v_0)$ bei gegebenen Werten von u_0, $\lambda = \sigma/\sigma_0$, α und β. Nach Abb.21.3 ist die $(u;v)$-Ebene mit der zweidimensionalen $(u;v)$-Verteilung durch die gegebene Senkrechte bei $u = u_0$ und die gesuchte Waagerechte bei $v = v_0$ so in vier Felder aufzuteilen, daß diesen Feldern die in Abb.21.3 angegebenen Wahrscheinlichkeiten zugeordnet werden können.

Die Bestimmungsgleichungen (21.28) und (21.29) lassen sich gemäß Abb.
21.3 durch folgendes Gleichungssystem ersetzen:

$$\int_{-\infty}^{u_0} \varphi(u)\left\{1 - \Phi\left[\sqrt{n}(v_0 - u)/\lambda\right]\right\} du = \alpha\ \Phi(u_0) \tag{21.30}$$

und

$$\int_{u_0}^{\infty} \varphi(u)\ \Phi\left[\sqrt{n}(v_0 - u)/\lambda\right] du = \beta\left[1 - \Phi(u_0)\right]. \tag{21.31}$$

Dieses Gleichungssystem wird den weiteren Betrachtungen zugrunde gelegt.

Die Umgestaltung des Gleichungssystems (21.3o) und (21.31)

Man setzt in (21.3o) und (21.31) gemäß Abb.21.4

$$\sqrt{n}(v_0 - u)/\lambda = z \quad \text{bzw.} \quad u = v_0 - \frac{\lambda}{\sqrt{n}}\, z \tag{21.32}$$

und entwickelt die Dichte $\varphi(u)$ an der Stelle $u = v_0$ bzw. $z = o$ in die
Reihe

$$\varphi(u) = \varphi(v_0) + \varphi'(v_0)(u-v_0) + \frac{1}{2}\varphi''(v_0)(u-v_0)^2 + \dots.$$

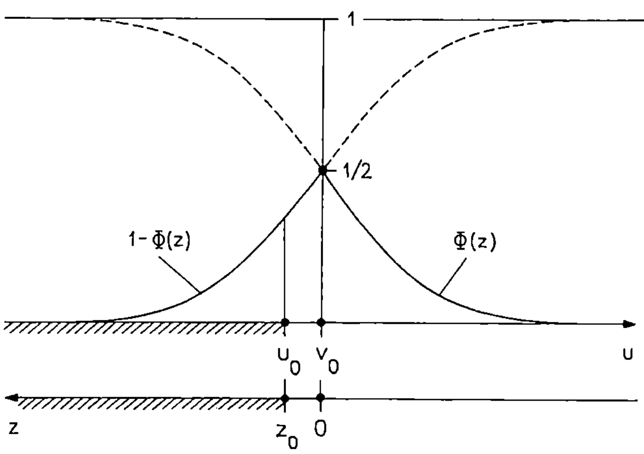

Abb.21.4 Zur Veranschaulichung des Übergangs von $u = v_0 - (\lambda/\sqrt{n})z$ zu
$z = (v_0-u)\sqrt{n}/\lambda$ mit der "Gewichtsfunktion" $\Phi(z)$ für $z \leqq o$ bzw. $1 - \Phi(z)$
für $z \geqq o$.

Mit Hilfe der Ableitungen

$$\varphi'(u) = -u\,\varphi(u) \quad ; \quad \varphi''(u) = (u^2-1)\,\varphi(u) \quad ; \quad \dots \qquad (21.33)$$

findet man $\varphi(u)$ als Potenzreihe von $(z/\sqrt{n})$ in der Gestalt

$$\varphi(u) = \varphi(v_0)\left[1 + \lambda\,v_0\,(z/\sqrt{n}) + \frac{\lambda^2}{2}(v_0^2 - 1)(z^2/n) + \dots\right] . \qquad (21.34)$$

Den Integrationsbereich in (21.3o),

$$-\infty < u \leqq u_0 ,$$

teilt man nach Abb.21.4 auf in die zwei Bereiche

$$-\infty < u \leqq v_0 \quad \text{und} \quad u_0 \leqq u \leqq v_0 .$$

Weiter sei abkürzend

$$z_0 = \sqrt{n}(v_0 - u_0)/\lambda = \sqrt{n}(b-a)/\sigma \quad \text{und} \quad \Phi(u_0) = \Phi_0 . \qquad (21.35)$$

Führt man z aus (21.32) und $\varphi(u)$ aus (21.34) in (21.3o) und (21.31) ein, so findet man schließlich

$$\int_0^\infty \left[1 + (\lambda/\sqrt{n})v_0 z + \dots\right]\left[1 - \Phi(z)\right]dz - \int_0^{z_0}(\dots)dz = \frac{\alpha\sqrt{n}\,\Phi_0}{\lambda\,\varphi(v_0)} \qquad (21.36)$$

und

$$\int_{-\infty}^0 \left[1 + (\lambda/\sqrt{n})v_0 z + \dots\right]\Phi(z)dz + \int_0^{z_0}(\dots)dz = \frac{\beta\sqrt{n}(1-\Phi_0)}{\lambda\,\varphi(v_0)} . \qquad (21.37)$$

Der durch Punkte (...) angedeutete Integrand im jeweils zweiten Integral ist der gleiche wie im ersten.

Für die weitere Rechnung betrachtet man zunächst für $k = o;1;2; \dots$ das Integral

$$\int_0^\infty z^k\left[1 - \Phi(z)\right]dz = (-1)^k \int_{-\infty}^0 z^k\Phi(z)dz = J(k) . \qquad (21.38)$$

Produktintegration gibt

$$(k+1)\,J(k) = \left\{z^{k+1}\left[1 - \Phi(z)\right]\right\}_0^\infty + \int_0^\infty z^{k+1}\varphi(z)dz .$$

Wegen der asymptotisch für große z geltenden Beziehung[1]

---

1) Vgl. dazu M.G. Kendall and A. Stuart. The Advanced Theory of Statistics. Vol. I. London: Griffin 1969.

$$z\left[1 - \Phi(z)\right] = \varphi(z)\left[1 - (1/z)^2 + \ldots\right] \qquad (21.39)$$

hat man

$$\lim_{z \to \infty} z^{k+1}\left[1 - \Phi(z)\right] = \lim_{z \to \infty} z^k \varphi(z) = o \; .$$

Damit wird

$$(k+1)J(k) = \int_0^\infty z^{k+1}\varphi(z)\,dz = \frac{1}{2}\int_{-\infty}^\infty |z|^{k+1}\varphi(z)\,dz \; .$$

Das letzte Integral ist das absolute Moment der Ordnung (k+1) der standardisierten Normalverteilung. Also gilt allgemein

$$J(k) = \frac{1}{2(k+1)} \frac{2^{(k+1)/2}}{\sqrt{\pi}} \Gamma\left[(k+1)/2\right] \qquad (21.4o)$$

und für k = o;1;2 im besonderen

$$J(o) = 1/\sqrt{2\pi} \quad ; \quad J(1) = 1/4 \quad ; \quad J(2) = (2/3)/\sqrt{2\pi} \; . \quad (21.41)$$

Mit (21.38) bzw. (21.4o) ist das jeweils erste Integral in (21.36) bzw. (21.37) in Gestalt einer nach Potenzen von $\lambda/\sqrt{n}$ fortschreitenden Reihe berechenbar. Es wird in (21.36)

$$\sqrt{2\pi}\int_0^\infty \left[1 + (\lambda/\sqrt{n})v_o z + \ldots\right]\left[1 - \Phi(z)\right]dz = \qquad (21.42)$$

$$= 1 + \frac{v_o\sqrt{2\pi}}{4}\;\frac{\lambda}{\sqrt{n}} + \frac{(v_o^2 - 1)}{3}\;\frac{\lambda^2}{n} + \ldots$$

und in (21.37)

$$\sqrt{2\pi}\int_{-\infty}^0 \left[1 + (\lambda/\sqrt{n})v_o z + \ldots\right]\Phi(z)\,dz = \qquad (21.43)$$

$$= 1 - \frac{v_o\sqrt{2\pi}}{4}\;\frac{\lambda}{\sqrt{n}} + \frac{(v_o^2 - 1)}{3}\;\frac{\lambda^2}{n} \mp \ldots \; .$$

Zur Berechnung des jeweils zweiten Integrals in (21.36) bzw. (21.37) setzt man für $\Phi(z)$ die Reihenentwicklung an der Stelle z = o ein,

$$\Phi(z) = \Phi(o) + \Phi'(o)\,z + \frac{1}{2}\Phi''(o)\,z^2 + \ldots$$

oder

$$\Phi(z) = \frac{1}{2} + \frac{1}{\sqrt{2\pi}}\, z - \frac{1}{6\sqrt{2\pi}}\, z^3 + \dots \; . \qquad (21.44)$$

Damit findet man in (21.36)

$$2 \int_0^{z_0} (\dots)\,dz = z_0 - \left(\frac{1}{\sqrt{2\pi}} - \frac{\lambda v_0}{2\sqrt{n}} \right) z_0^2 + \qquad (21.45)$$

$$- \frac{2\lambda}{3\sqrt{n}} \left[\frac{v_0}{\sqrt{2\pi}} - \frac{\lambda(v_0^2-1)}{4\sqrt{n}} \right] z_0^3 + \dots$$

und in (21.37)

$$2 \int_0^{z_0} (\dots)\,dz = z_0 + \left(\frac{1}{\sqrt{2\pi}} + \frac{\lambda v_0}{2\sqrt{n}} \right) z_0^2 + \qquad (21.46)$$

$$+ \frac{2\lambda}{3\sqrt{n}} \left[\frac{v_0}{\sqrt{2\pi}} + \frac{\lambda(v_0^2-1)}{4\sqrt{n}} \right] z_0^3 + \dots \; ,$$

wobei im Hinblick auf spätere Überlegungen $|z_0| < 1$ vorausgesetzt werden soll. Bei Berücksichtigung der Zwischenergebnisse (21.42), (21.43), (21.45) und (21.46) hat das Gleichungssystem für (n;b) bzw. (n;z_0) nunmehr die folgende Gestalt

$$\frac{1}{\sqrt{2\pi}} + \frac{v_0\lambda}{4\sqrt{n}} + \frac{(v_0^2-1)\lambda^2}{3\sqrt{2\pi}\,n} + \dots \qquad (21.47)$$

$$- \frac{z_0}{2} + \left(\frac{1}{\sqrt{2\pi}} - \frac{\lambda v_0}{2\sqrt{n}} \right) \frac{z_0^2}{2} + \dots = \frac{\alpha\,\Phi_0\,\sqrt{n}}{\lambda\,\varphi(v_0)}$$

und

$$\frac{1}{\sqrt{2\pi}} - \frac{v_0\lambda}{4\sqrt{n}} + \frac{(v_0^2-1)\lambda^2}{3\sqrt{2\pi}\,n} + \dots \qquad (21.48)$$

$$+ \frac{z_0}{2} + \left(\frac{1}{\sqrt{2\pi}} + \frac{\lambda v_0}{2\sqrt{n}} \right) \frac{z_0^2}{2} + \dots = \frac{\beta(1-\Phi_0)\,\sqrt{n}}{\lambda\,\varphi(v_0)} \; .$$

Die Glieder mit $(\lambda/\sqrt{n})$, $(\lambda/\sqrt{n})^2$, ... der jeweils ersten Zeile in (21.47) und (21.48) kommen aus der Reihenentwicklung (21.42) bzw. (21.43); die durch Punkte (...) angedeuteten Glieder sind demnach in Abhängigkeit von $(\lambda/\sqrt{n})$ "klein" mindestens von der Ordnung $(\lambda/\sqrt{n})^3$. Die Glieder mit z_0, z_0^2, ... in der jeweils zweiten Zeile stammen aus der Reihenentwicklung (21.45) bzw. (21.46); die durch Punkte (...) angedeuteten Glieder sind demnach in Abhängigkeit von z_o und $\lambda/\sqrt{n}$ klein mindestens von der Ordnung $z_o^3(\lambda/\sqrt{n})$, wobei vorausgesetzt wird, daß $|z_o| \lessgtr 1$ bleibt. Falls sich bei der numerischen Lösung herausstellt, daß die Bedingung $|z_o| \lessgtr 1$ erheblich verletzt wird, so ist die später hergeleitete Näherungslösung unbrauchbar. Man muß dann auf die strengen Gleichungen (21.3o) und (21.31) zurückgehen. Es wird später gezeigt werden, daß man wegen der Forderung $|z_o| \lessgtr 1$ das Verhältnis der Irrtumswahrscheinlichkeiten $\alpha\Phi_o/[\beta(1 - \Phi_o)]$ nicht ganz beliebig wählen darf.

Die Lösung des Gleichungssystems (21.47) und (21.48)

Bildet man die Summe der Gleichungen (21.47) und (21.48), so fällt das in z_o lineare Glied heraus und man hat

$$1 + \frac{(v_o^2-1)\lambda^2}{3\,n} + \frac{z_o^2}{2} = \frac{\alpha\Phi_o + \beta(1-\Phi_o)}{\lambda\,\varphi(v_o)}\ \sqrt{\pi/2}\ \sqrt{n}\ ; \qquad (21.49)$$

bildet man die Differenz von (21.48) und (21.47), so findet man

$$z_o - \frac{v_o\lambda}{2\sqrt{n}}(1 - z_o^2) = \frac{\beta(1-\Phi_o) - \alpha\Phi_o}{\lambda\,\varphi(v_o)}\ \sqrt{n}\ . \qquad (21.5o)$$

In beiden Gleichungen wurden die Glieder der Größenordnung $(\lambda/\sqrt{n})^3$ bzw. $z_o^3(\lambda/\sqrt{n})$ (und höhere) vernachlässigt. Die Lösung gilt also nur für "ausreichend große" n . Aus (21.35) folgt weiter

$$v_o - u_o = \lambda z_o/\sqrt{n} \qquad \text{bzw.} \qquad b-a = z_o\sigma/\sqrt{n}\ . \qquad (21.51)$$

Die Gleichungen (21.49) bis (21.51) können zur Lösung zweier verschiedener Aufgaben herangezogen werden:

Aufgabe 1: Bei bekannten Werten Φ_o und λ liefern sie zu einem gegebenen Prüfplan $(n;v_o)$ bzw. $(n;b)$ die zugehörigen Irrtumswahrscheinlichkeiten $\alpha\Phi_o$ bzw. $\beta(1-\Phi_o)$ für Fehlentscheidungen auf der Gut- bzw. Schlechtseite.

Aufgabe 2: Bei bekannten Werten Φ_o und λ liefern sie zu den gegebenen Irrtumswahrscheinlichkeiten $\alpha\Phi_o$ und $\beta(1-\Phi_o)$ den zugehörigen Prüfplan $(n;z_o)$ bzw. $(n;b)$.

Bei Aufgabe 1 löst man die beiden Gleichungen (21.49) und (21.5o) nach den gesuchten Werten $\alpha\Phi_o$ und $(1-\beta)\Phi_o$ auf. Aus (21.49) geht hervor, daß die Gesamtwahrscheinlichkeit $\alpha\Phi_o + \beta(1-\Phi_o)$ für Fehlentscheidungen in erster Näherung mit $1/\sqrt{n}$ sinkt.

Bei Aufgabe 2 findet man die Lösung für $(n;b)$ bzw. $(n;z_o)$ iterativ. Das wird im folgenden erläutert. Es wird sich in (21.53) zeigen, daß z_o nahezu unabhängig von n ist. Infolgedessen stimmen die Trenngrößen v_o bzw. b für die Entscheidung mit den Trennwerten u_o bzw. a für die Beschaffenheit nach (21.51) umso besser überein, je größer n ist. Man wird also bei der Berechnung von n aus (21.49) zunächst $\varphi(v_o)$ durch einen Näherungswert $\varphi(v_1) = \varphi_1$ ersetzen, wobei v_1 nahe bei u_o liegt und in (21.57) bestimmt wird. Außerdem wird das "kleine" Glied $(v_o^2-1)\lambda^2/(3n)$ zunächst vernachlässigt. Somit erhält man für n den ersten Näherungswert n_1 aus

$$\sqrt{n_1} = \frac{\lambda\,\varphi_1}{\alpha\Phi_o + \beta(1 - \Phi_o)}\;\sqrt{2/\pi}\,[1 + (z_1^2/2)] \; , \tag{21.52}$$

wobei z_1 aus (21.53) und $\varphi_1 = \varphi(v_1)$ aus (21.57) stammt. Die Probengröße n_1 hängt u.a. von dem Anteil Φ_o guter Liefermengen, von den bedingten Irrtumswahrscheinlichkeiten $(\alpha;\beta)$ und vom Verhältnis der Varianzen $\lambda^2 = \sigma^2/\sigma_o^2$ ab. Setzt man den Ausdruck (21.52) für $\sqrt{n}$ in (21.5o) ein, so findet man bei Vernachlässigung von $v_o\lambda(1 - z_o^2)/(2\sqrt{n})$ als erste Näherung z_1 für z_o den Ausdruck

$$z_1 = \frac{\beta(1 - \Phi_o) - \alpha\Phi_o}{\beta(1 - \Phi_o) + \alpha\Phi_o}\;\sqrt{2/\pi}\,[1 + (z_1^2/2)] \; . \tag{21.53}$$

z_1 hängt von dem Anteil Φ_o guter Liefermengen und von den bedingten Irrtumswahrscheinlichkeiten $(\alpha;\beta)$ ab, im wesentlichen jedoch nur vom Verhältnis $\alpha\Phi_o/[\beta(1-\Phi_o)]$, d.h. von der Aufteilung der gesamten Irrtumswahrscheinlichkeit $\alpha\Phi_o + \beta(1-\Phi_o)$ auf Gut- und Schlechtseite. In erster Näherung ist z_1 unabhängig von n. Hinsichtlich der Abhängigkeit von $(\alpha;\beta)$ verhalten sich z_1 und n_1 ganz unterschiedlich. Halbiert man beispielsweise $(\alpha;\beta)$ zu $(\alpha' = \alpha/2; \beta' = \beta/2)$, so bleibt z_1 ungeändert, während n_1 nach (21.52) in $n_1' = 4\,n_1$ übergeht.

Zur Berechnung von v_o aus (21.51) braucht man in erster Näherung den Ausdruck $z_1/\sqrt{n_1}$. Aus (21.53) und (21.52) folgt durch Bildung des Quotienten

$$\lambda z_1/\sqrt{n_1} = [\beta(1 - \Phi_o) - \alpha\Phi_o]/\varphi_1 = D/\varphi_1 \; , \tag{21.54}$$

wobei

$$D = \beta(1 - \Phi_o) - \alpha\Phi_o$$

die Differenz der Irrtumswahrscheinlichkeiten ist. Nun gilt in erster Näherung

$$\varphi_1 = \varphi(v_1) = \varphi[u_o + (\lambda z_1/\sqrt{n_1})] = \varphi(u_o) + \varphi'(u_o)(\lambda z_1/\sqrt{n_1}) .$$

Mit $\varphi(u_o) = \varphi_o$ und $\varphi'(u_o) = -u_o\varphi_o$ wird daraus mit Hilfe der für $|x| \ll 1$ gültigen Beziehung $1-x \approx \dfrac{1}{1+x}$

$$\varphi_1 = \varphi_o\left[1 - (u_o\lambda z_1/\sqrt{n_1})\right] \approx \varphi_o/\left[1 + (u_o\lambda z_1/\sqrt{n_1})\right] . \qquad (21.55)$$

Setzt man diesen Ausdruck in (21.54) ein, so hat man zur Bestimmung von $\lambda z_1/\sqrt{n_1}$ die Gleichung

$$\lambda z_1/\sqrt{n_1} = (D/\varphi_o)\left[1 + (u_o\lambda z_1/\sqrt{n_1})\right] ,$$

aus der man durch nochmalige Anwendung von (21.54) in erster Näherung findet

$$\lambda z_1/\sqrt{n_1} = (D/\varphi_o)\left[1 + (u_o D/\varphi_o)\right] . \qquad (21.56)$$

Damit wird schließlich

$$v_1 = u_o + (\lambda z_1/\sqrt{n_1}) = u_o + (D/\varphi_o)\left[1 + (u_o D/\varphi_o)\right] . \qquad (21.57)$$

Die erste Näherung v_1 der Trenngröße v_o ist demnach nur von u_o und D abhängig, aber nicht von λ und n. (21.57) liefert im allgemeinen einen sehr guten Ausgangswert v_1 für die Iteration.

Da $|z_o| < 1$ sein soll, vgl. (21.45) und (21.46), wird im folgenden untersucht, unter welchen Voraussetzungen (21.53) eine Lösung $|z_1| < 1$ besitzt. Dazu betrachtet man die Funktion

$$f(z) = \frac{z}{1 + (z^2/2)} . \qquad (21.58)$$

Sie steigt im Bereich $-\sqrt{2} < z < \sqrt{2}$ monoton an. Ferner ist $f(-z) = -f(z)$, $f(o) = o$ und $f(1) = 2/3$. Daraus folgt, daß die Gleichung $f(z) = c$ eine Lösung im Bereich $|z| < 1$ besitzt, wenn $|c| < f(1) = 2/3$ ist. In (21.53) muß deshalb gelten

$$\left|\frac{\beta(1 - \Phi_o) - \alpha\Phi_o}{\beta(1 - \Phi_o) + \alpha\Phi_o}\right| < \sqrt{2\pi}/3 = 0{,}836 . \qquad (21.59)$$

Die Bedingung (21.59) ist erfüllt für

$$o,o9o = 1/11,2 \; < \; \beta(1 - \Phi_0)/(\alpha\Phi_0) \; < \; 11,2$$

oder (in runden Zahlen)

$$o,1 = 1/1o \; \lesseqgtr \; \beta(1 - \Phi_0)/(\alpha\Phi_0) \; \lesseqgtr \; 1o \; . \tag{21.6o}$$

Man kann also $\alpha\Phi_0$ und $\beta(1-\Phi_0)$ nicht ganz beliebig wählen, wenn man von der Näherungslösung Gebrauch machen will.

Ergebnis

Zur Lösung der Gleichungen (21.49) und (21.5o) bestimmt man v_1 aus (21.57) und dazu $\varphi(v_1) = \varphi_1$, ferner z_1 aus (21.53) und $\sqrt{n_1}$ aus (21.52). Damit ist der Anlauf des Iterationsverfahrens abgeschlossen. Die Auflösung von (21.49) nach $\sqrt{n}$ führt zu (21.61); daraus findet man das verbesserte $\sqrt{n_2}$. Weiter setzt man $\sqrt{n_2}$, v_1, φ_1 und z_1 in (21.5o) ein und löst nach $z = z_2$ auf, wie es in (21.62) geschehen ist. Aus ($\sqrt{n_2}$; z_2) findet man schließlich v_2 aus (21.63). Damit ist der erste Iterationsschritt beendet. Die zugehörigen Formeln sind

$$\sqrt{n_2} = \frac{\lambda\varphi_1}{\alpha\Phi_0 + \beta(1 - \Phi_0)} \; \sqrt{2/\pi} \left[1 + (z_1^2/2) + \frac{\lambda^2(v_1^2-1)}{3n_1} \right] , \tag{21.61}$$

$$z_2 = \frac{\beta(1 - \Phi_0) - \alpha\Phi_0}{\lambda\varphi_1} \; \sqrt{n_2} + \frac{\lambda v_1}{2\sqrt{n_2}} (1 - z_1^2) , \tag{21.62}$$

$$v_2 = u_0 + (\lambda z_2/\sqrt{n_2}) . \tag{21.63}$$

In dieser Weise wird das Iterationsverfahren gegebenenfalls fortgesetzt, bis die Rechnung "praktisch" steht.

In der Übersicht 21.1 ist der Rechengang noch einmal dargestellt.

<table>
<tr><td colspan="3" align="center">Übersicht 21.1</td></tr>
<tr><td colspan="3">Gegeben sind $\lambda = \sigma/\sigma_o$ und der Gutanteil $\Phi_o = \Phi(u_o)$ der Fertigung mit u_o und $\varphi(u_o) = \varphi_o$; ferner die bedingten Irrtumswahrscheinlichkeiten α und β . Gesucht werden die Probengröße n und die Trenngröße $v_o = u_o + (\lambda z_o/\sqrt{n})$ des Prüfplans.</td></tr>
<tr><td align="center">Aus Gleichung</td><td colspan="2" align="center">findet man</td></tr>
<tr><td align="center">(21.57)</td><td>v_1 und $\varphi(v_1) = \varphi_1$</td><td></td></tr>
<tr><td align="center">(21.53)</td><td>z_1</td><td align="center">Anlauflösung</td></tr>
<tr><td align="center">(21.52)</td><td>$\sqrt{n_1}$</td><td></td></tr>
<tr><td align="center">(21.61)</td><td>$\sqrt{n_2}$</td><td></td></tr>
<tr><td align="center">(21.62)</td><td>z_2</td><td align="center">erster Iterationsschritt</td></tr>
<tr><td align="center">(21.63)</td><td>v_2 und $\varphi(v_2) = \varphi_2$</td><td></td></tr>
<tr><td align="center">(21.61)</td><td>$\sqrt{n_3}$</td><td></td></tr>
<tr><td align="center">(21.62)</td><td>z_3</td><td align="center">zweiter Iterationsschritt;
alle Indices (ausser o) um 1 erhöht</td></tr>
<tr><td align="center">(21.63)</td><td>v_3 und $\varphi(v_3) = \varphi_3$</td><td></td></tr>
<tr><td align="center">. . .</td><td colspan="2" align="center">. . .   usw.</td></tr>
</table>

Nachprüfung des Wertepaars $(n;b)$ bzw. $(n;v_o)$

Nach (21.14) und (21.15) ist die Randverteilung von $\bar{x}$ eine Normalverteilung mit dem Mittelwert $M(\bar{x}) = \mu_o$ und der Varianz

$$V(\bar{x}) = \sigma_o^2 \left[1 + (\lambda^2/n)\right] \; .$$

Infolgedessen ist nach (21.26) die Zufallsgröße $v = (\bar{x} - \mu_o)/\sigma_o$ normal verteilt mit

$$M(v) = o \quad \text{und} \quad V(v) = \sigma_v^2 = 1 + (\lambda^2/n) \; . \tag{21.64}$$

Der Anteil A_o der Liefermengen — deren Mittelwerte μ gemäß Voraussetzung (2), S.243 priori normal verteilt sind —, die mit "Annahme" beurteilt werden, ist mit $v_o = (b - \mu_o)/\sigma_o$

$$A_o = \int_{-\infty}^{b} \psi(\bar{x})\,d\bar{x} = \int_{-\infty}^{v_0} \psi(v)\,dv = \Psi(v_o) \; .$$

Mit (21.64) wird daraus

$$A_o = \Phi(v_o/\sigma_v) = \Phi\left[v_o/\sqrt{1 + (\lambda^2/n)}\right] . \tag{21.65}$$

Nach Abb.21.3 hat man weiter

$$A_o = (1-\alpha)\Phi_o + \beta(1 - \Phi_o) .$$

Mithin kann man die Beziehung

$$(1-\alpha)\Phi_o + \beta(1 - \Phi_o) = \Phi\left[v_o/\sqrt{1 + (\lambda^2/n)}\right] \tag{21.66}$$

zur Nachprüfung des gefundenen Wertepaars $(n;v_o)$ verwenden.

Beispiel 21.3

Ein Fertigungsvorgang erzeugt "gute" Liefermengen der Beschaffenheit $\mu \leq a$ mit der Wahrscheinlichkeit $\Phi_o = o,9$. Dann ist $u_o = 1,282$ und $\varphi(u_o) = \varphi_o = o,1754$. Weiter sei das Verhältnis der Standardabweichungen $\lambda = \sigma/\sigma_o = 1/2$. Gesucht wird der Prüfplan $(n;b)$ für die Irrtumswahrscheinlichkeiten $\alpha = 1\%$ und $\beta = 9\%$. Dann ist $\alpha\Phi_o = 9 \cdot 1o^{-3}$ und $\beta(1-\Phi_o) = 9 \cdot 1o^{-3}$, mithin $D = \beta(1-\Phi_o) - \alpha\Phi_o = o$.

Werden in einer bestimmten Zeitspanne beispielsweise $K = 1ooo$ Liefermengen erzeugt, so sind (im Mittel) $K_1 = 9oo$ gut und $K_2 = 1oo$ schlecht. Von den $9oo$ guten werden bei Anwendung des gesuchten Prüfplans (im Mittel) $k_1 = 9$ irrtümlich als "schlecht" und von den $1oo$ schlechten werden (im Mittel) $k_2 = 9$ irrtümlich als "gut" beurteilt.

Aus (21.57), (21.53) und (21.52) findet man in erster Näherung

$$v_1 = u_o \quad \text{mit} \quad \varphi(v_1) = \varphi_1 = o,1754 ; \quad z_1 = o \quad \text{und}$$

$$\sqrt{n_1} = \frac{o,1754}{2 \cdot 18 \cdot 1o^{-3}} \sqrt{\frac{2}{\pi}} = 3,887 .$$

Es wird $n_1 = 15$.

Setzt man $n_1 = 15$, $z_1 = o$ und $v_1 = 1,282$ in (21.61) ein, so gilt in zweiter Näherung

$$3,887\left(1 + \frac{1,644 - 1}{4 \cdot 3 \cdot 15}\right) = \sqrt{n_2} = 3,887(1 + 3,6 \cdot 1o^{-3}) = 3,9o1 .$$

Es wird (unverändert gegen vorher) $n_2 = n_1 = 15$. Damit "steht" die Rechnung bezüglich der Probengröße n . Man hat (ausreichend genau) $n = 15$. Weiter gibt (21.62) mit $\sqrt{n_2} = 3,9o$, $v_1 = 1,282$ und $z_1 = o$

$$z_2 = \frac{1,282}{2 \cdot 2 \cdot 3,9o} = o,o822 \ .$$

Damit hat man aus (21.63) schließlich

$$v_2 = 1,282 + \frac{o,o822}{2 \cdot 3,9o} = 1,293 \quad \text{mit} \quad \varphi(v_2) = \varphi_2 = o,1729 \ .$$

Eine nochmalige Iteration mit Hilfe von (21.61) bis (21.63) gibt

$$\sqrt{n_3} = 3,86 \ ; \ n_3 = 15 \ ; \ z_3 = o,o832 \ ; \ z_3/\sqrt{n_3} = o,o216 \ ; \ v_3 = 1,293 \ ,$$

was gegen n_2 und v_2 keine Veränderung bedeutet. — Die Trenngröße b
wird schließlich

$$b = a + \frac{z_o \sigma}{\sqrt{n}} = a + o,o22 \, \sigma \ .$$

Damit sind die Kenngrößen (n;b) des Prüfplans bekannt.

Zur Probe berechnet man nach (21.66) noch

$$(1-\alpha)\bar{\Phi}_o + \beta(1 - \bar{\Phi}_o) = o,9o = 9o\%$$

und

$$v_o/\sqrt{1 + (\lambda^2/n)} = 1,293/\sqrt{1 + (1/6o)} = 1,282 \ .$$

In der Tat ist $\bar{\Phi}(1,282) = 9o,o\%$, so daß die Probengröße n = 15 und die
Trenngröße b = a + o,o22 σ als richtig angesehen werden können.

Die Zahlentafel 21.1 enthält die mittlere Zahl richtiger und falscher
Entscheidungen für k = 1ooo zur Beurteilung vorgelegte Lose. Eine richtige Entscheidung wird mit der Wahrscheinlichkeit

$$(1-\alpha)\bar{\Phi}_o + (1-\beta)(1 - \bar{\Phi}_o) = 98,2\% \ ,$$

eine falsche Entscheidung wird mit der Wahrscheinlichkeit

$$\alpha\bar{\Phi}_o + \beta(1 - \bar{\Phi}_o) = 1,8\%$$

getroffen; vgl. auch Abb.21.3. Erscheint die Wahrscheinlichkeit von
1,8% für Fehlentscheidungen zu hoch, so wird man die Irrtumswahrscheinlichkeiten $(\alpha;\beta)$ herabsetzen, beispielsweise auf $(\alpha' = \alpha/2$;
$\beta' = \beta/2)$. Dann hat man im Zahlenbeispiel auf 1ooo vorgelegte Liefermengen anstelle von 18 nur noch 9 falsche Entscheidungen, jedoch
steigt der Prüfaufwand nach (21.52) bzw. (21.61) von $n_1 = 15$ auf
$n_1' = 6o$ an, also auf das Vierfache. Die Frage ist dann, ob die Herab-
setzung der Zahl der Fehlentscheidungen von 18 je 1ooo auf 9 je 1ooo

diesen beträchtlichen Mehraufwand im Prüfbereich rechtfertigt. Soweit das Beispiel.

Zahlentafel 21.1			
Entscheidung	Beschaffenheit		
	"gut" mit $\mu \leqq a$	"schlecht" mit $\mu > a$	
Ablehnung für $\bar{x} > b$	9	91	1oo
Annahme für $\bar{x} \leqq b$	891	9	9oo
	9oo	1oo	1ooo

a ist die Trenngröße bezüglich der Beschaffenheit
b ist die Trenngröße bezüglich der Entscheidungen

Die Trennfunktion W(u)

In Abb.21.5 werden (entsprechend zu Abb.21.3) die Wahrscheinlichkeiten $(1-\alpha)\Phi_o$ bzw. $(1-\beta)(1-\Phi_o)$ für richtige Entscheidungen und $\alpha\Phi_o$ bzw. $\beta(1-\Phi_o)$ für falsche Entscheidungen veranschaulicht. Die falsch beurteilten Anteile einer großen Zahl von Liefermengen, $\alpha\Phi_o$ auf der Gutseite $\mu \leqq a$ bzw. $u \leqq u_o$ und $\beta(1-\Phi_o)$ auf der Schlechtseite $\mu > a$ bzw. $u > u_o$, sind schraffiert dargestellt. Nach (21.28) und (21.31) ist die "Annahmefunktion" oder "Trennfunktion" W(u) in dimensionsloser Darstellung gegeben durch

$$W(u) = \varphi(u) \; \Phi[\sqrt{n}(v_o - u)/\lambda] \; . \tag{21.67}$$

Diese Funktion trennt die Anteile richtiger und falscher Entscheidungen. W(u) ist weder eine Wahrscheinlichkeitsdichte noch eine bedingte Wahrscheinlichkeit. Der Faktor $\Phi[\sqrt{n}(v_o-u)/\lambda]$, die bedingte Annahmewahrscheinlichkeit einer Liefermenge mit dem Mittelwert u , entspricht der in Abb.2o.1 dargestellten Annahmekennlinie $W_A(\Theta|\Theta_1; \Theta_2; \alpha; \beta)$ eines Prüfplans.

Aus Abb.21.5 geht das wirkliche Geschehen anschaulich hervor:

An der Stelle $u = v_o$ bzw. $\mu = b$ ist $W(v_o) = \varphi(v_o)/2$. Die Fehlentscheidungen treten häufig für u-Werte bzw. μ-Werte in der Umgebung der Trenngröße v_o bzw. b der Entscheidung auf (die in Abb.21.5 für

Beispiel 21.3 mit $v_o = 1{,}293$ nahezu mit $u_o = 1{,}282$ zusammenfällt).

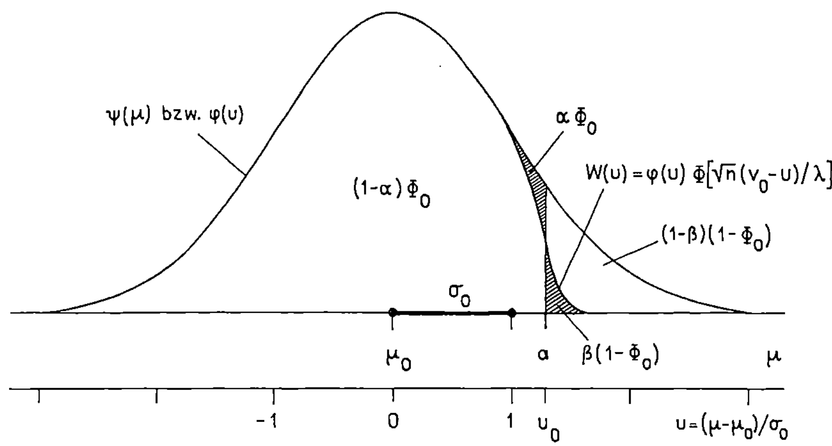

Abb.21.5 Zur Veranschaulichung der richtig bzw. falsch beurteilten
Anteile einer großen Zahl von Liefermengen (für das Beispiel 21.3);
$\psi(\mu)$ bzw. $\varphi(u)$ ist die priori-Dichte von μ bzw. $u = (\mu - \mu_o)/\sigma_o$;
$W(u) = \varphi(u)\,\Phi[\sqrt{n}(v_o-u)/\lambda]$ ist die "Annahmefunktion".

Die Fehlentscheidungen werden umso seltener, je größer der Abstand
$|u - v_o|$ bzw. $|\mu - b|$ wird. Der Anstieg dW/du der Trennfunktion $W(u)$ an
der Stelle $u = v_o$ wird

$$(dW/du)_{u=v_o} = -\frac{1}{\sqrt{2\pi}}\;\frac{\sqrt{n}}{\lambda}\;\varphi(v_o) - \frac{v_o\,\varphi(v_o)}{2}\;, \qquad (21.68)$$

was mit wachsendem n immer besser durch

$$(dW/du)_{u=v_o} \approx -\,(\sqrt{n}/\lambda)\;\varphi(v_o)/\sqrt{2\pi} \qquad (21.69)$$

angenähert werden darf. Unter sonst gleichen Verhältnissen wächst der
Betrag des Anstiegs der Trennfunktion $W(u)$ an der Stelle $u = v_o$ mit
$\sqrt{n}/\lambda$.

Mit wachsender Probengröße n verläuft die Trennfunktion $W(u)$ immer
steiler durch den "Trennpunkt" ($u = v_o$; $W = \varphi(v_o)/2$). Sie nähert sich
für $u < v_o$ rasch der priori-Dichte $\varphi(u)$, für $u > v_o$ aber dem Grenzwert $W = o$, so daß auch anschaulich klar wird, daß mit wachsendem n
immer weniger Fehlentscheidungen auftreten. Man beachte dabei, daß
nach (21.51) für $n \to \infty$ schließlich $v_o \to u_o$ bzw. $b \to a$ strebt.

Zur Wahl der Irrtumswahrscheinlichkeiten (α; β)

Im vorausgehenden wurden die bedingten Irrtumswahrscheinlichkeiten, α für die Ablehnung guter Lose der Beschaffenheit $\mu \leqq a$ und β für die Annahme schlechter Lose der Beschaffenheit $\mu > a$, vorgegeben. Hält man die Wahrscheinlichkeit für Fehlentscheidungen insgesamt fest,

$$\alpha \Phi_o + \beta(1 - \Phi_o) = \text{konst} = \gamma_o \, , \tag{21.7o}$$

und läßt offen, ob die falschen Entscheidungen auf der Gutseite für $\mu \leqq a$ oder auf der Schlechtseite für $\mu > a$ auftreten, so wird aus (21.52)

$$\sqrt{n_1} = (\lambda \varphi_1 / \gamma_o) \sqrt{2/\pi} \, [1 + (z_1^2/2)] \approx \text{konst} \, [1 + (z_1^2/2)] \, . \tag{21.71}$$

Aus (21.53) hat man in erster Näherung

$$z_1 = [\beta(1 - \Phi_o) - \alpha \Phi_o] \, [\sqrt{2/\pi} / \gamma_o] \, [1 + (z_1^2/2)] \, . \tag{21.72}$$

Ersichtlich wird $\sqrt{n_1}$ gemäß (21.7o) und damit n_1 am kleinsten, wenn man $z_1 = o$ bzw.

$$\alpha \Phi_o = \beta(1 - \Phi_o) \tag{21.73}$$

wählt. In dem Falle sind die Wahrscheinlichkeiten für Fehlentscheidungen auf der Gut- und Schlechtseite einander gleich. Die entsprechende Probengröße n_1^* wird dann gemäß (21.57) mit $v_1 = u_o$ und $\varphi_1 = \varphi_o$

$$n_1^* = \frac{2}{\pi} \left(\frac{\lambda \varphi_o}{\gamma_o} \right)^2 \, . \tag{21.74}$$

Dieser Sonderfall wurde im vorausgehenden Beispiel 21.1 von vornherein gewählt. Mit $\lambda = \sigma / \sigma_o = 1/2$, $\varphi_o = o,1754$ und $\alpha \Phi_o + \beta(1-\Phi_o) = \gamma_o = 1,8\%$ findet man aus (21.74) leicht $n_1^* = 15$, wie es in Beispiel 21.1 der Fall war.

Ist der Schaden bei Ablehnung einer guten Liefermenge "gering" (wenn man beispielsweise das abgelehnte Los mit geringem Preisnachlaß verkaufen kann), während der Schaden bei Annahme einer schlechten Liefermenge "beträchtlich" ist, so wird man $\alpha \Phi_o$ "groß" und $\beta(1-\Phi_o)$ "klein" wählen.

Ist bei festem $\gamma_o = \text{konst}$ beispielsweise $\alpha \Phi_o = K \, \beta(1-\Phi_o)$ mit $K > 1$, so wird

$$\alpha \Phi_o = \gamma_o \, K/(K+1) \quad \text{und} \quad \beta(1 - \Phi_o) = \gamma_o/(K+1) \, . \tag{21.75}$$

Aus (21.57), (21.53) und (21.52) folgt dann der Reihe nach in Abhängigkeit von K

$$v_1 = u_o - \frac{K-1}{K+1} \frac{\gamma_o}{\varphi_o} \left[1 - u_o \frac{K-1}{K+1} \frac{\gamma_o}{\varphi_o}\right] \quad \text{und} \quad \varphi_1 = \varphi(v_1) \, , \qquad (21.76)$$

$$z_1 = - \frac{K-1}{K+1} \sqrt{2/\pi} \left[1 + (z_1^2/2)\right] \, , \qquad (21.77)$$

$$\sqrt{n_1} = \frac{\lambda \varphi_1}{\gamma_o} \sqrt{2/\pi} \left[1 + (z_1^2/2)\right] = \frac{\lambda \varphi_1}{\gamma_o} \frac{K+1}{K-1} |z_1| \, . \qquad (21.78)$$

Wählt man dagegen aus sachlichen Gründen $\alpha \Phi_o$ "klein" und $\beta(1-\Phi_o)$ "groß", setzt man also $\alpha \Phi_o = K'\beta(1-\Phi_o)$ mit $K' < 1$, so hat man in (21.76) bis (21.78) K durch $K' = 1/K$ mit $K > 1$ zu ersetzen. Dann ist

$$\alpha \Phi_o = \gamma_o/(K+1) \quad \text{und} \quad \beta(1-\Phi_o) = \gamma_o K/(K+1) \, ; \qquad (21.75)'$$

weiter gilt

$$v_1' = u_o + \frac{K-1}{K+1} \frac{\gamma_o}{\varphi_o} \left[1 + u_o \frac{K-1}{K+1} \frac{\gamma_o}{\varphi_o}\right] \quad \text{und} \quad \varphi_1' = \varphi(v_1') \, , \qquad (21.76)'$$

$$z_1' = -z_1 \, , \qquad (21.77)'$$

$$\sqrt{n_1'} = \frac{\lambda \varphi_1'}{\gamma_o} \sqrt{2/\pi} \left[1 + (z_1^2/2)\right] = (\varphi_1'/\varphi_1) \sqrt{n_1} \leq \sqrt{n_1} \quad \text{für} \quad u_o > o \, . \qquad (21.78)'$$

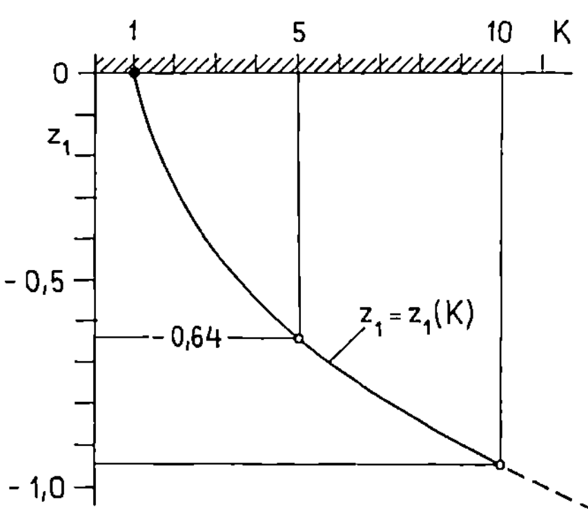

Abb.21.6 z_1 in Abhängigkeit von $K = \alpha \Phi_o / \left[\beta(1-\Phi_o)\right]$ nach (21.77).

In Abb.21.6 ist z_1 in Abhängigkeit von K gemäß (21.77) dargestellt.

Die Lösung z_1 zu gegebenem K läßt sich mit Hilfe dieser Abbildung leicht bestimmen. Zu K = 5 gehört beispielsweise z_1 = -o,64 .

Beispiel 21.4

Es werden die gleichen Zahlenwerte gewählt wie in Beispiel 21.3 ,

$$\lambda = \sigma/\sigma_0 = 1/2 , \quad \Phi_0 = 0{,}9 \text{ mit } u_0 = 1{,}282 \text{ und } \varphi_0 = 0{,}1754 .$$

Weiter sei die Irrtumswahrscheinlichkeit für falsche Entscheidungen γ_0 = 1,8% , die jetzt im Verhältnis

$$\alpha\Phi_0/[\beta(1 - \Phi_0)] = K = 5$$

auf die Gut- und Schlechtseite verteilt wird.

Dann ist nach (21.75)

$$\alpha\Phi_0 = 15\text{‰} \quad \text{und} \quad \beta(1 - \Phi_0) = 3\text{‰} .$$

Aus (21.76) bis (21.78) bzw. (21.76), Abb.21.6 und (21.78) folgt zahlenmäßig

$$v_1 = 1{,}22o ; \quad \varphi_1 = 0{,}1895 ; \quad z_1 = -0{,}64 ; \quad \sqrt{n_1} = 5{,}053 ; \quad n_1 \approx 26 .$$

Einmalige Iteration mit Hilfe von (21.61) bis (21.63) gibt

$$\sqrt{n_2} = 5{,}o7 , \quad n_2 \approx 26 ; \quad z_2 = -0{,}6o7 ; \quad v_2 = 1{,}222 .$$

Während die Rechnung für die Probengröße n und die Trenngröße v_0 "steht", findet man zwischen z_1 und z_2 noch eine geringe Abweichung, die dadurch zustande kommt, daß man in der Anlauflösung in (21.53) zunächst das Glied $[v_0\lambda/(2\sqrt{n})](1-z_0^2)$ aus (21.5o) vernachlässigt hat. Trotz dieses Unterschiedes hat es wenig Wert, die Rechnung weiter zu führen. — Die Trenngröße b wird schließlich nach (21.35)

$$b = a + (z_0\sigma/\sqrt{n}) = a - 0{,}12\sigma .$$

Liefermengen mit dem Mittelwert μ = a sind "gerade noch" annehmbar. Ihre bedingte Annahmewahrscheinlichkeit wird nach (21.2o)

$$W(\bar{x} \leqq b \mid a) = \Phi[\sqrt{n}(b-a)/\sigma] = \Phi(z_0) = \Phi(-0{,}61) \approx 27\% .$$

Man erkennt, daß auch im Falle ungleicher Irrtumswahrscheinlichkeiten $\alpha\Phi_0 \neq \beta(1-\Phi_0)$ das Iterationsverfahren rasch steht. Praktisch reicht die Genauigkeit der ersten Näherung $(n_1;z_1)$ vollständig aus. Der erste Iterationsschritt dient weniger der Verbesserung der Genauigkeit sondern vielmehr der Nachprüfung bzw. Bestätigung der Ergebnisse.

Die Beziehung (21.66) kann auch hier zur Nachprüfung des gefundenen
Wertepaars $(n;v_o)$ verwendet werden. Mit $\alpha = \dfrac{0,015}{\Phi_o} = 0,017$ und

$\beta = \dfrac{0,003}{1 - \Phi_o} = 0,03$ ist $(1-\alpha)\Phi_o + \beta(1-\Phi_o) = 0,888$ zu vergleichen mit

$$\Phi\left(\frac{v_o}{\sqrt{1 + \lambda^2/n}}\right) = \Phi\left(\frac{1,222}{\sqrt{1 + \frac{1}{4 \cdot 26}}}\right) = \Phi(1,216) = 0,888 \;.$$

Demnach können die gefundenen Werte für Probenumfang n und Trenngrös-
se v_o als richtig angesehen werden.

22. Pläne für messende Prüfung bei Berücksichtigung von Vorinformationen und Kosten

Im folgenden werden die Prüfpläne des Abschnitts 21 noch einmal betrachtet, wobei zusätzlich die mit Fehlentscheidungen verbundenen Verluste des Herstellers berücksichtigt werden. Die priori-Kenntnisse über die Mittelwerte μ werden unverändert aus Abschnitt 21 übernommen: μ genügt einer Normalverteilung mit dem Mittelwert μ_O und der Varianz σ_O^2. Die Merkmalwerte x sind bei gegebenem μ normal verteilt mit dem bedingten Mittelwert $M(x|\mu) = \mu$ und der von μ unabhängigen Varianz $V(x|\mu) = \sigma^2$. Liefermengen mit $\mu \le a$ gelten als "besonders gut" (und werden beispielsweise als "erste Wahl" verkauft). Ihr Anteil an der Fertigung ist Φ_O. Liefermengen mit $\mu > a$ gelten als "weniger gut" (und werden beispielsweise als "zweite Wahl" verkauft). Der Hersteller will jede Liefermenge entweder in Klasse 1 (erste Wahl) mit $\mu \le a$ oder in Klasse 2 (zweite Wahl) mit $\mu > a$ einordnen. Wird eine Liefermenge mit $\mu' \le a$ aus Klasse 1 irrtümlich in Klasse 2 eingeordnet, so ist der Verlust des Herstellers gleich A . Im einfachsten Falle ist A der Preisunterschied zwischen einer Liefermenge der Klasse 1 und einer Liefermenge der Klasse 2 . Der Verlust A tritt nach Abb.22.1 mit der Wahrscheinlichkeit $\alpha\Phi_O = \alpha'$ auf. Wird eine Liefermenge mit $\mu' > a$ aus Klasse 2 irrtümlich in Klasse 1 eingeordnet, so ist der Verlust des Herstellers gleich B . Der Verlust B kann z.B. entstehen durch "Reklamationskosten", durch einen im Liefervertrag mit dem Käufer vereinbarten "Abschlag" B , wenn die Lieferung nicht Klasse 1 ist. Dabei kann der Verlust B durchaus den Betrag A übersteigen, etwa durch den Verlust von Kunden, die Klasse 1 bestellt aber Klasse 2 erhalten haben u.a. Der Verlust B tritt nach Abb.22.1 mit der Wahrscheinlichkeit $\beta(1-\Phi_O) = \beta'$ auf. Der Erwartungswert R_I des Verlustes, der mit Fehlentscheidungen verbunden ist, wird demnach

$$R_I = A\alpha' + B\beta' \; ; \quad [\text{DM/Liefermenge}] . \tag{22.1}$$

Jede Liefermenge wird vom Hersteller mit einer Probe der Größe n beurteilt und

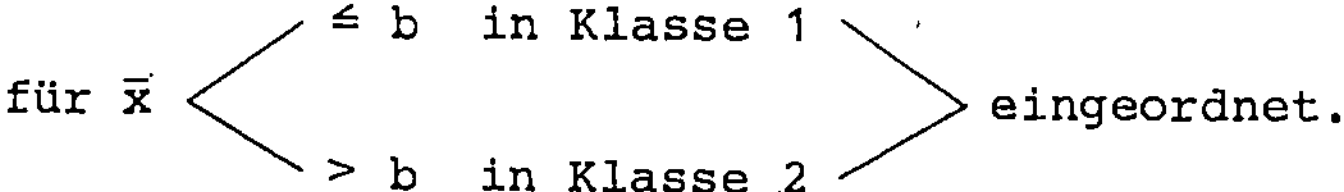

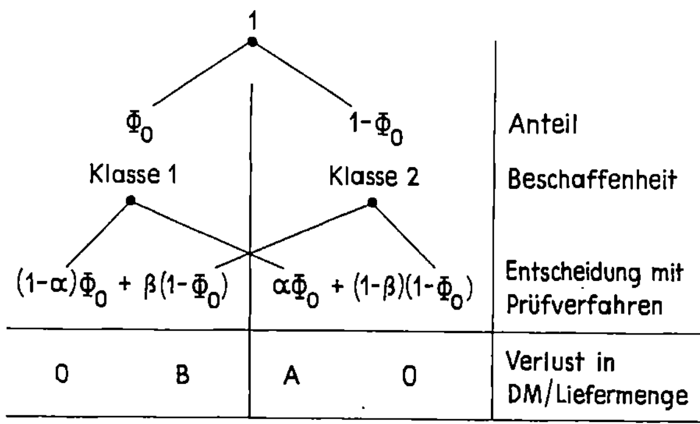

Abb.22.1 Zur Erläuterung des Zusammenhanges zwischen Beschaffenheit
einer Liefermenge, Entscheidung und Verlust A bzw. B .

Dabei ist b die im Abschnitt 21 erklärte (zunächst unbekannte) "Trenngröße" für die Entscheidungen. Der mit dem Prüfaufwand n verknüpfte
Verlust R_{II} ist in guter Näherung proportional zu n ,

$$R_{II} = c\,n \quad , \quad [\text{DM/Liefermenge}] \, , \tag{22.2}$$

wobei die bei der Prüfung eines Stückes anfallenden Kosten c [DM/Stück]
betragen. Der Erwartungswert R des Gesamtverlusts wird damit

$$R = R_I + R_{II} = A\,\alpha' + B\,\beta' + c\,n \; . \tag{22.3}$$

Der Kostenanteil $R_{II} = c\,n$ dient der Bereitstellung von Information
über die Beschaffenheit der Liefermenge. Mit dieser Information will
man Fehlentscheidungen (falsche Einstufung der Liefermengen) möglichst vermeiden. Wählt man n "groß", so sind die Informationskosten
$R_{II} = c\,n$ hoch, dagegen wird man nur selten falsch entscheiden, so
daß der Kostenanteil R_I "klein" ausfällt. Wählt man umgekehrt n "klein",
so sind die Informationskosten $R_{II} = c\,n$ gering, jedoch wird man oft
falsch entscheiden, so daß der Kostenanteil R_I "groß" ausfällt. Anschaulich ist zu vermuten, daß es eine kostengünstigste (wirtschaftlichste) Probengröße $n = n_*$ gibt, welche die Gesamtkosten R minimiert.

Der Prüfplan wird durch die Probengröße n und die Trenngröße b bzw.
z_0 — vgl. (21.51) — gekennzeichnet. Er soll so bestimmt werden, daß
die Verlustfunktion R möglichst klein wird,

$$R = A\,\alpha' + B\,\beta' + c\,n \overset{!}{=} \text{Min}. \qquad (22.4)$$

Dabei sind nach (21.49) bzw. (21.5o) die folgenden Nebenbedingungen zwischen $(\alpha'; \beta'; n; z_o)$ einzuhalten:

$$\frac{\beta' + \alpha'}{\lambda \varphi(v_o)} \sqrt{n} = \sqrt{2/\pi} \left[1 + \frac{z_o^2}{2} + \frac{(v_o^2 - 1)\lambda^2}{3n} \right] \qquad (22.5)$$

bzw.

$$\frac{\beta' - \alpha'}{\lambda \varphi(v_o)} \sqrt{n} = z_o - \frac{v_o \lambda}{2\sqrt{n}} (1 - z_o^2) . \qquad (22.6)$$

Nach (21.51) ist außerdem

$$v_o = u_o + \frac{\lambda z_o}{\sqrt{n}} \quad \text{bzw.} \quad \varphi(v_o) \approx \varphi(u_o)\left(1 - \frac{\lambda u_o z_o}{\sqrt{n}}\right) . \qquad (22.7)$$

Asymptotische Lösung für "große" n

Beschränkt man sich zunächst auf den Sonderfall der Lösung für "große" n , so darf man die Nebenbedingungen (22.5) und (22.6) mit $\varphi(u_o) = \varphi_o$ ersetzen durch

$$\frac{\beta' + \alpha'}{\lambda \varphi_o} \sqrt{n} = \sqrt{2/\pi} \left[1 + (z_o^2/2) \right] \qquad (22.8)$$

und

$$\frac{\beta' - \alpha'}{\lambda \varphi_o} \sqrt{n} = z_o . \qquad (22.9)$$

Daraus folgt für die Irrtumswahrscheinlichkeiten $(\alpha'; \beta')$

$$\frac{2\beta'}{\lambda \varphi_o} \sqrt{n} = \sqrt{2/\pi} \left[1 + \sqrt{\pi/2}\, z_o + (z_o^2/2) \right] \qquad (22.1o)$$

und

$$\frac{2\alpha'}{\lambda \varphi_o} \sqrt{n} = \sqrt{2/\pi} \left[1 - \sqrt{\pi/2}\, z_o + (z_o^2/2) \right] . \qquad (22.11)$$

Setzt man diese Ausdrücke für $(\alpha'; \beta')$ in die Verlustfunktion R von (22.4) ein, so wird R eine Funktion von n und z_o . Es gilt

$$\frac{2R}{\lambda \varphi_o} = \frac{(A+B)\,\sqrt{2/\pi}\left[1 + (z_o^2/2)\right] + (B-A)z_o}{\sqrt{n}} + 2c'n$$

mit

$$c' = c/\lambda \varphi_o .$$

Zweckmäßig führt man hier die von den Ausgangsparametern $(\lambda; \varphi_o)$

und den Kostenparametern $(A;B;c)$ abhängigen Hilfsgrößen

$$\frac{\lambda\,\varphi_o}{\sqrt{2\pi}}\;\frac{A+B}{c} = \delta \quad \text{und} \quad \sqrt{\pi/2}\;\frac{A-B}{A+B} = \varepsilon \tag{22.12}$$

ein. Dann wird für die zu minimierende Verlustfunktion

$$R/c = \frac{1}{\sqrt{n}}\,\delta\left[1 - \varepsilon z_o + (z_o^2/2)\right] + n \overset{!}{=} \text{Min} . \tag{22.13}$$

Aus den notwendigen Bedingungen für ein Minimum,

$$\partial R/\partial n = o \quad \text{und} \quad \partial R/\partial z_o = o ,$$

findet man <u>die Probengröße</u> $n = n_*$ und <u>die Trenngröße</u> $z_o = z_*$ <u>des kostengünstigsten Prüfplans</u> in der Gestalt

$$n_*^{3/2} = (\delta/2)\left[1 - (\varepsilon^2/2)\right] \quad \text{und} \quad z_* = \varepsilon . \tag{22.14}$$

Weiter folgt aus (21.51) die Trenngröße b zu

$$b = a + \frac{z_*\,\sigma}{\sqrt{n_*}} . \tag{22.15}$$

<u>Die Trenngröße</u> z_* hängt nur von ε bzw. vom Verhältnis $A/B = \gamma$ der Ko-
stenparameter A und B ab. Für $A = B$ ist mit $\varepsilon = o$ auch $z_* = o$ und damit $b = a$. Aus (22.9) folgt weiter $\alpha_*' = \beta_*'$. Die Wahrscheinlichkeiten
für Fehlentscheidungen sind in diesem Sonderfall einander gleich. Man
macht also auf der Gutseite $\mu \leq a$ und auf der Schlechtseite $\mu > a$ im
Mittel gleich viele falsche Entscheidungen. Für $A \gtreqless B$ ist $z_* \gtreqless o$ bzw.
$b \gtreqless a$ und $\beta_*' \gtreqless \alpha_*'$. Normalerweise ist $A < B$, also $z_* < o$ und $\beta_*' < \alpha_*'$.
Man macht dann auf der Gutseite $\mu \leq a$ (wo man den geringeren Verlust A
je Liefermenge hat) mehr Fehlentscheidungen als auf der Schlechtseite
$\mu > a$ (wo man den höheren Verlust B je Liefermenge hat).

Damit die Näherungslösung aus Abschnitt 21 verwendbar ist, muß $|z_o| \leq 1$
oder $z_o^2 \leq 1$ oder $\varepsilon^2 \leq 1$ sein. Nach (22.12) muß dann das Kostenverhältnis $A/B = \gamma$ der Bedingung

$$\left[(\gamma - 1)/(\gamma + 1)\right]^2 \leq 2/\pi \tag{22.16}$$

genügen. Für γ folgt daraus die Ungleichung

$$\frac{\sqrt{\pi} - \sqrt{2}}{\sqrt{\pi} + \sqrt{2}} \leq \gamma \leq \frac{\sqrt{\pi} + \sqrt{2}}{\sqrt{\pi} - \sqrt{2}} = 8,895 .$$

Wenn das Verhältnis $A/B = \gamma$ dem Bereich

$$1/8 \lessapprox \gamma \lessapprox 8 \tag{22.17}$$

angehört, darf man die Näherungslösung aus Abschnitt 21 verwenden. Jedoch bedeutet die Ungleichung (22.17) für $\gamma = A/B$ keine wesentliche Einschränkung bei der praktischen Verwendung der Lösung. — Mit $\epsilon^2 \leqq 1$ ist der Klammerausdruck $[1 - (\epsilon^2/2)]$ in der Bestimmungsgleichung (22.14) für n_* stets größer als $1/2$.

Die kostengünstigste Probengröße n_* hängt nach (22.14) in Verbindung mit (22.12) in übersichtlicher Weise ab

(1)   ganz wesentlich vom Verhältnis $(A+B)/c$ der Kostenparameter $(A;B)$ für Fehlentscheidungen zu den Prüfkosten c ;

(2)   in geringerem Ausmaß vom Verhältnis $A/B = \gamma$ der Kostenparameter A und B ;

(3)   vom Varianzverhältnis $\lambda^2 = \sigma^2/\sigma_o^2$;

(4)   vom Anteil $\Phi_o = \Phi(u_o)$ an Liefermengen mit $\mu \leqq a$ bzw. von der dimensionslosen Trenngröße $u_o = (a - \mu_o)/\sigma_o$ der "Beschaffenheit" aus (21.25).

Die unter (1) genannte Abhängigkeit ist mit Hilfe der Losgröße N deutbar. Da $(A;B)$ die Verluste für falsche Entscheidungen in DM <u>je Liefermenge</u>, c dagegen die Prüfkosten in DM <u>je Stück</u> angeben, so darf man sowohl A als auch B (jedoch nicht c) proportional zur Größe N der Liefermenge setzen,

$$A = N\,a_o \quad \text{und} \quad B = N\,b_o \; . \tag{22.18}$$

Damit wird aus (21.14) in Verbindung mit (21.12)

$$n_*^{3/2} = \frac{\lambda \varphi_o}{\sqrt{2\pi}} \; \frac{a_o + b_o}{2c} \, [1 - (\epsilon^2/2)]\, N \; . \tag{22.19}$$

Die Probengröße n_* wächst demnach proportional zu $N^{2/3}$.

Hat man zu gegebenen Werten der Kostenparameter $(A;B;c)$, des Varianzverhältnisses $\lambda^2 = \sigma^2/\sigma_o^2$ und der Trenngröße u_o das kostengünstigste n_* bestimmt, dann ist zunächst nachzuprüfen, ob n_* "genügend groß" ist, so daß man in (22.5) den Ausdruck

$$(v_o^2-1)\lambda^2/(3n) \approx (u_o^2-1)\lambda^2/(3n) \quad \text{gegen} \quad 1 + (z_o^2/2)$$

und in (22.6) den Ausdruck

$$v_o \lambda (1 - z_o^2)/(2\sqrt{n}) \approx u_o \lambda (1 - z_o^2)/(2\sqrt{n}) \quad \text{gegen} \quad z_o$$

vernachlässigen darf. Ist das nicht der Fall, so muß man auf die später hergeleitete verbesserte Lösung zurückgreifen.

Im folgenden wird untersucht, wie der Gesamtverlust $R(n;z_o)$ von den Kenngrößen $(n;z_o)$ des Prüfplans abhängt. Dazu legt man in der $(n;z_o)$-Ebene den Schnitt $z_o = z_*$ parallel zur n-Achse bzw. den Schnitt $n = n_*$ parallel zur z_o-Achse und betrachtet das Verhalten der Funktion $R(n;z_o)$ längs dieser beiden Schnittgeraden.

<u>Der Schnitt $z_o = z_*$</u>

Der Verlustanteil $R_I = A\,\alpha' + B\,\beta'$ infolge von Fehlentscheidungen wird nach (22.13)

$$R_I(n;z_o) = \frac{bc}{\sqrt{n}} \left[1 - \varepsilon z_o + (z_o^2/2)\right].   \tag{22.2o}$$

Insbesondere gilt für $z_o = z_* = \varepsilon$

$$R_I(n;z_*) = \frac{bc}{\sqrt{n}} \left[1 - (\varepsilon^2/2)\right].   \tag{22.21}$$

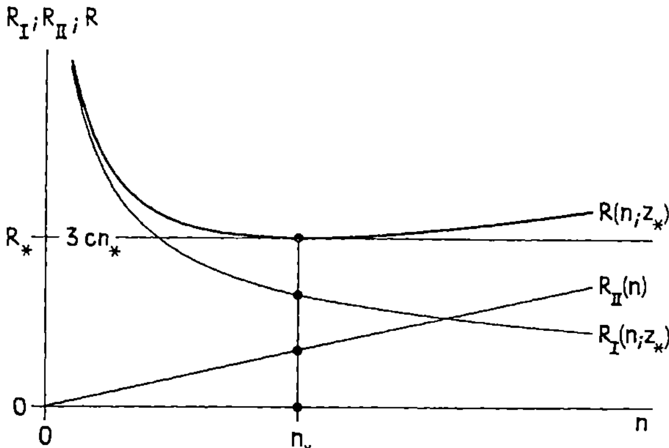

Abb.22.2 Der Verlauf der Verlustanteile R_I und R_{II} und des Gesamtverlustes R für $z = z_*$ in Abhängigkeit von der Probengröße n des Prüfplans .

Der Verlustanteil R_I sinkt mit $1/\sqrt{n}$; der Verlustanteil $R_{II} = cn$ wächst mit n . In Abb.22.2 ist der Verlauf der Anteile $R_I(n;z_*)$, $R_{II}(n)$ und des Gesamtverlusts $R(n;z_*)$ in Abhängigkeit von n dargestellt. Die Abbildung zeigt anschaulich die Entstehung des Kostenminimus R_* an der

Stelle $n = n_*$. Zur Berechnung von R_* setzt man in (22.21) zunächst $n = n^*$, und unter Verwendung von (22.14) entsteht dann

$$R_I(n_*;z_*) = R_I^* = 2\,cn_* \qquad (22.22)$$

und damit

$$R_* = R_I^* + R_{II}^* = 3\,cn_* \; . \qquad (22.23)$$

Der Gesamtverlust R_* wird im Verhältnis

$$R_I^* : R_{II}^* = 2 : 1$$

auf die Anteile R_I^* für Fehlentscheidungen und R_{II}^* für die Bereitstellung der Information über die Beschaffenheit der Liefermenge aufgeteilt.

Der Schnitt $n = n_*$

Setzt man in (22.2o) $n = n_*$, so wird

$$R_I(n_*;z_0) = \frac{\delta c}{\sqrt{n_*}}\left[1 - \varepsilon z_0 + (z_0^2/2)\right] = \frac{\delta c\, n_*}{n_*^{3/2}}\left[1 - \varepsilon z_0 + (z_0^2/2)\right] .$$

Mit (22.14) wird daraus

$$R_I(n_*;z_0) = 2\,cn_*\left[1 + \frac{(z_0-\varepsilon)^2}{2-\varepsilon^2}\right] . \qquad (22.24)$$

Weiter ist $R_{II}(n_*) = c\,n_*$ und

$$R(n_*;z_0) = 3\,cn_*\left[1 + \frac{2}{3(2-\varepsilon^2)}(z_0-\varepsilon)^2\right] . \qquad (22.25)$$

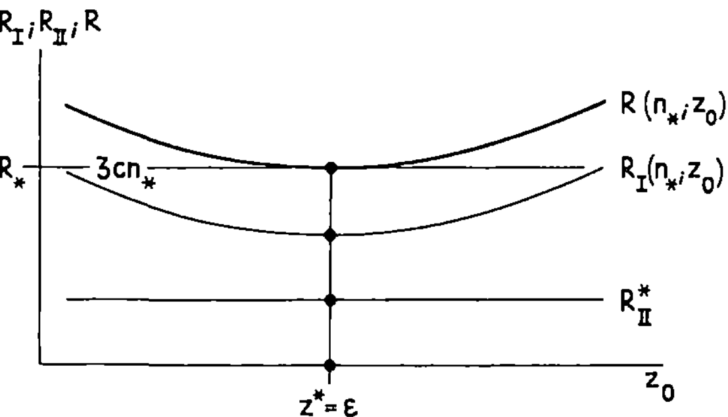

Abb.22.3 Der Verlauf der Verlustanteile R_I und R_{II} und des Gesamtverlusts R für $n = n_*$ in Abhängigkeit von der Trenngröße z_0 des Prüfplans.

In Abb.22.3 ist der Verlauf der Anteile $R_I(n_*;z_o)$, $R_{II}(n_*)$ und des Gesamtverlusts $R(n_*;z_o)$ in Abhängigkeit von z_o dargestellt. Die Abbildung zeigt anschaulich die Entstehung des Kostenminimums $R_* = 3\,cn_*^*$ an der Stelle $z_o = z_* = \varepsilon$.

Wirksamkeit

Verwendet man anstelle des wirtschaftlichsten Plans mit der Probengröße n_* und der Trenngröße z_* einen anderen mit $(n;z_o)$, so sind die Kosten $R(n;z_o)$ größer als $R_* = 3\,cn_*$. Man erklärt die Wirksamkeit η des Plans $(n;z_o)$ im Vergleich zum kostengünstigsten Plan $(n_*;z_*)$ durch das Verlustverhältnis

$$\eta = \eta(n;z_o) = \frac{R_*}{R(n;z_o)} = \frac{R_*}{R_I(n;z_o) + c\,n} \quad \text{mit } \eta \leqq 1 . \quad (22.26)$$

Setzt man $R_I(n;z_o)$ aus (22.2o) ein, und kürzt durch $c\,n_*$, so findet man mit (22.14)

$$\eta(n;z_o) = \frac{3}{2\sqrt{n_*/n}\left[1 + \dfrac{(z_o-\varepsilon)^2}{(2-\varepsilon^2)}\right] + (n/n_*)} . \quad (22.27)$$

Für $z_o = z_* = \varepsilon$ wird die Wirksamkeit in Abhängigkeit von n

$$\eta(n;z_*) = \eta_1(n) = \frac{3}{2\sqrt{n_*/n} + (n/n_*)} . \quad (22.28)$$

Für $n = n_*$ wird die Wirksamkeit in Abhängigkeit von z_o

$$\eta(n_*;z_o) = \eta_2(z_o) = \frac{3}{3 + [2/(2-\varepsilon^2)](z_o-\varepsilon)^2} , \quad (22.29)$$

was man für mäßig große ε , etwa $|\varepsilon| \lessgtr 1/2$, durch

$$\eta_2 \approx \frac{3}{3 + (z_o-\varepsilon)^2}$$

ersetzen darf.

In Abb.22.4 ist der Verlauf von

$$\eta_1 = \frac{3\sqrt{\xi}}{2 + \xi\sqrt{\xi}} = \eta_1(\xi) \quad (22.3o)$$

in Abhängigkeit von $\xi = n/n_*$ dargestellt. Weicht die Probengröße n um weniger als $\pm\,3o\%$ vom günstigsten Wert n_* ab, so wird die Wirksamkeit

n_1 um weniger als 3% vermindert.

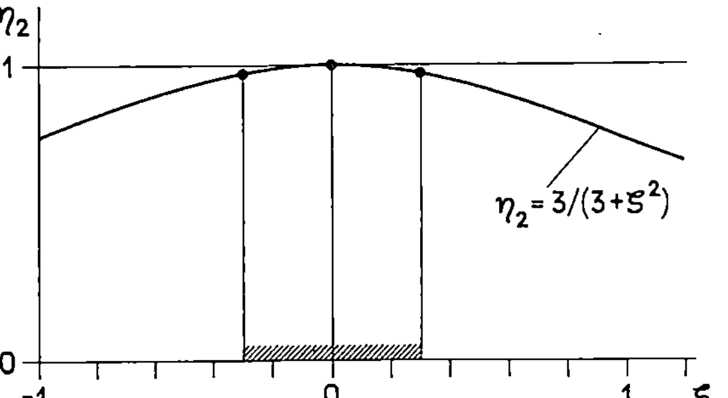

Abb.22.4 Die Wirksamkeit $n_1(\xi)$ für $z_0 = z_* = \varepsilon$ in Abhängigkeit von $\xi = n/n_*$.

In Abb.22.5 ist der Verlauf von

$$n_2 = \frac{3}{3 + \varsigma^2} = n_2(\varsigma) \qquad\qquad (22.31)$$

in Abhängigkeit von $\varsigma = \sqrt{2/(2-\varepsilon^2)}\,(z_0-\varepsilon)$ dargestellt. Weicht ς um weniger als $|\varsigma| = 0{,}3$ vom günstigsten Wert $\varsigma = 0$ ab, so wird die Wirksamkeit n_2 um weniger als 3% vermindert.

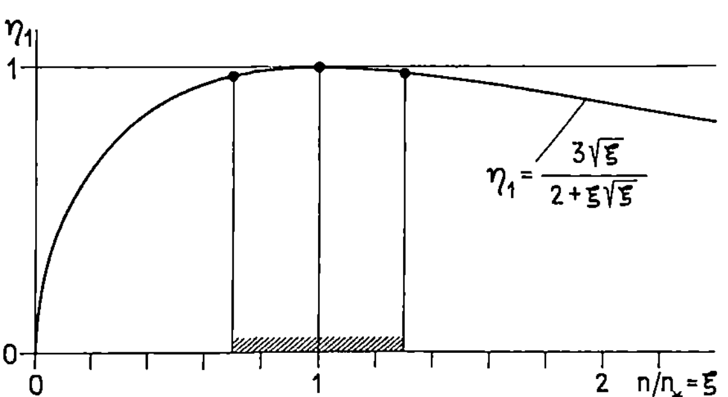

Abb.22.5 Die Wirksamkeit $n_2(\varsigma)$ für $n = n_*$ in Abhängigkeit von $\varsigma = \sqrt{2/(2-\varepsilon^2)}\,(z_0-\varepsilon)$.

Man braucht demnach das günstigste Wertepaar $(n_*;z_*)$ nur mit mäßiger Genauigkeit einzuhalten. Das ist eine wichtige Erkenntnis für die praktische Verwendung solcher Prüfpläne. Aus der gleichen Überlegung heraus wirken sich kleine Erfassungsungenauigkeiten bei der Bestimmung der wirtschaftlichen Parameter A, B und c nur wenig auf die Ergebnisse der Kosten-Minimierung aus.

<u>Verbesserung der asymptotischen Lösung</u>

Die nur für "genügend große" n geltende Lösung (22.14) für das Wertepaar $(n_x; z_x)$ läßt sich in folgender Weise auf mäßig große n erweitern:
Man löst (22.5) und (22.6) nach ß' und α' auf und behält die früher
vernachlässigten Glieder bei. Dann findet man mit (22.7)

$$\frac{\sqrt{2\pi}}{\lambda\varphi_o}\, \beta'\,\sqrt{n} = \left[1 + \sqrt{\pi/2}\,z_o + (z_o^2/2) - \sqrt{\pi/2}\,\frac{v_o\lambda}{2\sqrt{n}}(1 - z_o^2) + \right.$$

$$\left. + \frac{(v_o^2-1)\lambda^2}{3\,n}\right]\left[1 - \frac{\lambda u_o z_o}{\sqrt{n}}\right] \qquad (22.32)$$

und

$$\frac{\sqrt{2\pi}}{\lambda\varphi_o}\, \alpha'\,\sqrt{n} = \left[1 - \sqrt{\pi/2}\,z_o + (z_o^2/2) + \sqrt{\pi/2}\,\frac{v_o\lambda}{2\sqrt{n}}(1 - z_o^2) + \right.$$

$$\left. + \frac{(v_o^2-1)\lambda^2}{3\,n}\right]\left[1 - \frac{\lambda u_o z_o}{\sqrt{n}}\right] . \qquad (22.33)$$

Man setzt $(\alpha'; \beta')$ in die Verlustfunktion (22.3) ein, ordnet nach Potenzen von n und vernachlässigt alle Glieder der Größenordnung $1/(n\sqrt{n})$
(und kleinere). Dann wird mit den in (22.12) eingeführten Parametern
$(\delta; \epsilon)$

$$R/c = n + \frac{\delta}{\sqrt{n}}\left[1 - \epsilon z_o + (z_o^2/2)\right] + \frac{\lambda u_o \delta}{2\,n}\left[\epsilon(1+z_o^2) - z_o(2+z_o^2)\right] . \qquad (22.34)$$

Aus $\partial R/\partial n = o$ und $\partial R/\partial z_o = o$ findet man zur Berechnung von n und z_o
die Gleichungen

$$n^{3/2} = (\delta/2)\left[1 - \epsilon z_o + (z_o^2/2)\right] + \frac{\lambda u_o \delta}{2\sqrt{n}}\left[\epsilon(1+z_o^2) - z_o(2+z_o^2)\right] \qquad (22.35)$$

und

$$z_o = \epsilon - \frac{\lambda u_o}{2\sqrt{n}}(2\,\epsilon z_o - 2 - 3\,z_o^2) . \qquad (22.36)$$

Bei Vernachlässigung der Terme mit $\dfrac{1}{\sqrt{n}}$ erhält man aus (22.35) und
(22.36)

$$z_o = z_1 = \epsilon \quad \text{und} \quad n^{3/2} = n_1^{3/2} = (\delta/2)\left[1 - (\epsilon^2/2)\right] , \qquad (22.37)$$

also die bereits in (22.14) gefundene erste Näherungslösung. Setzt man auf der rechten Seite von (22.36) für z_o bzw. n die erste Näherung $z_1 = \varepsilon$ bzw. n_1 aus (22.37) ein, so findet man für z_o in zweiter Näherung

$$z_2 = \varepsilon + \frac{\lambda u_o}{2 \sqrt{n_1}} (2 + \varepsilon^2) . \tag{22.38}$$

Mit diesem Ausdruck geht man in (22.35) ein. Dann wird in zweiter Näherung für n

$$n_2^{3/2} = (\delta/2) \left[1 - (\varepsilon^2/2)\right] - \frac{\lambda u_o \delta \varepsilon}{2 \sqrt{n_1}} \tag{22.39}$$

oder mit (22.37)

$$(n_2/n_1)^{3/2} = 1 - \frac{2 \lambda u_o}{\sqrt{n_1}} \frac{\varepsilon}{2 - \varepsilon^2} . \tag{22.4o}$$

Normalerweise ist B > A . In diesem Fall ist nach (22.12) $\varepsilon < o$ und

$$\left(\frac{n_2}{n_1}\right)^{3/2} = 1 + \frac{2 \lambda u_o}{\sqrt{n_1}} \frac{|\varepsilon|}{2 - \varepsilon^2} > 1 ,$$

mithin $n_2 > n_1$. Bleibt dabei

$$\frac{2 \lambda u_o}{\sqrt{n_1}} \frac{|\varepsilon|}{2 - \varepsilon^2} \leqq \frac{1}{2} \quad \text{oder} \quad \sqrt{n_1} \geqq \frac{4 \lambda u_o |\varepsilon|}{2 - \varepsilon^2} , \tag{22.41}$$

so hat die Verbesserung von n_1 zu n_2 nur geringen Einfluß auf die Minimierung. Es ist nämlich dann

$$1 < \left(\frac{n_2}{n_1}\right)^{3/2} \leqq 1 + \frac{1}{2} = 3/2$$

oder

$$1 < \frac{n_2}{n_1} \leqq (3/2)^{2/3} = 1,31 .$$

Die letzte Ungleichung ist gleichwertig mit

$$o,76 \leqq n_1/n_2 < 1 . \tag{22.42}$$

Nach Abb.22.4 ist der Einfluß auf die Wirksamkeit n_1 ohne praktische Bedeutung, wenn n_1/n_2 mit $n_1/n_2 \approx n_1/n_*$ dem Bereich (22.42) angehört.

Beispiel 22.1

Bei einer Fertigung sei das Varianzverhältnis $\lambda^2 = \sigma^2/\sigma_0^2 = 1$. Der
Anteil an Liefermengen der Klasse 1 mit $\mu \leqq a$ bzw. $u \leqq u_0$ (vgl. Abb.
21.3) sei $\Phi_0 = \Phi(u_0) = 85,1\%$. Dann ist $u_0 = 1,041$ und $\varphi_0 = 0,2321$.
Der Verlust bei einer Fehlentscheidung zweiter Art (der Einstufung
einer "schlechten" Liefermenge der Klasse 2 mit $\mu > a$ in Klasse 1)
wird auf $B = 3A$ geschätzt. Die Prüfkosten je Stück sind $c = A/10^3$.
Gesucht wird der für den Hersteller kostengünstigste Prüfplan.

Lösung

Man berechnet aus (22.12) zunächst die Hilfsgrößen

$$\delta = \frac{\lambda \varphi_0}{\sqrt{2\pi}} \; \frac{A+B}{c} = \frac{0,2321}{\sqrt{2\pi}} \; \frac{4A}{A} 10^3 = 370,4$$

und

$$\varepsilon = \sqrt{\pi/2} \; \frac{A-B}{A+B} = -\sqrt{\pi/2} \; \frac{2A}{4A} = -0,627 \approx -0,63 \; ;$$

ferner

$$\varepsilon^2 = 0,393 \quad \text{und} \quad (\delta/2)\left[1 - (\varepsilon^2/2)\right] = 148,8 \; .$$

Nach (22.14) gilt in erster Näherung für die Trenngröße des Prüfplans
$z_1 = z_* = \varepsilon = -0,63$ und für die Probengröße

$$n_1^{3/2} = n_*^{3/2} = 148,8 \quad \text{bzw.} \quad n_1 = n_* = 28 \; .$$

Die Trenngröße b wird aus (22.15) berechnet,

$$b = b_1 = a + (z_1/\sqrt{n_1})\sigma = a - 0,12\,\sigma \; .$$

Die Verbesserung $(z_2 - z_1)$ von $z_1 = \varepsilon$ zu z_2 folgt aus (22.38) zu

$$\frac{\lambda u_0}{2\sqrt{n_1}}(2 + \varepsilon^2) = \frac{1,041}{2\sqrt{28}}(2 + 0,393) = 0,24 \; ;$$

mithin wird $z_2 = z_1 + 0,24 \approx -0,39$.

In (22.39) ist weiter

$$\frac{\lambda u_0 \delta \varepsilon}{2\sqrt{n_1}} = \frac{-1,041 \cdot 185,2 \cdot 0,627}{\sqrt{28}} = -22,8 \; ;$$

mithin wird

$$n_2^{3/2} = n_1^{3/2} + 22{,}8 = 148{,}8 + 22{,}8 = 171{,}6$$

und $n_2 = 31$. — Die verbesserte Trenngröße folgt aus (22.15),

$$b = b_2 = a + (z_2/\sqrt{n_2})\sigma = a - 0{,}07\,\sigma \; .$$

Aufgrund der Überlegungen bezüglich der Wirksamkeit der optimalen Lösung hat die Verbesserung von $(n_1;z_1)$ zu $(n_2;z_2)$ kaum Auswirkung auf die Gesamtkosten $R(n;z)$.

Wenn eine Liefermenge der Klasse 1 etwa 1ooo DM mehr kostet als eine Liefermenge der Klasse 2, so ist A = 1ooo DM/Liefermenge. Der Hersteller hat bei Verwendung des Prüfplans $(n_1;z_1)$ in erster Näherung $c\,n_1 = (A/1o^3)28 = 28$ DM je Liefermenge Prüfkosten und nach (22.22) $2\,cn_1 = 56$ DM je Liefermenge Verlust durch falsche Entscheidungen, insgesamt also den minimalen Verlust von $R_* = 84$ DM je Liefermenge.

Beispiel 22.2

Im Laufe der Zeit stellt sich heraus, daß der in Beispiel 22.1 genannte Verlust B = 3 A für Fehlentscheidungen unterschätzt worden ist. Es gilt vielmehr B = 4 A . Man berechne den wirtschaftlichsten Prüfplan des Herstellers für B = 4 A , wenn im übrigen alle Parameter des Beispiels 22.1 beibehalten werden.

Lösung

Es wird jetzt

$$b = \frac{0{,}2321}{\sqrt{2\pi}} \; \frac{5\,A}{A} \; 1o^3 = 463$$

und

$$\varepsilon = - \sqrt{\pi/2}\, \frac{3\,A}{5\,A} = -0{,}752 \approx -0{,}75 \; ;$$

ferner

$$\varepsilon^2 = 0{,}566 \quad \text{und} \quad (b/2)\left[1 - (\varepsilon^2/2)\right] = 166{,}0 \; .$$

In erster Näherung folgt daraus

$$z_1 = \varepsilon = -0{,}75 , \quad n_1 = 3o , \quad b_1 = a - 0{,}14\,\sigma$$

und $R_* = 3\,cn_1 = 9o$ DM je Liefermenge.

Die Abweichungen gegen den Plan

$$z_1' = -0,63 , \quad n_1' = 28 , \quad b_1' = a - 0,12\,\sigma$$

mit $R_* = 3\,c\,n_1' = 84$ DM je Liefermenge des Beispiels 22.1 mit B = 3 A sind in der Tat nicht erheblich, wie es im Anschluß an (22.31) behauptet wurde.

23. Folgepläne für messende Prüfung bei Berücksichtigung von Vorinformationen über die Verteilung der Mittelwerte

Ebenso wie im Abschnitt 21 werden hier die Merkmalwerte x bei gegebenem μ als normal verteilt vorausgesetzt mit

$$M(x|\mu) = \mu \quad \text{und} \quad V(x|\mu) = \sigma^2 = \text{konst.} \tag{23.1}$$

Die Varianz σ^2 ist bekannt und fest; dagegen folgt μ einer Normalverteilung mit

$$M(\mu) = \mu_o \quad \text{und} \quad V(\mu) = \sigma_o^2 . \tag{23.2}$$

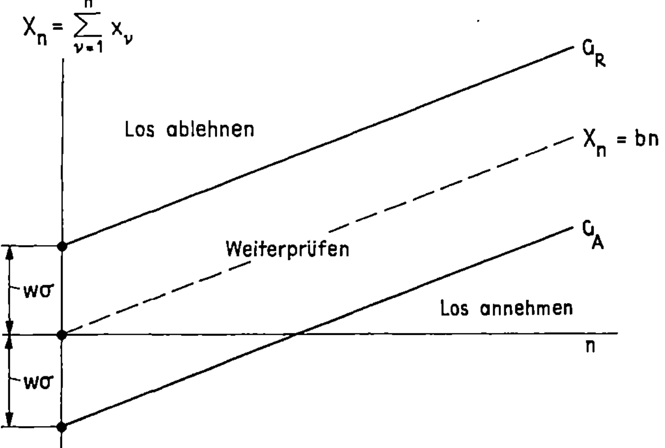

Abb.23.1 Die $(n;X_n)$-Prüfebene mit den parallelen Geraden G_A für Annahme und G_R für Ablehnung (Rückweisung) der Liefermenge.

Liefermengen mit $\mu \leqq a$ gelten als "gut" (Klasse 1; erste Wahl oder dergl.), Liefermengen mit $\mu > a$ gelten als "schlecht" (Klasse 2; zweite Wahl oder dergl.). Der Hersteller beurteilt jede Liefermenge mit Hilfe eines Folgeplans nach Abb.23.1 . Es sei n die jeweils geprüfte Zahl der Einheiten bzw. der verfügbaren Meßwerte x_ν . Die Entscheidungsregel des Folgeplans lautet: Für

$$X_n = \sum_{v=1}^{n} x_v \begin{cases} \geqq n\,b + w\,\sigma \\ \leqq n\,b - w\,\sigma \end{cases} \quad \text{wird die}$$

(23.3)

Liefermenge $\begin{cases} \text{"abgelehnt; in Klasse 2 eingeordnet.} \\ \text{"angenommen; in Klasse 1 eingeordnet.} \end{cases}$

Dabei ist die Größe b der Anstieg der Geraden G_A (für Annahme), der Geraden G_R (für Rückweisung) und der mittleren Geraden $X_n = b\,n$ in der $(n;X_n)$-Ebene; $\pm w\,\sigma$ ist der (in der X_n-Richtung gemessene) Abstand der Geraden G_R bzw. G_A von der mittleren Geraden $X_n = b\,n$. Gesucht wird bei gegebenen Werten von $(\mu_o;\sigma_o^2)$ und σ der durch "Anstieg" b und "Abstand" $w\,\sigma$ gekennzeichnete Folgeplan, der auf der Gutseite $\mu \leqq a$ mit der bedingten Wahrscheinlichkeit $(1-\alpha)$ und auf der Schlechtseite $\mu > a$ mit der bedingten Wahrscheinlichkeit $(1-\beta)$ zu richtigen Entscheidungen führt.

Die Wahrscheinlichkeiten für das Auftreten einer "guten" bzw. "schlechten" Liefermenge sind

$$W(\mu \leqq a) = \int_{-\infty}^{a} \psi(\mu)\,d\mu = \Psi(a) \neq o \; , \tag{23.4}$$

bzw.

$$W(\mu > a) = \int_{a}^{\infty} \psi(\mu)\,d\mu = 1 - \Psi(a) \neq o \; . \tag{23.5}$$

Ebenso wie im Abschnitt 21 führt man anstelle der dimensionsbehafteten Mittelwerte μ die dimensionslosen, standardisiert normal verteilten Mittelwerte u ein,

$$u = (\mu - \mu_o)/\sigma_o \; . \tag{23.6}$$

a bzw. $u_o = (a - \mu_o)/\sigma_o$ ist die <u>Trenngröße bezüglich der Beschaffenheit.</u> Dann wird aus (23.4) bzw. (23.5)

$$W(\mu \leqq a) = W(u \leqq u_o) = \Phi(u_o) = \Phi_o \; , \tag{23.7}$$

bzw.

$$W(\mu > a) = W(u > u_o) = 1 - \Phi(u_o) = 1 - \Phi_o \; . \tag{23.8}$$

Weiter benötigt man die bedingte Annahmewahrscheinlichkeit W einer Liefermenge der Beschaffenheit μ bzw. u , wenn mit dem Folgeplan (23.3) entschieden wird; vgl. Abb.23.1. Dazu geht man von der bekannten (von Wald[1] gegebenen) Lösung aus. Nach Abb.23.2 wählt man an den symmetrisch zu b gelegenen Stellen $\mu_1 < b$ und $\mu_2 > b$ gleiche bedingte Irrtumswahrscheinlichkeiten ε . Dann lautet die Entscheidungsregel: Die Liefermenge wird abgelehnt für

$$x_n \geqq \frac{\mu_1 + \mu_2}{2}\, n + \frac{\sigma^2}{\mu_2 - \mu_1}\, \ell n\, \frac{1-\varepsilon}{\varepsilon} \ . \tag{23.9}$$

Sie wird angenommen für

$$x_n \leqq \frac{\mu_1 + \mu_2}{2}\, n - \frac{\sigma^2}{\mu_2 - \mu_1}\, \ell n\, \frac{1-\varepsilon}{\varepsilon} \ . \tag{23.10}$$

Anstelle der Mittelwerte μ_i , $i = 1;2$, führt man nach (23.6) die entsprechenden u_i , $i = 1;2$ ein ,

$$u_1 = (\mu_1 - \mu_o)/\sigma_o \quad \text{und} \quad u_2 = (\mu_2 - \mu_o)/\sigma_o \ . \tag{23.11}$$

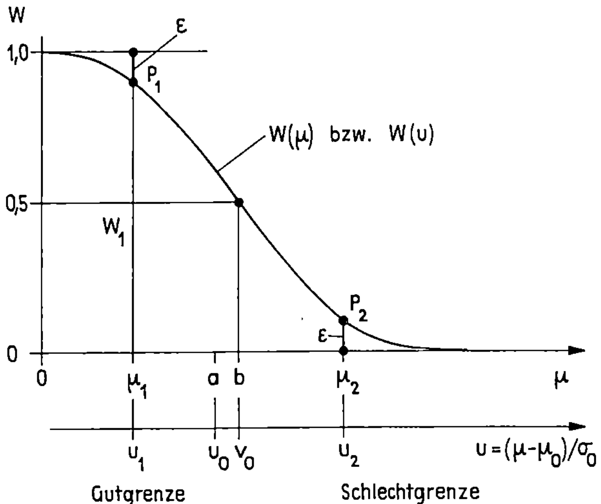

Abb.23.2 Zur Berechnung der bedingten Annahmewahrscheinlichkeit W einer Liefermenge der Beschaffenheit μ bzw. u bei Beurteilung mit Hilfe des Folgeplans (b;w) aus Abb.23.1.

Ferner sei $\lambda = \sigma/\sigma_o$ und nach Abb.23.2

$$(\mu_1 + \mu_2)/2 = b \quad \text{und} \quad (b - \mu_o)/\sigma_o = v_o \ . \tag{23.12}$$

---

1) A. Wald. Sequential Analysis. New York: Wiley 1947. S.12o, Formel (7:12) und (7:13).

Dann wird aus (23.9) und (23.1o)

$$X_n \gtrless b\,n + \left[\frac{\lambda}{u_2 - u_1}\, \ell n\, \frac{1-\varepsilon}{\varepsilon} \right] \sigma\,; \qquad\qquad \text{Ablehnung,} \qquad\qquad (23.13)$$

und

$$X_n \lesseqgtr b\,n - \left[\frac{\lambda}{u_2 - u_1}\, \ell n\, \frac{1-\varepsilon}{\varepsilon} \right] \sigma\,; \qquad\qquad \text{Annahme.} \qquad\qquad (23.14)$$

Vergleicht man (23.13) und (23.14) mit (23.3), so gilt für den Parameter w wegen $2\,v_o = u_1 + u_2$

$$w = \frac{\lambda}{u_2 - u_1}\, \ell n\, \frac{1-\varepsilon}{\varepsilon} = \frac{\lambda}{2(v_o - u_1)}\, \ell n\, \frac{1-\varepsilon}{\varepsilon}\,. \qquad\qquad (23.15)$$

$W_1 = 1-\varepsilon$ ist nach Abb.23.2 die dem Mittelwert μ_1 bzw. u_1 zugeordnete bedingte Annahmewahrscheinlichkeit. Also gilt

$$2(v_o - u_1)\, w/\lambda = \ell n\, \frac{W_1}{1-W_1}\,. \qquad\qquad (23.16)$$

(23.16) gibt bei bekanntem $\lambda = \sigma/\sigma_o$ und gegebenem Wertepaar $(v_o;w)$ bzw. (b;w) des Folgeplans zu $u = u_1$ die bedingte Annahmewahrscheinlichkeit $W = W_1$ und umgekehrt. Da (23.16) bei festem (b;w) für jeden beliebigen Punkt $P_1(u_1;W_1)$ der in Abb.23.2 dargestellten Kennlinie gilt, so darf man den Index 1 streichen. Dann stellt

$$(2/\lambda)(v_o - u)w = \ell n\, \frac{W}{1-W} \qquad\qquad (23.17)$$

die Gleichung der Annahmekennlinie $W = W(u)$ bei festem Wertepaar $(v_o;w)$ bzw. (b;w) dar. Damit hat man für die bedingte, d.h. für gegebenes μ gültige Operations-Charakteristik des Folgeplans eine sehr einfache Darstellung gefunden.

Führt man in (23.17) die Hilfsgröße z ,

$$2(v_o - u)(w/\lambda) = z = z(u|\lambda;\, v_o;\, w)\,, \qquad\qquad (23.18)$$

ein, dann ist der Zusammenhang zwischen z und W durch

$$z = \ell n\, \frac{W}{1-W} \qquad \text{oder} \qquad W = \frac{e^z}{1+e^z} = \Psi(z) \qquad\qquad (23.19)$$

gegeben.[1] Dabei gilt

---

1) Die Funktion $\Psi(z)$, die im folgenden für die bedingte Operations-
   Charakteristik verwendet wird, darf nicht mit der in (23.4) und
   (23.5) eingeführten Summenfunktion Ψ verwechselt werden.

$$\Psi(-z) \;=\; \frac{e^{-z}}{1 + e^{-z}} \;=\; \frac{1}{e^{z} + 1} \;=\; 1 - \Psi(z). \qquad (23.20)$$

Für $z = 0$ oder $u = v_o$ wird $W = \Psi(o) = 1/2$. Über der Hilfsveränderlichen $z = z(u)$ haben alle bedingten Annahmekennlinien den gleichen, in Abb.23.3 dargestellten Verlauf. Um Übereinstimmung mit Abb.23.2 zu erreichen, zeigt die positive Richtung der z-Achse (abweichend von der Norm) nach links. Durch die Substitution (23.18) geht die von den drei Parametern λ , v_o und w abhängige Schar aller Annahmekennlinien

$$W = W(u \mid \lambda ; v_o ; w)$$

in die von allen Parametern unabhängige Kennlinie (23.19) über.

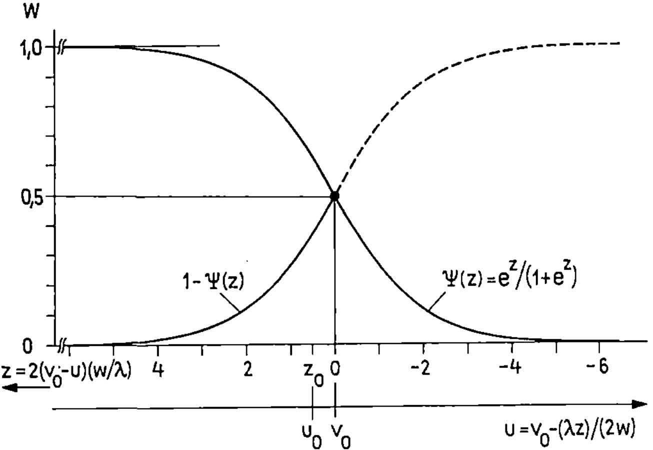

Abb.23.3 Die dreiparametrige Schar $W = W(u \mid \lambda ; v ; w)$ der bedingten Annahme kennlinien geht in Abhängigkeit von $z = z(u) = 2(v_o-u)(w/\lambda)$ in _eine_ Kenn linie $W = \Psi(z)$ über.

Die Gleichungen zur Berechnung des Prüfplans

Der Folgeplan (b;w) ist so zu bestimmen, daß der Anteil $(1-\alpha)\Phi_o$ guter Liefermengen der Beschaffenheit $u \leqq u_o$ angenommen und der Anteil $(1-\beta)(1 - \Phi_o)$ schlechter Liefermengen der Beschaffenheit $u > u_o$ abgelehnt wird. Da die bedingte Annahmewahrscheinlichkeit $W = W(u)$ einer Liefermenge der Beschaffenheit u nach (23.19) gleich $\Psi[z(u)]$ ist, so muß gelten (vgl. auch Abb.21.3)

$$\int_{-\infty}^{u_o} \varphi(u) \left\{ 1 - \Psi[z(u)] \right\} du \;=\; \alpha \Phi_o \qquad (23.21)$$

und

$$\int_{u_0}^{\infty} \varphi(u)\ \Psi[z(u)]\,du\ =\ \beta(1 - \Phi_0)\ . \qquad (23.22)$$

Dieses Gleichungssystem liegt den weiteren Betrachtungen zugrunde.
Es entspricht dem Gleichungspaar (21.3o) und (21.31) mit $\Psi[z(u)]$ =
$\Psi[2\,w(v_0 - u)/\lambda]$ anstelle von $\Phi[\sqrt{n}(v_0 - u)/\lambda]$. Ersichtlich tritt an die
Stelle von $\sqrt{n}$ des Einfachplans mit fester Probengröße n beim Folge-
plan die (in Richtung der X_n-Achse gemessene) Streifenbreite 2 w zwischen den Geraden G_A und G_R, und die Summenfunktion $\Phi(\ldots)$ der Normalverteilung ist durch die Funktion $\Psi(\ldots)$ nach (23.19) zu ersetzen.

Die Umgestaltung des Gleichungssystems (23.21) und (23.22)

Man führt die Veränderliche z aus (23.18) ein und entwickelt die Dichte $\varphi(u)$ an der Stelle $u = v_0$ bzw. $z = o$ mit Hilfe von (21.33) in die
Potenzreihe von $(\lambda z)/(2\,w)$,

$$\varphi(u)\ =\ \varphi(v_0)\left[1 + v_0\left(\frac{\lambda z}{2\,w}\right) + \frac{1}{2}(v_0^2 - 1)\left(\frac{\lambda z}{2\,w}\right)^2 + \ldots\right]\ . \qquad (23.23)$$

Ferner wird der Integrationsbereich

$$-\infty\ <\ u\ \leqq\ u_0$$

in (23.21) nach Abb.23.3 in die zwei Bereiche

$$-\infty\ <\ u\ \leqq\ v_0\qquad \text{und}\qquad u_0\ \leqq\ u\ \leqq\ v_0$$

aufgeteilt. Weiter sei abkürzend

$$z_0\ =\ 2\,w(v_0 - u_0)/\lambda\ =\ 2\,w(b-a)/\sigma\ . \qquad (23.24)$$

Damit wird aus den Grundgleichungen (23.21) und (23.22)

$$\int_0^{\infty}\left[1 + \frac{\lambda v_0}{2\,w}z + \ldots\right]\left[1 - \Psi(z)\right]dz\ -\ \int_0^{z_0}(\ldots)dz\ =\ \frac{2\,\alpha\,w\,\Phi_0}{\lambda\,\varphi(v_0)} \qquad (23.25)$$

und

$$\int_{-\infty}^{0}\left[1 + \frac{\lambda v_0}{2\,w}z + \ldots\right]\Psi(z)\,dz\ +\ \int_0^{z_0}(\ldots)dz\ =\ \frac{2\,\beta\,w(1-\Phi_0)}{\lambda\,\varphi(v_0)}\ . \qquad (23.26)$$

Der durch Punkte $(\ldots)$ angedeutete Integrand im jeweils zweiten Integral ist der gleiche wie im ersten.

Für die weitere Rechnung betrachtet man zunächst für $k = o;\ 1\ ;\ 2\ ;\ \ldots$
das Integral

$$\int_0^\infty z^k \left[1 - \Psi(z) \right] dz = (-1)^k \int_{-\infty}^0 z^k \, \Psi(z) \, dz = H(k) \, . \qquad (23.27)$$

Mit (23.2o) wird

$$H(k) = \int_0^\infty \frac{z^k \, dz}{1 + e^z} \, .$$

Für k = o ist die Integration elementar ausführbar; sie gibt

$$H(o) = \int_0^\infty \frac{dz}{1 + e^z} = \left[\ln(1 + e^{-z}) \right]_\infty^0 = \ln 2 = 0{,}6932 \, . \qquad (23.28)$$

Für k $\geq$ 1 hat man[1]

$$H(k) = \int_0^\infty \frac{z^k \, dz}{1 + e^z} = k! \left(1 - \frac{1}{2^k} \right) \varsigma(k+1) \, , \qquad (23.29)$$

wobei $\varsigma(k+1)$ die Riemannsche Zeta-Funktion für das reelle Argument
(k+1) bedeutet. Für k = 1; 2; 3 wird insbesondere

$$\varsigma(2) = \pi^2/6 = 1{,}6449 \; ; \quad \varsigma(3) = 1{,}2o21 \; ; \quad \varsigma(4) = \pi^4/9o = 1{,}o823$$

und damit

$$H(1) = \pi^2/12 = 0{,}8225 \; ; \quad H(2) = (3/2)\varsigma(3) = 1{,}8o3 \; ; \qquad (23.3o)$$
$$H(3) = (7/12o)\pi^4 = 5{,}683 \, .$$

Mit (23.27) bzw. (23.28) und (23.3o) ist das jeweils erste Integral
in (23.25) und (23.26) in Gestalt einer nach Potenzen von $\lambda/(2w)$ fortschreitenden Reihe berechenbar. Es wird mit

$$H(k) = c_k \qquad (23.31)$$

in (23.25)

$$\int_0^\infty \left[1 + \frac{\lambda v_o}{2w} z + \dots \right] \left[1 - \Psi(z) \right] dz = \qquad (23.32)$$
$$= c_o + c_1 v_o \frac{\lambda}{2w} + \frac{c_2}{2} (v_o^2 - 1)\left(\frac{\lambda}{2w} \right)^2 + \dots$$

und in (23.26)

---

1) Vgl. Jahnke, Emde, Lösch. Tafeln Höherer Funktionen. Stuttgart:
   Teubner 1960; S.38 .

$$\int_{-\infty}^{0} \left[1 + \frac{\lambda v_O}{2\,w}\, z + \ldots \right] \Psi(z)\,dz = \tag{23.33}$$

$$= c_O - c_1 v_O \frac{\lambda}{2\,w} + \frac{c_2}{2}\, (v_O^2 - 1)\left(\frac{\lambda}{2\,w}\right)^2 \mp \ldots .$$

Zur Berechnung des jeweils zweiten Integrals in (23.25) und (23.26) setzt man für $\Psi(z)$ die Reihenentwicklung an der Stelle $z = o$ ein,

$$\Psi(z) = \Psi(o) + \Psi'(o)z + (1/2)\,\Psi''(o)z^2 + \ldots .$$

Mit

$$\Psi(o) = 1/2 \; ; \quad \Psi'(o) = 1/4 \; ; \quad \Psi''(o) = o \; ; \quad \Psi'''(o) = -(1/8)$$

wird

$$\Psi(z) = (1/2) + (1/4)z - (1/48)z^3 \pm \ldots , \tag{23.34}$$

wobei im Hinblick auf spätere Überlegungen $|z| \leqq 3/2$ vorausgesetzt werden soll. Mit (23.34) findet man in (23.25)

$$2 \int_{0}^{z_O} (\ldots)\,dz = z_O - (z_O^2/4)\left(1 - \frac{v_O \lambda}{w} \right) - \tag{23.35}$$

$$- (z_O^3/12)\, \frac{\lambda v_O}{w}\left(1 - \frac{v_O^2 - 1}{2\,v_O}\, \frac{\lambda}{w} \right) + \ldots$$

und in (23.26)

$$2 \int_{0}^{z_O} (\ldots)\,dz = z_O + (z_O^2/4)\left(1 + \frac{v_O \lambda}{w} \right) + \tag{23.36}$$

$$+ (z_O^3/12)\, \frac{\lambda v_O}{w}\left(1 + \frac{v_O^2 - 1}{2\,v_O}\, \frac{\lambda}{w} \right) + \ldots .$$

Bei Berücksichtigung der Zwischenergebnisse (23.32), (23.33), (23.35) und (23.36) hat das Gleichungssystem für $(b;w)$ bzw. $(z_O;w)$ die folgende Gestalt

$$c_O + c_1 v_O \frac{\lambda}{2\,w} + \frac{c_2}{2}\, (v_O^2 - 1)\left(\frac{\lambda}{2\,w}\right)^2 + \ldots \tag{23.37}$$

$$- (z_O/2) + (z_O^2/8)\left(1 - \frac{v_O \lambda}{w} \right) + \ldots = \frac{2\,\alpha\,w\,\Phi_O}{\lambda\,\varphi(v_O)} \; ;$$

$$c_O - c_1 v_O \frac{\lambda}{2\,w} + \frac{c_2}{2}\, (v_O^2 - 1)\left(\frac{\lambda}{2\,w}\right)^2 \mp \ldots \tag{23.38}$$

$$+ (z_O/2) + (z_O^2/8)\left(1 + \frac{v_O \lambda}{w} \right) + \ldots = \frac{2\,\beta\,w\,(1 - \Phi_O)}{\lambda\,\varphi(v_O)} \; .$$

Die Glieder mit c_0, c_1, c_2, ... der jeweils ersten Zeile in den letzten beiden Gleichungen kommen aus der Reihenentwicklung (23.32) bzw. (23.33); die durch Punkte (...) angedeuteten Glieder sind demnach in Abhängigkeit von w "klein" mindestens von der Ordnung $(\lambda/w)^3$. Die Glieder mit z_0, z_0^2, ... in der jeweils zweiten Zeile stammen aus der Reihenentwicklung (23.35) bzw. (23.36); die durch Punkte (...) angedeuteten Glieder sind demnach in Abhängigkeit von z_0 und (λ/w) "klein" mindestens von der Ordnung $(z_0^3/24)(\lambda/w)$ und können unter der Voraussetzung $|z_0| \lessgtr 3/2$ vernachlässigt werden. Falls sich bei der numerischen Lösung herausstellt, daß die Bedingung $|z_0| \lessgtr 3/2$ erheblich verletzt wird, so ist die nachfolgend hergeleitete Näherungslösung unbrauchbar. Man muß dann auf die strengen Gleichungen (23.25) und (23.26) zurückgehen.

Die Lösung des Gleichungssystems (23.37) und (23.38) (unter Vernachlässigung der Glieder höherer Ordnung)

Bildet man die Summe der beiden Gleichungen, so findet man

$$2 c_0 + c_2 (v_0^2-1)\left(\frac{\lambda}{2\,w}\right)^2 + \frac{z_0^2}{4} = \frac{\alpha\Phi_0 + \beta(1 - \Phi_0)}{\varphi(v_0)}\ \frac{2\,w}{\lambda} \ . \qquad (23.39)$$

Bildet man die Differenz von (23.38) und (23.37), so hat man

$$z_0 - v_0\,\frac{\lambda}{2\,w}\left[2\,c_1 - (z_0^2/2)\right] = \frac{\beta(1 - \Phi_0) - \alpha\Phi_0}{\varphi(v_0)}\,\frac{2\,w}{\lambda} \ . \qquad (23.4o)$$

In beiden Gleichungen wurden die Glieder der Größenordnung $(\lambda/w)^3$ bzw. $z_0^3\,(\lambda/w)$ (und höhere) vernachlässigt. Die Faktoren c_0, c_1 und c_2 sind nach (23.31), (23.28) und (23.3o)

$$c_0 = 0{,}6932 \ ; \quad c_1 = 0{,}8225 \ ; \quad c_2 = 1{,}8o3 \ . \qquad (23.41)$$

Nach (23.24) ist

$$v_0 - u_0 = \lambda z_0/(2\,w) \quad \text{bzw.} \quad b-a = z_0\sigma/(2\,w) \ . \qquad (23.42)$$

Die Gleichungen (23.39) bis (23.42) können auch hier (wie im Abschnitt 21) zur Lösung zweier Aufgaben verwendet werden.

Aufgabe 1 :

Die Gleichungen liefern bei bekannten Werten Φ_0 und λ zu einem gegebenen Prüfplan $(z_0;w)$ bzw. $(b;w)$ die zugehörigen Irrtumswahrscheinlichkeiten $\alpha\Phi_o$ bzw. $\beta(1-\Phi_o)$ für Fehlentscheidungen auf der Gut- bzw. Schlechtseite. In diesem Falle löst man (23.39) nach $[\beta(1-\Phi_o) + \alpha\Phi_o]$ und (23.4o) nach $[\beta(1-\Phi_o) - \alpha\Phi_o]$ auf und findet daraus schließlich die gesuchten Werte $\alpha\Phi_o$ und $\beta(1-\Phi_o)$. Aus (23.39) geht hervor, daß die Gesamtwahrscheinlichkeit $\alpha\Phi_o + \beta(1-\Phi_o)$ für Fehlentscheidungen in erster Näherung mit $\lambda/(2\,w)$ sinkt,

$$\alpha\Phi_o + \beta(1-\Phi_o) \approx \varphi(v_o)\,[2\,c_o + (z_o^2/4)]\frac{\lambda}{2\,w} \; . \tag{23.43}$$

Aufgabe 2 :

Bei bekannten Werten Φ_o und λ liefern die Gleichungen (23.39) bis (23.42) zu gegebenen Irrtumswahrscheinlichkeiten $\alpha\Phi_o$ und $\beta(1-\Phi_o)$ den zugehörigen Prüfplan $(z_o;w)$ bzw. $(b;w)$. In diesem Falle findet man die Lösung für $(z_o;w)$ bzw. $(b;w)$ iterativ in ähnlicher Weise, wie es im Abschnitt 21 für das Wertepaar $(z_o;n)$ ausführlich beschrieben worden ist.

In "erster Näherung" $(w_1;z_1;v_1)$ für $(w;z_o;v_o)$ folgt aus (23.39) mit (23.4o) unter Vernachlässigung von Gliedern der Ordnung (λ/w) oder höher und mit $\varphi(v_1) = \varphi_1$

$$\frac{2\,w_1}{\lambda} = \frac{\varphi_1}{\alpha\Phi_o + \beta(1-\Phi_o)}\,[2\,c_o + (z_1^2/4)] \tag{23.44}$$

und

$$z_1 = \frac{\beta(1-\Phi_o) - \alpha\Phi_o}{\beta(1-\Phi_o) + \alpha\Phi_o}\,[2\,c_o + (z_1^2/4)] \; . \tag{23.45}$$

Mithin gilt

$$\frac{\lambda\,z_1}{2\,w_1} = [\beta(1-\Phi_o) - \alpha\Phi_o]/\varphi_1 = D/\varphi_1 \; , \tag{23.46}$$

wobei

$$D = \beta(1-\Phi_o) - \alpha\Phi_o \tag{23.47}$$

die Differenz der Irrtumswahrscheinlichkeiten ist. Aus

$$\varphi_1 = \varphi(v_1) = \varphi\!\left(u_o + \frac{\lambda\,z_1}{2\,w_1}\right) \tag{23.48}$$

folgt ebenso wie in (21.56) und (21.57)

$$\frac{\lambda z_1}{2 w_1} = (D/\varphi_0)\left[1 + (u_0 D/\varphi_0)\right] \quad \text{mit } \varphi_0 = \varphi(u_0) \tag{23.49}$$

und

$$v_1 = u_0 + (D/\varphi_0)\left[1 + (u_0 D/\varphi_0)\right] . \tag{23.50}$$

Die erste Näherung v_1 der Trenngröße v_0 des Folgeplans ist gleich der Trenngröße v_1 aus (21.57) für den Einfachplan mit festem n .

Im folgenden wird untersucht, unter welchen Voraussetzungen (23.45) für z eine Lösung $|z_1| < 3/2$ besitzt, was zur Verwendung der Näherungslösung gefordert wird. Dazu betrachtet man die Funktion

$$f(z) = \frac{z}{2 c_0 + (z^2/4)} = \frac{4 z}{8 c_0 + z^2} , \tag{23.51}$$

vgl. (23.45). Sie steigt im Bereich $-2\sqrt{2 c_0} < z < 2\sqrt{2 c_0} = 2{,}355$ monoton an. Ferner ist $f(-z) = -f(z)$, $f(o) = o$ und $f(3/2) = 24/(9 + 32 \ln 2) = 0{,}77 \approx 0{,}8$. Daraus folgt, daß die Gleichung $f(z) = c$ eine Lösung im Bereich $|z| \lessapprox 3/2$ besitzt, wenn $|c| \lessapprox f(3/2) \approx 0{,}8$ ist. In (23.45) muß deshalb gelten

$$\left|\frac{\beta(1 - \Phi_0) - \alpha\Phi_0}{\beta(1 - \Phi_0) + \alpha\Phi_0}\right| = |c| \lessapprox 0{,}8 . \tag{23.52}$$

Diese Bedingung ist erfüllt für

$$1/9 \lessapprox \left[\beta(1 - \Phi_0)\right]/(\alpha\Phi_0) \lessapprox 9 . \tag{23.53}$$

Man kann also das Verhältnis der Irrtumswahrscheinlichkeiten <u>nicht</u> ganz beliebig wählen, wenn man von der Näherungslösung Gebrauch machen will.

Da z_1 nach (23.45) nur vom <u>Verhältnis</u>

$$\alpha\Phi_0/\left[\beta(1 - \Phi_0)\right] = K$$

der Irrtumswahrscheinlichkeiten abhängt,

$$z_1 = -\left[(K-1)/(K+1)\right]\left[2 c_0 + (z_1^2/4)\right] ,$$

läßt sich z_1 in Abhängigkeit von K darstellen, was in Abb.23.4 für $1 \le K \le 9$ geschehen ist. Dabei gilt

$$z_1(1/K) = -z_1(K) .$$

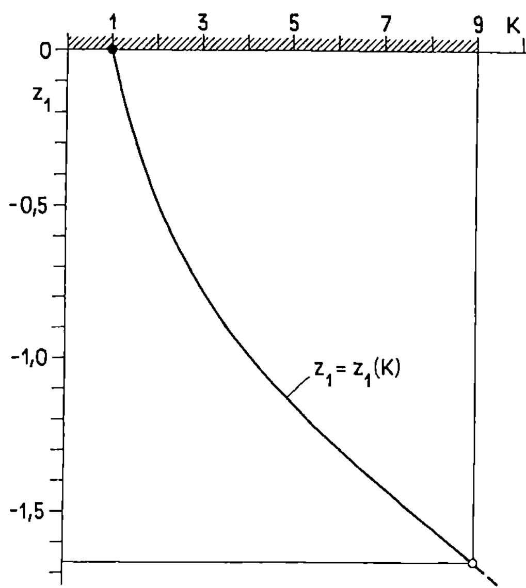

Abb.23.4 z_1 in Abhängig-
keit von $K = \alpha \Phi_o / [\beta(1-\Phi_o)]$
nach (23.45).

Zur Bestimmung der ersten Näherung $(v_1; z_1; w_1)$ für $(v_o; z_o; w)$ berechnet man v_1 aus (23.5o) und dazu $\varphi(v_1) = \varphi_1$, ferner z_1 aus (23.45) bzw.
Abb.23.4 und w_1 aus (23.44). Damit ist die erste Näherung bekannt.
Zur Verbesserung der Ergebnisse löst man (23.39) nach $(2 w/\lambda)$ auf und
findet in zweiter Näherung

$$\frac{2 w_2}{\lambda} = \frac{\varphi_1}{\alpha \Phi_o + \beta(1 - \Phi_o)} \left[2 c_o + (z_1^2/4) + c_2 (v_1^2 - 1)\left(\frac{\lambda}{2 w_1}\right)^2 \right]. \quad (23.54)$$

Weiter löst man (23.4o) nach z_o auf, setzt auf der rechten Seite v_1,
φ_1, z_1 und w_2 ein und findet in zweiter Näherung

$$z_2 = \frac{\beta(1 - \Phi_o) - \alpha \Phi_o}{\varphi_1} \frac{2 w_2}{\lambda} + v_1 \left[2 c_1 - (z_1^2/2) \right] \frac{\lambda}{2 w_2} . \quad (23.55)$$

Mit $(w_2; z_2)$ hat man schließlich aus (23.42)

$$v_2 = u_o + \frac{\lambda z_2}{2 w_2} \quad \text{und dazu} \quad \varphi(v_2) = \varphi_2 . \quad (23.56)$$

Damit ist der erste Iterationsschritt beendet. Gegebenenfalls führt
man mit den Gleichungen (23.54) bis (23.56) einen weiteren Iterationsschritt durch, indem man den Index bei w, z, φ und v um 1 erhöht, und
setzt das Verfahren fort, bis die Rechnung "praktisch" steht.

Beispiel 23.1

Ein Fertigungsvorgang erzeugt "gute" Liefermengen der Beschaffenheit $\mu \leqq a$ mit der Wahrscheinlichkeit $\Phi_o = 0,9$. Dann ist $u_o = 1,282$ und $\varphi(u_o) = \varphi_o = 0,1754$. Das Verhältnis der Standardabweichungen sei $\lambda = \sigma/\sigma_o = 1/2$. Gesucht wird der Folgeplan (w;b) für die Irrtumswahrscheinlichkeiten $\alpha = 1\%$ und $\beta = 9\%$. Dann ist $\alpha\Phi_o = \beta(1-\Phi_o) = 9 \cdot 10^{-3}$ und $D = \beta(1-\Phi_o) - \alpha\Phi_o = 0$.

Aus (23.5o), (23.45) und (23.44) folgt der Reihe nach

$$v_1 = u_o \quad \text{mit} \quad \varphi(v_1) = \varphi_1 = 0,1754 ; \quad z_1 = 0$$

und

$$w_1 = \frac{0,1754 \cdot 0,6932}{2 \cdot 18 \cdot 10^{-3}} = 3,377 .$$

Setzt man $w_1 = 3,377$, $z_1 = 0$ und $v_1 = 1,282$ in (23.54) ein, so gilt in zweiter Näherung

$$w_2 = 3,377 \left[1 + \frac{1,803 \cdot (1,282^2-1)}{2 \cdot 0,6932} \left(\frac{1}{4 \cdot 3,377}\right)^2 \right]$$

$$= 3,377(1 + 4,58 \cdot 10^{-3}) = 3,392 .$$

Praktisch "steht" die Rechnung bezüglich des Abstands w . Man hat ausreichend genau $w = 3,39$. Weiter gibt (23.55) mit $w_2 = 3,39$, $v_1 = 1,282$ und $z_1 = 0$

$$z_2 = 1,282 \cdot 2 \cdot 0,8225/(4 \cdot 3,39) = 0,156 .$$

In zweiter Näherung wird damit

$$v_2 = 1,282 + \left[0,156/(4 \cdot 3,39)\right] = 1,293$$

mit $\varphi(v_2) = \varphi_2 = 0,1729$. Eine nochmalige Iteration mit Hilfe der Gleichungen (23.54) bis (23.56) gibt nur bei w_3 (infolge des Einflusses von φ_2 gegen φ_1) eine geringe Änderung. Es wird

$$w_3 = 3,360 ; \quad z_3 = 0,156 ; \quad v_3 = 1,294 .$$

Der Anstieg b der Prüfgeraden in der $(n;X_n)$-Ebene folgt schließlich aus (23.42) zu

$$b = a + \left[z_o\sigma/(2\,w)\right] = a + 0,023\,\sigma .$$

Damit liegt der Folgeplan (b;w) fest.

Eine der Zahlentafel 21.1 entsprechende Übersicht über richtige und falsche Entscheidungen läßt sich mit den gleichen Zahlenwerten auch hier aufstellen.

Der mittlere Prüfaufwand

Da die Probengröße n beim Folgeplan keinen festen Wert hat, sondern eine Zufallsgröße ist, so läßt sich der erforderliche Prüfaufwand je Los durch den Mittelwert M(n) kennzeichnen. Zunächst wird der bedingte Mittelwert $M(n|u)$ bei gegebener Beschaffenheit u bzw. μ der Liefermenge berechnet. Nach Wald gilt[1]

$$M(n|\mu) = \frac{\sigma^2}{(\mu - b)(\mu_2 - \mu_1)} (1 - 2W) \ln \frac{1-\varepsilon}{\varepsilon} , \qquad (23.57)$$

wenn an den Stellen μ_1 und μ_2 die gleiche Irrtumswahrscheinlichkeit vorgeschrieben wird und $W = W(\mu)$ die bedingte Operations-Charakteristik gemäß (23.19) ist. Mit

$$\mu - b = (u - v_0)\sigma_0 = (u - v_0)\sigma/\lambda$$

$$\mu_2 - \mu_1 = (u_2 - u_1)\sigma_0 = (u_2 - u_1)\sigma/\lambda$$

und

$$\ln \frac{1-\varepsilon}{\varepsilon} = (u_2 - u_1)w/\lambda \quad , \quad (23.15) ,$$

wird aus (23.57)

$$M(n|u) = \frac{\lambda w}{u - v_0} (1 - 2W) . \qquad (23.58)$$

Setzt man die bedingte Annahmewahrscheinlichkeit W aus (23.19) ein, so findet man mit (23.18)

$$M[n|u(z)] = \frac{w^2}{z/2} \frac{e^z - 1}{e^z + 1} = w^2 \frac{\tanh (z/2)}{z/2} . \qquad (23.59)$$

In dieser Gleichung läßt sich der Parameter w^2 anschaulich deuten. Für z = o bzw. $u = v_0$ ist der bedingte mittlere Prüfaufwand

---

1) A. Wald. Sequential Analysis. New York: Wiley 1947. S.123, Gleichung (7:25).

$$M(n\,|\,v_o) = w^2 .$$
(23.60)

Für alle $z \neq o$ bzw. $u \neq v_o$ ist $M(n\,|\,u) < w^2$. Das Verhältnis

$$M(n\,|\,u)/w^2 = \frac{\tanh\,(z/2)}{z/2}$$
(23.61)

ist von allen Parametern unabhängig. Es ist in Abb.23.5 in Abhängigkeit von

$$z = 2(v_o - u)w/\lambda \quad \text{bzw.} \quad u = v_o - \frac{\lambda z}{2\,w}$$
(23.62)

dargestellt.

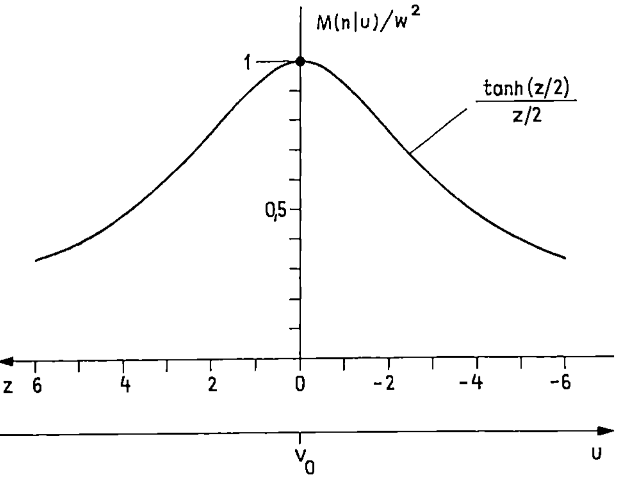

Abb.23.5 Das bedingte Aufwandsverhältnis $M(n\,|\,u)/w^2$ in Abhängigkeit von u bzw. z .

Der gesuchte Mittelwert von n wird schließlich

$$M(n) = \int_{-\infty}^{\infty} M(n\,|\,u)\,\varphi(u)\,du$$
(23.63)

oder mit (23.61)

$$M(n)/w^2 = \int_{-\infty}^{\infty} \varphi(u)\,\frac{\tanh\left[(v_o - u)w/\lambda\right]}{(v_o - u)w/\lambda}\,du = H(v_o;\,w/\lambda) .$$
(23.64)

Das Verhältnis $M(n)/w^2 = H(v_o;w/\lambda)$ hängt von den beiden Parametern v_o und w/λ des Folgeplans ab. Ersetzt man in (23.64) v_o durch $(-v_o)$ und u durch $(-u)$, so wird

$$H(-v_o;w/\lambda) = - \int_\infty^{-\infty} \varphi(u) \frac{\tanh\left[(-v_o + u)w/\lambda\right]}{(-v_o + u)w/\lambda} \, du \ .$$

Mit $\tanh(-z) = -\tanh z$ wird aus der letzten Gleichung

$$H(-v_o;w/\lambda) = \int_{-\infty}^{\infty} \varphi(u) \frac{\tanh\left[(v_o - u)w/\lambda\right]}{(v_o - u)w/\lambda} \, du = H(v_o;w/\lambda) \ . \qquad (23.65)$$

$H(v_o;w/\lambda)$ ist eine bezüglich v_o symmetrische Funktion, so daß man sie nur für $v_o \geqq o$ zu vertafeln braucht. In Abb.23.6 ist der Verlauf des Integranden aus (23.64),

$$\varphi(u) \frac{\tanh\left[(v_o - u)w/\lambda\right]}{(v_o - u)w/\lambda} = f(u|v_o;w/\lambda) \ , \qquad (23.66)$$

für die Zahlenwerte $\lambda = 1/2$; $v_o = 1,293$ und $w = 3,39$ des Beispiels 23.1 dargestellt.

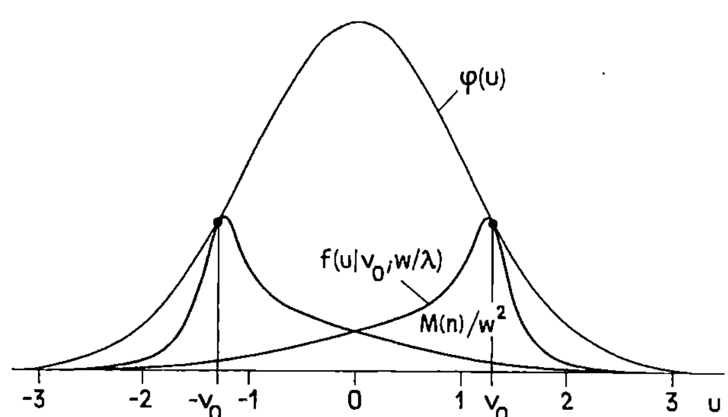

Abb.23.6 Die Funktion $f(u|v_o;w/\lambda)$ für $\lambda = 1/2$, $v_o = 1,293$ und $w = 3,39$ zur Bestimmung des mittleren Prüfaufwands $M(n)$ bei dem Folgeplan des Beispiels 23.1. Es gilt $M(n)/w^2 = \int_{-\infty}^{\infty} f(u|v_o;w/\lambda)\,du = o,183$.

Das Ergebnis $H(v_o;w/\lambda)$ der Integration von $f(u|v_o;w/\lambda)$ über u findet man mit Hilfe der Tabelle auf Seite 3o6/3o7. Dort ist $H(v_o;w/\lambda)$ für die Bereiche

$$o \leqq v_o \leqq 2,5 \quad \text{mit der Schrittweite} \quad \Delta v_o = o,1 \ ,$$

$$1 \leqq w/\lambda \leqq 1o \quad \text{mit der Schrittweite} \quad \Delta(w/\lambda) = o,5$$

vertafelt worden. Man liest dort beispielsweise ab:

v_0 \ w/λ	6,5	6,78	7,0
1,2	0,2006	0,1942	0,1891
1,293		0,183	
1,3	0,1884	0,1822	0,1774

Für das Wertepaar

$$v_0 = v_2 = 1,293 \quad \text{und} \quad w/\lambda = w_2/\lambda = 3,39 \cdot 2 = 6,78$$

des Beispiels 23.1 findet man mit Hilfe von linearer Interpolation den Funktionswert $H(v_0;w/\lambda) = 0,183$. Damit wird der mittlere Prüfaufwand im Beispiel

$$M(n) = 0,183 \cdot w^2 = 0,183 \cdot 3,39^2 = 2,1$$

gegen $n_0 = 15$ des entsprechenden Prüfplans mit __fester__ Probengröße n_0 des Beispiels 21.3 .

Es ist

$$M(n) : n_0 = 2,1 : 15 \approx 1 : 7 \ .$$

Mit dem Folgeplan erzielt man im Mittel die hohe Ersparnis von 86% des Prüfaufwands im Vergleich zu einem Prüfplan mit fester Probengröße.

24. Folgepläne für messende Prüfung bei Berücksichtigung von Vorinformationen und Kosten

Es seien A bzw. B (ebenso wie im Abschnitt 22) die mit einer Fehlentscheidung verbundenen Kosten auf der Gutseite $\mu \leqq a$ (oder $u \leqq u_o$) bzw. auf der Schlechtseite $\mu > a$ (oder $u > u_o$). Die Prüfkosten je Stück seien c . Dann lautet der zu minimierende durchschnittliche Verlust entsprechend zu (22.4)

$$R = A\alpha' + B\beta' + c\,M(n) \overset{!}{=} \text{Min} , \qquad (24.1)$$

wobei

$$\alpha' = \alpha\Phi_o , \quad \beta' = \beta(1 - \Phi_o) \quad \text{und} \quad M(n) = w^2\,H(v_o;w/\lambda) \qquad (24.2)$$

ist. Nach (23.37) bzw. (23.38) lassen sich die Irrtumswahrscheinlichkeiten für Fehlentscheidungen α' bzw. β' durch die Parameter $(w;v_o)$ des Prüfplans ausdrücken. Auch hier sei zunächst die für "große" w geltende "asymptotische Lösung" betrachtet. Multipliziert man (23.37) und (23.38) mit $\lambda/(2w)$ und vernachlässigt alle Glieder, die in $\lambda/(2w)$ von zweiter und höherer Ordnung sind, so wird mit $\varphi(v_o) \approx \varphi(u_o) = \varphi_o$

$$\alpha'/\varphi_o = \frac{\lambda}{2w}\left(c_o - \frac{z_o}{2} + \frac{z_o^2}{8}\right) , \qquad (24.3)$$

$$\beta'/\varphi_o = \frac{\lambda}{2w}\left(c_o + \frac{z_o}{2} + \frac{z_o^2}{8}\right) . \qquad (24.4)$$

Setzt man α' und β' in die Verlustfunktion R aus (24.1) ein, so wird R eine Funktion der Parameter $(w;z_o)$ des Prüfplans. Dabei sind z_o und v_o nach (23.24) verknüpft durch

$$z_o = 2w(v_o - u_o)/\lambda \quad \text{oder} \quad v_o = u_o + \frac{\lambda z_o}{2w} . \qquad (24.5)$$

Zweckmäßig führt man die von den Ausgangsparametern $(\lambda;\varphi_o)$ und den Kostenparametern $(A; B; c)$ abhängigen <u>Hilfsgrößen</u>

$$b = \lambda\varphi_o(A+B)/c \quad \text{und} \quad \varepsilon = (A-B)/(A+B) \qquad (24.6)$$

ein. Dann wird aus (24.1) schließlich

$$R/c = \frac{b}{2w}\left[c_o - \varepsilon(z_o/2) + (z_o^2/8)\right] + w^2\, H(v_o; w/\lambda) \overset{!}{=} \text{Min} \,. \qquad (24.7)$$

Die notwendige Bedingung $\partial R/\partial z_o = o$ liefert mit (24.5) die Bestimmungsgleichung für z_o,

$$\frac{b}{2w}\left[-(\varepsilon/2) + (z_o/4)\right] + w^2(\partial H/\partial v_o)\frac{\lambda}{2w} = o \,;$$

mit (24.6) wird daraus

$$z_o = 2\varepsilon - \frac{4w^2 c}{\varphi_o(A+B)}\frac{\partial H}{\partial v_o} \,. \qquad (24.8)$$

Da im allgemeinen $c \ll (A+B)$ und $|\partial H/\partial v_o| \ll 1$ ist, so hat man (trotz des Faktors w^2) in erster Näherung für z_o

$$z_1 = 2\varepsilon \,. \qquad (24.9)$$

Der Parameter z_o des Prüfplans hängt in erster Näherung z_1 nur von ε, d.h. nach (24.6) nur vom Verhältnis A/B der Kostenparameter A und B ab. Für $A \gtreqqless B$ ist mit $\varepsilon \gtreqqless o$ auch $z_1 \gtreqqless o$.

Damit die Näherungslösung verwendbar ist, muß $|z_o| \approx |2\varepsilon| \leqq 3/2$ oder $z_o^2 \approx 4\varepsilon^2 \leqq 9/4$ sein. Nach (24.6) muß dann das Kostenverhältnis $A/B = \gamma$ der Bedingung

$$\varepsilon^2 = \left[(\gamma-1)/(\gamma+1)\right]^2 \leqq 9/16 \quad \text{oder} \quad |\varepsilon| = |(\gamma-1)/(\gamma+1)| \leqq 3/4$$

genügen. Für γ folgt daraus die Ungleichung

$$(1/7) \leqq \gamma \leqq 7 \,. \qquad (24.1o)$$

Wenn das Verhältnis $A/B = \gamma$ diesem Bereich angehört, darf man die Näherungslösung verwenden. Jedoch bedeutet die Ungleichung (24.1o) für $\gamma = A/B$ keine wesentliche Einschränkung bei der praktischen Verwendung der Lösung.

Mit $z_1 = 2\varepsilon$ wird die eckige Klammer in (24.7) in erster Näherung

$$[\ ] = c_o - (\varepsilon^2/2) \quad \text{mit} \quad c_o = \ell n\, 2 = o,6932 \,. \qquad (24.11)$$

Die notwendige Bedingung $\partial R/\partial w = o$ liefert die Bestimmungsgleichung für w

$$-\frac{b}{2}\left[\ \right]\frac{1}{w^2} + 2wH + w^2\, \partial H/\partial w = o \,.$$

Mit $\partial H/\partial w = (1/\lambda)\,[\partial H/\partial(w/\lambda)]$ gibt die Auflösung nach $1/w^3$

$$\frac{1}{w^3} = \frac{4\,H(u_0;\,w/\lambda)}{b\,[c_0 - (\varepsilon^2/2)]}\left[1 + \frac{1}{2}\;\frac{w/\lambda}{H}\;\frac{\partial H}{\partial(w/\lambda)}\right]\;. \qquad (24.12)$$

In guter Näherung gilt

$$\frac{\partial H}{\partial(w/\lambda)} \approx -\frac{H}{w/\lambda}\;. \qquad (24.13)$$

Zum Beweis setzt man abkürzend $w/\lambda = \kappa$. Dann ist die Funktion H aus (23.64)

$$H = H(v_0;\kappa) = \int_{-\infty}^{\infty} \frac{\tanh\left[(v_0 - u)\kappa\right]}{(v_0 - u)\kappa}\;\varphi(u)\,du\;.$$

Die Ableitung nach κ wird

$$\partial H/\partial\kappa = -\frac{1}{\kappa}\int_{-\infty}^{\infty} \frac{\tanh\left[(v_0 - u)\kappa\right]}{(v_0 - u)\kappa}\;\varphi(u)\,du \;+$$

$$+\;\frac{1}{\kappa}\int_{-\infty}^{\infty} \frac{1}{\cosh^2\left[(v_0 - u)\kappa\right]}\;\varphi(u)\,du$$

oder

$$\partial H/\partial\kappa = -H/\kappa + \frac{1}{\kappa}\underbrace{\int_{-\infty}^{\infty} \frac{1}{\cosh^2\left[(v_0 - u)\kappa\right]}\;\varphi(u)\,du}_{I}\;.$$

Im letzten Integral setzt man nach (23.18)

$$z = 2(v_0 - u)\kappa \qquad \text{bzw.} \qquad u = v_0 - \frac{z}{2\kappa}\;.$$

Dann wird

$$I = \frac{1}{2\kappa^2}\int_{-\infty}^{\infty} \frac{1}{\cosh^2(z/2)}\;\varphi\!\left(v_0 - \frac{z}{2\kappa}\right)dz\;.$$

Im Integral entwickelt man $\varphi[v_0 - (z/2\kappa)]$ in die Reihe (23.23),

$$\varphi(u) = \varphi\!\left(v_0 - \frac{z}{2\kappa}\right) = \varphi(v_0)\left[1 + \frac{v_0 z}{2\kappa} + \dots\right]\;.$$

Integriert man gliedweise, so findet man

$$I = \frac{\varphi(v_0)}{\kappa^2}\int_{-\infty}^{\infty} \frac{d(z/2)}{\cosh^2(z/2)}\;+\;\dots\;.$$

Das durch Punkte angedeutete nächste Integral verschwindet, da der Integrand $t/\cosh^2 t$ eine ungerade Funktion von $t = z/2$ ist, und das folgende Integral hat die Größenordnung $1/\kappa^4$. Mithin gilt für große κ in sehr guter Näherung [1]

$$I = \frac{\varphi(v_o)}{\kappa^2} \int_{-\infty}^{\infty} \frac{dt}{\cosh^2 t} = \frac{2\,\varphi(v_o)}{\kappa^2} \ .$$

$$\longleftarrow 2 \longrightarrow$$

Damit hat man für die gesuchte Ableitung das Ergebnis

$$\partial H/\partial\kappa = -(H/\kappa) + 2\,\varphi(v_o)/\kappa^2 \ .$$

Damit ist (24.13) bewiesen: $\partial H/\partial\kappa$ darf für genügend große κ bzw. w in guter Näherung durch $-H/\kappa$ ersetzt werden, und (24.12) vereinfacht sich für $w = w_1$ zu

$$w_1^3 = \frac{\delta\left[c_o - (\varepsilon^2/2)\right]}{2\,H(u_o;\,w_1/\lambda)} \ . \tag{24.14}$$

Diese Gleichung für w_1 entspricht im Aufbau der Gleichung (22.14) für $n^{3/2}$ bei der Beurteilung von Liefermengen mit fester Probengröße n = konst, denn $H(u_o;w_1/\lambda)$ im Nenner ändert sich mit w_1/λ nur "sehr langsam". — Für $u_o = 1{,}3$ ist beispielsweise im Bereich $5 \leqq w_1/\lambda \leqq 1o$

$$H(1{,}3\,;\,5) = o{,}2317 \quad \text{und} \quad H(1{,}3\,;\,1o) = o{,}1316 \ ,$$

also im Mittel $\left[\partial H/\partial(w_1/\lambda)\right]_{u_o = 1,3} \approx o{,}1/5 = o{,}o2$. — Infolgedessen wächst w_1^3 nahezu linear mit δ.

Setzt man wie in (22.18)

$$A = N\,a_o \quad \text{und} \quad B = N\,b_o \tag{24.15}$$

und führt δ aus (24.6) ein, so folgt aus (24.14) die Bestimmungsgleichung für w_1

$$w_1^3 = \lambda\varphi_o\,\frac{a_o + b_o}{2\,c}\,\frac{c_o - (\varepsilon^2/2)}{H(u_o;\,w_1/\lambda)}\,N \ . \tag{24.16}$$

---

1) W. Gröbner und N. Hofreiter. Integraltafel, 2. Teil. Wien: Springer 1961. S.54, 1o a) .

Der kostengünstigste "Abstand" w_1 der Prüfgeraden wächst demnach mit der Losgröße N proportional zu $N^{1/3}$.

Setzt man das Wertepaar $(z_1;w_1)$ in (23.42) ein, so wird der Anstieg b der beiden Prüfgeraden in Abb.23.1 zu

$$b = b_1 = a + \frac{z_1}{2\,w_1}\,\sigma \qquad\qquad (24.17)$$

und der wirtschaftlichste Folgeplan $(w_1;z_1)$ bzw. $(w_1;b_1)$ ist bekannt. Vergleicht man diese Gleichung mit (21.51), dann sieht man, daß $2\,w$ und $\sqrt{n}$ sich entsprechen.

"Verluste durch Fehlentscheidungen" und Prüfkosten

Der mit Fehlentscheidungen (Ablehnung guter und Annahme schlechter Liefermengen) verbundene Verlustanteil R_I wird nach (24.7) bei Verwendung des kostengünstigsten Folgeplans $(w_1;z_1)$ gleich

$$R_I(w_1;z_1) = R_I^* = \frac{c\,b}{2\,w_1}\,[c_o - (\varepsilon^2/2)] \ . \qquad\qquad (24.18)$$

Die entsprechenden mittleren Prüfkosten sind

$$R_{II}(w_1;z_1) = R_{II}^* = c\,w_1^2\,H(v_o;w_1/\lambda) \approx c\,w_1^2\,H(u_o;w_1/\lambda) \ . \qquad (24.19)$$

Das Kostenverhältnis wird demnach

$$R_{II}^*/R_I^* = \frac{2\,w_1^3\,H(u_o;w_1/\lambda)}{b\,[c_o - (\varepsilon^2/2)]} \ .$$

Wegen (24.14) gilt

$$R_{II}^*/R_I^* = 1 \qquad \text{oder} \qquad R_{II}^* = R_I^* \ . \qquad\qquad (24.2o)$$

Beim kostengünstigsten Folgeplan verteilen sich die Gesamtverluste (nahezu) zu gleichen Teilen auf Verluste durch Fehlentscheidungen und Prüfkosten (Kosten für die Bereitstellung der Information über die Liefermenge). Ein Prüfplan mit fester Probengröße n = konst verhält sich bezüglich der Kostenaufteilung nicht so günstig, denn es gilt nach (22.22) und (22.23) $R_I^* = 2\,R_{II}^*$.

Wirksamkeit

Verwendet man anstelle des kostengünstigsten Folgeplans mit dem Abstand w_1 (und z_1) einen anderen mit w (und z_1), so sind die Kosten $R(w;z_1)$ größer als $R(w_1;z_1) = R_*$. Man erklärt die Wirksamkeit des Plans $(w;z_1)$ im Vergleich zum kostengünstigsten Plan $(w_1;z_1)$ durch das Verlustverhältnis

$$\eta = \eta(w;z_1) = R_*/R(w;z_1) \quad \text{mit} \quad \eta \leqq 1 .$$

Im Zähler von η ist mit (24.18) und (24.20)

$$R_* = R_I^* + R_{II}^* = 2 R_I^* = (c \delta/w_1) \left[c_0 - (\varepsilon^2/2) \right] .$$

Im Nenner von η steht mit (24.18) und (24.19)

$$R(w;z_1) = R_I(w;z_1) + R_{II}(w;z_2)$$

$$= \frac{c \delta}{2 w} \left[c_0 - (\varepsilon^2/2) \right] + c w^2 H(u_0;w/\lambda) .$$

Setzt man R_* im Zähler und $R(w;z_1)$ im Nenner von η ein, kürzt durch $c \delta \left[c_0 - (\varepsilon^2/2) \right]/(2 w_1)$ und berücksichtigt (24.14), so findet man für η schließlich

$$\eta = \frac{2 H(u_0;w_1/\lambda)}{(w_1/w) H(u_0;w_1/\lambda) + (w/w_1)^2 H(u_0;w/\lambda)} . \tag{24.21}$$

Da sich $H(u_0;w/\lambda)$ mit w/λ nur langsam ändert, ist $H(u_0;w/\lambda) \approx H(u_0;w_1/\lambda)$ "in der Umgebung" von $w = w_1$; mithin gilt dort

$$\eta(w;z_1) \approx \frac{2}{(w_1/w) + (w/w_1)^2} . \tag{24.22}$$

In der Nähe von $w = w_1$ ist die Wirksamkeit $\eta(w;z_1)$ aus (24.22) nur vom Verhältnis w/w_1 abhängig, während η nach (24.21) in geringem Ausmaß von u_0 bzw. Φ_0 abhängt.

Die im vorstehenden hergeleitete "erste" (d.h. für große w gültige) Näherung für das Wertepaar $(w_1;z_1)$ des Folgeplans läßt sich für kleine Werte von w mit Hilfe ähnlicher Überlegungen wie in Abschnitt 22 verbessern. Da jedoch keine wesentlich neuen Gesichtspunkte hinzukommen, soll auf die Herleitung der Verbesserungsgleichungen verzichtet werden.

Beispiel 24.1

Anstelle des kostengünstigsten Prüfplans mit festem n soll bei der

Beurteilung des Beispiels 22.1 der kostengünstigste <u>Folgeplan</u> verwendet werden.

Wie im Beispiel 22.1 sei $\lambda = \sigma/\sigma_0 = 1$. Der Anteil "guter Liefermengen" mit $\mu \leqq a$ bzw. $u \leqq u_0$ ist $\bar{\Phi}_0 = \bar{\Phi}(u_0) = 85,1\%$. Dann ist $u_0 = 1,o41$
und $\varphi(u_0) = \varphi_0 = o,2321$. Ferner seien die Verluste je Los durch Fehlentscheidungen erster Art bzw. zweiter Art gleich A bzw. B = 3 A . Die
Prüfkosten je Stück sind (bei zerstörender Prüfung) c = A/5oo . Gesucht wird der für den Hersteller kostengünstigste Folgeplan $(w_1;z_1)$.

Lösung

Man berechnet aus (24.6) zunächst die Hilfsgrößen

$$\delta = \lambda \varphi_0 (A+B)/c = 1 \cdot o,2321 \cdot 5oo(A + 3A)/A = 464,2$$

und

$$\varepsilon = (A-B)/(A+B) = -1/2 ;$$

ferner

$$\delta \cdot [c_0 - \varepsilon^2/2] = 263,8 .$$

Nach (24.9) gilt in erster Näherung

$$z_1 = 2\varepsilon = -1 .$$

Aus der nachstehenden Tabelle entnimmt man gemäß (24.14) als ersten
Näherungswert $w_1 = 9$ für w

w	$H(u_0;w/\lambda)$ mit $\lambda = 1$; $u_0 = 1,o41 \approx 1,o$	$2 w^3 H$
8	o,191	196
$w_1 = 9$	o,174	254 $\approx \delta[c_0 - \varepsilon^2/2] = 263,8$
1o	o,159	318

Damit wird jetzt z_1 verbessert zu z_2 . In (24.8) ist das zunächst
vernachlässigte Verbesserungsglied

$$-\frac{4 w_1^2 c}{\varphi_0 (A+B)} \left. \frac{\partial H}{\partial v_0} \right|_{\substack{v_0 \approx u_0 \\ w_1 \approx 9}} = -\frac{4 \cdot 81}{o,232 \cdot 5oo \cdot 4} \cdot \frac{-o,o19}{o,2} = o,o663 \approx o,o7 ,$$

wobei $\left(\frac{\partial H}{\partial v_o}\right)$ durch den Differenzenquotienten

$$[H(o,9;9) - H(1,1;9)]/(o,9 - 1,1) = -o,o19/o,2$$

geschätzt wird. In der Tat ist das Verbesserungsglied "klein" gegen $|z_1| = 1$. Somit ergibt sich

$$z_2 = z_1 + o,o7 = -1 + o,o7 = o,93 .$$

Bisher wurde das unbekannte v_o durch $u_o = 1,o41$ ersetzt. Jetzt kann man v_o berechnen: (24.5) liefert

$$v_o = u_o + \frac{\lambda z_2}{2 w_1} = 1,o41 - \frac{o,93}{18} = o,99 .$$

Durch lineare Interpolation in der Tabelle auf Seite 3o6/3o7 erhält man

v_o \ w	9,o	9,5
o,9o	o,1833	o,1754
o,99	o,1747	o,167o
1,oo	o,1737	o,1661

und daraus weiter durch inverse Interpolation

w	$H(v_o;w/\lambda)$	$2 H \cdot w^3$
9,oo	o,1747	254,7
9,12	o,1738	263,8
9,5o	o,167o	286,4

Der mittlere Prüfaufwand M(n) wird gemäß (23.64)

$$M(n) = w^2 H(v_o;w/\lambda) = (9,12)^2 \cdot o,1738 = 14,46 \approx 14,5 .$$

Für die minimalen mittleren Kosten R_I durch Fehlentscheidungen erhält man

$$R_I^* = c \cdot [1/(2 w)] \cdot \delta[c_o - \varepsilon^2/2] = c \cdot \frac{263,8}{2 \cdot 9,12} = 14,46 c$$

und für die minimalen mittleren Prüfkosten R_{II}^{*}

$$R_{II}^{*} = c\,M(n) = 14,46\,c\ .$$

Beide Werte stimmen überein, wie es gemäß (24.2o) sein soll, und die minimalen Gesamtkosten betragen damit

$$R = R_{I}^{*} + R_{II}^{*} = 28,92\,c \approx 29\,c\ .$$

Werte der Funktion $H(v_o;w/\lambda)$ zur Bestimmung des mittleren Prüfaufwands bei Bayes'schen Folgeplänen für messende Prüfung in Abhängigkeit von v_o und w/λ . Die Zahlenwerte sind o,.... zu lesen. Es gilt $H(-v_o;w/\lambda) = H(v_o;w/\lambda)$.

v_o \ w/λ	1,o	1,5	2,o	2,5	3,o	3,5	4,o	4,5	5,o
o	7821	6838	6o51	5423	4914	4494	4142	3843	3584
o,1	7813	6827	6o39	5411	49o2	4483	4131	3832	355o
o,2	7786	6794	6oo4	5375	4867	4449	4o99	38o1	3544
o,3	7743	6738	5945	5316	48o9	4393	4o45	3749	3495
o,4	7682	6662	5863	5235	473o	4316	3971	3679	3428
o,5	76o5	6566	5761	5133	463o	4221	388o	3591	3344
o,6	7513	6451	564o	5o12	4513	41o7	3771	3488	3245
o,7	74o5	632o	55o2	4874	4379	3979	3649	3371	3133
o,8	7285	6173	5348	4722	4232	3838	3514	3242	3o11
o,9	7151	6o12	5182	4558	4o74	3687	337o	31o5	288o
1,o	7oo6	5841	5oo5	4385	39o7	3528	3218	2961	2743
1,1	6851	566o	4821	42o5	3735	3363	3o62	2813	26o2
1,2	6687	5472	463o	4o2o	3558	3196	29o4	2662	2459
1,3	6516	5281	4437	3834	3381	3o28	2745	2512	2317
1,4	634o	5o82	4242	3647	32o5	2862	2588	2364	2174
1,5	6158	4885	4o48	3463	3o31	2699	2435	222o	2o41
1,6	5974	4688	3857	3282	2862	254o	2286	2o8o	19o9
1,7	5788	4493	367o	31o7	2699	2388	2144	1947	1784
1,8	56o2	43o1	3488	2938	2542	2243	2oo9	1821	1665
1,9	5417	4115	3314	2777	2394	21o6	1882	17o2	1554
2,o	5234	3934	3146	2624	2254	1977	1762	1591	145o
2,1	5o53	3759	2987	248o	2122	1856	1651	1488	1354
2,2	4877	3592	2836	2344	1999	1745	1548	1393	1266
2,3	47o4	3432	2694	2217	1885	1641	1454	13o6	1185
2,4	4537	328o	256o	2o99	178o	1546	1367	1226	1111
2,5	4376	3137	2436	199o	1683	1459	1288	1153	1o44

5,5	6,o	6,5	7,o	7,5	8,o	8,5	9,o	9,5	1o,o	w/λ v_o
3359	3161	2986	2829	2688	256o	2443	2337	224o	215o	o
335o	3152	2977	282o	2679	2552	2436	233o	2233	2143	o,1
3321	3125	2951	2795	2655	2529	2414	23o8	2212	2123	o,2
3274	3o8o	29o7	2754	2615	249o	2377	2273	2178	2o9o	o,3
321o	3o18	2848	2697	2561	2438	2326	2225	2131	2o45	o,4
3129	2941	2775	2626	2493	2373	2264	2164	2o73	1989	o,5
3o35	2851	2688	2543	2414	2296	219o	2o93	2oo5	1923	o,6
2928	2749	2591	245o	2324	221o	21o7	2o13	1928	1849	o,7
2811	2637	2484	2348	2226	2116	2o17	1926	1844	1768	o,8
2686	2518	237o	2239	2121	2o16	192o	1833	1754	1681	o,9
2556	2393	2251	2125	2o12	1911	182o	1737	1661	1591	1,o
2422	2266	2129	2oo8	19oo	18o4	1717	1638	1566	15oo	1,1
2286	2137	2oo6	1891	1788	1696	1613	1538	147o	14o7	1,2
2151	2oo8	1884	1774	1676	1589	1511	144o	1375	1316	1,3
2o19	1882	1764	1659	1567	1484	141o	1343	1282	1227	1,4
189o	176o	1647	1548	1461	1383	1313	125o	1192	114o	1,5
1765	1642	1535	1442	1359	1286	122o	116o	11o7	1o58	1,6
1647	153o	1429	1341	1263	1194	1132	1o76	1o26	o98o	1,7
1522	1424	1329	1246	1172	11o7	1o49	o997	o95o	o9o6	1,8
1431	1326	1235	1157	1o88	1o27	o972	o923	o879	o839	1,9
1333	1234	1149	1o75	1o1o	o952	o9o1	o855	o814	o776	2,o
1243	1149	1o69	o999	o938	o884	o836	o793	o754	o719	2,1
116o	1o72	o996	o93o	o873	o822	o777	o736	o7oo	o667	2,2
1o85	1oo1	o929	o867	o813	o765	o723	o685	o651	o62o	2,3
1o16	o937	o869	o81o	o759	o714	o674	o638	o6o6	o577	2,4
o954	o875	o815	o759	o711	o668	o629	o597	o567	o539	2,5

Literatur über Bayes-Verfahren

[1]   BOX, G.E.P., and E.G. TIAO: Bayesian Inference and Statistical Analysis. Reading, Mass.: Addison-Wesley 1973.

[2]   FIENBERG, S., and A. ZELLNER (Editors): Studies in Bayesian Econometrics and Statistics. Amsterdam: North Holland 1975.

[3]   HALD, A.: The Compound Hypergeometric Distribution and a System of Single Sampling Inspection Plans Based on Prior Distributions and Costs. Technometrics 2 (196o), 275 - 34o.

[4]   HALD, A.: Bayesian Single Sampling Attribute Plans for Discrete Prior Distributions. Mat. Fys. Skr. Dan. Vid. Selsk. 3 (1965), 1 - 88.

[5]   HALD, A.: Asymptotic Properties of Bayesian Single Sampling Plans. J.R. Stat. Soc. B 29 (1967), 162 - 173.

[6]   HALD, A.: Bayesian Single Sampling Attribute Plans for Continuous Prior Distributions. Technometrics 1o (1968), 667 - 683.

[7]   HALD, A.: The Mixed Binomial Distribution and the Posterior Distribution of p for a Continuous Prior Distribution. J.R. Stat. Soc. B 3o (1968), 359 - 367.

[8]   HALD, A., and P. THYREGOD: Bayesian Single Sampling Plans Based on Linear Costs and the Poisson Distribution. Mat. Fys. Skr. Dan. Vid. Selsk. 3 (1971), 1 - 1oo.

[9]   LINDLEY, D.V.: Introduction to Probability and Statistics from a Bayesian Viewpoint. Part 1: Probability. Part 2: Inference. Cambridge: University Press 1965.

[1o]   LINDLEY, D.V.: Bayesian Statistics. A Review. Philadelphia, Penn.: Society for Industrial and Applied Mathematics (SIAM) 1972.

[11]   MARITZ, J.S.: Empirical Bayes Methods. London: Methuen 197o.

[12]   MORALES, J.A.: Bayesian Full Information Structural Analysis. Berlin: Springer 1971.

[13]   MORGAN, B.W.: An Introduction to Bayesian Statistical Decision Processes. Englewood Cliffs, N.J.: Prentice Hall 1968.

[14]   PHILLIPS, L.D.: Bayesian Statistics for Social Scientists. London: Nelson 1973.

[15]   PRESS, J.S.: Applied Multivariate Analysis Including Bayes
       Techniques. New York: Holt, Rinehart and Winston 1972.

[16]   SCHMITT, S.A.: Measuring Uncertainty. An Elementary Introduc-
       tion to Bayesian Statistics. Reading, Mass.: Addison-Wesley
       1969.

[17]   STANGE, K.: Ein Näherungsverfahren zur Berechnung optimaler
       Pläne für Gut-Schlecht-Prüfung bei bekannten Kosten und be-
       kannter Verteilung der Schlechtanteile in den vorgelegten
       Liefermengen. KAMS; Zweite Konferenz über Anwendungen der
       mathematischen Statistik im Maschinenbau. Prag 1965.

[18]   STANGE, K.: Ein Näherungsverfahren zur Berechnung optimaler
       Pläne für messende Prüfung bei bekannten Kosten und bekannter
       Verteilung der Schlechtanteile in den vorgelegten Liefermen-
       gen. Metrika 1o (1966), 92 - 136.

[19]   STANGE, K.: Pläne für messende Prüfung bei Berücksichtigung
       von "Vorkenntnissen" über die Verteilung der Mittelwerte.
       Metrika 21 (1974), 231 - 247.

[2o]   STANGE, K.: Ein Mittelwertstest (Prüfplan) bei Berücksichti-
       gung von Vorkenntnissen und Kosten (kostengünstigster Bayes-
       Test). Allgemeines Statistisches Archiv 57 (1973), 165 - 183.

[21]   STANGE, K.: Der Einfluß der Genauigkeit des Meßgerätes beim
       "Auslesen" nicht-maßhaltiger Teile aus einer Fertigung. In
       W.J. Ziegler (Editor): Contributions to Applied Statistics
       Dedicated to A. Linder. Basel: Birkhäuser 1976.

[22]   WINKLER, R.L.: An Introduction to Bayesian Inference and De-
       cision. New York: Holt, Rinehart and Winston 1972.

[23]   ZELLNER, A.: An Introduction to Bayesian Inference in Econo-
       metrics. New York: Wiley 1971.

Sachverzeichnis